KB215378

핸드백 용어 사전

THE DICTIONARY OF HANDBAG TERMINOLOGY

핸드백 용어 사전

THE DICTIONARY OF HANDBAG TERMINOLOGY

시몬느 액세서리 컬렉션
연세대학교 언어정보연구원

대한민국, 서울, 커뮤니케이션북스, 2017

첫걸음

올해는 시몬느 창업 30주년이 되는 해입니다.

1987년 창업 당시 '럭셔리 핸드백(Luxury Handbag)'은 우리에게 많이 낯선 산업 분야였습니다. 아직도 부족한 면이 많지만, 이제는 시몬느가 세계 럭셔리 핸드백 제조 시장의 10%, 미국 시장의 30%를 차지하는 글로벌 선도 기업으로 성장했습니다.

30년 동안 개발한 핸드백 아카이브(Archive)들이 18만 스타일이고, 본사 직원 380명의 핸드백 경력과 지혜를 합하면 5,800년이 됩니다.

하지만 핸드백 제조공장을 운영하면서 아쉽고 부끄러웠던 것은, 아직도 현장에서 제조 관련 용어로 도제식 일본어를 많이 사용하는 것이었습니다. 중국, 베트남 등 우리 해외 공장의 외국인 근로자에게도 일본식 용어를 교육하고 있었습니다.

그래서 연세대학교 문과대학 최문규 학장님, 언어정보연구원 서상규 원장님께 '우리말 핸드백 용어 사전'의 발간 취지를 설명하고 부탁드렸습니다.

이제 3년여의 준비 기간을 거쳐 『핸드백 용어 사전』을 출간합니다. 한국어 표제어와 함께 영어, 중국어, 베트남어, 인도네시아어도 볼 수 있습니다.

이 사전이 핸드백에 대한 열정을 가진 전 세계 장인들에게 서로 소통할 수 있는 지침서가 되었으면 좋겠습니다.

아직은 사전에 올린 말들이 생소하고, 미흡한 첫걸음입니다. 시몬느의 발전과 함께 이 사전도 계속 보완될 것입니다.

핸드백 제작 현장에서 바르고 고운 우리말로 소통하는 날이 오기를 기대하며, 땀 흘려 핸드백을 만드시는 모든 분들께 이 사전을 바칩니다.

2017년 여름에,
시몬느 액세서리 컬렉션 회장 박은관

First edition

This year marks the 30th anniversary of the founding of Simone Acc. Collection Ltd. When the company was founded in 1987, the luxury handbag industry was an underdeveloped territory. Since then, Simone has grown to become a global leader in the handbag manufacturing market. Although there is still room for improvement, Simone now accounts for 10% of the global market and 30% of the U.S. market. Furthermore, the company has developed and archived over 180,000 handbag designs in the past 30 years, and our headquarter employees have accumulated 5,800 years of experience in total within those 30 years.

However, it was unfortunate and embarrassing that many handbag terminologies related to manufacturing were in Japanese. We were also applying and educating our foreign labor workers with those Japanese terminologies at our factories overseas like in China, Vietnam, and Indonesia. Therefore, I sought out Moon-Gyu Choi, Dean of Yonsei University College of Liberal Arts, and Sang-Kyu Seo, Director of Yonsei Institute of Language and Information Studies, in order to propose my idea and rationale of publishing a dictionary.

The Dictionary of Handbag Terminology is now published and available after 3 years of work and preparation. The Korean headwords and its definitions in this dictionary are also available in English, Chinese, Vietnamese, and Indonesian.

I hope this dictionary will be a communication tool for the craftsmen around the world who have a passion for handbags. Although the terminologies within this dictionary are somewhat unfamiliar to the readers and the dictionary is merely at its first edition, this dictionary will continue to grow alongside the development of Simone. I would like to dedicate this dictionary to all the hardworking individuals in the handbag industry, in hopes of universal common terminology of handbags being widely spoken one day.

Summer 2017,
Kenny Park

특별한 사전

아주 특별하고 뜻깊은 사전을 세상에 선보입니다.

주식회사 시몬느와 연세대학교 언어정보연구원이 힘을 합해서 이룩한 이 특별한 사전의 이름은 『핸드백 용어 사전』입니다. 이 사전이 왜 특별한 것일까요?

이 사전은, 우리나라의 가장 대표적인 핸드백 제조회사인 주식회사 시몬느에서 가방 만들기의 전 과정에서 실제로 어떤 말들이 어떤 뜻으로 어떻게 쓰이는지를 연세대학교의 언어학자들이 직접 알아내어 만든 것이라 특별합니다.

이 사전에는 우리말의 아름다움을 밝히고자 하는 연세대학교의 꿈과, 핸드백 만들기에서 앞장서 온 주식회사 시몬느의 세계를 향한 미래 지향적인 포부가 함께 녹아 있습니다.

이 사전은 여러 가지 용어 가운데 앞으로 온 세상에서 함께 써 나갈 말을 선택해서, 아름다운 한국어로 된 세계 표준 용어를 제안했다는 점에서 아주 특별합니다.

부디 이 사전을 통해서 핸드백에 대한 이해가 깊어지고, 핸드백이라는 물건을 이루는 말들의 아름다움에 많은 사람들이 눈뜨기를 기원합니다. 그리고 여러 나라의 가방 만드는 사람들이, 이 사전에 올린 아름다운 말을 쓰면서 소통하는 날이 어서 오기를 바랍니다.

용어 사전의 꿈을 제시해 주신 주식회사 시몬느의 박은관 회장님과 이민수 이사님, 이지연 대리, 연세대학교 언어정보연구원의 김한샘 교수와 김수경 선생, 그리고 커뮤니케이션북스의 엄진섭 상무와 김정희 부장의 힘이 모아지지 않았더라면 이 일은 이루어질 수 없었으리라 생각합니다.

전문적인 내용을 다양한 언어로 번역해 준 박제이, 유천연, 꾸인화, 수와르시 덕분에 여러 나라의 핸드백 제작 현장에서 이 사전을 볼 수 있게 되었습니다.

남기심 선생님을 비롯한 자문위원과 사전 기획에 참여한 이윤진 선생, 자료 정리를 도운 연세대학교 대학원생들께도 고마운 인사를 드립니다.

2017년 여름에,
연세대학교 언어정보연구원장 서상규

Very special

We present to you a very special and meaningful dictionary, *The Dictionary of Handbag Terminology*. This dictionary was compiled in cooperation with Simone Acc. Collection Ltd. and Yonsei Institute of Language and Information Studies. So, what makes this dictionary so special?

For this dictionary to come together, the linguists of Yonsei University had to learn and acquire understanding of technical terminologies used in manufacturing and their usage at Simone Acc. Collection Ltd., which is one of the leading handbag manufacturers of Korea.

The dreams of Yonsei University to prove to people the beauty of the Korean language and the future-oriented aspirations of Simone Acc. Collection Ltd., which is leading the handbag manufacturing industry, are within this dictionary. The fact that Korean was chosen as the standard language to represent the entry words, which will be shared with the rest of the world, is what makes this dictionary so special.

I hope that this dictionary deepens your understanding of handbags and helps you see the beauty in the words that make up a handbag. I also dream of a day when professionals from various countries of the world communicate with the terminologies introduced within this dictionary.

I would not have been able to accomplish this task without Simone Acc. Collection Ltd. CEO Kenny Park, Director Robert Lee, and Manager Jeeyean Lee, Yonsei University professor Kim Han-saem and PhD candidate Kim Su-kyung, and managing director Eom Jin-seob and general manager Kim Jung-hee of Communication Books. The dictionary is available in various languages thanks to Park Jay, Liu Tianran, Do Thi Quynh Hoa, and Suwarsi, who has translated such specialized and technical contents into various languages. I would also like to thank professor Nam Ki-shimand other advisory members, LeeYun-jin who participated in the coordination of the dictionary, and the research assistants who helped organize the data for this dictionary.

Summer 2017,
Sang-Kyu Seo

일러두기

❶ **대분류** 종류, 부위, 기술, 기계, 자재로 영역을 나누어 올림말을 실었다.

❷ **중분류** 대분류 중 자재에서는 가죽, 원단, 장식, 기타 부자재 등 4개 부문으로 영역을 나누어 올림말을 실었다.

❸ **올림말** 핸드백 제작 현장에서 많이 쓰는 용어 1006개를 실었다. 외래어는 되도록 우리말로 순화하여 실었다.

❹ **원어** 올림말 옆에 한자, 로마자 등으로 원어를 보였다.
- −: 고유어 음절
- ▽: 음이 달라진 한자
- ←: 원래의 형태에서 변한 외래어

❺ **뜻풀이** 되도록 간결하게 용어의 개념을 설명하였다. 올림말로 실은 순화어를 사용하여 풀이하되 현장에서 쓰고 있는 용어를 괄호 안에 함께 제시하여 쉽게 이해할 수 있도록 하였다.

❻ **네모 상자** 용어의 유래나 비슷한 용어의 변별과 관련한 정보를 제시하였다. 구조나 종류처럼 정보가 많은 경우 한 면 전체를 내어 따로 제시하였다.

---

316 자재❶

❷ 가죽 Leather

❸ 소창식 손잡이 小腸▽式─❹

❺ 관 모양의 손잡이(핸들). 가방에서 주로 한 쌍으로 구성되며, 드롭이 비교적 짧다.

EN tubular handle a handle in the shape of a long cylindrical pipe. On a bag, the handles often come in pairs and the handle drop length is relatively short.

VI quai ống quai xách có hình dạng ống. Chủ yếu được làm thành một cặp trong túi xách và chiều cao quai xách hơi ngắn.

IN handle tubular, handle cangklong handle tangan yang berbentuk pipa silinder. Biasanya terdiri dari sepasang handle pada tas dan ukurannya relatif pendek.

CH 短手挽 短手把, 短手挽, 小腸式手把 管型的手把。通常成对使用，手把的高度相对较短。

⑤ 관식 핸들
(管式handle),
둥근식 핸들
(──式handle),
소창 핸들
(小腸▽handle)

❻ **도비라는 말은 이렇게 유래되었어요** 도비(dobby) 장치란 간단한 기하무늬를 제직할 수 있게 날실을 위아래로 여닫는 장치이다. 자유롭게 변화를 줄 수 있기 때문에 간단한 작은 무늬까지 제직할 수 있다. 이렇게 제직된 직물을 도비 또는 도비직이라고 하며 작은 무늬가 연속적으로 반복된 것을 도비 무늬라고 부른다.

Origin of 'dobby' A dobby is a device that opens and closes the warp, so that simple geometric patterns can be woven into the fabric. Small patterns can be woven into the fabric because the dobby device is free to move around. The woven fabric is referred to as "dobby" or "dobby fabric" and the small patterns are referred to as "dobby patterns".

특수 가죽 特殊──

야생에서 서식하거나 특정한 목적으로 사육되는 동물의 가죽. 대부분 구하기가 쉽지 않아 가격이 비싸다. 가오리, 뱀, 타조, 악어 따위의 가죽

- **주요 용어 150** 사전의 끝부분에 핸드백 제작 현장에서 사용하던 외래어를 순화한 주요 어휘 150개를 뽑아 5개 언어의 목록과 함께 발음 기호를 보여 사전의 모든 사용자가 5개 언어의 어휘를 모두 쉽게 읽고 소통할 수 있도록 도왔다.
- **찾아보기** 모든 올림말과 동의어, 관련어 따위를 모아 각각의 언어를 가나다순(알파벳순)으로 나열하고 쪽수를 함께 보여 찾고자 하는 어휘를 쉽게 찾을 수 있도록 도왔다. 뜻풀이에는 나오지만 따로 보이지 않은 어휘나 잘못 알고 있는 어휘도 포함한다.

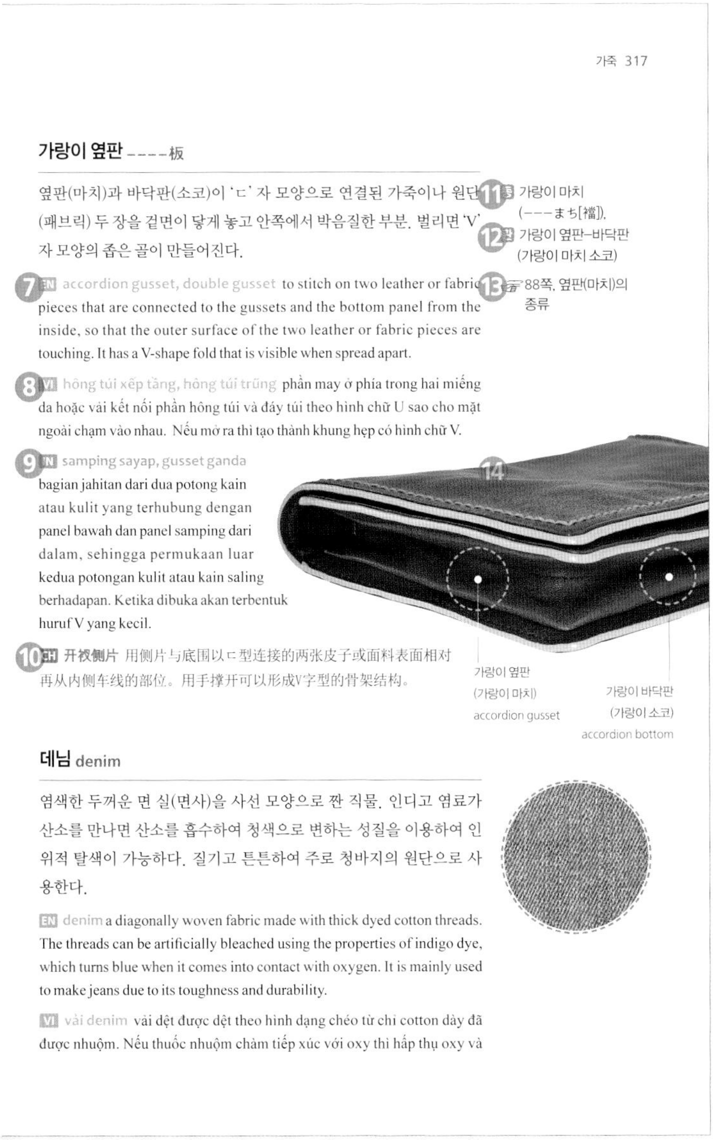

가죽 317

가랑이 옆판 -----板

옆판(마치)과 바닥판(소코)이 'ㄷ' 자 모양으로 연결된 가죽이나 원단(패브릭) 두 장을 겉면이 닿게 놓고 안쪽에서 박음질한 부분. 벌리면 'V' 자 모양의 좁은 골이 만들어진다.

7 EN accordion gusset, double gusset to stitch on two leather or fabric pieces that are connected to the gussets and the bottom panel from the inside, so that the outer surface of the two leather or fabric pieces are touching. It has a V-shape fold that is visible when spread apart.

8 VI hông túi xếp tầng, hông túi trũng phần may ở phía trong hai miếng da hoặc vải kết nối phần hông túi và đáy túi theo hình chữ U sao cho mặt ngoài chạm vào nhau. Nếu mở ra thì tạo thành khung hẹp có hình chữ V.

9 IN samping sayap, gusset ganda bagian jahitan dari dua potong kain atau kulit yang terhubung dengan panel bawah dan panel samping dari dalam, sehingga permukaan luar kedua potongan kulit atau kain saling berhadapan. Ketika dibuka akan terbentuk huruf V yang kecil.

10 CH 开衩侧片 用侧片与底围以ㄷ型连接的两张皮子或面料表面相对再从内侧车线的部位。用手撑开可以形成V字型的骨架结构。

11 동 가랑이 마치 (---まち[襠]),
12 관 가랑이 옆판–바닥판 (가랑이 마치 소코)
13 ☞ 88쪽, 옆판(마치)의 종류

14

가랑이 옆판 (가랑이 마치) accordion gusset

가랑이 바닥판 (가랑이 소코) accordion bottom

데님 denim

염색한 두꺼운 면 실(면사)을 사선 모양으로 짠 직물. 인디고 염료가 산소를 만나면 산소를 흡수하여 청색으로 변하는 성질을 이용하여 인위적 탈색이 가능하다. 질기고 튼튼하여 주로 청바지의 원단으로 사용한다.

EN denim a diagonally woven fabric made with thick dyed cotton threads. The threads can be artificially bleached using the properties of indigo dye, which turns blue when it comes into contact with oxygen. It is mainly used to make jeans due to its toughness and durability.

VI vải denim vải dệt được dệt theo hình dạng chéo từ chỉ cotton dày đã được nhuộm. Nếu thuốc nhuộm chạm tiếp xúc với oxy thì hấp thụ oxy và

7 **EN** 영어 올림말과 뜻풀이

8 **VI** 베트남어 올림말과 뜻풀이

9 **IN** 인도네시아어 올림말과 뜻풀이

10 **CH** 중국어 올림말과 뜻풀이

11 **동의어** 올림말과 뜻이 같은 용어들을 보였다. 외래어인 경우 괄호 안에 원어를 함께 보였다. 일본어의 원어가 따로 있으면 대괄호 안에 함께 보였다.

12 **관련어** 올림말과 관련된 용어들을 보였다. 현장 용어가 있는 경우 괄호를 써서 함께 보였다.

13 **가봐라** 손가락 표시 옆에 제시된 올림말이나 네모 상자가 있는 쪽을 참고하라는 뜻이다.

14 **이미지** 뜻풀이를 이해하는 데 도움을 주는 이미지를 필요하면 간단한 설명과 함께 제시하였다.

A Guide

❶ Major Category the headwords are classified into the categories of *type*, *part*, *methodology*, *material*, or *machinery*.

❷ Subcategory the headwords within the material category are further classified into the subcategories of *leather*, *fabric*, *hardware*, *and other subsidiary materials*.

❸ Headword the 1006 most commonly used handbag manufacturing terminologies were selected and defined. Loanwords were converted to native Korean terminologies when possible.

❹ Origin word the origin words are shown next to the headwords in Chinese characters, roman characters, and other languages.
- —: native Korean syllable
- ▽: Sino-Korean with an altered tone
- ←: loanword altered from its original form

❺ Definition the concept of the terminologies were described as concisely as possible. Although the selected terminologies are shown as headwords, the terminologies that are actually used on—site are shown in parenthesis to assist in the understanding of the terminologies.

---

316 자재 ❶

❷ 가죽 Leather

❸ 소창식 손잡이 小腸▽式—❹

❺ 관 모양의 손잡이(핸들), 가방에서 주로 한 쌍으로 구성되며, 드롭이 비교적 짧다.

EN tubular handle a handle in the shape a long cylindrical pipe. On a bag, the handles often come in pairs and the handle drop length is relatively short.

VI quai ống quai xách có hình dạng ống. Chủ yếu được làm thành một cặp trong túi xách và chiều cao quai xách hơi ngắn.

IN handle tubular, handle cangklong handle tangan yang berbentuk pipa silinder. Biasanya terdiri dari sepasang handle pada tas dan ukurannya relatif pendek.

CH 短手挽 短手把, 短手挽, 小肠式手把 管型的手把。通常成对使用，手把的高度相对较短。

관식 핸들
(管式handle),
둥근식 핸들
(――式handle),
소창 핸들
(小腸▽handle)

---

❻ 도비라는 말은 이렇게 유래되었어요 도비(dobby) 장치란 간단한 기하무늬를 제직할 수 있게 날실을 위아래로 여닫는 장치이다. 자유롭게 변화를 줄 수 있기 때문에 간단한 작은 무늬까지 제직할 수 있다. 이렇게 제직된 직물을 도비 또는 도비직이라고 하며 작은 무늬가 연속적으로 반복된 것을 도비 무늬라고 부른다.

Origin of 'dobby' A dobby is a device that opens and closes the warp, so that simple geometric patterns can be woven into the fabric. Small patterns can be woven into the fabric because the dobby device is free to move around. The woven fabric is referred to as "dobby" or "dobby fabric" and the small patterns are referred to as "dobby patterns".

특수 가죽 特殊――

야생에서 서식하거나 특정한 목적으로 사육되는 동물의 가죽. 대부분 구하기가 쉽지 않아 가격이 비싸다. 가오리, 뱀, 타조, 악어 따위의 가죽

150 Key Terminologies At the end of the dictionary, 150 loanwords that were used on-site of the handbag manufacturing sites were converted to native Korean terminologies, selected as the key terminologies, and listed in 5 languages with the pronunciation transcriptions to help the readers read and communicate in all 5 of the languages.

Index The index lists all headwords, synonyms, and related words in alphabetical order. It lists the page number in which the word appears, so that the readers can easily look up the word that they are looking for. The index also includes the incorrect terminologies and the words that are not defined as a headword.

가죽 317

가랑이 옆판 ----板

옆판(마치)과 바닥판(소코)이 'ㄷ' 자 모양으로 연결된 가죽이나 원단 (패브릭) 두 장을 겉면이 닿게 놓고 안쪽에서 박음질한 부분. 벌리면 'V' 자 모양의 좁은 골이 만들어진다.

7 EN accordion gusset, double gusset to stitch on two leather or fabric pieces that are connected to the gussets and the bottom panel from the inside, so that the outer surface of the two leather or fabric pieces are touching. It has a V-shape fold that is visible when spread apart.

8 VI hông túi xếp tầng, hông túi trùng phần may ở phía trong hai miếng da hoặc vải kết nối phần hông túi và đáy túi theo hình chữ U sao cho mặt ngoài chạm vào nhau. Nếu mở ra thì tạo thành khung hẹp có hình chữ V.

9 IN samping sayap, gusset ganda bagian jahitan dari dua potong kain atau kulit yang terhubung dengan panel bawah dan panel samping dari dalam, sehingga permukaan luar kedua potongan kulit atau kain saling berhadapan. Ketika dibuka akan terbentuk huruf V yang kecil.

10 CH 开视侧片 用侧片与底围以 匚 型连接的两张皮子或面料表面相对 再从内侧车线的部位。用手撑开可以形成V字型的骨架结构。

11 가랑이 마치 (---まち[襠]),
12 가랑이 옆판-바닥판 (가랑이 마치 소코)
13 ☞'88쪽, 옆판(마치)의 종류

가랑이 옆판
(가랑이 마치)
accordion gusset

가랑이 바닥판
(가랑이 소코)
accordion bottom

데님 denim

염색한 두꺼운 면 실(면사)을 사선 모양으로 짠 직물. 인디고 염료가 산소를 만나면 산소를 흡수하여 청색으로 변하는 성질을 이용하여 인 위적 탈색이 가능하다. 질기고 튼튼하여 주로 청바지의 원단으로 사 용한다.

EN denim a diagonally woven fabric made with thick dyed cotton threads. The threads can be artificially bleached using the properties of indigo dye, which turns blue when it comes into contact with oxygen. It is mainly used to make jeans due to its toughness and durability.

VI vải denim vải dệt được dệt theo hình dạng chéo từ chỉ cotton dày đã được nhuộm. Nếu thuốc nhuộm chàm tiếp xúc với oxy thì hấp thụ oxy và

---

6 Square box provides information about the origin of the word and the differences between the items. When there was a lot of information (e.g. information regarding structure and type) to display, an entire page was separately allocated for the square box.

7 EN English headword and its definition

8 VI Vietnamese headword and its definition

9 IN Indonesian headword and its definition

10 CH Chinese headword and its definition

11 Synonym refers to the terminologies that have the same definition as the headword. In the case of loanwords, the origin words were shown in parentheses with the loanword. When there was an additional Japanese origin word, the origin word was shown in square brackets.

12 Related word refers to a word that is in relation to the headword. On-site terminologies were shown in parentheses.

13 Refer to a hand sign points to a headword or a page number to a square box as a reference.

14 Imagery if necessary, an image that assists in the understanding of the terminologies were provided with a brief description.

차례

Contents

종류

Handbag Styles

가방

물건을 넣어서 들거나 메고 다닐 수 있도록 만든 물건. 가죽이나 원단(패브릭), 피브이시(PVC) 따위로 만든다.

통 백(bag)

EN bag an object used to carry items that can be held or carried itself. It is made with leather, fabric, or PVC.

VI túi xách vật dùng để đựng đồ và có thể đeo, xách khi di chuyển. Được làm từ những chất liệu như da, vải hoặc PVC.

IN tas benda yang dipakai untuk menyimpan barang dan dapat dibawa kemana saja. Terbuat dari kulit, kain atau PVC.

CH 包袋, 包 可以放置东西背或者提着行动的物品。用皮子、面料或PVC等材料制作。

가방이라는 말은 이렇게 유래되었어요 '가방'이라는 말의 유래에는 몇 가지 설이 있다. 대표적으로 중국어인 '夾板(gaban)'의 일본어 발음인 'キャバン(갸반)'에서 변했다는 설과, 중국어인 '夾槾(gaman)'의 일본어 발음인 'キャバン(갸반)' 또는 'キャマン(갸만)'에서 변했다는 설이 있다. 현재 중국에서 가방을 나타내는 어휘는 '拷包(kuabao)'로 우리말 '가방'과 발음이 매우 비슷하다. 표준국어대사전에서는 네덜란드어로 여행 가방을 뜻하는 'kabas(카바스)'에서 유래했다는 설을 따르고 있다. 중국은 과거부터 일본과 교류가 있었고, 네덜란드 역시 중세 이후부터 일본과 교류가 있었기 때문에 모두 신빙성이 있다.

Origin of the word 'gabang' A few theories exist as to the origin of the word 'gabang,' the Korean word for 'bag.' The most prominent theory is that 'gabang' is an alteration of the Japanese pronunciation 'kyabang(キャバン)' of the Chinese word 'gaban(夾槾).' The current Chinese word for 'bag' is 'kuabao(拷包),' which is close in terms of pronunciation to 'gabang.' According to the Korean Standard Dictionary, 'gabang' originated from the word 'kabas,' which means 'travel bag' in Dutch. The two theories are both credible in a sense that China and Japan have a long withstanding international trade relationship and Netherland has also sustained an international trade relationship with Japan since the Middle Ages.

골프 가방 golf--

골프채와 장갑 따위의 골프용품을 넣어서 이동하기 쉽게 만든, 세로로
길쭉한 모양의 가방.

EN golf bag　a vertically long bag that is made to carry golf clubs, golf
gloves, and other golf equipment.

VI túi golf　túi có kiểu dáng dài theo chiều dọc, được dùng để đựng các
phụ kiện golf như gậy đánh golf, găng tay và có thể mang theo dễ dàng khi
di chuyển.

IN tas golf　tas dengan bentuk vertikal memanjang yang biasa digunakan
untuk membawa peralatan golf seperti sarung tangan, maupun peralatan
golf lainnya.

CH 高尔夫球包　可放入球杆和手套等高尔夫用品便于移动的竖长形包。

통 골프 백(golf bag)

기저귀 가방

기저귀나 젖병 따위의 아기용품을 넣어서 가지고 다닐 수 있도록 만든
가방.

EN diaper bag, baby bag　a bag built to carry baby diapers, bottles, and
other baby products.

VI túi em bé, túi đựng tã　túi được sử dụng để đựng đồ dùng cho em bé
như bỉm hoặc bình sữa, có thể mang theo khi di chuyển.

IN tas popok　tas yang dipakai untuk menyimpan dan membawa popok,
dot dan perlengkapan bayi lainnya.

CH 妈妈包, 妈咪包　可放入尿布、奶瓶之类的婴儿用品携带的包。

통 다이어퍼 백
(diaper bag)

노트북 케이스 notebook case

충격으로부터 보호하기 위하여 노트북 컴퓨터를 넣어서 가지고 다닐
수 있도록 만든 케이스.

EN laptop case　a case for carrying and protecting laptops from impact.

VI túi đựng laptop　túi đựng máy tính xách tay, có thể mang theo khi di
chuyển để bảo vệ máy tính xách tay khỏi bị va chạm.

통 랩톱 케이스(laptop case)

IN tas laptop case yang digunakan untuk menyimpan dan membawa laptop. Berfungsi juga untuk melindungi laptop dari benturan.

CH 电脑包 能起保护并防撞击的可携带笔记本电脑的包。

다용도 수납 제품 多用途受納製品

다양한 수납 공간으로 구분된 제품. 여행용 다용도 지갑(트래블 월릿) 따위가 있다.

EN organizer, indexer a product with several compartments (e.g. travel wallet).

VI ví nhiều ngăn ví có nhiều ngăn đựng đồ đa dạng. Ví dụ như ví du lịch.

IN organiser produk dengan berbagai macam tempat penyimpanan. Contohnya seperti dompet travel.

CH 收纳整理包 划分不同收纳空间的制品。有旅行钱包等。

图 오거나이저(organizer)
판 여행용 다용도 지갑
　　(트래블 월릿)

다용도 카드 지갑 多用途card紙匣

열차 승차권이나 교통 카드를 넣어서 가지고 다닐 수 있게 만든 지갑.

EN train pass case, metro pass case a case in which train passes and metro cards are carried.

VI ví đựng thẻ đa năng ví được thiết kế để đựng vé tàu điện ngầm hoặc các loại thẻ giao thông, có thể mang theo khi di chuyển.

IN dompet multi fungsi, dompet tiket kereta dompet yang digunakan untuk menyimpan dan membawa kartu transportasi atau tiket kereta.

CH 多功能卡包 可携带列车车票或交通卡的钱包。

图 트레인 패스 케이스
　(train pass case)

다중 걸이 가방 多重----

메는 방식이 두 가지 이상인 가방. 주로 손잡이(핸들)와 어깨끈(숄더 스트랩)이 함께 있는 형태이다.

EN convertible a bag that can be carried in two or more ways. It usually refers to a bag that can be carried by the handles and by the shoulder straps.

图 컨버터블(convertible)

VI túi đa năng túi được thiết kế với nhiều hơn hai cách đeo. Chủ yếu là kiểu quai xách và quai đeo.

IN tas multi-gantungan, tas convertible tas yang bisa dibawa dengan dua cara atau lebih. Biasanya dalam satu tas terdapat handle tangan dan juga tali bahu.

CH 两用包, 多用包, 手提肩背两用包 有两种以上背法的包。通常指既有手把又有肩带的外型。

닥터 백 doctor bag

가방의 입구(구치)가 물림쇠 모양의 프레임으로 된 가방. 손잡이(핸들)가 단단하고 짧으며, 입구가 크게 벌어지기 때문에 물건을 쉽게 넣고 꺼낼 수 있다. 전통적으로 외과 의사들이 가지고 다니던 진료 가방과 형태가 비슷하여 닥터 백이라고 부른다.

동 덜리스 백(Dulles bag), 왕진 가방(往診--)

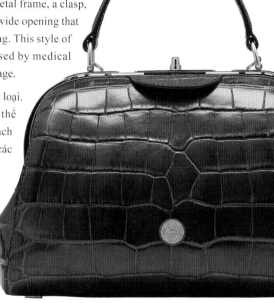

EN doctor bag, Dulles bag a bag that has a metal frame, a clasp, and a short firm handle at the opening. It has a wide opening that makes it easy to access and fit items into the bag. This style of bag is similar to the traditional doctor bag used by medical physicians and the name originates from such usage.

VI túi bác sĩ miệng túi xách có dạng khung kim loại. Quai xách cứng và ngắn, miệng túi to nên có thể chứa nhiều đồ, có thể bỏ đồ vào và lấy ra một cách dễ dàng. Vì hình dáng giống với cặp trị liệu của các bác sĩ nên người ta gọi là túi xách bác sĩ.

IN tas dokter tas kualitas premium dengan kunci pengait berbentuk seperti staples pada bagian pembuka. Memiliki handle tangan yang pendek namun kuat, bisa dengan mudah memasukkan dan mengeluarkan barang saat tas dibuka. Bentuknya yang mirip dengan tas dokter ahli bedah tradisional menjadikan tas ini disebut juga sebagai tas dokter.

CH 医生包 包口是金属卡口样式的包。手把结实而短小，因为包口张开幅度大，所以便于放入和取出东西。传统上与外科医生们的诊疗包的形状类似，所以被称为医生包。

더플백 duffel/duffle bag

양쪽 끝이 형태가 잡혀 있고, 원판과 바닥판(소코)이 하나로 이루어진 형태의 가방. 튼튼하기 때문에 물건을 많이 담을 수 있어 여행용, 운동용으로 많이 쓰인다.

EN duffel/duffle bag a horizontally cylindrical bag with two structured gussets and a large panel that makes up both the body and the bottom of the bag. It is often used as a travel bag or a sports bag due to its sturdiness, which allows for the bag to hold a lot of items.

VI túi thể thao, túi cắm trại kiểu túi hình trụ nằm ngang, cấu trúc túi có hông túi hai bên, phần thân túi và mặt đáy dính liền với nhau. Vì túi chắc chắn và đựng được nhiều đồ nên được sử dụng nhiều khi đi du lịch hoặc vận động.

IN tas duffel tas silindris horizontal dengan dua panel samping dan panel besar yang membentuk bagian tubuh dan bagian bawah tas. Bentuknya yang kuat menjadikannya bisa digunakan untuk menyimpan banyak barang, bepergian maupun untuk berolahraga.

CH 行李袋 两端形态固定，原板和底板是一张的形态的包。因为结实容量大，多用于旅行或运动。

덮개 가방

덮개(후타)가 달린 가방.

EN flap bag a bag with a flap.

VI túi nắp gập, túi có nắp túi có gắn nắp đậy.

IN tas penutup tas dengan penutup di bagian luar.

CH 盖头包, 口盖包 有盖子的包。

동글 납작 가방

납작한 원통 모양의 가방.

동 플랩 백(flap bag)
관 봉투형 가방(인벨럽 백), 새들백

동 팬케이크 백(pancake bag)

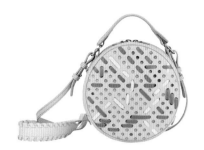

EN pancake bag a flat cylindrical bag.

VI túi hình tròn túi hình tròn, phẳng.

IN pancake bag tas yang berbentuk silinder dan juga flat.

CH 圆饼包 扁平的圆桶形包。

동전 지갑 銅錢紙匣

동전을 넣어서 가지고 다닐 수 있게 만든 작은 지갑.

EN coin purse a pocket-sized pouch in which coins are carried.

VI ví đựng tiền xu ví nhỏ để đựng tiền xu, có thể mang theo khi di chuyển.

IN dompet koin dompet kecil yang berfungsi untuk menyimpan uang koin agar bisa dibawa.

CH 零钱包 能装零钱硬币的小钱包。

드로스트링 백 drawstring bag

입구(구치)에 복주머니처럼 조임끈(드로스트링)을 달아서 조이거나 느슨하게 하여 여닫는 형태의 가방.

통 복주머니 가방
(福━━━━)

EN drawstring bag a bag with a drawstring that tightens and loosens the opening of a bag for the opening and closing function.

VI túi dây rút túi có phần miệng túi gắn dây rút như kiểu túi may mắn của Hàn Quốc và có thể đóng, mở dễ dàng bằng cách thắt chặt hoặc nới lỏng dây rút.

IN tas drawstring tas yang bisa dibuka tutup dengan cara menarik atau melonggarkan tali tas yang tergantung di bagian depan. Tas ini bisa diselempangkan secara horizontal di bagian bahu.

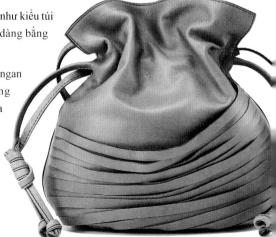

CH 索绳包, 束口袋 包口处类似福袋装有束绳，通过拉紧或松开来开合的形态的包。

러기지 태그 luggage tag

이름이나 연락처 따위를 적어서 가방에 다는 표.

EN name tag, luggage tag a tag that identifies the owner of the bag by name and/or by contact information.

VI thẻ tên, thẻ hành lý thẻ gắn vào túi xách, trên thẻ ghi các thông tin như họ tên hoặc địa chỉ liên lạc.

IN tag bagasi, tag nama tag berisi nama atau nomor telepon pemilik yang digantungkan di tas.

CH 人名挂牌 挂在包上写有姓名、电话等信息的挂牌标签。

통 네임 태그(name tag), 이름표(––標)

리슬릿 wristlet

손목에 끼워 사용하는, 고리 모양의 손잡이가 달린 작은 가방.

EN wristlet a small bag with a loop handle that can be worn around the wrist.

VI túi đeo tay, túi wristlet túi nhỏ có quai xách dạng vòng để đeo ở cổ tay.

IN wristlet tas kecil yang memiliki handle berbentuk cincin, biasanya dibawa di pergelangan tangan.

CH 手腕包 挽在手腕上使用、安装有环形手把的小包。

머니 클립 money clip

접히는 부분에 클립이 있어 지폐를 꽂아서 가지고 다닐 수 있는 지갑. 보통 내부 공간이 단순하고, 지폐를 넣을 수 있는 공간이 따로 없기 때문에 기존의 지갑보다 얇다.

EN money clip a wallet with a clip, which is located on the fold of the wallet, for holding folded bills. It is thinner than a regular wallet due to the simplified inner structure. It does not require a separate space to hold bills.

VI dụng cụ kẹp tiền, miếng kẹp tiền, kẹp tiền phần gấp của ví được thiết kế có dụng cụ kẹp dùng để kẹp tiền và có thể mang theo khi di chuyển. Thông thường không gian bên trong loại ví này đơn giản và không có ngăn đựng tiền nên mỏng hơn so với những loại ví khác.

IN penjepit uang dompet yang memiliki klip di bagian lipatannya, untuk menjepit dan membawa uang kertas. bentuknya lebih tipis dibandingkan dompet pada umumnya karena tidak memiliki ruang khusus untuk menyimpan uang.

CH 钞票夹 在弯折的部位装有夹子可以夹住纸币的钱包。该类型的钱包内部空间精简，因无需专门空间放置纸币所以比普通钱包更薄。

메시 가방 mesh--

가죽이나 합성 피혁 따위의 특정 소재를 가늘고 길게 잘라 엮어서 만든 가방.

통 메시 백(mesh bag), 엮음 가방, 우븐 백(woven bag)

EN interwoven bag, mesh bag a bag made with genuine or synthetic leather that is cut into long strips and interlaced.

VI túi lưới túi được làm bằng những chất liệu đặc biệt như da hoặc giả da được cắt dài và mỏng, sau đó đan lại với nhau.

IN tas jaring, mesh bag tas yang dibuat dengan menenun potongan panjang dan tipis dari kulit atau bahan baku khusus seperti kulit sintesis.

CH 编织袋 用皮子或合成皮革等特定材料裁剪成细长条编织做成的包。

메신저 백 messenger bag

어깨끈(숄더 스트랩)이 있고 덮개(후타)가 달려 있는, 납작하고 큰 가방.

EN messenger bag a large flat bag with a flap and a shoulder strap.

VI túi đưa thư túi dạng phẳng, to, có nắp đậy và có gắn quai đeo.

IN tas messenger tas besar berbentuk flat yang memiliki penutup tas dan tali yang bisa digantungkan di bahu.

CH 邮差包 有肩带和包盖的形状扁平的大包。

메신저 백은 이렇게 유래되었어요 '메신저 백'은 미국 뉴욕의 디마티니 글로벌(De Martini Global)사에서 근로자들이 사계절 내내 쓸 수 있는 튼튼한 가방을 만든 데서 유래되었다. 이 가방은 끈을 어깨에 걸쳐 메고, 가방이 허리에 잘 붙게끔 만들었으며, 방수 기능이 있는 엇메기 가방(크로스보디 백) 형태였다. 이후 이 가방은 미국에서 널리 사랑받는 제품이 되었고 1960년 미국 '포니 익스프레스'의 모든 우편배달부들이 사용하면서 '메신저 백(messenger bag)'이라는 이름이 생기게 되었다.

Origin of 'messenger bags' Messenger bags originated from the bags De Martini Globe Canvas Company in New York designed for their employees. De Martini messenger bags were waterproof crossbody bags with a shoulder strap and two closure straps. Over time, other mail carriers began using similar bags, including Pony Express, and the name 'messenger bag' became the name of the bag.

명함 지갑 名銜紙匣

명함을 넣어서 가지고 다닐 수 있게 만든 지갑.

EN business card case, business card holder, name card case a pocket-sized wallet in which name cards are carried.

VI ví đựng danh thiếp ví đựng danh thiếp, có thể mang theo dễ dàng.

IN kotak kartu nama, dompet kartu nama dompet untuk menyimpan dan membawa kartu nama.

CH 名片盒 可放置名片的钱包。

통 비즈니스 카드 케이스
(business card case)

미니 백 mini bag

크기가 작은 가방.

EN mini bag a small-sized bag.

VI túi nhỏ túi có kích thước nhỏ.

IN tas kecil tas berukuran kecil.

CH 迷你包 小型的包。

밀짚 가방

밀짚이나 왕골과 같은 자연 소재들을 꼬거나 엮어서 만든 가방.

동 스트로 백(straw bag)

EN straw bag a bag woven with natural materials like straws and cyperus exaltatus.

VI túi rơm, túi cói túi được đan hoặc bện bằng những nguyên liệu tự nhiên như rơm hoặc cói.

IN tas jerami tas yang dibuat menggunakan bahan alami seperti jerami yang dililit atau ditenun.

CH 草编包 用麦草或莞草等自然材料编织做成的包。

반 지퍼 돌이 지갑 半zipper--紙匣

지갑의 가장자리에 'ㄱ' 자 형태로 지퍼를 달아 여닫는 형태의 지갑.

동 하프 집 어라운드 (half zip around)

EN half zip around wallet a style of wallet with a zipper on two perpendicular edges of the wallet in an L-shape.

VI ví cầm tay nửa dây kéo dạng ví được đóng mở bằng cách gắn dây kéo ở hai cạnh vuông góc theo hình chữ L.

IN dompet half zip around dompet dengan bentuk risleting yang terbuka dan tertutup hingga membentuk huruf L di bagian tepian dompetnya.

CH 半开拉链钱包 在边棱上以ㄱ型安装拉链开合的钱包。

반구형 가방 半球形--

상단이 반구 모양인 가방.

EN dome-shaped bag a hemispherical bag.

VI túi hình vòm phần trên của túi có hình bán cầu.

IN tas berbentuk dome tas dengan bagian atas yang berbentuk setengah lingkaran.

CH 贝壳包 上半部分呈半球型的包。

동 돔 모양 백 (dome模樣bag)

배낭 背囊

등에 멜 수 있게 만든 가방. 물건을 넣을 공간이 넓으며, 등산이나 여행에 사용하는 기능성 배낭(백팩)부터 일상용 배낭까지 종류가 다양하다.

EN backpack a spacious bag made to be carried on one's back. The types of backpack vary from backpacks for everyday use, backpacks for hiking, backpacks for traveling, etc.

VI ba lô loại túi được đeo trên lưng. Túi có không gian đựng đồ rộng và có nhiều chủng loại đa dạng từ ba lô dùng để đi leo núi hoặc du lịch cho đến ba lô sử dụng trong cuộc sống thường ngày.

IN tas ransel tas yang bisa dibawa di punggung. Memiliki ruang yang luas untuk menyimpan barang. Bisa dipakai untuk naik gunung, jalan-jalan backpacker maupun dipakai untuk aktivitas sehari-hari.

CH 背包 可以背在背上的包。收纳空间宽敞，种类丰富，囊括了从登山旅行用的功能性背包到日常使用的背包等各种类型。

동 백팩(backpack)

배럴 백 barrel bag

상단에 지퍼가 있고 가로로 긴 원통 모양의 작은 가방.

EN barrel bag a small and horizontally cylindrical bag with a top zip.

VI túi trống, túi tập gym túi nhỏ có hình dạng ống tròn dài theo chiều ngang và phần trên của túi có dây kéo.

IN tas barrel tas kecil berbentuk tabung atau silinder panjang horizontal dan memiliki risleting di bagian atasnya.

CH 圆筒包 上端有拉链，横着是长圆筒模样的小包。

버킷 백 bucket bag

입구(구치)가 개방되어 있는, 양동이 모양의 가방.

EN bucket bag a bag shaped like a bucket with an open top.

VI túi dây rút túi có miệng túi được thiết kế theo hệ thống mở và có hình dáng như cái xô.

IN tas bucket tas yang memiliki bentuk seperti keranjang dengan bagian atas yang terbuka.

CH 水桶包 包口开放的铁桶形状的包。

동 바구니 가방

> 버킷 백은 이렇게 유래되었어요 '버킷 백'은 1930년대 와인을 운반하기 위해 튼튼하게 만든 양동이 모양의 가방에서 유래하였다. '버킷 백'과 같이 입구(구치)에 지퍼나 덮개(후타)가 없는 형태의 가방은 사치품이 아니라 쇼핑백으로 분류되어 (1948년 영국에서 가죽 제품에 도입된) 구매세가 면제되었기 때문에 특히 인기가 있었다. 이후 버킷 백은 1955년에 인기 절정기를 거쳐 1960년대 말과 1990년대에 다시 유행하였다.
>
> **Origin of 'bucket bags'** Bucket bags originated from strong bucket-shaped bags, which were made to carry wine in the 1930s. A bag, like bucket bags, that did not have a zipper or a flap at the opening was considered a shopping bag rather than a luxury good. Therefore, bucket bags were exempt from purchase taxes (enforced by England in 1948) and became exceptionally popular. Bucket bags went through the peak of popularity in 1955 and became popular again in the late 1960s and 1990s.

벨트 백

끈이나 벨트를 이용하여 허리에 매는 가방.

EN belt bag, waist bag, fanny pack a bag worn around the waist using a belt or a strap.

VI túi đeo hông túi có dây đeo hoặc nịt đeo ở phần hông.

IN tas pinggang tas yang dipasang di pinggang menggunakan tali atau ikat pinggang.

CH 腰包 利用绳或腰带挂在腰上的包。

동 웨이스트 백
(waist bag),
허리 가방

보스턴백 Boston bag

바닥판(소코)이 편평하고 네모졌으며, 옆판(마치)이 불룩한 아치형의 가방. 짧은 여행을 가거나 스포츠 활동을 할 때에 많이 사용한다.

EN Boston bag a bag with a rectangular bottom and sides that have an arch towards the top. It is often used as a traveling bag for short excursions

or as a sports bag.

VI túi Boston túi có phần đáy phẳng, hình tứ giác, hông túi hình vòm cung phồng. Sử dụng nhiều khi đi du lịch ngắn ngày hoặc khi chơi thể thao.

IN tas Boston tas berbentuk melengkung dengan bagian yang timbul pada sisi panel samping, dan memiliki panel bawah yang berbentuk persegi juga flat. Biasanya dipakai untuk berolahraga atau bepergian dalam waktu yang singkat.

CH 枕头包, 波士顿包 底板平而四方，侧片凸出的拱形包。多在短途旅行或运动时使用。

보스턴백이라는 말은 이렇게 유래되었어요 '보스턴'이라는 말은 미국 보스턴 대학의 학생들이 처음 사용한 데서 유래되었으며, 한국에서는 1930년경부터 사용하기 시작하였다.

Origin of the word 'Boston bag' The word 'Boston bag' originates from the first usage of this style of bag worn by university students in the Boston. Boston bags were introduced to Korea around 1930.

봉투형 가방 封套形--

편지 봉투 모양의 덮개(후타)가 달려 있는 납작한 형태의 가방.

EN envelope bag a flat bag with a flap that resembles an envelope.

VI túi bì thư túi phẳng có nắp đậy, hình dạng của nắp giống bì thư.

IN tas amplop tas dengan bentuk flat menyerupai amplop surat dengan penutup di bagian atasnya.

CH 信封包 包盖是信封形状的扁平形态的包。

통 인벨럽 백
(envelope bag)
관 덮개 가방(플랩 백)

비치백 beach bag

토트백류의 여름용 가방.

EN beach bag a summer-style tote bag.

VI túi đi biển túi mùa hè kiểu như túi tote.

IN tas pantai tas musim panas jenis tote bag.

CH 沙灘包 夏天使用的一种托特包。

삼단 접이 지갑 三段――紙匣

세 면이 포개지게 접히는 형태의 지갑.

EN trifold wallet a wallet that makes three folds.

VI ví gập ba dạng ví có ba mặt được gấp chồng lên nhau.

IN dompet trifold dompet berbentuk 3 lipatan yang saling overlap.

CH 三折钱包 三面折叠形态的钱包。

통 트라이폴드(trifold)
관 접이 지갑(빌폴드)

새들백 saddle bag

덮개 가방(플랩 백)의 일종으로, 말 안장 모양의 덮개(후타)가 앞판을 덮는 형태의 가방.

관 덮개 가방(플랩 백)

EN saddle bag a type of flap bag with a flap in the shape of a saddle, which covers the front panel of a bag.

VI túi saddle, túi yên ngựa một loại của túi có nắp đậy, nắp túi có hình giống yên ngựa che lấy mặt trước.

IN tas pelana tas yang berbentuk menyerupai pelana kuda dan memiliki penutup yang menutupi bagian depan.

CH 马鞍包 翻盖包的一种，马鞍形状的包盖能盖住侧片的形态的包。

새철 백 satchel bag

덮개(후타)가 있거나 입구(구치)에 지퍼를 달아 입구가 완전히 닫히며, 손잡이(핸들)가 짧고 바닥판(소코)이 평평한 가방.

※ 새철 백(satchel bag)은 '사첼 백'으로 잘못 사용하고 있으며 우리말샘에 '새첼 백'으로 등재되어 있지만, 외래어 표기법에 맞추어 '새철 백'으로 표기한다.

EN satchel bag a bag with short handles, a flat bottom, and a flap or a zipper that can completely seal the opening.

VI túi satchel, túi xách tay dạng túi có nắp hoặc có gắn dây kéo ở phía

trên miệng túi, miệng túi hoàn toàn đóng sát, có quai xách ngắn, đáy túi có dạng phẳng.

IN tas satchel tas yang memiliki bagian bawah flat, pegangan tas yang pendek, dan bagian atasnya benar-benar tertutup oleh risleting atau penutup yang menempel.

CH 长形手提包 有盖子或包口安装有拉链可以完全关闭的手把短、底板平的包。

서류 가방 書類--

사무에 필요한 서류, 필기구, 명함 따위를 넣는 부분이 구분되어 있는 가방. 전문직 종사자들이 주로 사용한다.

EN briefcase a bag with partitions to compartmentalize documents, writing utensils, name cards, and other office supplies. It is mainly used by business professionals.

VI cặp đựng tài liệu túi được ngăn ra từng phần để bỏ những thứ cần thiết trong văn phòng như hồ sơ, bút, danh thiếp. Chủ yếu là các doanh nhân sử dụng.

IN tas kantor, briefcase tas yang memiliki beberapa bagian terpisah untuk menyimpan dokumen kantor, alat tulis perkantoran, kartu nama, dan lain-lain. Sering digunakan oleh para pekerja kantor profesional.

CH 公文包 可分区收纳办公文件、文具、名片等的包。主要被专职人员使用。

동 브리프케이스 (briefcase), 비즈니스 백 (business bag)

관 트렁크형 서류 가방 (아타셰케이스), 포트폴리오

브리프케이스라는 말은 이렇게 유래되었어요 '브리프케이스'라는 말은 변호사들이 준비 서면(브리프)을 넣어 들고 다니던 데서 유래되었다. 손잡이가 없어서 팔에 끼거나 품에 안고 다니는 포트폴리오(portfolio), 탈착식 손잡이가 있는 폴리오케이스(folio case), 가죽이나 알루미늄으로 되어 있고 경첩 구조로 여닫는 단단한 아타셰케이스(attaché case)가 있다.

Origin of the word 'briefcase' The word 'briefcase' derives from lawyers carrying briefs in these cases. Types of briefcases include portfolios, folio cases, and attaché cases: a portfolio is a briefcase with no handles that can be carried under the arms or carried in the arms, a folio case is a briefcase with a detachable handle, and an attaché case is a leather or aluminum briefcase with hinges.

소형 가죽 제품 小形--製品

작은 가죽 제품을 통틀어 이르는 말. 지갑, 파우치, 케이스 따위가 있다.

EN small leather goods(SLG) a general reference to small leather products (e.g. wallet, pouch, case).

VI phụ kiện da tên gọi chung cho những mặt hàng da có kích thước nhỏ. Có các loại như ví, ví cầm tay, ốp lưng.

IN small leather goods istilah untuk barang kulit kecil. Seperti dompet, pouch, case dan sejenisnya.

CH 小皮件 小型皮革制品的通称。有钱包、化妆包、盒子等。

통 스몰 레더 굿스
(small leather goods),
에스엘지(SLG)

손잡이 가방

손잡이(핸들)가 달려 있어 들고 다닐 수 있는 가방.

EN grip bag, hand held a bag that can be carried around by the handle.

VI túi cầm tay loại túi có gắn quai xách, có thể mang theo khi di chuyển.

IN grip bag, tas tangan tas yang memiliki handle sehingga mudah dibawa dengan tangan.

CH 手提包 有手把的可以提着行走的包。

통 그립 백(grip bag),
핸드 헬드(hand held)
관 새철백, 토트백

쇼퍼 백 shopper bag

물건을 많이 넣을 수 있으며 손잡이(핸들)를 어깨에 멜 수 있는 형태의 큰 가방. 토트백과 형태가 비슷하지만 손잡이의 길이가 더 길고 보통 입구가 막혀 있지 않다.

EN shopper bag a spacious bag that can carry several items. Although, it is similar to a tote bag, a shopper bag normally has an open top with handles that are long enough to be worn over the shoulders.

VI túi mua sắm túi to và có thể chứa được nhiều đồ, có thể đeo quai xách trên vai. Túi giống với dạng túi tote nhưng chiều dài của quai xách dài hơn và thông thường miệng túi mở.

IN tas belanja tas berukuran besar untuk menyimpan banyak barang dengan handle yang bisa dibawa di bahu. Bentuknya mirip dengan tote bag

tapi memiliki handle yang lebih panjang dan bagian atasnya tidak tertutup.

CH 购物袋 可放入很多物品，手把可以背在肩上的大包。与托特包的样子相似，但是手把长度更长而且一般不封口。

숄더백 shoulder bag

어깨에 멜 수 있을 만큼 손잡이(핸들)의 길이가 긴 가방.

EN shoulder bag a bag with a long handle that can be worn over the shoulders.

VI túi đeo vai túi có quai xách dài để có thể đeo trên vai.

IN tas bahu tas dengan handle panjang yang bisa diselempangkan di bahu.

CH 单肩包 手把的长度很长可以背在肩上的包。

숄더백은 이렇게 유래되었어요 '숄더백'은 긴 어깨끈이 있는 가방으로 1910년경에 유행했는데, 손으로 들었을 때 발목까지 내려오게 늘어뜨리거나 끈을 손목에 감아서 들고 다니기도 했다. 한쪽 어깨에 메는 숄더백은 1930년대와, 가죽이 부족하여 직물로 가방을 만들었던 2차 세계대전 중에, 여행용 및 스포츠용으로 큰 인기를 끌었다. 이후 캐주얼한 옷이 유행하던 1960년대에는 가죽이나 데님으로 만든 숄더백이 남녀 모두에게 인기를 누렸다.

Origin of 'shoulder bags' In 1910, a bag with a long shoulder strap was considered fashionable. The bags would be carried by hand so that it hung down to the ankles or the strap was wrapped around the wrist. Shoulder bags worn on one side (not across the body) was very popular as a travel bag and as a sports bag in the 1930s during World War II when there was a shortage on leather. In the 1960s, when casual styles were in, shoulder bags were made with leather or denim, which made it gender neutral and popular among both genders.

스키니 skinny

옆판(마치)과 바닥판(소코) 없이 납작한 형태의 작은 가방.

EN skinny a flat bag that does not have a gusset or a bottom panel.

VI túi mỏng túi nhỏ, phẳng, không có hông và đáy.

동 납작 가방

IN skinny tas kecil yang berbentuk flat tanpa memiliki panel samping dan panel bawah.

CH 小零钱包 没有侧片和底板的扁平小包。

슬링 백 sling bag

어깨끈(숄더 스트랩)을 사선으로 메는 형태의 가방. 어깨끈은 하나만 있으며, 보통 버클이 있어 빠르게 탈착할 수 있다. 끈이 비교적 짧아서 허리에 밀착되기 때문에 움직일 때 걸리적거리지 않는다.

EN sling bag a bag with a single shoulder strap that is worn over the shoulder and across the body. It normally has a buckle for strapping on and strapping off the bag. The shoulder strap is relatively short, so that the bag does not stick to the waist and get in the way.

VI túi đeo, sling bag đây là một kiểu túi đeo chéo. Chỉ có một quai đeo, có khóa cài nên thông thường có thể gắn và tháo quai đeo khỏi túi nhanh chóng. Dây đeo hơi ngắn và dính chặt vào lưng nên không bị vướng khi chuyển động.

IN sling bag tas berbentuk diagonal yang memiliki tali bahu. Tali bahunya hanya satu, dan mudah dilepas karena memiliki gesper. Talinya yang pendek dan menempel di bagian pinggang membuatnya tidak akan mengganggu saat berjalan atau melakukan aktivitas lainnya.

CH 斜挎包, 斜挎胸包 肩带可斜背的包。肩带只有一根，一般装有搭扣便于快速拆卸。因肩带相对较短使包可以贴在腰间所以不会妨碍到人的活动。

통 봇짐 가방

아이패드 케이스 iPad case

아이패드를 넣어서 가지고 다닐 수 있게 만든 케이스.

EN iPad case a protective case in which an iPad is carried.

VI bao đựng iPad túi đựng iPad, có thể mang theo dễ dàng.

IN iPad case case yang dipakai untuk menyimpan dan membawa iPad.

CH iPad保护套 可装入iPad携带的保护套。

아코디언 accordion

장지갑 중에서, 양옆이 날개로 막혀 있고 칸막이(시키리)를 갖추고 있는 형태. 지갑을 여닫는 방법에 따라 지퍼 돌이 콘티넨털(집 어라운드 콘티넨털), 덮개 콘티넨털(플랩 콘티넨털) 따위가 있다.

EN continental, accordion the style of long wallets with pillow gussets and partitions (e.g. zip around continental, flap continental).

VI ví nhiều ngăn trong số các loại ví dài, đây là loại ví mà hai bên được chặn bằng cánh lật, có ngăn giữa. Tùy theo cách mở thì có thiết kế kiểu dây kéo hoặc kiểu có nắp.

IN kontinental di antara jenis dompet panjang, dompet ini memiliki bentuk dengan bagian samping yang tertutup sayap dan juga memiliki partisi. Berdasarkan cara membuka dan menutupnya, dompet ini dibagi menjadi zip around continental dan flap continental.

CH 风琴式长款钱包 长款钱包中由翅膀封住两侧，中有间隔的一种形态。根据钱包开合方式的不同可分为拉链钱包和翻盖型钱包等。

동 콘티넨털(continental)

에코백 eco-bag

재활용이 가능하고 버렸을 때 금방 썩는 소재로 만든 가방. 환경 오염을 일으키는 일회용 비닐봉지와 비닐 코팅이 된 일회용 종이 가방을 대체한다.

EN eco-friendly bag an eco-friendly bag that is environmentally friendly, recyclable, and compostable. It replaces environmentally unfriendly plastic bags and vinyl coated plastic bags.

VI túi sinh thái, eco-bag đây là túi thân thiện với môi trường vì nó được làm từ chất liệu có khả năng tái sử dụng và dễ phân hủy. Loại túi thay thế cho túi nhựa và túi phủ vinyl sử dụng một lần gây ô nhiễm môi trường.

IN eco-bag tas ramah lingkungan sebagai pengganti kantong plastik sekali pakai yang menyebabkan pencemaran lingkungan. Tas ini terbuat dari bahan-bahan yang dapat didaur ulang dan memiliki kemampuan terurai dengan cepat jika dibuang ke alam.

CH 环保袋 用丢弃后能快速降解的材料制成的可循环使用的环

SIMONE
HANDBAG
MUSEUM

保袋。替代导致环境污染的一次性塑料袋和有塑料涂层的一次性纸袋。

여권 지갑 旅券紙匣

여권을 끼워 보관할 수 있도록 만든 지갑.

EN passport case, passport cover a protective case in which a passport is carried.

VI ví đựng hộ chiếu ví được thiết kế để đựng hộ chiếu, giúp bảo quản hộ chiếu.

IN passport cover, sampul paspor case yang dapat digunakan untuk menyimpan passport.

CH 护照套 套在护照外面到保护作用的钱包。

통 여권 케이스(旅券case),
패스포트 케이스
(passport case)

여행 가방 旅行--

여행용 가방을 통틀어 이르는 말.

EN luggage a general term that refers to a bag for traveling.

VI vali tên gọi chung cho các loại túi dùng khi đi du lịch.

IN bagasi, koper kata yang memiliki arti tas untuk bepergian.

CH 旅行包, 拉杆箱 旅行用包的统称。

통 러기지(luggage)
관 여행용 바퀴 가방
(트롤리 백)

여행용 다용도 지갑 旅行用多用途紙匣

여행에 필요한 여권이나 작은 물건을 넣어서 가지고 다닐 수 있게 만든 지갑.

EN travel wallet a wallet for carrying passports and small travel goods.

VI ví du lịch ví được thiết kế để đựng hộ chiếu hoặc các vật dụng nhỏ khác cần thiết khi đi du lịch.

IN dompet travel dompet yang digunakan untuk menyimpan dan membawa barang-barang kecil atau passpor yang dibutuhkan saat bepergian.

CH 旅行钱包 可携带旅行所需的护照或小物件的钱包。

통 트래블 월릿
(travel wallet)

여행용 바퀴 가방 旅行用----

바퀴가 달려 있어 이동이 쉬운 여행용 가방. 기내에 들고 탈 수 있을 정도로 크기가 작은 것은 '캐리 온(carry on)'이라고 한다.

동 트롤리 백
(trolley bag)

EN suitcase, trolley bag a travel bag with wheels for mobility. A small suitcase, known as a 'carry-on luggage,' is a type of suitcase that passengers are allowed to carry along in the passenger compartment of the vehicle.

VI vali kéo túi du lịch có gắn bánh xe để di chuyển dễ dàng. Túi có kích thước nhỏ để xách tay lên máy bay được gọi là 'carry on'.

IN koper, suitcase koper beroda yang mudah dibawa kemana saja. Koper yang berukuran kecil dan bisa dibawa masuk ke dalam kabin pesawat ini disebut sebagai 'carry on'.

CH 登机拉杆箱 装有轮子便于移动的旅行包。可以带入机舱较小尺寸的被称作 'carry on'。

열쇠 지갑 --紙匣

여러 개의 열쇠를 달아서 가지고 다닐 수 있게 만든 지갑.

동 키 케이스(key case)

EN key wallet, key case, key holder a case in which keys are carried.

VI ví đựng chìa khóa ví dùng để móc chìa khóa, có thể đem theo dễ dàng.

IN dompet gantungan kunci dompet yang digunakan untuk menyimpan dan membawa beberapa kunci.

CH 钥匙包 可以挂多把钥匙的钱包。

열쇠 파우치 --pouch

안쪽에 연결된 열쇠고리(키 링)에 열쇠를 달아 넣을 수 있게 만든 주머니.

동 키 파우치(key pouch)

EN key pouch a pouch with internal key rings that secure the keys inside the pouch.

VI ví đựng chìa khóa ví có vòng móc chìa khóa bên trong để móc chìa khóa vào.

IN pouch kunci pouch untuk menyimpan kunci dengan meletakkannya pada gantungan kunci yang terhubung di bagian dalam.

CH 抽绳钥匙包 内侧连接有钥匙扣可挂钥匙并将其收入其中的小口袋。

열쇠고리

열쇠를 끼워서 가지고 다닐 수 있게 만든 고리.

EN key fob, key ring a ring for threading and holding several keys together.

VI móc khóa vòng được làm để móc chìa khóa, có thể đem theo dễ dàng.

IN gantungan kunci cincin yang dapat digunakan untuk menyimpan dan membawa beberapa kunci.

CH 钥匙扣 可挂上钥匙携带的扣。

동 키 링(key ring)

오픈 페이스 open face

열었을 때 완전히 펼쳐지는 형태. 오픈 페이스 제품에는 오픈 페이스 지갑(오픈 페이스 월릿), 오픈 페이스 접이 지갑(오픈 페이스 빌폴드) 따위가 있다.

EN open face an opening style that allows the product to fan out all the way, so that the product can lay flat on a surface (e.g. open face wallet, open face billfold).

VI ví kiểu mở dạng ví khi mở ra thấy toàn bộ phần bên trong ví. Có các loại ví như ví kiểu mở, ví gập đôi kiểu mở.

IN open face bentuknya terbuka lebar saat dibuka. Pada produk open face terdapat jenis dompet open face dan dompet billfold open face.

CH 张开式 产品打开时是完全张开的形态。张开式产品包括张开式钱包、张开式折叠钱包。

동 개방형(開放形)

이렇게 달라요 Differences between the items

오픈 페이스 지갑
(오픈 페이스 월릿)
open face wallet

오픈 페이스 접이 지갑
(오픈 페이스 빌폴드)
open face billfold

옷 가방

옷이 구겨지지 않도록 들고 다닐 수 있게 만든 의복 보호용 가방. 간단한 여행용품을 담을 수 있는 공간이 마련되어 있기도 하다.

🔵 **EN** garment bag a flat light bag, often used when traveling, that prevents clothes from getting wrinkled. Sometimes, the bag has a space for carrying small travel goods as well.

🔵 **VI** túi đựng áo vest túi bảo quản trang phục nhằm giữ cho trang phục không bị nhăn khi di chuyển. Túi cũng có không gian để có thể đựng đồ du lịch đơn giản.

🔵 **IN** tas garmen tas pelindung pakaian yang memiliki fungsi menjaga pakaian agar tidak kusut. Memiliki ruang lebih yang dapat digunakan untuk menyimpan barang barang untuk bepergian.

🔵 **CH** 西装袋 防止衣服起皱方便携带出行的保护衣服用包。也具备放置简单的旅行用品的空间。

통 가먼트 백
(garment bag)

이브닝 백 evening bag

파티 같은 행사에 가지고 가는 작고 화려한 가방. 구슬이나 비즈 따위를 달아 꾸민다.

🔵 **EN** evening bag a small and flashy bag designed for parties and the likes. Marbles and beads are often used to decorate the bag.

🔵 **VI** túi dự tiệc túi nhỏ, lộng lẫy có thể mang theo khi đi dự tiệc. Thường gắn đá quý hoặc hạt để trang trí.

🔵 **IN** tas pesta tas kecil dengan desain mewah yang biasanya dibawa saat pesta atau acara sejenisnya. Biasanya dihiasi dengan manik-manik.

🔵 **CH** 晚装包 参加派对等活动时拿的小而华丽的包。用钉珠或珠串来装饰。

통 파티 백(party bag)

장지갑 長紙匣

지폐를 펴서 넣을 수 있을 만큼 길이가 긴 지갑.

🔵 **EN** long wallet a long wallet that keeps the bills straight.

🔵 **VI** ví dáng dài ví dài để giữ tiền giấy được thẳng.

IN dompet panjang dompet berukuran panjang yang risletingnya bisa dibuka lebar.

CH 长款钱包, 长钱包 能把纸币展开放置的长钱包。

접이 지갑 --紙匣

지폐를 넣었을 때, 지폐가 접히는 형태의 지갑.

EN billfold a folding wallet that folds the bills inside the wallet as it folds itself.

VI ví gập đôi ví có hình dạng gấp, tiền giấy bỏ vào bị gấp lại.

IN dompet billfold dompet dengan bentuk yang berfungsi untuk melipat kertas ketika dimasukkan.

CH 折叠钱包 放入纸币时，纸币是折叠形态的钱包。

유 반지갑,
빌폴드(billfold)
관 삼단 접이 지갑
(트라이폴드)

지갑 紙匣

돈이나 신분증 따위를 넣을 수 있도록 만든 자그마한 물건.

EN wallet a pocket-sized object for carrying money and cards.

VI ví đồ vật nhỏ được thiết kế để đựng tiền hoặc thẻ chứng minh.

IN dompet barang kecil yang digunakan untuk menyimpan uang atau kartu identitas diri.

CH 钱包 可以放钱或身份证之类的小型产品。

유 월릿(wallet)

지퍼 돌이 지갑 zipper--紙匣

접히는 부분을 제외한 세 면에 지퍼를 달아 'ㄷ'자로 지퍼를 이동시켜 여닫는 형태의 지갑.

EN zip around wallet a style of wallet with a zipper on three edges of the wallet in a U-shape with exception to the edge that folds.

VI dây kéo xung quanh dạng ví mà ngoại trừ phần bị gấp thì ba mặt được đóng mở bằng cách di chuyển dây kéo theo hình chữ U.

IN dompet zip around, zipper di sekeliling dompet yang dibuka dengan

유 집 어라운드 월릿
(zip around wallet)

cara membuka risleting di ketiga sisi kecuali bagian yang dilipat.

CH 拉链钱包 除了折叠部分以外，三面安装拉链，拉链以ㄷ型拉动开合的钱包。

카드 지갑 card 紙匣

카드 따위를 넣어서 가지고 다닐 수 있는 자그마한 지갑.

EN card case, card holder a small case in which cards are carried.

VI ví đựng thẻ, ví đựng card ví nhỏ dùng để đựng các loại thẻ, có thể mang theo dễ dàng.

IN tempat kartu, dompet kartu dompet kecil yang digunakan untuk menyimpan dan membawa kartu.

CH 卡包, 卡片夹 可放卡片之类的便携小钱包。

동 카드 케이스(card case)

카메라 가방 camera--

사진 촬영에 필요한 기기나 용품을 안전하게 보관하고 운반하기 위해 만든 가방.

EN camera bag a protective bag in which cameras and other photography equipment are carried.

VI túi đựng máy ảnh túi được sử dụng để bảo vệ những đồ dùng hoặc máy móc cần thiết cho quay phim, chụp hình, giúp thuận tiện khi di chuyển.

IN tas kamera tas yang digunakan untuk menyimpan dan melindungi peralatan juga perlengkapan yang dibutuhkan untuk fotografi.

CH 相机包 为了保护或方便搬运摄影器材或摄影用品而制作的包。

동 카메라 백(camera bag)

콤팩트 월릿 compact wallet

카드꽂이(카드 포켓), 칸막이(시키리), 동전 지갑 따위의 다양한 수납 공간을 갖추어 다용도로 쓸 수 있는 지갑. 지퍼 돌이(집 어라운드), 아코디언(콘티넨털)과 기능은 비슷하지만 크기가 작다.

EN compact wallet a wallet with various storage spaces, like card pockets, partitions, and coin pouches. It has similar features to a zip around wallet and an accordion(continental) wallet, but it is smaller in size.

VI ví đa năng nhỏ ví đa dụng có nhiều ngăn đựng đồ đa dạng như dàn ngăn, ngăn, ví đựng tiền xu. Chức năng tương tự như ví cầm tay dây kéo, ví nhiều ngăn nhưng kích thước nhỏ hơn.

IN dompet compact , compact wallet dompet dengan berbagai macam tempat penyimpanan untuk beberapa tujuan seperti dompet kartu, partisi dan dompet koin. Dompet ini memiliki kemiripan dengan fungsi pada round zipper dan dompet kontinental tapi memiliki ukuran yang lebih kecil.

CH 多功能钱包 有卡位、隔层、零钱袋等多种收纳空间的多功能钱包。与拉链全开式钱包、风琴式长款钱包的功能类似但形状较小。

동 다용도 지갑
(多用途紙匣)

퀼팅 백 quilting bag

가죽이나 원단(패브릭) 따위의 뒷면에 보강재(신)를 대고 일정한 형태로 퀼팅하여 무늬를 두드러지게 만든 가방.

동 누비 가방

EN quilted bag, embroidery bag a quilted bag with prominent patterns on a layer of leather or fabric that lies on top of a reinforcing material.

VI túi thêu túi được thiết kế để làm nổi bật hoa văn bằng cách nhét đệm gia cố vào mặt sau của miếng da hoặc vải và may chần theo hình dạng nhất định.

IN tas quilting tas yang dibuat dengan memasukkan penguat ke bagian belakang kulit atau kain, kemudian diquilting ke dalam bentuk tertentu sehingga garis polanya terlihat.

CH 刺绣包, 绗缝包 在皮子或面料等材料的背面放上补强衬，根据一定的形态绗缝，制成的纹路凸起的包。

크로스보디 백 crossbody bag

긴 어깨끈(숄더 스트랩)을 달아 한쪽 어깨에서 반대쪽 아래로 가로지르며 길게 멜 수 있게 만든 가방.

EN crossbody bag a bag with a long strap that can be worn across the body.

VI túi đeo chéo, túi crossbody túi được thiết kế bằng cách gắn quai đeo dài, đeo vắt chéo từ vai xuống phía dưới theo hướng đối diện.

IN tas selempang tas dengan tali bahu yang panjang untuk digantungkan di bahu atau disilangkan ke badan.

CH 斜挎包 有长背带可以从一侧肩上向身体另一侧斜挎下方斜挎的包。

동 엇매기 가방

클러치 백 clutch bag

손잡이(핸들) 없이 옆구리에 끼거나 손에 쥐고 다닐 수 있게 만든 가방.

EN clutch bag a bag without handles that can be carried under the arm or held by hand.

VI túi cắp nách, túi clutch loại túi không có quai xách, được thiết kế để cầm tay hoặc kẹp bên hông.

IN clutch tas tanpa handle sehingga harus dibawa dengan cara dipegang atau digenggam di tangan.

CH 手抓包, 手拿包 没有手把的夹在肋部或手拿携带的包。

클러치 백은 이렇게 유래되었어요 1920년대에는 뒤쪽에 세로로 손목을 끼우거나 엄지를 끼우는 고리를 단 형태의 클러치 백이 유행하였다. 1930년대에는 좋은 가죽, 고급 직물, 금속 실, 드레스에 어울리는 실크, 검정색 코디드 실크, 태피스트리 직물을 이용하여 만든, 잠금쇠를 부착한 날렵한 디자인의 클러치가 이브닝 백 용도로 유행했다. 이후 1970년대에 매거진 백 같은 형태로 다시 유행했으며 2010년대에도 다시 유행하고 있다.

Origin of 'clutch bags' In the 1920s, a clutch bag with a loop in the back for vertically inserting the wrist or a thumb was considered fashionable. In the 1930s, sleekly designed clutches made of fine leather, fine fabrics, metal threads, silk that matched the dress, black coded silk, and tapestry fabrics were popular as evening bags for parties. Since then, it has become popular again in the form of a magazine bag in the 1970s and it is becoming popular again in the 2010s.

토트백 tote bag

많은 물건을 넣을 수 있으며 손잡이(핸들)의 높이가 낮아 어깨에 멜 수 없는 형태의 큰 가방. 쇼퍼 백과 형태가 비슷하지만 손잡이의 길이가 더 짧아 팔에 걸고 다녀야 하므로 따로 어깨끈(숄더 스트랩)을 달아 편리성을 높이기도 한다.

관 쇼퍼 백

EN tote bag a spacious bag with low handles that can hold several items. It can be held by hand or hung on arms, but cannot be worn over the shoulders. Although, it is similar to shopper bags, the handles on tote bags are shorter and a shoulder strap can be strapped on for convenience.

VI túi tote túi lớn, có thể chứa được nhiều đồ, chiều cao của quai xách thấp nên không thể đeo vai được. Hình dạng túi gần giống như túi mua sắm nhưng chiều dài của quai xách ngắn hơn, vì phải cầm tay nên gắn thêm quai đeo để nâng cao tính tiện lợi.

IN tote bag tas berukuran besar untuk menyimpan banyak barang namun memiliki handle yang pendek sehingga tidak dapat digantungkan di bahu. Bentuk tas ini mirip dengan tas belanja tapi memiliki handle yang lebih pendek sehingga hanya bisa diselempangkan di lengan, atau dapat dipasangi tali bahu agar lebih nyaman saat dibawa.

CH 托特包 能放入很多物品，手把长度短，无法肩背的大型包。与购物袋的形态相似，但是手把长度更短，需要拎在胳膊上携带，因此也通过添加长肩带以提高便利性。

토트백이라는 말은 이렇게 유래되었어요 'tote'는 '(특히 무거운 것을) 들다, 들고 다니다'라는 뜻이다. 토트백은 가방 위 양쪽에 손잡이가 달린 크고 개방된 가방으로 한쪽 어깨에 메고 겨드랑이에 끼워 들고 다닐 수 있다. 소박한 종이 쇼핑백에서 출발한 디자인으로 공간이 넉넉하다는 특징이 있다.

Origin of the word 'tote bag' 'Tote' means to hold (especially heavy) things. A tote bag is a large, open bag with handles on both sides of the bag, which can be carried on a shoulder and under the arm. The design of tote bags originated from generic paper shopping bags. Consequently, the bag features a lot of space by design.

통근용 카드 지갑 通勤用card 紙匣

출퇴근할 때 간편하게 가지고 다닐 수 있는 카드 지갑. 한쪽에는 카드 꽂이(카드 포켓)가 있고, 다른 한쪽에는 아이디 창이 있으며, 줄이 달려 있어 목에 걸 수 있다.

EN commuter case a card case or a wallet that is easy to carry around during commutes. One side of the case has a card pocket and the other side has an ID window. A lanyard is attached to the case, so that it can be hung around the neck.

VI ví đựng thẻ ví đựng thẻ có thể mang theo dễ dàng khi đi làm. Một bên có dàn ngăn, một bên khác có ngăn đựng danh thiếp, ví cũng gắn cả dây đeo nên có thể đeo vào cổ.

IN commuter card case case kartu yang nyaman dibawa saat jam berangkat kerja ataupun pulang kerja. Terdapat card holder di satu sisinya, dan tempat kartu nama yang transparan di sisi lainnya. Case kartu ini memiliki tali yang panjang sehingga dapat dibawa dengan dikalungkan di leher.

CH 证件卡套 上下班时，可方便携带的卡包。卡包一面有卡位，另一面有透明板，附带绳子可以挂在脖子上。

동 커뮤터 케이스
(commuter case)

트렁크형 서류 가방 trunk形書類－－

얇고 작게 만든 직사각형의 트렁크.

EN attaché case a small, thin, and square briefcase.

VI cặp da vali hình chữ nhật mỏng và nhỏ.

IN attaché case trunk berbentuk persegi panjang yang kecil dan juga tipis.

CH 硬质手提文件箱
小而薄的方形箱子。

동 아타셰케이스
(attaché case)
관 서류 가방
(브리프케이스)

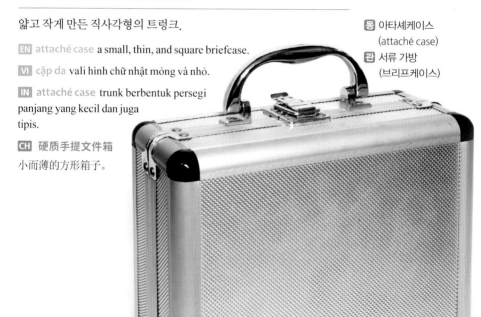

아타셰케이스라는 말은 이렇게 유래되었어요 '아타셰케이스'는 대사관 직원이 중요한 서류를 넣는 가방에서 유래하였다. 예전에는 가벼운 오동나무로 만든 상자 위에 가죽을 씌워서 만들었으며 지금은 다양한 소재로 만든다. 1960년대 미국 첩보 영화의 주인공이 들고 다녀서 '공공칠가방'이라 부르기도 한다.

Origin of the word 'attaché case' The origin of 'attaché case' originated from the bags in which embassy officials carried important documents in. It can now be made with various materials, but it was first made by placing leather in a wooden box made of paulownia wood. It is often referred to as the '007 bag' because of the main character in a 1960s American spy film, who is seen carrying the bag.

파우치 pouch

화장품 따위의 물건을 담아서 가볍게 가지고 다닐 수 있게 만든 주머니.

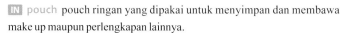 **EN** pouch a pocket made to carry small items for various purposes.

VI ví cầm tay túi hộp dùng để đựng các đồ vật như mỹ phẩm, có thể đem theo nhẹ nhàng, dễ dàng.

IN pouch pouch ringan yang dipakai untuk menyimpan dan membawa make up maupun perlengkapan lainnya.

CH 小袋, 小包 可放置化妆品等物品的轻巧便携的小袋子。

파우치는 이렇게 유래되었어요 16세기 이전에는 남녀 모두 거들에 부착된 작은 주머니에 소소한 귀중품을 넣어서 가지고 다녔으며, 이 주머니는 담배를 담는 용도로도 사용되었다. 당시 주머니는 종종 세밀하게 짠 실크와 장식된 유리로 만들기도 했다. 여기에서 '파우치'가 유래하였다.

Origin of 'pouch' Before the sixteenth century, both men and women carried small valuables in small pockets attached to their girdles, which were used to carry cigarettes amongst other small valuables. At the time, these pockets were often made with finely woven silk and decorated glass. This is where the term 'pouch' was derived.

포트폴리오 portfolio

서류나 간단한 소지품을 넣어서 가지고 다닐 수 있게 만든, 손잡이(핸들)가 없고 납작한 서류 가방.

EN portfolio a flat briefcase without a handle that can carry documents and small items.

VI túi đựng hồ sơ túi hồ sơ đẹp, không có quai xách, được thiết kế để đựng giấy tờ hoặc những đồ đơn giản, có thể mang theo dễ dàng.

IN tas surat, portfolio tas dokumen berbentuk flat, tidak memiliki handle yang biasa digunakan untuk menyimpan dan membawa dokumen atau barang-barang kecil lainnya.

CH 文件夹, 公事包 能装文件或简单的日用品携带的没有手把形状扁平的公文包。

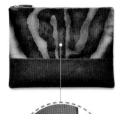

관 서류 가방

필통 筆筒

필기도구를 넣어서 가지고 다닐 수 있도록 만든, 작은 물건.

EN pencil case a small case in which writing utensils are carried.

VI hộp đựng bút đồ vật nhỏ được thiết kế để đựng các loại bút và có thể mang theo dễ dàng.

IN kotak pensil kotak kecil yang biasa digunakan untuk menyimpan dan membawa alat tulis.

CH 笔袋 可装书写工具的便携小型制品。

핸드백 handbag

여성들이 손에 들거나 어깨에 메고 다니는 작은 가방.

EN handbag a small bag that is handheld or hung over the shoulders.

VI túi xách tay túi xách nhỏ mà phụ nữ thường xách tay hoặc đeo vai.

IN tas tangan tas kecil para wanita yang bisa

dipakai di tangan atau bahu.

CH 手袋 女性们手提或肩背的小型包袋。

핸드백은 이렇게 유래되었어요 16세기 이전의 가방은 왕족, 귀족, 성직자들이 귀중품을 담는 데 사용되는 파우치 형태였으며, 이들의 신분을 나타냈다. 18세기 이후에는 장식성이 강한 이브닝 백 형태로 부유함이나 상위 계급을 나타내는 데 사용되었다. 19세기 말에 여성들이 여행을 다니기 시작하면서 오늘날의 형태를 갖추게 되었다. 기존의 유연한 주머니 형태의 가방에서 변형이 없는 딱딱한 상자 형태의 여행 가방이 등장했다. 이때 가방의 세 구성 요소로 프레임, 입구 잠금 장치, 손잡이(핸들)가 형성되었다. 19세기 후반에 들어서면서 부유층이 주로 사용하는 여성용 핸드백이 만들어졌다.

Origin of 'handbag' Prior to the 16th century, bags were used as pouches to store valuables. It was used by royals, nobles, and priests to represent their status. After the 18th century, decorative handbags in the form of evening bags were used by the upper class to represent wealth and status. As women began traveling around the end of the 19th century, handbags developed to the form it is today. Handbags ranged from the conventional pouch-shaped bags to rigid box-shaped travel bags. At this point, the three components of the bag were established: the frame, the entrance lock, and the handle. It was also in the late 19th century that gender-specific women's handbags, used mainly by the wealthy class, were made.

호보 백 hobo bag

반달 모양의 가방. 모양이 잡히지 않고 아래로 축 늘어진다.

EN hobo bag a droopy bag in the shape of a half-moon.

VI túi xách hình bán nguyệt, túi hobo túi hình bán nguyệt. Hình dạng không bị bó buộc và sệ xuống phía dưới.

IN tas hobo tas yang berbentuk seperti bulan sabit, tas ini cenderung turun ke bawah, tidak membentuk secara sempurna.

CH 弯形包 半月形的包。形状不固定且下垂。

통 반달 가방

화장품 케이스 化粧品case

화장품이나 화장 도구를 넣을 수 있도록 내부가 칸막이로 분리된 상자형 가방. 주로 여배우나 모델이 휴대용 화장대로 사용하기 때문에 화장대를 뜻하는 '배니티'를 사용하여 '배니티 케이스'라고 하기도 한다.

EN cosmetic case, beauty case, vanity case a box-shaped bag for carrying cosmetics, toiletries, and makeup tools. The inside of the bag has partitions that divides up the inner space. The word 'vanity' in 'vanity case' refers to dressing tables that actresses and models used to carry around.

VI hộp đựng mỹ phẩm túi hình hộp có các ngăn bên trong để đựng mỹ phẩm hoặc dụng cụ trang điểm. Chủ yếu nữ diễn viên hoặc người mẫu sử dụng như bàn trang điểm di động nên người ta sử dụng từ 'vanity', nghĩa là bàn trang điểm và gọi là 'vanity case'.

IN kotak kosmetik tas berbentuk kotak dengan partisi di dalamnya sebagai tempat untuk menyimpan kosmetik dan peralatan make up. Tas ini disebut juga dengan 'vanity case' dari kata 'vanity' yang memiliki arti kotak make up portable, biasanya para artis maupun model banyak yang menggunakan kotak make up model portable ini.

CH 化妆盒, 化妆匣 为放置化妆品或化妆工具, 内部用隔板分隔的箱型包。因为通常用作女演员或模特的便携化妆台, 所以也用'化妆台'(vanity)一词命名为'化妆台箱'(vanity case)。

통 배니티 케이스
(vanity case),
뷰티 케이스
(beauty case),
코즈메틱 케이스
(cosmetic case)

화장품 파우치 化粧品pouch

화장품을 넣어서 가지고 다닐 수 있게 만든 주머니.

EN cosmetic pouch a pouch made to carry cosmetics.

VI túi đựng mỹ phẩm túi hộp được thiết kế để đựng mỹ phẩm, có thể mang theo dễ dàng.

IN kosmetik pouch pouch yang berfungsi untuk menyimpan dan membawa alat-alat kosmetik.

통 코즈메틱 파우치
(cosmetic pouch)

CH 化妆包 用来装化妆品的便携小包。

휴대 전화 케이스 携帯電話case

휴대 전화를 끼워 멋을 내거나 휴대 전화를 보호할 수 있게 만든 케이스.

EN cell phone case a case for carrying, decorating, and protecting mobile phones.

VI ốp lưng điện thoại ốp lưng dùng để nhét điện thoại vào, công dụng làm đẹp hoặc bảo vệ điện thoại.

IN handphone case, cover handphone case yang dipakai untuk memberikan tampilan keren pada handphone dan juga melindunginya dari benturan.

CH 手机套, 手机外壳 套在手机外面使其更美观或起到保护作用的外壳。

통 셀폰 케이스
(cell phone case)

가방 이름 앞에 붙어
뜻을 제한하는 말

a word that comes in front of the name of a bag and limits
the definition of the bag

small

크기가 작은. SM이라고 표기한다.

EN small a product size that is less than the normal or usual size. It
abbreviates to 'SM.'

VI nhỏ túi có kích thước nhỏ. Được ký hiệu là SM.

IN kecil, small produk yang berukuran kecil. Dilambangkan dengan SM.

CH 小号 产品的小号尺寸。用SM标记。

medium

크기가 중간인. MD라고 표기한다.

EN medium an average product size between small and large. It abbreviates
to 'MD.'

VI trung bình sản phẩm có kích thước trung bình. Được ký hiệu là MD.

IN sedang, medium produk yang berukuran medium. Dilambangkan
dengan MD.

CH 中号 产品的中号尺寸。用MD标记。

large

크기가 큰. LG라고 표기한다.

EN large a product size relatively bigger than the normal or usual size. It
abbreviates to 'LG.'

VI lớn sản phẩm có kích thước lớn. Được kí hiệu là LG.

IN besar, large produk yang berukuran besar. Dilambangkan dengan LG.

CH 大号 产品的大号尺寸。用LG标记。

X-

제품의 크기를 나타내는 말 앞에 붙어 '한 치수 더'의 뜻을 더하는 말. 엑스스몰(XS), 엑스라지(XL)와 같이 사용한다.

EN X- a letter that comes in front of a size to mean 'one size more' (e.g. XS, XL).

VI X- ký tự thêm vào mang ý nghĩa là 'hơn một cỡ', đặt trước từ chỉ kích thước của sản phẩm. Ví dụ như XS(x-small), XL(x-large).

IN X- berfungsi untuk menunjukkan ukuran suatu produk dengan makna 'satu dimensi lebih'. Contohnya XS (x-small), XL (x-large).

CH 特- 加在表示产品尺寸的词前面的字母，意为'加码'。如x-small(加小码) x-large(加大码)。

EW East-West

가로로 긴 형태.

EN EW(East-West) a style in which a product is horizontally long.

VI EW(East-West), hướng ngang túi có hình dạng dài theo chiều ngang.

IN EW(East-West), timur-barat bentuk memanjang horizontal.

CH 东西 横向长度较长的形态。

NS North-South

세로로 긴 형태.

EN NS(North-South) a style in which a product is vertically long.

VI NS(North-South), hướng đứng túi có hình dạng dài theo chiều dọc.

IN NS(North-South), utara-selatan bentuk memanjang vertikal.

CH 南北 纵向长度较长的形态。

더블집 double zip

주 입구의 지퍼가 두 줄인 형태.

EN double zip the style of having two parallel zippers at the main opening.

VI dây kéo đôi kiểu túi có miệng túi chính được gắn hai dây kéo.

IN risleting ganda bentuk tas dengan risleting ganda pada bagian pembukanya.

CH 双拉链 主包口有两条拉链的形状。

톱집 top zip

제품 윗부분에 지퍼가 달린 형태. 톱 지퍼(top zipper)의 축약어이다.

EN top zip the style of having a zipper on the top of a product. It is an abbreviation of 'top zipper'.

VI dây kéo miệng dây kéo được gắn ở phần trên miệng túi. Đây là cách nói ngắn gọn của từ top zipper.

IN risleting atas risleting yang menempel pada bagian atas produk. Risleting ini dinamakan top zipper.

CH 顶端拉链,顶链 在制品的上部安装拉链的形状。是'顶端拉链' (top zipper)的缩写型。

투웨이 two way

지퍼를 양쪽에서 여닫을 수 있게 지퍼 풀러가 두 개 있는 형태.

동 양방향(兩方向)

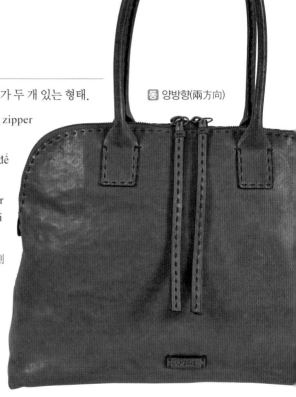

EN two-way zipper the style of having a zipper with two zipper pullers on both ends.

VI dây kéo hai chiều túi có hai tép đầu kéo để có thể đóng, mở dây kéo theo hai hướng.

IN dua arah bentuk tas dengan 2 zipper puller untuk membuka dan menutup risleting dari dua sisi.

CH 双向的 一个拉链带有两个拉头可从两侧分别开合的形态。

부위

Handbag Part

가락지

가죽이나 원단(패브릭)을 좁게 잘라 이어서 둥글게 만든 고리. 금속이나 플라스틱으로 만들기도 한다. 고정 여부에 따라 고정식 가락지와 이동식 가락지가 있으며, 기본 고리 모양에서 변형된 조임끈 가락지가 있다. 주로 끈 따위가 들리는 것을 막아 준다.

EN keeper a loop made with a narrow strip of leather, fabric, metal, or plastic. Its main function is to hold and prevent the strap from lifting up. The keepers are categorized as a fixed keeper or a movable keeper depending on the mobility. There is also the drawstring keeper, which is a modified form of the basic keeper.

VI nhẫn quai nhẫn tròn được làm bằng cách cắt nhỏ miếng da hoặc vải rồi nối lại. Cũng được làm bằng kim loại hoặc nhựa. Tùy theo việc cố định hay không, có loại nhẫn cố định và nhẫn di động, có nhẫn kiểu dây rút được tạo ra từ hình dạng nhẫn cơ bản. Chủ yếu giúp giữ cho dây không bị nâng lên.

IN cincin cincin yang terbuat dari potongan-potongan kulit atau kain yang dibentuk melingkar. Bisa juga dibuat dari logam maupun plastik. Dilihat dari daya mobilitasnya, cincin ini dapat dikategorikan menjadi cincin tetap dan cincin yang dapat dipindahkan, ada juga cincin untuk mengencangkan yang terbentuk dari cincin utama. Cincin ini berfungsi untuk mencegah tali agar tidak bergerak kemana-mana.

CH 戒指扣 将真皮或面料裁成细条后首尾相接制成的圆环。有的也用金属或塑料制作。根据固定与否分为固定式戒指扣和活动式戒指扣，还有从基本环形演变来的松紧型戒指扣。主要用于防止包带翘起。

괜 고정식 가락지, 덮개 안쪽 가락지 (내후타 가락지), 손잡이 가락지 (핸들 가락지), 이동식 가락지, 조임끈 가락지

이렇게 달라요 Differences between t|

고정식 가락지
fixed keeper

이동식 가락지
movable keeper

조임끈 가락지
drawstring keeper

가랑이 바닥판 ――――板

가랑이 옆판(가랑이 마치)의 아래쪽 면. 벌리면 좁은 'V'자 모양의 골이
만들어진다.

EN accordion bottom, double bottom the bottom side of an accordion
gusset. It has a V-shape fold that is visible when spread apart.

VI đáy túi xếp tầng phần bên dưới của hông túi dạng xếp tầng. Nếu mở ra
thì tạo thành khung hẹp có hình chữ V.

IN bawah ganda sisi bawah dari gusset ganda. Memiliki lipatan
berbentuk V terbalik saat dibuka.

CH 开衩底围 开衩侧片的底面。撑开可以形成V字型的骨架结构。

圈 가랑이 소코
(―――そこ[底])
관 가랑이 옆판―바닥판
(가랑이 마치 소코)

가랑이 옆판 ――――板

옆판(마치)과 바닥판(소코)이 'ㄷ'자 모양으로 연결된 가죽이나 원단
(패브릭) 두 장을 겉면이 닿게 놓고 안쪽에서 박음질한 부분. 벌리면 'V'
자 모양의 좁은 골이 만들어진다.

EN accordion gusset, double gusset the two pieces of leather or fabric
that are placed and stitched on the gussets and the bottom panel from the
inside, so that the outer surface of the two leather or fabric pieces are
touching. It has a V-shape fold that is visible when spread apart.

VI hông túi xếp tầng, hông túi trùng phần may ở phía trong hai miếng
da hoặc vải kết nối phần hông túi và đáy túi theo hình chữ U sao cho mặt
ngoài chạm vào nhau. Nếu mở ra thì tạo thành khung hẹp có hình chữ V.

IN samping sayap, gusset
ganda bagian jahitan dari dua
potong kain atau kulit yang
terhubung dengan panel
bawah dan panel samping dari
dalam, sehingga permukaan luar
kedua potongan kulit atau kain saling
berhadapan. Ketika dibuka akan terbentuk
huruf V yang kecil.

圈 가랑이 마치
(―――まち[襠]).
관 가랑이 옆판―바닥판
(가랑이 마치 소코)

☞ 88쪽. 옆판(마치)의
종류

CH 开衩侧片 用侧片与底围以ㄷ型连接的两张皮子或面料表面相
对再从内侧车线的部位。用手撑开可以形成V字型的骨架结构。

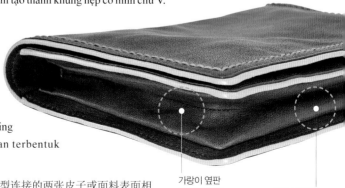

가랑이 옆판
(가랑이 마치)
accordion gusset

가랑이 바닥판
(가랑이 소코)
accordion bottom

겉면 _－面_

가죽이나 원단(패브릭)에서 바깥으로 드러나 사용자들이 볼 수 있는 면.

EN surface the side of leather or fabric that is externally visible.

VI bề mặt mặt mà người sử dụng có thể thấy được do bị lộ ra bên ngoài miếng da hoặc vải.

IN permukaan sisi kain atau kulit yang dapat terlihat dari luar.

CH 外面, 上面, 表面, 前面 真皮或面料露在外侧的, 使用者可以看到的一面。

동 앞면(－面), 윗면(－面), 표면(表面)
관 뒷면(시타지)

고깔 패치 _－－patch_

원판과 연결된 손잡이(핸들)의 끝부분이나 가방의 모퉁이 부분을 감싸는 고깔 모양의 패치. 손잡이에서는 손잡이의 끝에 가죽 조각을 안쪽이 보이게 대고 일부를 원판에 고정한 뒤 뒤집어 손잡이를 감싸게 하여 박음질한다.

EN cone patch a cone-shaped patch that covers the part that connects the handle to the bag, either by covering the handle part that meets the body of the bag or by covering the body of the bag where the handle is attached. When covering the handle, the leather piece is placed on the handle end and partially sewn onto the bag body from the outside in order to secure the leather piece. Then, the leather piece is flipped inside out to wrap the handle and the rest of it is sewn onto the bag.

VI miếng patch hình bánh ú, patch hình chóp miếng patch hình bánh ú bọc lấy phần góc của túi xách hoặc phần đầu của quai xách, nơi tiếp giáp với thân túi. Trường hợp của quai xách, đặt miếng da lên phần đầu của quai xách sao cho thấy được bên trong và sau khi may cố định một phần lên thân túi thì lộn ra, bọc lại quai xách và may lại.

IN patch kerucut patch berbentuk kerucut yang menutupi bagian yang menghubungkan handle dengan tas, bisa dengan menutup bagian handle yang tersambung dengan badan tas atau dengan menutupi badan tas tempat handle terpasang. Saat menutup handlenya, potongan kulit diletakkan di ujung handle dan sebagian dijahit ke badan tas dari luar untuk mengamankan potongan kulit. Kemudian potongan kulit dibalik ke arah dalam untuk membungkus handle dan sisanya dijahit ke tas.

CH 锥形耳仔 包裹与原板连接的手把末端或包角部分的三角帽形状的小块皮料。包裹手把的时候，在手把的末端把皮子里子朝外一部分固定在原板上之后，翻过来使手把被裹住并车线。

고리

긴 쇠붙이나 줄, 끈 따위의 양 끝을 맞붙여 둥글거나 모나게 만든 물건. 여러 가지 부속품들을 연결하는 데 사용하며, 개고리, 가락지, 링 고리 따위가 있다.

EN loop a long metal band or rod that bends around and connects its ends together, forming a full circle. Loops are used to connect various parts together (e.g. dog clip, keeper, ring loop).

VI nhẫn vật được làm thành vòng tròn hoặc góc cạnh bằng cách dán hai đầu quai, sợi dây hoặc kim loại dài với nhau. Dùng để nối nhiều phụ kiện như móc chó, nhẫn quai, móc khoen.

IN loop benda yang terbuat dari logam atau tali panjang yang menghubungkan bagian ujung yang satu dengan ujung yang lainnya. Biasanya digunakan untuk menghubungkan berbagai macam aksesoris seperti ring, dog clips, D-rings, dll.

CH 环 把长铁片或线、绳等材料的两端对贴形成的圆形或带角的物品。用于连接各种部件，种类有戒指扣、挂钩、环扣等。

링 고리
ring loop

가락지
keeper

개고리
dog clip

고정식 가락지 固定式---

고정되어 이동이 불가능한 가락지.

EN fixed keeper a secured loop without mobility.

VI nhẫn cố định nhẫn quai bị cố định, không thể dịch chuyển được.

IN cincin tetap cincin yang sudah terpasang sehingga tidak bisa dipindahkan kemana-mana.

▣ 이동식 가락지
☞ 42쪽, 가락지

CH 固定式戒指扣 固定的不能移动的戒指扣。

구김

가죽이나 원단(패브릭)이 울거나 주름지는 현상. 재봉 바늘, 재봉틀(미싱), 실의 장력, 원자재의 종류나 결, 작업자의 숙련도, 톱니(오쿠리)와 노루발(오사에), 패턴(가타)의 결함 따위에 의해 발생한다.

EN puckering a phenomenon in which the leather or fabric wrinkles or crinkles up due to the type and grain of the raw material, poor labor skills, or a defect in the sewing needle, sewing machine, tension of the sewing thread, sawtooth, presser foot, or pattern.

VI nhăn hiện tượng da hoặc vải bị nhăn hoặc co rúm. Hiện tượng phát sinh do hư kim may và máy may, lực căng của chỉ, loại nguyên liệu hoặc sớ, do tay nghề kém của thợ may, bàn lừa và chân vịt, sai sót của rập.

IN kerutan, puckering fenomena terjadinya kerutan pada kulit atau kain. Kerutan ini disebabkan oleh jarum jahit, mesin jahit, ketegangan benang jahit, jenis material, tekstur, keterampilan dari pekerja, dan tekanan sepatu mesin.

CH 起皱 皮革或面料起皱出褶的现象。该现象的出现与缝纫针，缝纫机和缝纫线的强度，原材料的种类或纹理，工人的操作熟练程度，缝纫机的牙齿和压脚，样板的缺陷等因素都有关。

봉 시와(しわ[皺])
퍼커링(puckering)

금속 지퍼 풀러 金屬zipper puller

금속으로 만든, 지퍼의 손잡이.

EN metal zipper puller, metal puller a zipper puller made of metal.

VI tép đầu kéo kim loại tép đầu kéo được làm bằng kim loại.

IN metal zipper puller tarikan risleting yang terbuat dari logam.

CH 金属拉链结 金属制作的拉链拉头衬。

봉 메탈 풀러(metal puller),
메탈 지퍼 풀러
(metal zipper puller)

날개

① 패치 따위가 일부분만 고정되고 나머지는 떠 있는 것. ② 지갑을 열었

을 때, 지갑의 옆 부분이 완전히 벌어지지 않도록 접혔다 펴지는 부분.

EN flutter- ① a patch that is only partially fixed. The unfixed parts dangle in air. ② a piece that folds and unfolds to prevent the wallet from opening all the way.

VI cánh ① miếng patch được cố định chỉ một phần, phần còn lại để đung đưa trong không khí. ② phần bị gấp lại rồi mở ra để tránh ví được mở rộng hoàn toàn.

IN sayap ① patch yang terpasang hanya sebagian saja dan sisanya mengambang. ② bagian yang dilipat dan terbuka untuk mencegah sisi dompet agar tidak terbuka lebar.

CH 翅膀 ① 将耳仔等的一部分固定，其他部分不固定的部件。② 打开钱包时，为不使钱包的侧面不完全打开，可以开合的部分。

날개 옆판 ---板

한쪽 옆이나 양옆이 갈라지는 가방이나 지갑에서, 역삼각형 혹은 사다리꼴 모양의 날개를 덧댄 옆판(마치). 입구(구치)가 완전히 벌어져 물건이 빠져나오는 것을 막아 준다.

동 날개 마치(--まち[褶])
☞ 88쪽, 옆판(마치)의 종류

EN flutter gusset a gusset with an upside-down triangle or a trapezoidal shaped flutter, which is attached to the side(s) of a wallet or a bag that splits open. It is used to prevent a bag or a wallet from opening all the way and to prevent objects from falling out.

VI cánh hông hông túi gắn thêm cánh hình tam giác ngược hoặc hình thang, gắn vào túi xách hoặc ví mà có một bên hoặc hai bên mép bị tách ra. Mục đích để chặn phần miệng túi bị mở ra hoàn toàn khiến đồ vật bị rớt ra ngoài.

IN sayap panel samping panel samping dengan sayap berbentuk segitiga terbalik atau trapesium yang menempel di samping dompet atau tas yang terpisah. Berfungsi untuk mencegah tas atau dompet agar tidak terbuka lebar sehingga barang-barang tidak jatuh keluar.

CH 翅膀侧片 把倒三角形或者梯形的翅膀装在单侧或两侧分开的包或者钱包上做成的侧片。可在包口完全张开时防止物品掉出。

날개 옆판(날개 마치)
flutter gusset

납작 주머니

옆판(마치)이나 바닥판(소코)이 없는 납작한 주머니(포켓).

EN slip pocket a flat pocket that has no sides or a bottom.

VI túi dẹp, ví dẹp túi hộp dẹp, không có hông hoặc đáy.

IN saku tipis kantong berbentuk flat tanpa ada panel samping dan panel bawah.

CH 平口兜 既没有侧片又没有底围的扁扁的口袋。

동 슬립 포켓(slip pocket)

내판 內板

가방이나 지갑의 안쪽.

EN inner body the inside of a bag or a wallet.

VI thân trong phần ở bên trong của túi xách hoặc ví.

IN bagian dalam bagian dalam dari tas atau dompet.

CH 内板 包或钱包的内侧。

핸드백 내판
inner body of a handbag

내판 덮개 안감 內板----

지갑 내판의 안감(우라) 뒷면에, 카드판의 박음질 선이 보이지 않게 하기 위하여 다시 덧대는 안감.

EN inner lining the lining inside the back part of a wallet. It covers the sewing lines made from stitching on card slots.

VI lót phủ lót được thêm vào để che đường may của khe card ở mặt sau miếng lót của thân trong ví.

IN lapisan penutup dalam lapisan di bagian belakang dompet. Lapisan ini berfungsi menutupi garis jahitan yang dibuat saat menjahit slot kartu.

CH 卡层垫里布 在钱包内板里布的背面，为了挡住插卡位车线部分而附加上去的里布。

지갑 내판
inner body of a wallet

동 내판 덮개 우라
(內板--うら[裏])

누른 무늬선 ----線

가죽으로 만든 가방이나 지갑의 카드꽂이(카드 포켓) 입구에 꾸밈을 위

동 넨선(れん[捻]線)

하여 무늬선 누름기(넨기계)의 고온이나 고주파를 이용하여 긋거나 눌러 만든 선.

EN pattern creased line, pattern scored line a line drawn at the opening of a card pocket of a leather bag or wallet for decorative purposes. The line is drawn or pressed on with the heat and frequency generated by a heat creaser.

VI ép nhiệt vạch được vẽ hoặc ép xuống bằng cách sử dụng nhiệt độ cao hoặc tần số cao của máy in nhiệt để nhằm trang trí miệng dàn ngăn của túi xách hoặc ví da.

IN garis emboss garis yang digambar menggunakan suhu yang tinggi untuk mempercantik bagian pembuka tas atau dompet kartu yang terbuat dari kulit asli.

CH 电压线 为了装饰皮革制作的包或者钱包的卡片位入口处使用电压机的高温或高周波压刻的线。

다트 주머니 dart---

모서리를 다트 처리하여 볼록하게 나오게 만든 주머니(포켓).

EN dart pocket a pocket in which the corners are darted for shape.

VI túi hộp có nhấn góc túi hộp có nhấn góc và lồi ra.

IN kantong lipat, kantong cubitan kantong dengan sudut yang dilipat dan dijahit ke kain.

CH 褶皱兜 下端部位经折叠处理后制作的有立体感的口袋。

图 다트 포켓(dart pocket)

☞ 99쪽. 주머니(포켓)의 종류

단

입구(구치)의 끝에 덧대거나 지퍼 따위와 연결하여 입구를 막아 주는 부분. 지퍼 단(지퍼 아테)과 창틀 지퍼 단(창틀 지퍼 아테) 따위가 있다.

EN collar the part that covers the opening of a bag, either by patching onto the opening ends or by connecting a zipper (e.g. zipper collar, zipper collar frame).

VI nẹp phần đắp lên phần cuối của miệng túi hoặc nối với dây kéo để chặn phần miệng túi. Thông thường có nẹp miệng dây kéo và nẹp khung dây kéo.

IN lis zipper bagian yang menutupi bagian pembuka tas dengan

图 아테(あて[当て])
관 지퍼 단(지퍼 아테), 창틀 지퍼 단 (창틀 지퍼 아테)

menempelkan patch di ujung pembuka atau dengan menghubungkan pita risleting dengan ujung pembuka tas. Terdapat jenis zipper plaquet dan zipper plaquet frame.

CH 边条贴 装在包口的边缘或与拉链连接挡住包口的部分。有拉链边条和拉链袋口边条之分。

지퍼 단(지퍼 아테)
zipper collar

단면 斷面

가죽 따위의 잘라 낸 면. 대체로 약물(에지 페인트)을 발라 마감한다.

EN raw edge the unfinished edge of a material, like leather, that has been cut. Typically, edge paint is applied on a raw edge as a finish.

VI cạnh sơn mặt bị cắt của da. Nói chung là quét nước sơn lên và kết thúc công đoạn.

IN sisi potongan irisan permukaan kulit atau sejenisnya. Proses finishingnya dengan cara melapisi cat tepian.

CH 断面, 裁断面, 边油 皮革等的裁断后留的面。一般用边油涂抹进行收尾。

동 기리메(きりめ[切(り)目]),
로 에지(raw edge)

약칠한 단면
edge with edge paint

> **잘못 알고 있어요** 일본어인 '기리메'는 '자른 자리, 절단면'을 의미한다. 그런데 현장에서 '약물(에지 페인트)'이나 '약칠'로 확장하여 '기리메를 바르다'나 '기리메 방식으로 마감 처리하다' 따위로 잘못 사용하고 있다. 이 사전에서는 절단면이라는 '기리메'의 원래 의미를 살려 '단면'으로 순화하였다.
>
> **Misconception of 'kirime'** The Japanese word 'kirime' refers to an area or a plane that has been cut. However, the usage of the word 'kirime' has been extended to describe 'edge paint' and 'to paint'. Consequently, the word 'kirime' is incorrectly used in phrases like 'to apply kirime' and 'the kirime finishing method'. In this dictionary, 'kirime' was defined by its original definition.

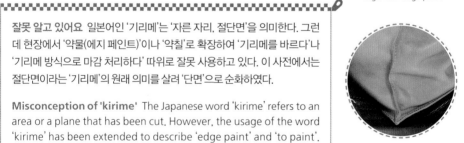

약칠하지 않은 단면
edge without edge paint

단면식 조임끈 斷面式---

가죽 두 장을 맞부착하여 가늘고 길게 자른 뒤 가장자리에 약물(에지 페인트)을 발라 만든 조임끈(드로스트링).

동 기리메식 조임끈
(きりめ[切(り)目]式---)

EN edge painted drawstring an edge painted drawstring made with long and thin leather strips cut from two pieces of leather that has been layered and glued together.

VI dây rút sơn mép dây rút được tạo ra bằng cách dán hai mặt hai miếng da lại rồi cắt mỏng và dài, sau đó quét nước sơn vào phần mép.

IN tali seret dengan sisi tali string yang dibuat dengan menempelkan dua lembar kulit ke bagian tepi dan kemudian diakhiri dengan melapisi cat tepian.

CH 边油式抽绳 将两张皮革对贴裁成细长的形状后在边缘涂边油后制成的松紧调节带。

☞ 97쪽, 조임끈(드로스트링)

단면식 티(T) 자 구조 斷面式T字構造

가방의 옆판(마치)과 바닥판(소코)이 'T' 자 모양으로 연결되는 부분의 시접이 겉으로 드러난 형태. 주로 단면(기리메)에 약물(에지 페인트)을 발라 마무리한다.

EN cross-sectional T-structure, cross-sectional T-construction a form in which the seam that connects the gusset and bottom panel of a bag in a T-shape is externally visible. It is common to finish by applying edge paint to the raw edges of the structure.

VI hông chữ T đường biên may của phần kết nối thân túi và đáy túi theo hình chữ T được nổi lên bên ngoài. Thông thường bước cuối cùng quét nước sơn vào cạnh sơn.

IN tipe bentuk T dengan sisi sebuah bentuk di mana jahitan yang menghubungkan panel samping dan panel bawah tas membentuk huruf T dan terlihat dari luar. Bagian ini biasanya diselesaikan dengan proses melapisi cat tepian ke strukturnya.

CH 边油式T字结构 包的侧片和底板呈T字形态连接部分的边距朝外露出的形态。一般在断面涂抹边油来收尾。

동 티(T) 자 기리메
(T字きりめ[切(リ)目])

달랑이 주머니

가방 안쪽에, 전체를 부착하지 않고 위쪽 끝부분만 고정하여 매단 형태의 주머니(포켓).

동 행잉 포켓
(hanging pocket)

EN hanging pocket, drop pocket a pocket inside a bag that is only partially attached to, and hangs from, a bag by the top end of the pocket and not by the complete back panel of the pocket.

VI túi hộp treo túi hộp bên trong túi xách, chỉ cố định và treo phần đỉnh trên chứ không dán toàn bộ vào trong thân túi lớn.

IN kantong gantung dengan tali kantong yang tergantung di dalam tas. Hanya ujung atas kantong yang melekat pada bagian dalam tas dan tidak seluruhnya menempel dengan panel belakang kantong.

CH 吊兜 在包的内部，不整体贴在内板而是只固定上端的悬挂形态的内袋。

덮개

가방 안쪽이 보이지 않도록 입구(구치) 전체를 덮는 부분.

일 후타(ふた[蓋])
관 띠덮개(베루)

EN flap a panel that covers the opening of a bag to shield the inside.

VI nắp bộ phận đậy toàn bộ miệng túi dùng để che phần bên trong túi.

IN penutup tas panel yang menutupi bagian atas untuk melindungi bagian dalam dari tas.

CH 盖头 为了使包内部不被看到而把包口整体盖住的部分。

이렇게 달라요 Differences between the items

덮개(후타)
flap

띠덮개(베루)
bridge

덮개 로고 장식 ––logo裝飾

가방의 덮개(후타)에 부착하는 로고 장식.

EN flap logo hardware a logo hardware that attaches to the flap of a bag.

VI logo trang trí nắp túi logo trang trí được dán vào nắp của túi xách.

IN hiasan logo penutup logo dekoratif yang ditempelkan ke bagian penutup tas.

CH 盖头logo五金, 盖头商标五金 在包的盖头上安装的商标五金。

동 외후타 로고 장식
(外ふた[蓋]logo裝飾),
후타 로고
(ふた[蓋]logo),
후타 로고 장식
(ふた[蓋]logo裝飾)

덮개 바깥쪽

가방이나 지갑의 덮개(후타) 바깥쪽.

EN outer flap the outer side of a bag flap or a wallet flap.

VI mặt ngoài nắp mặt bên ngoài của nắp túi xách hoặc nắp ví.

IN tutup luar bagian luar dari penutup tas atau dompet.

CH 外盖头 包或钱包的盖头外侧。

동 외후타(外ふた[蓋])
관 덮개 안쪽(내후타)

덮개 바깥쪽 접힘 여유분 보강재 ––––––餘裕分補強材

덮개 바깥쪽(외후타)이 꺾이는 부분의 안쪽에 덧대는 보강재(신). 접힘 여유분(유토리)에 손잡이(핸들)를 달았을 때 접힘 여유분의 가운데 부분이 꺼지는 것을 막아 준다.

EN bending flap reinforcement a reinforcing material placed beneath the bending part of the outer flap. It prevents the middle part of a flap from collapsing when a handle is attached to the bend allowance of the flap.

VI đệm trong nắp túi đệm gia cố được dán vào bên trong của phần thân ngoài nắp túi chỗ bị cong. Giúp ngăn chặn việc phần giữa của da giữa bị chùn xuống khi gắn quai xách vào da giữa.

IN tatakan penguat lengkung tutup material penguat yang melapisi bagian dalam lipatan dari bagian luar penutup. Material penguat ini mencegah bagian tengah lipatan agar tidak rusak ketika handle diletakkan pada bagian yang dilipat.

CH 外盖头弯位补强衬 贴在包盖外侧折叠部分内侧的补强衬。在弯位上

동 외후타 유토리 보강 신
(外ふた[蓋]ゆとり補強
しん[芯])

安装手把时，能够防止弯位的中部出现塌陷。

덮개 바인딩
(후타 바인딩)
bound flap edge

덮개 바인딩 ‐‐binding

가죽으로 감싸 마무리한, 덮개(후타)의 가장자리 부분.

EN bound flap edge the edge of a leather bound flap.

VI viền nắp phần mép nắp túi, được bọc lại bằng da.

IN kulit binding tutup bagian pinggir penutup yang dibungkus oleh kulit.

CH 包盖包边 用皮子包边收尾的包盖的边缘部分。

동 후타 바인딩
(ふた[蓋]binding)

덮개 안쪽

가방이나 지갑의 덮개(후타) 안쪽.

EN inner flap the inner part of a bag flap or a wallet flap.

VI mặt trong nắp phần phía trong nắp túi xách hoặc nắp ví.

IN tutup dalam bagian dalam dari penutup tas ataupun dompet.

CH 内盖片 包或者钱包的盖头的内侧。

동 내후타(內ふた[蓋])
관 덮개 바깥쪽(외후타)

덮개 안쪽 가락지

가방이나 지갑의 덮개 안쪽(내후타)에 달아 손잡이(핸들)나 어깨끈(숄더 스트랩)을 통과시켜 어깨끈이 가방이나 지갑과 분리되지 않게 해 주는 가락지.

EN inner flap keeper a keeper on the inner flap of a bag or a wallet that prevents the handle or shoulder strap from separating from the bag or the wallet.

VI nhẫn mặt trong nắp nhẫn quai được gắn vào phía trong nắp túi xách hoặc nắp ví, giúp quai xách hoặc quai đeo di chuyển và quai đeo không bị tách rời với túi xách hoặc ví.

IN cincin dalam penutup cincin yang terletak di bagian dalam penutup tas atau dompet untuk menjaga agar tali bahu tidak terpisah dari tas ataupun dompet.

동 내후타 가락지
(內ふた[蓋]‐‐‐)

CH 内盖片戒指扣 安装在包或者钱包的盖头的内侧上，把手把或肩带从其中间穿过，可防止肩带与包或钱包分离的戒指扣。

덮개 안쪽 띠

가방이나 지갑의 덮개 안쪽(내후타) 가장자리에 덧대는 띠.

EN inner flap strap the strap around the inner flap edges of a bag or a wallet.

VI nẹp mặt trong nắp nẹp gắn thêm ở mép bên trong nắp túi xách hoặc nắp ví.

IN lis dalam penutup lis yang menempel di bagian sisi sebelah dalam dari penutup tas atau dompet.

CH 内盖片衬 包或钱包的盖头内侧的边缘上附加的条。

덮개 주머니

① 덮개(후타)가 있는 주머니(포켓). ② 가방의 덮개(후타)에 달린 주머니(포켓).

EN flap pocket ① a pocket with a flap. ② a pocket on the flap of a bag.

VI túi hộp có nắp, ngăn hộp có nắp ① túi hộp có nắp đậy. ② túi hộp gắn vào nắp túi.

IN tutup kantong ① kantong yang memiliki penutup. ② kantong yang menempel di penutup tas.

CH 盖头兜 ① 有盖子的口袋。② 包的盖子上附加的口袋。

图 후타 포켓
(ふた[蓋]pocket)

☞ 99쪽. 주머니(포켓)의 종류

돌출 시접 突出--

가죽이나 원단(패브릭) 두 장을, 뒷면(시타지)을 마주 보게 하여 시접을 좁게 두고 박음질한 뒤 펼쳤을 때 겉으로 드러난 시접.

EN butt seam, butted seam, abutted seam an externally visible seam made by conjoining two leather or fabric pieces with narrow seam allowances by the backside. The leather or fabric pieces face each other and are stitched together.

图 버트 심(butt seam), 부리 시접

VI đường may dằn may hai miếng da hoặc vải sao cho mặt dưới đối diện nhau và để đường biên may hẹp, khi mở ra sau khi may thì đường biên may sẽ lộ ra ngoài.

IN sambungan menonjol keluar jahitan yang terlihat secara eksternal yang dibuat dengan menyambungkan dua potongan kulit atau kain dengan sisa jahitan pada bagian belakang. Potongan kulit atau kain saling berhadapan dan dijahit bersama.

CH 外露边距 把两张皮革或面料的背面相对，折出细窄的折边并车线后，外翻折露出来的边距。

둥근 모서리

가방이나 지갑의 모서리 한쪽을 안쪽으로 주름 잡아 접어 붙여 둥글게 처리한 부분.

등 아루(アール[R, round])
관 둥글리기(아루 돌리기)

EN scoop the corner of a bag or a wallet that has been rounded off by folding the edges inward.

VI bo góc xếp nếp một bên góc túi xách hoặc ví vào phía trong, dán lại rồi bẻ góc tròn.

IN belokan pojok bagian dari ujung tas atau dompet yang dilipat melingkar ke arah dalam.

CH 圆角 包或钱包的底角的一边向内围折后处理成的圆形部位。

뒤판 상단 – 板上段

가방 원판 뒤쪽의 윗부분.

등 뒤판 구치(-板 くち[口])

EN back panel top the top end of the back panel of a bag.

VI trên thân sau phần phía trên cùng ở phía sau thân túi.

IN body belakang atas bagian atas panel belakang body tas.

CH 后板上端 包的原板后侧的上部。

뒷면 – 面

가죽이나 원단(패브릭)에서 바깥으로 드러나지 않는 면. 주로 안감(우

라) 따위로 덧대어서 보이지 않는다.

EN backside the side of leather or fabric that is not externally exposed. It is often not visible because it is covered with some sort of lining.

VI mặt dưới, mặt sau mặt không bị lộ ra bên ngoài của da hoặc vải. Thông thường nó không bị lộ ra vì được che lại bằng miếng lót.

IN bagian belakang sisi atau bagian yang tidak terlihat dari luar kulit atau kain. Biasanya tidak terlihat karena tertutup sejenis lapisan.

CH 后面, 底面 皮革或面料不露在外侧的一面。主要通过附加里布使之不被看到。

유 밑면(-面), 시타지(したじ[下地])
관 겉면

띠

가죽이나 원단(패브릭)을 좁고 기다랗게 잘라 놓은 것. 연결이나 보강, 꾸밈에 사용한다.

EN strap, strip a long, narrow piece of leather or fabric. It is used to connect, reinforce, and decorate the product.

VI nẹp, dây miếng da hoặc vải hẹp và dài. Sử dụng trong việc liên kết, gia cố hoặc trang trí sản phẩm.

IN lis body, lis tutup potongan kain atau kulit yang panjang dan tipis. Digunakan sebagai penguat atau hiasan pada body tas atau penutup tas.

CH 条 皮革或面料被裁成的窄且细长的部件。在连接、补强或装饰时使用。

관 연결 띠, 지퍼 테이프

띠덮개

가방의 입구(구치)보다 폭이 좁은 연결 띠. 너비가 다양하며, 가방의 입구가 벌어지거나 내용물이 흘러나오는 것을 막아 준다.

EN bridge a flap that is narrower than the opening of a bag, which functions to cover the opening of the bag and prevent objects in the bag from falling out.

VI pad cài nẹp nối có bản nhỏ hơn so với miệng túi. Bề ngang rất đa dạng, dùng để ngăn không cho miệng túi hở ra hoặc những vật dụng đựng trong túi không bị rớt ra ngoài.

IN bridge, lidah patch sempit dan kecil dibandingkan dengan mulut tas.

유 베루(べる[舌])
관 덮개(후타), 바깥쪽 띠덮개(외베루), 안쪽 띠덮개(내베루)
☞ 52쪽, 덮개(후타)

Lebarnya bervariasi dan berfungsi untuk menjaga bagian dalam pada tas dan mencegah barang-barang pada tas agar tidak jatuh keluar.

CH 舌条, 搭仔 比包的开口幅度窄的连接条。有多种宽度，可防止包口张开或包内物品掉出。

이렇게 달라요 Differences between the items

바깥쪽 띠덮개(외베루)
outer bridge

안쪽 띠덮개(내베루)
inner bridge

로고 받침 패치 logo--patch

로고 장식을 받치는 패치.

EN logo supporting patch a patch that supports a hardware with a logo.

VI pad đệm logo miếng patch được đắp logo trang trí lên.

IN patch untuk logo hardware patch yang menopang hardware menggunakan logo.

CH 商标耳仔垫皮 衬在商标五金下面的小块皮料。

로고 패치 logo patch

불박이나 인쇄를 하여 로고를 새긴 패치.

EN logo patch a patch with an engraved or printed logo.

VI pad logo miếng patch mà logo được ép chìm hoặc in.

IN patch logo patch dengan logo yang terukir.

관 불박 패치

CH 商标耳仔 烫印或印制商标的小块皮料。

리본 ribbon

가죽이나 웨빙 따위를 길게 잘라 만든 나비매듭.

EN ribbon a long, narrow strip of leather or webbing tied in a butterfly knot.

VI ruy băng cắt da hoặc dây đai thành sợi dài rồi thắt nơ.

IN pita kupu-kupu tali panjang dari kulit yang dianyam menyerupai bentuk kupu-kupu.

CH 蝴蝶结 把皮革或织带裁成长条形后做成的蝴蝶结。

리본
ribbon

리슬릿 wristlet

팔찌처럼 손목에 끼워 착용하는 고리 모양의 손잡이(핸들).

EN wristlet a looped handle that is worn around the wrist like a bracelet.

VI quai xách tay quai xách có dạng móc vào cổ tay.

IN handle gelang, wristlet handle berbentuk loop untuk tas yang kecil atau clutch.

CH 手腕带 挂在手腕上使用的环形把手。

동 손목 손잡이
관 손잡이(핸들)
☞ 72쪽, 손잡이(핸들)의
　　종류

링 고리 ring--

가죽이나 원단(패브릭)을 길게 잘라 반으로 접어 원판이나 옆판(마치) 입구(구치)에 심어 링을 연결할 수 있도록 해 주는 조각. 연결하는 링의 모양에 따라 오(O) 링 고리, 디(D) 링 고리, 사각 링 고리 따위가 있다.

EN ring loop a long strip of leather or fabric that is folded in half and attached to the opening of a bag body or a gusset for a ring attachment. Depending on the attached shape of the ring, the ring loop is categorized as an O-ring loop, D-ring loop, square ring loop, and so on.

VI móc khoen miếng da hoặc vải cắt dài, gấp đôi, được nhét vào thân túi hoặc miệng hông túi, dùng để móc khoen. Tùy vào hình dạng của

관 디(D) 링 고리,
사각 링 고리,
오(O) 링 고리
☞ 45쪽, 고리

khoen, có loại móc khoen hình chữ O(O-ring), móc khoen hình chữ D (D-ring), móc khoen hình chữ nhật.

IN ring loop potongan kulit atau kain yang dipotong panjang dan dilipat menjadi setengah bagian yang ditempel untuk pembuka tas atau diletakkan di samping untuk menempel ring. Tergantung pada bentuknya, terdapat jenis D-ring, square ring, O-ring, dll.

CH 连接耳仔 把皮革或面料裁剪成长条形，半折后钉在包包原板或侧片开口处用于连接环的小块材料。根据连接环的模样有O形环、D形环、四角环等。

링 패치 ring patch

한쪽이 고리로 된 패치.

EN ring patch a patch with one end in a loop.

VI patch khoen, pad nhẫn miếng patch có một đầu dạng nhẫn.

IN ring patch, pet ring patch dengan loop di salah satu sisinya.

CH 扣耳仔 一端与环连接的垫片。

동 링 고리 띠(ring---), 링 고리 패치 (ring--patch)

맞박음 시접

맞박기(쓰나기)할 때 솔기 바깥으로 남겨 둔 여유분. 원단(패브릭)은 10㎜, 가죽은 7㎜의 시접을 둔다.

EN inseam allowance the border between the edge and the stitching line of an inseam. It is conventional to leave a 10㎜ inseam allowance for fabrics and a 7㎜ inseam allowance for leathers.

VI biên may nối trong phần được tạo ra ngoài mép và đường chỉ may của đường may nối trong. Vải thì để đường biên là 10㎜, da thì để đường biên là 7㎜.

IN lebar jahit sambungan margin yang tersisa di lapisan luar ketika proses menjahit. Sisa lebar jahitan untuk kain 10㎜, dan untuk kulit 7㎜.

CH 车线边距 合缝时，缝线朝外留出的余量。面料缝制时一般留出10mm, 皮革缝制时一边留出7mm。

동 쓰나기밥 (つなぎ[繋ぎ]-), 쓰나기 시접 (つなぎ[繋ぎ]--)

맞박음 시접(쓰나기밥)
inseam allowance

멜빵

배낭(백팩) 따위의 가방을 어깨에 멜 때 사용하는, 폭이 넓은 어깨끈. 주로 웨빙으로 만들며, 가죽이나 원단(패브릭)으로 만들기도 한다.

EN backpack strap a wide shoulder strap attached to a backpack for carrying the bag over the shoulders. It is often made with webbings, but occasionally made with leather and fabric.

VI quai đeo ba lô quai đeo bản rộng, được dùng khi đeo các loại túi như ba lô trên vai. Chủ yếu được làm từ dây đai, cũng được làm từ da hoặc vải.

IN jangki, tali tas ransel tali bahu lebar yang dipakai saat menggantungkan tas ransel di bahu. Biasanya dibuat dengan rajutan, tetapi sering juga dibuat menggunakan kulit atau kain.

CH 背带 把背包类的包背在肩上时使用的宽肩带。常用织带制作，有的也用皮革或面料制作。

멜빵 패치 – –patch

배낭(백팩)에 멜빵을 연결해 주는 패치.

EN backpack strap patch the patch that connects a backpack strap to a backpack.

VI patch quai đeo ba lô miếng patch nối quai đeo với ba lô.

IN pet jangki patch yang digunakan untuk menahan tali di sisi belakang ransel.

CH 背带耳仔 背包上的用来连接背带的耳仔。

모서리 보강재 – – –補強材

가방의 모서리 부분을 보강하기 위해 안쪽에 들어가는 보강재(신). 원판 모서리의 하단에 넣어 가방이 주저앉는 것을 막아 주며, 원판이나 덮개(후타) 따위의 모서리에 넣어 바인딩할 때 원판이나 덮개의 모서리

통 코너 보강 신
(corner 補強しん[芯])

가 우는 것을 막아 준다.

EN corner reinforcement a reinforcing material placed on the corners from the inside to reinforce the corners of a bag. It prevents the bag from collapsing by reinforcing the bottom corners of the bag body and it prevents the corners from wrinkling during the binding process by reinforcing the corners of the flap or the bag body.

VI đệm góc đệm gia cố gắn vào phía trong để gia cố phần góc túi. Đặt vào phần dưới của góc thân túi để ngăn cho túi không bị sụp xuống, khi đặt vào góc của thân túi hoặc nắp túi và bọc viền thì giúp ngăn cho góc thân túi hoặc nắp túi không bị nhăn.

IN penguat pojok material penguat yang ada di bagian dalam dan berfungsi untuk memperkuat bagian tepian tas. Penguat ini diletakkan di dasar tepian panel untuk mencegah tas agar tidak melengkung, juga untuk mencegah pojok panel atau cover agar menjaga bentuk bodi atau tutup.

CH 角位补强衬 为了补强包的底角从里面添加的补强衬。把衬从原板底角的下端放入可防止包体歪塌，在原板或包盖的底角放入并包边时，可以防止其底角出褶。

모서리 패치 ---patch

가방의 모서리 부분을 꾸미거나 보강하기 위하여 덧대는 패치.

EN corner patch a patch for elaborating and reinforcing the corners of a bag.

VI pad góc miếng patch gắn thêm vào để trang trí hoặc gia cố phần góc túi.

IN patch pojok body patch pojok yang berfungsi untuk memperkuat dan mendekorasi bagian sudut tas.

CH 角位耳仔 为了装饰或补强包的底角部分而附加的耳仔。

동 코너 패치
(corner patch)

모양틀 보강재 模樣-補强材

특정 부위의 형태를 잡아 주는 보강재(신). 보강재로 먼저 형태를 만든 뒤 그 위에 가죽이나 원단(패브릭)을 씌워 감싸 부착한다.

EN shape and frame reinforcement a reinforcing material that holds the

동 와쿠 신
(わく[枠]しん[芯])

shape and frame of something. A leather or fabric is wrapped on the reinforced object that is able to hold its shape and frame.

VI đệm khung đệm gia cố giúp giữ hình dạng của một phần đặc biệt nào đó. Duy trì hình dạng bằng đệm gia cố, sau đó may và bọc lại miếng da hoặc vải lên trên đó rồi dán lại.

IN penguat bingkai material penguat yang digunakan untuk memperkuat bentuk atau frame tas. Kulit atau kain dilapisi pada tas tersebut untuk menjaga bentuknya.

CH 定型托衬 固定特定部位形态的补强衬。使用补强衬固定形态后，再用皮子或面料包裹并贴合。

밑실

재봉틀(미싱)의 아래쪽에서 올라와 가죽이나 원단(패브릭)에 박힌 실. 박음질된 부분의 모양이 밑에서 위로 끌어당긴 듯한 모양이다. 윗실과 합이 같거나 윗실보다 합이 낮은 실을 사용한다.

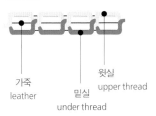

관 윗실

가죽
leather

밑실
under thread

윗실
upper thread

EN under thread the thread under a sewing machine that comes up and is sewn onto the leather or fabric. The upper thread pulls the under thread up. It often has a lower twisted sum than the upper thread.

VI chỉ dưới sợi chỉ phía dưới của máy may được đẩy lên và được may vào miếng da hoặc vải. Chỉ trên kéo chỉ dưới lên. Chỉ dưới có số vòng xoắn sợi chỉ bằng hoặc thấp hơn so với chỉ trên.

IN benang bawah benang yang ditarik dari bagian bawah mesin jahit dan tertanam di kulit atau kain. Bentuk dari bagian yang dijahit terlihat seperti sedang ditarik dari bawah ke atas. Bentuknya lebih kecil daripada benang yang ada di atas.

CH 底线 从缝纫机底下拉上来缝在真皮或面料上的线。缝纫部分是从底面往上拉上去的形状。通常比面线的股数少。

바깥쪽 지퍼 풀러 – – –zipper puller

가방이나 지갑의 바깥쪽에 있는 지퍼 슬라이더에 달린 손잡이.

종 외풀러(外puller)
관 안쪽 지퍼 풀러(내풀러)

EN exterior zipper puller a zipper puller on a zipper slider that is located on the exterior side of a bag or a wallet.

VI tép đầu kéo ngoài tép gắn vào đầu kéo nằm ở phía ngoài của túi xách hoặc ví.

IN handle risleting bagian luar handle yang menempel pada slider risleting yang ada di bagian luar tas atau dompet.

CH 外侧拉链结 在包或钱包的外侧安装的拉链上的拉链结。

바닥발

가방의 바닥판(소코)이 땅에 직접 닿지 않도록 보호하기 위하여 바닥판에 붙이는, 받침대 역할을 하는 금속 장식이나 두껍게 만든 패치.

통 소코발(そこ[底]ー)

EN bottom feet the metal hardware or leather patch used to protect a bag from directly coming into contact with the ground.

VI nút đáy vật trang trí kim loại hoặc miếng patch dày dán vào đáy túi, đóng vai trò giá đỡ, có tác dụng giúp đáy túi không chạm đất.

IN stud bawah, kaki bawah rivets atau tempelan kulit yang digunakan untuk melindungi tas dari sentuhan langsung ke tanah.

CH 底垫 防止包袋底部直接接触地面起到保护作用的五金装饰或较厚的小块皮革。

바닥발 패치 ---patch

가방의 바닥판(소코)과 바닥발(소코발) 사이에 붙이는 패치.

통 소코발 받침 패치
(そこ[底]---patch),
소코발 패치
(そこ[底]ーpatch)

EN bottom patch a patch that is placed between the bottom and the feet of a bag.

VI patch đáy túi miếng patch được gắn ở giữa đáy túi và nút đáy.

IN patch stud bawah patch yang ditempel di antara bagian panel bawah dan kaki bawah tas.

CH 底钉垫皮 在包的底围和底钉之间贴上去的小块皮革。

바닥판 --板

가방의 원판에서 분리된 아래쪽 면.

통 소코(そこ[底])
관 밑면

EN bottom the bottom side of a bag body.

VI **đáy túi** phần mặt dưới được tách biệt với thân túi.

IN **body bawah, bagian bawah tas** bagian bawah tas yang terpisah dari panel tas.

CH **底围** 与包的原板分离的下侧的面。

바닥판 쫄대 --板-帶

원판보다 바닥판(소코)이 안쪽으로 들어가 있어 튀어나온 테두리 부분에 띠를 덧대어 모양을 만든 부분.

통 소코 쫄대(そこ[底]-帶)
관 쫄대

☞ 104쪽, 쫄대

EN **bottom border tape** the part that has been shaped with a strap. The strap wraps around the protruding edges of a product in which the bottom panel is situated inwards than the body of the product.

VI **nẹp mép đáy túi** so với thân túi, đáy túi được cố định về phía trong và được gắn thêm nẹp vào phần viền lộ ra.

IN **body lis bawah** bagian yang terbentuk karena panel samping posisinya lebih masuk dibandingkan bodi utamanya sehingga bagian sisi yang keluar ditempeli dengan patch.

CH **底围围条** 底围比原版朝里凹陷，凸出来的边缘用条包裹做出形状的部分。

바닥발 패치
(소코발 받침 패치)
bottom patch

바닥판(소코)
bottom

바닥발(소코발)
bottom feet

바인딩 가죽 binding--

바인딩할 때 사용하는 가죽.

EN binding leather a leather for binding the edges.

VI viền da da sử dụng khi bọc viền.

IN kulit binding kulit yang dipakai saat proses membungkus.

CH 包边皮 包边的时候使用的真皮。

동 감싸기 가죽,
바인딩 피(binding皮)

버클 구멍 buckle--

버클을 고정할 때 버클 핀을 꽂을 수 있도록 버클 패치 따위에 뚫어 놓
은 작은 구멍.

EN buckle hole the small holes on a buckle patch for inserting the buckle prong and securing the buckle.

VI lỗ móc khóa cài lỗ nhỏ được đục vừa vặn trên miếng patch khóa cài sao cho chốt cài khóa cài có thể xỏ vào để cố định khóa cài.

IN lubang buckle lubang pada tali yang digunakan untuk mengencangkan buckle dengan memasukkan pin buckle ke dalam lubang.

CH 针扣孔 固定搭扣的时候为了能穿针而在搭扣耳仔上钻的小孔。

버클 패치 buckle patch

버클에 끼워 가방에 부착하는 패치. 주로 가운데에
구멍을 뚫어 버클 핀을 꽂아 반으로 접어 붙인다.

EN buckle patch a patch that attaches to a buckle and then to a bag. A hole is often punched in the center of the patch for the insertion of a buckle prong. Then, the patch is folded in half and attached to a bag.

VI pad khóa cài miếng patch gắn vào khóa cài và đính vào túi xách. Chủ yếu đục lỗ ở giữa, cắm chốt cài khóa

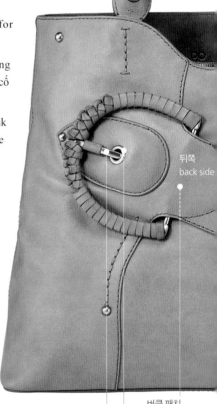

뒤쪽
back side

버클 패치
buckle patch

버클 핀
buckle pin

버클 구멍
buckle hole

cài vào, gấp lại một nửa và dán lại.

IN pet buckle patch untuk menempelkan tas yang memiliki buckle. Biasanya dibuat dulu lubang di bagian tengah, masukkan pin buckle, kemudian dilipat menjadi setengah bagian.

CH 搭扣耳仔 插在搭扣上，附着在包身上的小块皮料。一般在其中间钻孔插入搭扣针，折叠一半后贴起。

버클 핀 buckle pin

벨트 구멍에 넣어 어깨끈(숄더 스트랩)이나 띠덮개(베루)의 길이를 조절할 때 사용하는, 버클에 달린 가느다란 촉.

통 버클 고리 핀
(buckle--pin)

EN buckle prong, buckle tongue, buckle pin a slender bar on a buckle that is inserted into a hole of a shoulder strap or a bridge to adjust its lengths.

VI chốt cài khóa cài que mỏng gắn trên khóa cài, bỏ vào lỗ quai đeo, sử dụng khi điều chỉnh độ dài của quai đeo hoặc nắp túi.

IN pin buckle, pin gesper pin tipis dan kecil yang melekat pada gesper, yang digunakan untuk menyesuaikan panjang tali bahu atau penutup tali ke dalam lubang sabuk.

CH 搭扣针 通过放入带孔调节肩带或舌条长度时使用的安装在搭扣上的细长的小棒。

변접음 보강재 邊--補強材

변접기(헤리)할 부분의 가장자리 모양과 같게 만들어 붙여, 정확한 모양으로 변접기할 수 있게 도와주는 보강재(신).

통 헤리 신
(へり[縁]しん[芯])

EN turned edge reinforcement a reinforcing material in the shape of an edge that is to be turned, so that the edge can be turned accurately in shape.

VI đệm gấp mép đệm gia cố làm giống với hình dạng mép của phần gấp mép rồi dán vào, giúp gấp mép với hình dạng chính xác.

IN penguat lipatan tepi material penguat yang berfungsi untuk memperkuat sisi lipatan jahitan menjadi bentuk yang tepat dengan cara menempelkannya ke sisi lipatan yang sama dengan garis pembatas.

CH 折边衬 按照折边部分的边缘形状制作粘贴并可辅助精确折边的衬。

변접음밥 邊---

가죽을 접어 붙이기 위하여 만들어 놓은 여유분.

EN turned edge allowance the extra space left on the border of a leather panel for folding the edges.

VI biên gấp phần dư được chừa ra của da để gấp mép.

IN batas lipatan tepi ruang tambahan di ujung panel yang disisihkan untuk melipat tepian kain.

CH 折边边距 为皮折边制作的余量。

동 헤리밥(ヘリ[縁]-)

보강재 補強材

제품의 모양을 만들거나 유지하기 위하여 가죽이나 원단(패브릭), 안감(우라), 보강재(신)에 덧대는 것. 고무, 종이, 부직포, 스펀지, 피브이시(PVC), 티피유(TPU) 따위가 있다.

EN reinforcement/reenforement, filler a material like rubber, paper, nonwoven fabric, sponge, PVC, or TPU, that is attached to the leather, fabric, lining, or another reinforcement to shape and to maintain the shape of a product.

VI đệm gia cố, đệm vật gắn thêm vào miếng da, vải, lót hoặc đệm gia cố khác nhằm tạo ra hoặc duy trì hình dạng của sản phẩm. Có các loại như cao su, giấy, vải không dệt, xốp, PVC, TPU.

IN penguat, penyokong penguat yang ditempel pada kulit, kain, lapisan atau material lain untuk membentuk dan mempertahankan bentuk dari suatu produk. Terdapat jenis karet, kertas, kain non tenun, spons, PVC, atau TPU.

CH 补强衬 为了做出产品的形状或维持形状而在皮革、面料、里子或衬上附加的补强材料。包括橡胶、纸、不织布、海绵、PVC材料、TPU材料等。

동 보강 신(補強しん[芯]), 신(しん[芯])

볼록이

모양을 내기 위하여 안쪽에 보강재(신)를 넣어 볼록하게 처리한 부분. 주로 패치, 손잡이(핸들) 따위에서 볼 수 있다.

EN bombay, bombe, trapunto a bulging area in which a reinforcing

동 모리(もり[盛り]), 봄베(bombe), 트라푼토(trapunto)

material has been inserted to shape the area. It is often seen on patches and handles.

VI nổi gờ, độ mô phần được làm nổi lên khi bỏ vào đệm gia cố phía trong nhằm tạo hình dạng. Thông thường có thể thấy ở miếng patch, quai xách.

IN timbulan bagian yang timbul karena adanya material penguat yang dimasukkan untuk membentuk area tersebut. Biasanya sering terlihat pada patch dan handle.

CH 凸起 为了制作形状在内侧通过添加衬做出的突起部分。一般常见于耳仔、手把等部位。

볼록이(모리)
bombe

불박 패치 –撲patch

열과 압력을 이용하여 로고를 찍어 낸 패치.

EN embossed logo patch, heat stamped logo patch a patch with a heat pressed logo.

VI pad logo ép nổi miếng patch được dập nổi logo bằng cách dùng nhiệt và áp suất.

IN pet emboss logo patch dengan logo yang dicetak menggunakan tekanan panas.

CH 烫印耳仔 利用热量和压力印制商标的小块材料。

관 로고 패치

삼단 옆판 三段–板

옆판(마치)이나 측면이 삼단으로 된 형태.

EN three-sided gusset, triple-sided gusset a form in which the gusset or side has three columns.

VI ba cánh súp lê hông túi được làm thành ba cánh.

IN panel bodi samping panel atau sisi samping yang dibuat dengan menghubungkan 3 panel secara horizontal.

CH 三段侧片 侧片或侧面呈三段的形态。

동 삼단 마치(三段まち[襠])

소창식 조임끈 小腸▽式---

가느다란 소창이나 피피선에 가죽이나 원단(패브릭)을 씌워 둥근 관 모양으로 만든 조임끈(드로스트링).

☞ 97쪽, 조임끈(드로스트링)

EN tubular drawstring a tube-like drawstring made by wrapping leather or fabric on a thin piping cord.

VI dây rút bằng ống may miếng da hoặc vải vào dây PP hoặc ống mỏng, dây rút được làm thành hình ống tròn.

IN tali string tabung tali string yang berbentuk pipa bambu dibuat dengan bungkus kain atau kabel yang tipis.

CH 索绳 在细长的胶管或PP线上包裹皮革或面料做成的圆管状的抽绳。

손잡이

가방을 손에 들거나 어깨에 멜 수 있도록 해 주는 부분.

EN handle the part of a bag that enables the bag to be held or carried.

VI quai xách bộ phận của túi được thiết kế để xách tay hoặc đeo trên vai.

IN handle, pegangan tas bagian dari tas yang digunakan untuk memegang tas saat dijinjing dengan tangan atau disampirkan ke bahu.

CH 手把, 把手 使包袋可以手拎或肩背的部分。

통 핸들(handle)
관 리슬릿, 멜빵, 어깨끈(숄더 스트랩)
☞ 72쪽, 손잡이(핸들)의 종류

손잡이 끝 받침 가죽

손잡이(핸들)의 끝이 링 따위를 감싸는 부위에 가죽 뒷면이나 보강재(신)가 보이지 않도록 덧대는 가죽.

통 핸들 끝 받침 피 (handle---皮)

EN handle end supporting leather a layer of leather that covers the part where the handle end wraps around a ring, so that the backside of a leather or a reinforcing material is not externally visible.

VI cố quai xách miếng da gắn thêm vào để mặt sau da hoặc đệm gia cố không bị nhìn thấy ở vị trí phần bọc lại các loại khoen móc ở phần cuối quai xách.

손잡이 끝 받침 가죽(핸들 끝 받침 피)
handle end supporting leather

IN patch dalam ujung handle kulit yang membungkus bagian ujung handle yang mengelilingi cincin agar permukaan belakang atau material penguat kulit tidak terlihat.

CH 手把尾垫皮 在手把底端包裹环等的位置，为不使皮革背面或者补强衬露出来而补贴的皮子。

손잡이 싸개

손잡이(핸들)에서 손에 잡히는 부분을 감싸 주거나 링 스냅, 스프링 스냅, 벨크로 테이프로 두 개의 손잡이를 하나로 모아 주는, 가죽이나 원단(패브릭)으로 만든 싸개.

동 핸들 싸개(handle--)

EN handle keeper, handle cover a leather or fabric cover on a handle that, either covers the part of a handle that is held by hand, or gathers and holds two handles together using ring snaps, spring snaps, or velcro.

VI bao tay nắm quai xách bao tay nắm được làm bằng da hoặc vải, giúp bọc phần bị cầm tay trên quai xách hoặc giúp ghép hai cái quai xách thành một bằng nút tròn, nút lò xo hoặc bằng khóa nhám.

IN penutup handle, cover handle kulit atau kain yang membungkus handle, bisa dengan membungkus bagian handle yang dipegang dengan tangan atau menggabungkan dua handle menjadi satu menggunakan ring snap, spring snap atau velcro.

CH 手把包皮 包住手把的手握部分或使用圆四合扣、弹簧四合扣或魔术贴把两个手把并在一起的用皮革或面料制作的包皮。

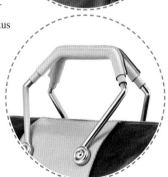

손잡이 아래짝

형태가 납작한 손잡이(핸들)의 아랫면.

동 핸들 밑짝
(handle--),
핸들 아래짝
(handle---)
관 손잡이 위짝(핸들 위짝)

EN handle bottom the underside of a flat handle.

VI mặt dưới quai mặt phía dưới của quai xách dẹp.

IN handle bawah sisi bawah dari handle yang berbentuk datar.

CH 手把下面 扁平形态的手把下端的面。

손잡이(핸들)의 종류 Types of handles

1 길이 by length

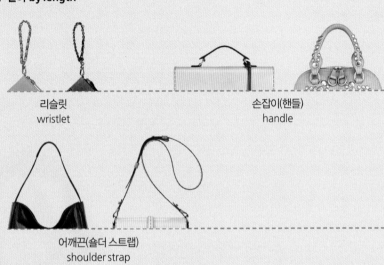

리슬릿
wristlet

손잡이(핸들)
handle

어깨끈(숄더 스트랩)
shoulder strap

2 모양 by shape

① 평면식 planar surface

맞부착
double-sided handle

맞접음
gatefold handle

반접음
half folded(taco) handle

② 입체식(보강재 삽입) three-dimensional(reinforcement insertion)

볼록식(모리식)
bombay handle

소창식
tubular handle

뱀 머리 손잡이
snake head handle

3 단면 처리 방식 by the raw edge finishing method

단면식(기리메식)
raw edged handle

바인딩식
bound edge handle

변접음식
turned edge handle

4 고정 형태 by mobility

고정식
fixed handle

부착식
attached handle

삽입식
inserted handle

조절식
adjustable handle

탈착식
detachable handle

5 기타 other

메시
mesh handle

웨빙
webbed handle

체인
chain handle

손잡이 연결 고리 ---連結--

손잡이(핸들)와 원판을 연결해 주는, 금속이나 가죽 따위로 둥글거나 모나게 만든 고리.

EN handle connecting loop a rounded metal or leather loop that connects the handle to the bag body.

VI vòng nhẫn quai xách nhẫn bằng kim loại hoặc da, được làm tròn hoặc có góc cạnh, giúp liên kết quai xách với thân túi.

IN loop handle loop yang terbuat dari logam atau kulit berbentuk bulat yang menghubungkan handle dengan bodi tas.

CH 手把连接扣 连接手把和原板的用金属或皮革制作的圆形或有棱角的环。

동 핸들 연결 고리
(handle連結--)

손잡이 연결 고리
(핸들 연결 고리)
handle connecting loop

손잡이 연결 패치 ---連結patch

손잡이(핸들) 끝부분에 삽입하거나 덧대어 붙여 손잡이를 원판에 연결해 주는 가죽 조각.

EN handle connecting patch a piece of leather that is inserted or attached to the ends of a handle, which connects the handle to the bag body.

VI pad quai xách miếng da chèn vào hoặc dán vào phần cuối quai xách, giúp kết nối quai xách vào thân túi.

IN patch handle potongan kulit yang menempel pada sisi ujung dari handle yang menghubungkan handle dengan panel bodi.

CH 手把连接耳仔 在手把的末端插入或加贴用来连接手把和原板的小块皮革。

동 핸들 연결 패치
(handle連結patch)

손잡이 위짝

형태가 납작한 손잡이(핸들)의 윗면.

동 핸들 위짝(handle--)

EN handle top the upper side of a flat handle.

VI mặt trên quai mặt phía trên của quai xách dẹp.

IN handle atas sisi atas dari handle yang berbentuk datar.

CH 挽手上皮 扁平形态的手把上端的面。

관 손잡이 아래짝
(핸들 아래짝)

솔기

두 장의 가죽이나 원단(패브릭) 따위를 맞대고 꿰맨 줄.

EN seam a line along in which two pieces of leather or fabric are sewn together.

VI đường may chắp đường may khi đặt hai miếng da hoặc vải đối diện nhau.

IN sambungan bagian yang dijahit dengan dua potongan kulit atau kain menjadi satu.

CH 车线 两张皮革或面料对接缝制的线。

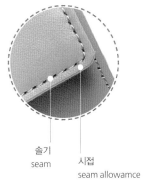

솔기
seam

시접
seam allowamce

술

가죽이나 금속(메탈)으로 만든 가느다란 끈을 한데 모아 묶어 놓은 것. 가죽 술(태슬)은 넓은 가죽 한 장을 한쪽 끝부분만 조금 남겨 놓고 여러 가닥으로 좁게 잘라 말아서 만든다. 이때 가죽은 한 장만 이용하여 만들 수도 있고, 두 장을 겹쳐서 맞부착한 뒤 만들 수도 있다.

통 태슬(tassel)

EN tassel a tuft of loosely hanging leather strips or metal strings. Leather tassels are made by cutting a layer of leather into small strips except at the base on one end and then rolling up the layer of leather. A single layer of leather can be used to make a one layered tassel and two layers of leather can be used to make a double layered tassel.

VI tua trang trí một chùm được kết lại từ những sợi dây mảnh được làm bằng da hoặc kim loại. Chùm tua da được làm bằng cách chừa lại phần chân tua, cắt miếng da ra thành nhiều sợi nhỏ, sau đó cuốn miếng da lại. Chùm tua có thể sử dụng một miếng da để làm, hoặc sau khi để hai miếng da chồng lên nhau, dán hai mặt lại rồi làm cũng được.

IN tassel, rumbai-rumbai seutas tali tipis dari kulit atau logam yang

digulung menjadi satu. Untuk kulit rumbai, dibuat dengan cara kulit yang lebar menjadi beberapa helai dan hanya menyisakan bagian ujung di satu sisinya. Dapat dibuat menggunakan satu lembar kulit saja, atau dapat dibuat menggunakan dua lembar kulit yang ditumpang tindih dan ditempel menjadi satu.

CH 穗子 用皮革或金属制成的细条捆在一起制作的部件。皮革吊穗是用一张宽皮子的一端留少许后裁成若干细条紧紧卷起来制成。可用一张皮革制成，也可用两张皮革叠在一起对贴后制作。

술 고리

술(태슬)의 윗부분에 심어 술을 다른 부위와 연결할 수 있도록 해 주는 고리. 술과 같은 가죽으로 만들거나 금속을 이용하여 만든다.

동 태슬 고리(tassel--)

EN tassel loop a loop on the upper part of a tassel, which enables the tassel to hang onto something. It is made of metal or with the same type of leather as the tassel.

VI nhẫn tua nhẫn gắn ở phần trên của tua, giúp treo chùm tua lên chi tiết khác. Được làm từ cùng một loại da giống da tua trang trí hoặc làm từ kim loại.

IN loop rumbai-rumbai loop pada tassel yang mempermudah rumbai untuk terhubung dengan bagian yang lain. Pengait ini biasanya terbuat dari kulit yang sama dengan tassel atau terbuat dari logam.

CH 穗子环 埋在吊穗上端部分可与其他部位连接的环。用与吊穗相同的皮革制作或者用金属制作。

술 고리
tassel loop

시접

박음질할 때 솔기 바깥으로 남겨둔 여유분. 최소 2 ㎜의 시접을 둔다.

EN seam allowance a margin that borders the seam. A minimum of 2 ㎜ seam allowance is required.

VI đường biên may phần dư được chừa lại bên ngoài đường may chắp khi may. Để đường biên may tối thiểu là 2 ㎜.

IN sisa jahitan margin yang disisakan di bagian luar ketika proses menjahit. Biasanya lebarnya lebih dari 2 ㎜.

CH 边距 车线时，缝线向外留出的余量。最少留出2㎜。

시접
seam allowamce

솔기
seam

아이디 창 ID(identification)窓

신분증 따위를 넣는 투명하고 작은 수납 공간. 속이 들여다보여 신분증을 꺼내지 않고도 확인할 수 있다.

동 아이디 홀더 (ID[identification] holder), 투명판(透明板)

EN identification(ID) card holder a case designed to hold identification cards. It has a translucent ID window that can display an identification card without having to pull it out of the case.

VI thẻ nhựa, ngăn đựng thẻ không gian nhỏ và trong suốt để đựng thẻ chứng minh thư. Vì nhìn thấu bên trong nên có thể kiểm tra mà không cần lấy thẻ chứng minh thư ra.

IN bingkai kantong, ID holder tempat penyimpanan kecil untuk menyimpan kartu identitas dll. Memiliki panel transparan untuk memperlihatkan kartu identitas atau foto tanpa harus mengeluarkan kartunya.

CH 透明板 放置身份证等的小收纳空间。因为有透明板所以不需要把身份证拿出来也可以进行确认。

아일릿 받침 패치 eyelet--patch

아일릿을 받치는 패치. 원단(패브릭)에 아일릿을 달 때, 구멍 가장자리의 올이 풀리는 것을 막아 준다.

동 눈구멍 장식 받침 패치 (---裝飾--patch)

EN eyelet patch a patch that supports eyelets. It prevents the fabric ply from unraveling when attaching an eyelet.

VI patch đệm eyelet pad hỗ trợ eyelet. Khi gắn eyelet vào vải, giúp ngăn sợi của phần mép eyelet bị bung ra.

IN eyelet patch patch yang menopang hiasan eyelet. Ketika kain sedang dihias menggunakan eyelet, patch ini mencegah bagian ujungnya agar tidak lepas.

CH 扣眼垫皮 垫在鸡眼扣下面的耳仔。在面料上安装鸡眼扣时，使用扣眼垫皮可以防止扣眼边缘抽丝的现象。

안감

가방 안쪽에 대는 감. 주로 천 종류를 사용하며, 가죽으로 대신하기도 한다.

동 라이닝(lining), 우라(うら[裏])

EN lining the material that covers the inner surface of a bag. It is common to use some sort of fabric, but it can be substituted with leather.

VI lót vật liệu che phủ bề mặt trong của túi. Thông thường sử dụng vải để làm lót, cũng có thể thay thế bằng da.

IN lapisan material yang menutupi bagian dalam tas. Biasanya terbuat dari kain atau bermacam-macam kulit.

CH 里布 贴在包内部的料子。主要使用布类，也会使用皮革。

안감 보강재 −−補強材

안감(우라)을 보강하고 안감의 모양을 유지하기 위하여 안감 뒷면에 넣는 보강재(신). 주로 옥스퍼드나 킴론을 사용한다.

동 우라보강신 (うら[裏]補強しん[芯])

EN lining reinforcement a reinforcing material placed on the backside of a lining to strengthen the lining and to maintain the shape of the lining. It is common to use oxford or kimlon to reinforce the lining.

VI đệm lót đệm gia cố gắn vào mặt sau miếng lót nhằm gia cố miếng lót và duy trì hình dạng của miếng lót. Chủ yếu sử dụng vải oxford hoặc kimlon.

IN penguat lapisan dalam material penguat yang ditempelkan di sisi belakang dari lapisan untuk mempertahankan bentuk dan memperkuat lapisan. Biasanya menggunakan oxford atau kimron untuk memperkuat lapisan.

CH 里布补强衬 为了增加里布的强度或维持里布的形状，在里布的背面放置的衬，主要用牛津布或网型不织布制作。

안쪽 입구 --入口

가방 안쪽의 윗부분.

통 내구치(內く ち[口])

EN inner top the upper part of the inside of a bag.

VI miệng trên trong phần trên ở bên trong của túi xách.

IN bagian dalam atas bagian atas di dalam tas.

CH 内侧上端, 内侧入口, 内袋口 包内侧的上端部分。

안쪽 입구 띠 --入口-

가방 안쪽의 윗부분에 덧댄 띠. 주로 원판과 같은 가죽이나 원단(패브릭), 피브이시(PVC)를 이용하여 만든다.

통 내구치 띠(內く ち[口]-)

EN inner opening strap the strap around the top part of the inside of a bag. The strap is often the same type of leather, fabric, or PVC as the body of the bag.

VI nẹp miệng bên trong nẹp gắn thêm vào phần miệng bên trong túi. Chủ yếu sử dụng da, vải hoặc PVC giống như thân túi.

IN lis mulut dalam tali yang melekat di bagian atas di dalam tas. Biasanya terbuat dari kulit, kain atau PVC yang sama dengan bahan bodi.

CH 内袋口衬 附加在包内部上端的条。主要用和原板一样的皮革或面料以及PVC材料制成。

안감(우라)
lining

안쪽 지퍼 풀러
interior zipper puller

안쪽 입구 띠(내구치 띠)
inner opening strap

안쪽 지퍼 풀러 --zipper puller

가방이나 지갑의 안쪽에 있는 지퍼 슬라이더에 달린 손잡이.

EN interior zipper puller the zipper puller attached to a zipper slider that is on the interior side of a bag or a wallet.

VI tép đầu kéo trong tép gắn vào đầu kéo ở bên trong túi xách hoặc ví.

IN zipper puller dalam puller yang melekat pada slider risleting di bagian dalam tas atau dompet.

CH 内拉链结 安装在包或钱包内部的拉链的拉头结。

통 내풀러(內puller)
관 바깥쪽 지퍼 풀러 (외풀러)

앞판 상단 –板上段

가방 원판 앞쪽의 윗부분.

EN front panel top the upper part of the front panel of a bag.

VI trên thân trước phần trên phía trước thân túi.

IN body depan atas bagian atas depan panel tas.

CH 前板上端 包袋的原板前侧的上端部分。

통 앞판 구치(–板くち[口])

양쪽 변접음 조임끈 兩–邊-----

가죽 두 장을 각각 변접기(헤리)하여 맞붙여 만든 조임끈(드로스트링).

EN parallel turned edge drawstring a drawstring made by conjoining two leather pieces with turned edges.

VI dây rút gấp mép dây rút được làm bằng cách gấp mép hai tấm da và dán lại.

IN tali string sisi lipat tali yang dibuat dengan menempelkan dua potong kulit dengan sisi yang dilipat bersamaan.

CH 两面折边抽绳 两张皮子分别做折边处理后对贴做成的抽绳。

통 이면 헤리 조임끈 (二面ヘリ[緣]---)

☞ 97쪽, 조임끈 (드로스트링)

어깨 받침

어깨끈(숄더 스트랩)이 어깨에 닿았을 때 무게 때문에 어깨가 눌리는 것을 막고 어깨를 편하게 해 주기 위하여 어깨끈에 끼우는 것. 주로 푹 신한 소재를 이용하여 만든다.

EN shoulder pad the pad on a shoulder strap that prevents and eases the shoulder from directly taking impact of something heavy when the shoulder strap is hung over the shoulders. It is primarily made with soft materials.

VI đệm quai đeo, pad đệm quai vật gắn vào quai đeo để ngăn chặn việc

통 어깨 패드(––pad), 패드(pad)

vai bị đè nén vì vật nặng và giúp cho vai thoải mái hơn khi quai đeo chạm vào vai. Chủ yếu sử dụng vật liệu mềm mại.

IN pad, bantalan bantalan pada tali bahu yang berfungsi untuk melindungi bahu dari rasa sakit karena membawa beban berat agar lebih rileks. Biasanya terbuat dari material yang empuk.

CH 肩带垫 为减轻肩带接触肩膀时因较沉的重量产生的压力缓解不适而套在肩带上的部件。主要用柔软有弹性的材料制作。

어깨끈

어깨에 걸쳐 메는 긴 띠. 주로 개고리나 오뚝이 장식으로 탈부착하며, 줄이개 장식 따위를 이용하여 길이를 조절할 수 있다.

EN shoulder strap a long strap that is worn over the shoulders. It is common to use a dog hook or a collar stud to attach and detach a shoulder strap. A clasp can be used to adjust the length.

VI quai đeo sợi dây dài đeo qua vai. Thông thường người ta sử dụng móc chó hoặc cái ghim của khóa cài để gắn hoặc tháo quai ra khỏi túi. Một con tăng đơ cũng có thể được sử dụng để điều chỉnh chiều dài quai.

IN tali bahu tali panjang yang bisa digunakan di bahu. Panjang pendeknya bisa disesuaikan dengan menggunakan buckle.

CH 肩带 可以挂在肩膀上的长带子。主要通过挂钩或蘑菇钉等五金进行装卸，通过可伸缩的五金可以调节长度。

동 숄더 스트랩
(shoulder strap)

☞ 72쪽, 손잡이(핸들)의 종류

어깨끈 가락지
(숄더 스트랩 가락지)
shoulder strap keeper

어깨끈 구멍
(숄더 스트랩 구멍)
shoulder strap hole

어깨끈 오뚝이
(숄더 스트랩 오뚝이)
shoulder strap collar stud

어깨끈(숄더 스트랩)
shoulder strap

어깨끈 가락지

어깨끈(숄더 스트랩)의 짧은 쪽과 긴 쪽을 버클로 연결했을 때, 긴쪽 어깨끈이 들리는 것을 막기 위해 어깨끈에 끼우는 좁고 둥근 고리.

EN shoulder strap keeper a narrow and circular strap that keeps the long shoulder strap in place when a short shoulder strap and a long shoulder strap are conjoined using a buckle.

VI nhẫn quai nhẫn tròn và hẹp gắn vào quai đeo để ngăn cho quai dài không bị trùng khi nối quai ngắn và quai dài với nhau bằng khóa cài.

IN cincin tali bahu tali sempit dan melingkar yang menopang tali bahu yang panjang agar tetap pada tempatnya saat tali bahu yang pendek dan tali bahu yang panjang dihubungkan menggunakan gesper.

CH 肩带活戒指扣 肩带的长端和短端用搭扣连接时，为了防止长肩带翘起而套在其上面的窄而圆的戒指扣。

동 숄더 스트랩 가락지
(shoulder strap---)

☞ 81쪽, 어깨끈
(숄더 스트랩)

어깨끈 구멍

어깨끈(숄더 스트랩)의 길이를 조절하여 고정하기 위해 버클 핀이나 오뚝이 장식을 꽂는 구멍.

EN shoulder strap hole the hole on a shoulder strap that adjusts and secures a buckle by inserting a buckle prong or a collar stud into the hole.

VI lỗ quai lỗ được thiết kế để gắn chốt cài khóa cài hoặc cái ghim của khóa cài, nhằm điều chỉnh và cố định độ dài của quai đeo.

IN lubang tali bahu lubang pada tali bahu yang digunakan untuk mengatur panjang pendeknya tali bahu dan untuk menyelipkan buckle ke dalam lubang.

CH 肩带冲孔 为调整和固定肩带长度而穿的能插进搭扣针或蘑菇钉的孔。

동 숄더 스트랩 구멍
(shoulder strap--),
핸들 구멍
(handle--)

☞ 81쪽, 어깨끈
(숄더 스트랩)

어깨끈 오뚝이

어깨끈(숄더 스트랩)의 길이를 조절할 때, 어깨끈 구멍(숄더 스트랩 구멍)에 끼워 고정하는 우뚝 솟은 모양의 장식.

EN shoulder strap collar stud, shoulder strap collar pin a hardware that projects and fits through a shoulder strap hole to adjust and fix the strap length.

VI nút tròn trên quai, rivet núm nút trang trí nhô cao lên được gắn cố định vào lỗ trên quai đeo khi điều chỉnh độ dài của quai đeo.

IN kancing tali bahu kancing kecil yang bisa masuk melalui lubang pada tali bahu untuk menyesuaikan panjang pendeknya tali bahu.

CH 肩带蘑菇钉 调整肩带长度时，插入并固定在肩带的孔内的凸起模样的五金。

통 숄더 스트랩 오뚝이
(shoulder strap－－－),
핸들 오뚝이
(handle－－－)

☞ 81쪽, 어깨끈
(숄더 스트랩)

엮음 가죽

가방의 원판이나 손잡이(핸들) 따위를 만들기 위하여 엮은 가죽.

통 엮음 피(－－皮)

EN woven leather a leather woven to construct the body or the handle of a bag.

VI dan da da được đan nhằm làm thân túi hoặc quai xách.

IN kulit anyaman kulit yang dianyam untuk membuat panel atau handle tas.

CH 编织皮 用于制作包的原板或手把等部位的编织皮革。

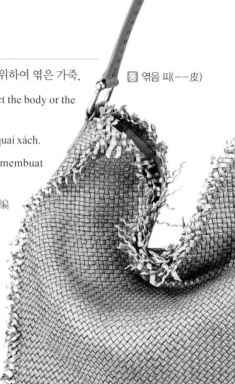

연결 띠 連結－

부위와 부위, 부위와 장식, 장식과 장식 따위를 연결해 주는 띠.

EN connecting strap a strap that connects, either one part of the product to another, a part of the product to a hardware, or a hardware to a hardware.

VI nẹp nối nẹp giúp kết nối bộ phận này với bộ phận khác, bộ phận với đồ trang trí, hoặc giữa các đồ trang trí với nhau.

IN tali penghubung tali yang menghubungkan bagian yang satu dengan bagian yang lain, bagian dari suatu produk dengan hardware dan hardware yang satu dengan hardware yang lainnya.

CH 连接衬 用于连接各部位、部位与五金或五金之间的条。

열린 주머니

덮개(후타)나 지퍼 없이 입구(구치)가 열려 있는 주머니 (포켓).

EN open pocket a pocket without a flap or a zipper at the opening.

VI túi mở túi hộp có miệng mở, không có nắp đậy hoặc không có dây kéo.

IN kantong terbuka kantong yang terbuka tanpa ada penutup maupun risleting.

CH 开口兜 没有盖或拉链的开口敞开的口袋。

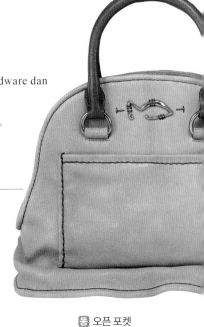

동 오픈 포켓
　　(open pocket)

☞ 99쪽, 주머니(포켓)의
　　종류

열쇠고리 끈

한쪽 끝에 열쇠를 달고 다른 쪽에는 칼금을 길게 넣어 손잡이(핸들)에 걸어 달 수 있는 끈.

EN keychain strap a strap with a key on one end that can hang from a handle on the other end. A long slit cut is made on the strap for hanging.

VI dây treo móc khóa dây treo có móc khóa ở một đầu, đầu còn lại thì treo vào quai xách bằng một rãnh cắt dài.

IN tali kunci tali yang dapat dipasang pada handle untuk meletakkan kunci di satu sisinya dan benda lain di sisi lainnya.

CH 钥匙绳 一端挂在钥匙上，另一端留下长的刀印可以挂在手把上的绳。

열쇠집

열쇠나 행잉 장식을 보호하는 가죽 씌우개. 열쇠나 행잉 장식에 연결된 끈을 씌우개에 통과시켜 손잡이(핸들)나 손잡이 연결 고리(핸들 연결

동 키집(key-),
　　키팝(key fob)

고리)에 매단다.

EN key holder, clochette a leather cover that protects a key or a hanging hardware. A lanyard attached to the key or the hanging hardware passes through the body of the key holder and hangs from a handle or a handle connecting loop.

VI bọc chìa khóa nắp da bảo vệ chìa khóa hoặc treo trang trí. Cho sợi dây nối với chìa khóa hoặc treo trang trí xuyên qua nắp da, đeo vào quai xách hoặc nhẫn nối với quai xách.

IN penutup kunci cover kulit yang berfungsi untuk melindungi kunci atau hiasan yang digantung. Tali yang terhubung pada kunci atau hiasan gantungan dimasukkan ke dalam cover kemudian ditempel pada cincin yang terhubung dengan handle.

열쇠고리 끈
keychain strap

열쇠집(키집)
key holder

CH 钥匙夹 起到保护钥匙或挂饰的皮革护套。用一根穿过护套的长条一端连接钥匙或挂饰，一端挂在手把或者手把连接环上。

옆판 – 板

가방의 원판에서 분리된 오른쪽과 왼쪽 면.

EN gusset the side panels of a bag body, which refers to the left and right sides of a bag.

VI hông túi mặt bên trái và bên phải được tách biệt trên thân túi.

IN body samping, gusset, panel samping panel samping pada tas, yang mengacu pada sisi samping kanan dan samping kiri tas.

CH 侧片 包的原板上分离的左侧面和右侧面。

통 마치(まち[襠])
관 가랑이 옆판
(가랑이 마치),
날개 옆판(날개 마치),
삼단 옆판(삼단 마치),
이단 옆판(쌍마치),
정장 옆판(정장 마치),
홑옆판(단마치)

옆판 쫄대 – 板 – 帶

원판보다 옆판(마치)이 안쪽으로 들어가 있어 튀어나온 테두리 부분에 띠를 덧대어 모양을 만든 부분.

EN gusset border tape the part that has been shaped with a strap. The

통 마치 쫄대(まち[襠] – 帶)
☞ 104쪽, 쫄대

strap wraps around the protruding edges of a product, which is a result of the gusset situating more inwards than the body of the product.

VI bọc viền hông hông túi nằm sâu vào trong so với thân túi, gắn thêm nẹp vào phần viền bị lộ ra rồi tạo hình dạng.

IN lis panel samping tali di sekitar tepian produk yang menonjol, yang merupakan hasil dari panel samping yang diletakkan lebih dalam daripada bodi produk.

CH 侧围围条 侧片比原版朝里凹陷，凸出来的边缘用条包裹做出形状的部分。

옆판–바닥판 맞박음형 _板__板___形

한 장으로 연결된 가방의 양쪽 옆판(마치)과 바닥판(소코)을, 원판과 맞박기(쓰나기)하여 합봉(마토메)한 형태. 가죽이나 원단(패브릭) 한 장으로 만들거나 여러 장을 붙여 만든다.

EN inseamed bottom-gusset structure a structure in which the panel that makes up the two gussets and the bottom of a bag is inseamed and connected to the body of the bag. It can be made with one or several layers of leather or fabric.

VI đáy súp lê hai bên hông túi và đáy túi được nối liền thành một tấm. Nó có thể làm từ một hay vài miếng da hoặc vải, may nối cái này với thân túi để hoàn chỉnh túi xách.

IN gabungan panel samping dan panel bawah potongan panel yang membentang di kedua sisi samping dan bagian bawah tas. Terbuat dari satu potong kulit atau kain atau beberapa potongan kain atau kulit yang digabungkan menjadi satu, kemudian digabungkan dengan panel utama sehingga membentuk tas.

CH 侧片底围一体型 包的两边侧片和底围是一张并与原板合缝的形态。一般用整张的皮革或面料制作，有时也有数张材料拼贴制作。

옆판–바닥판 맞부착형 _板__板_附着形

한 장으로 연결된 가방의 양쪽 옆판(마치)과 바닥판(소코)을 원판과 맞부착하여 연결한 형태. 옆판과 바닥판을 맞부착하거나 얹어 부착하여

동 마치 소코
(まち[襠]そこ[底]),
소코 마치
(そこ[底]まち[襠])

☞88쪽. 옆판(마치)의 종류

동 연마치(連まち[襠])

만들며, 이것을 원판과 맞부착하기 때문에 옆판–바닥판 맞부착형(연마치)이 안쪽으로 휘어 들어간다.

☞ 88쪽, 옆판(마치)의 종류

EN bonded bottom-gusset structure a structure in which the panel that makes up the two gussets and the bottom of a bag is bonded and connected to the body of the bag. The bottom-gusset panel is bonded to the body panel from the backside or bonded by placing the bottom-gusset panel on top of the body panel.

VI cấu trúc hông đáy nối nhau hai bên hông túi và đáy túi nối với nhau thành một tấm, dán hai mặt với thân túi. Dán hai mặt hông túi và đáy túi với nhau hoặc dán chồng lên, vì dán hai mặt cái này vào thân túi nên cấu trúc hông đáy nối nhau bị cong vào bên trong.

IN struktur dengan satun samping dan bawah panel samping dan panel bawah yang dihubungkan menjadi satu dan digabungkan dengan panel bodi depan dan belakang. Karena kedua sisinya digabung menjadi satu maka sambungan antara panel samping dan panel bawah melengkung masuk ke dalam.

CH 侧片底围连接型 包的两边侧片和底围连成一张后，与原板拼接的形态。侧片和底围对接或者叠加贴合制作，因为与原板拼接，侧片底围连接型会向里侧弯曲凹陷。

옆판–바닥판 쫄대 –板––板–帶

원판보다 옆판–바닥판(마치 소코)이 안쪽으로 들어가 있어 튀어나온 테두리 부분에 띠를 덧대어 모양을 만든 부분.

❀ 마치 소코 쫄대
(まち[襠]そこ[底]–帶)

☞ 104쪽, 쫄대

EN bottom-gusset border tape the part that has been shaped with a strap, which wraps around the protruding edges of a product in which the gusset and the bottom panels are situated inwards than the body of the product.

VI nẹp hông-đáy, viền mép súp lê hông túi, đáy túi được cố định về phía trong so với thân túi, gắn thêm nẹp vào phần viền lộ ra rồi tạo hình dạng.

IN lis samping-bawah bagian yang telah dibentuk dengan tali yang membungkus tepian produk yang menonjol di mana panel samping dan panel bawah posisinya lebih dalam dibandingkan badan produk itu sendiri.

CH 侧片底围围条 侧片和底围比原版朝里凹陷，凸出来的边缘用条包裹做出形状的部分。

옆판(마치)의 종류 Types of gussets

옆판-바닥판 맞박음형(마치 소코)
inseamed bottom-gusset panel

맞박기
inverted seam

옆판-바닥판 맞부착형(연마치)
bonded bottom-gusset structure

맞부착
bonded double layer

올려 부착
layered stitching

맞부착
bonded double layer

돌출 시접(버트심)
butt seam

가랑이 옆판(가랑이 마치)
accordion gusset

날개 옆판
flutter gusset

정장 옆판(정장 마치)
suited gusset

홑옆판(단마치)
single-sided gusset

이단 옆판
double-sided gusset

오염 汚染

약물(에지 페인트), 접착체, 물, 먼지 따위가 묻어 더러워짐.

EN pollution a phenomenon in which a product is dirtied due to the edge paint, adhesive, water, or dust.

VI bị lem, bị dơ hiện tượng túi bị bẩn vì dính nước sơn, keo dính, nước, bụi.

IN kontaminasi fenomena dimana sebuah produk menjadi kotor karena obat-obatan, bahan perekat, air, kotoran atau debu.

CH 污染 因沾染边油、粘合剂、水、灰尘等造成的污渍。

완성 재단밥 完成裁斷-

① 톰슨 철형(도무손 철형)에 맞추어 일차 재단한 뒤 완성 재단을 했을 (다치를 냈을) 때 생기는 썰물(기레하시). ② 가죽 패턴(피 가타)과 완성 재단형 패턴(다치형 가타) 사이에 차이가 나는 부분.

同 다치밥(たち[達]-)

EN re-cut allowance ① the extra space around the needed cut of a material. The extra space is the difference between the first cut and the final cut of the material. The first cut of the material is made for the Thomson cutting die. ② the differences in the area between the leather pattern and final cut pattern.

VI biên cắt ① da vụn, vải vụn phát sinh khi cắt công đoạn cuối, sau khi cắt lần thứ nhất cho phù hợp với dao dập chuẩn. ② phần có sự khác biệt giữa rập da và rập dập chuẩn.

IN penyisihan potongan ① sisa potong di sekitar material potongan yang diperlukan. Extra space ini memiliki perbedaan dengan potongan pertama dan potongan akhir pada material. Potongan pertama material dibuat dengan pisau metal Thomson. ② bagian yang terlihat berbeda antara pola kulit dan pola yang telah dipotong.

CH 完成裁断下脚料 ① 按照木板刀模的大小完成初次裁断后剩下的碎皮。 ② 铁刀模和重裁型之间相差的部分。

원판 元板

가방의 중심이 되는 몸통 부분. 앞판과 뒤판을 아울러 이른다.

EN body, body panel the body of a bag, which normally refers to the front and back panels of a bag.

VI thân túi phần thân trung tâm của túi xách, được hợp thành từ thân trước và thân sau.

IN body, panel bodi badan tas, yang biasanya terdiri dari bagian depan dan belakang tas.

CH 原板 组成包身的主要部位，由前板和后板组成。

원판 꽁지 元板--

지갑을 펼쳤을 때, 쥐구멍(원판 마우스 홀)의 안감(우라)이 보이지 않도록 덧대는 가죽.

EN body tail a piece of leather that covers the mouse hole, so that the inner lining is not visible when the wallet is opened.

VI lỗ tai, đuôi thân túi miếng da gắn thêm vào để miếng lót của lỗ chuột không bị nhìn thấy khi mở ví.

IN body tail potongan kulit yang menutupi lubang tikus yang ada di panel agar lapisan bagian dalam tidak terlihat saat dompet dibuka.

CH 原板老鼠孔垫皮 打开钱包时，为了挡住原板老鼠孔的里布而附加的皮子。

원판 바깥쪽 접힘 여유분 보강재 元板-----餘裕分補強材

지갑 원판의 접히는 부분 바깥쪽에 넣는 보강재(신). 접히는 부분의 휘는 모양을 유지해 주거나 보강해 준다.

동 원판 외 유토리 보강 신 (元板外ゆとり補強しん[芯])

EN bending body reinforcement a reinforcing material that is placed under an area that folds on the exterior side of a wallet. It maintains and reinforces the shape of the fold.

VI đệm gấp cong đệm gia cố được đặt vào mặt ngoài phần bị gấp của thân ví. Giúp gia cố hoặc duy trì hình dạng cong của phần bị gấp.

IN penguat lipat material penguat yang ditempelkan di sisi luar dari bagian yang dilipat pada dompet. Penguat ini berfungsi untuk menguatkan dan mempertahankan bentuk dari bagian dompet yang dilipat.

CH 原板外弯位保强衬 放在钱包原板折叠部分的外部的补强衬。可保持折叠部分弯曲的形状或者增加其强度。

원판 상단 보강재 元板上段補強材

가방 원판 윗부분의 모양을 평평하게 잡아 주기 위하여 넣는 보강재 (신).

EN body panel top reinforcement a reinforcing material for maintaining the flatness of the upper part of the bag body.

VI đệm thân trên đệm gia cố được đặt vào nhằm giữ cho hình dạng của phần trên thân túi xách bằng phẳng.

IN penguat untuk body atas material penguat yang berfungsi untuk menjaga bentuk datar bagian atas dari panel tas.

CH 原板上端衬 为了保持包原板上端的形状平整而放置的衬。

동 원판구치신
(元板くち[口]しん[芯])

웨빙 손잡이 webbing---

가느다란 실을 원하는 폭으로 짠 띠를 이용하여 만든 손잡이(핸들).

EN webbed handle a handle made with a strap that is woven to the desired width. The strap is woven with thin threads.

VI quai đai quai xách được làm bằng cách sử dụng nẹp được dệt theo độ rộng mong muốn từ những sợi chỉ mỏng.

IN webbing handle handle tangan yang terbuat dari tali tenun tipis dengan kelebaran tertentu.

CH 织带手把 用细线编织成需要的幅宽后制作的手把。

동 웨빙 핸들
(webbing handle)

☞ 72쪽,
손잡이(핸들)의
종류

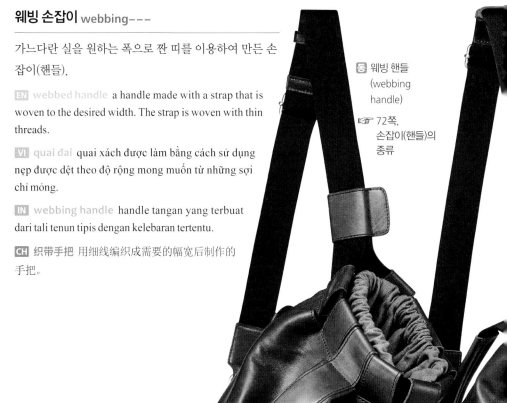

윗실

재봉틀(미싱)의 위쪽에서 내려와 밑실을 끌어 올린 뒤 박힌 실. 밑실과 합이 같거나 밑실보다 합이 높은 실을 사용한다.

EN upper thread the thread on top of a sewing machine that pulls the under thread up, and then sewn onto a material. It often has a higher twisted sum than the under thread.

VI chi trên chỉ nằm ở phần trên máy may, chỉ may đi từ trên xuống rồi kéo chỉ dưới lên trên. Sử dụng chỉ trên có số vòng xoắn sợi chỉ bằng hoặc cao hơn so với chỉ dưới.

IN benang luar benang di atas mesin jahit yang menarik bagian bawah benang ke arah atas untuk kemudian dijahit. Bentuknya lebih besar daripada benang bawah.

CH 面线 从缝纫机的上端下来再把底线拉上去后缝纫的线。通常使用和底线相同或比底线股数高的线。

관 밑실
☞ 63쪽, 밑실

이단 옆판 二段–板

옆판–바닥판 맞부착형(연마치) 두 장을 가로로 나란히 붙여 연결한 형태의 측면.

EN double-sided gusset the sides of a panel of two horizontally connected bottom-gusset panels.

VI hai cánh súp lê hông túi được ghép bằng cách dán hai miếng có cấu trúc hông đáy nối nhau liền kề nhau theo chiều ngang.

IN samping ganda sisi yang terbentuk karena gabungan antara dua panel, panel samping dan panel bawah.

CH 双侧片 两张侧片底围连接型横着并排拼贴连接成的形态的侧面。

동 쌍마치(雙まち[褶]), 이단 마치 (二段まち[褶])
☞ 88쪽, 옆판(마치)의 종류

이동식 가락지 移動式–––

이동시킬 수 있는 가락지.

EN movable keeper, floating keeper a keeper with mobility.

VI nhẫn trượt nhẫn có thể di chuyển được.

IN cincin bergerak loop atau cincin yang dapat dipindahkan.

관 고정식 가락지
☞ 42쪽, 가락지

CH 活戒指扣 能活动的戒指扣。

이색 異色

원자재와 부자재의 색이 일정하지 않고 부분에 따라 다른 현상. 한 가죽에서 부위에 따라 색이 다르거나, 제품의 각 부위별 가죽이나 원단(패브릭)의 색이 다를 수 있으며, 금속 장식에서 나타나기도 한다.

EN discoloration a phenomenon in which the colors of the raw materials and the subsidiary materials are inconsistent and vary by parts. The color variations can be on one piece of leather, on different leather parts or fabric parts of a product, or on metal hardwares.

VI phai màu hiện tượng màu không đều giữa các phần khác nhau của nguyên vật liệu chính và nguyên liệu thay thế. Trên một miếng da, tùy vào các bộ phận mà màu sắc khác nhau hoặc màu sắc của da hoặc vải theo từng bộ phận của sản phẩm khác nhau, cũng có thể xảy ra trên những vật trang trí kim loại.

IN beda warna fenomena terjadinya hilangnya warna pada kulit akibat paparan. Contohnya, perbedaan warna di beberapa bagian kulit, perbedaan warna kulit atau kain di beberapa bagian produk, atau perbedaan warna pada hiasan yang terbuat dari logam.

CH 色差 原料和辅料的颜色在不同位置出现差别的现象。指一张皮革上不同位置颜色不一致，或产品各部位的皮革或面料的颜色有差异，有时金属五金也会出现这样的情况。

이염 移染

서로 다른 색의 가죽이나 원단(패브릭), 피브이시(PVC) 따위가 일정 시간 이상 맞닿아, 한쪽의 색이 다른 쪽으로 옮겨 가는 현상.

EN migration a phenomenon in which different colors of the leather, fabric, or PVC are in contact with each other for a certain period of time and the color leaks from one material to another material of another color.

VI lem màu hiện tượng màu bị lan sang miếng vật liệu khác nếu đặt hoặc dán chồng các lớp da, vải hoặc PVC khác màu lên nhau trong một thời gian nhất định.

IN luntur, migrasi warna fenomena di mana warna kulit, kain atau PVC yang berbeda saling bersentuhan satu sama lain dalam kurun waktu yang lama dan menyebabkan warnanya luntur.

CH 移染 不同颜色的皮革、面料或者PVC材料因对贴时间较长而导致的一侧的颜色转移到另一侧的现象。

입구 入口

가방이나 주머니(포켓) 따위에서 물건이 들어가는 윗부분.

EN opening the entrance of a bag or a pocket.

VI miệng túi phần trên cùng của túi xách hay túi hộp để bỏ đồ vật vào trong.

IN pintu tas bagian atas dari tas atau dompet yang bisa dimasukkan barang.

CH 袋口 包或口袋上可放入物品的上层部位。

동 구치(くち[口])

입구 띠 入口-

가방이나 주머니(포켓)의 윗부분에 둘러 붙인 띠.

EN opening strap the strap around the top of a bag or a pocket.

VI nẹp miệng nẹp dán quanh miệng túi xách hoặc túi hộp.

IN tali penghubung, tali pintu tas tali yang menempel dan mengelilingi bagian atas tas ataupun dompet.

CH 袋口条 围在包或口袋的上端安装的条。

동 구치 띠(くち[口]-)
관 안쪽 입구 띠(내구치 띠)

입술 주머니

입구(구치)를 가리기 위하여 입구 부분에 가죽이나 원단(패브릭)을 반으로 접어 달아 준 형태의 주머니(포켓).

EN welt pocket a pocket that covers its opening with leather or fabric that has been folded in half.

VI miệng ngăn túi, miệng túi hộp gấp mí túi hộp có phần da hoặc vải trên miệng túi được gấp lại một nửa để nhằm che miệng túi.

IN bibir kantong saku yang menutupi bagian pembukanya dengan kulit atau kain yang telah dilipat menjadi setengah bagian seperti bibir.

동 입술 포켓(--pocket)
관 절개 주머니(슬릿 포켓)
☞ 99쪽, 주머니(포켓)의 종류

CH 唇形兜 为了挡住包口，在开口部分安装的用对折的皮革或面料做成的口袋。

입술 지퍼 --zipper

지퍼를 가리기 위하여 입구 부분에 가죽이나 원단(패브릭)을 반을 접어 도톰하게 만들어 달아 준 부분.

EN zipper lip the two linear straps at an opening, which covers the zipper with a leather or fabric piece that has been folded in half.

VI nẹp mép dây kéo để che dây kéo, gấp đôi miếng da hoặc vải ở phần miệng túi lại cho đầy đặn.

IN bibir zipper bagian tebal yang dibuat dengan cara melipat kulit atau kain pada bagian mulut menjadi setengah bagian untuk menutupi risleting.

CH 拉链唇 为了盖住拉链在开口部分用皮革或面料对折做出的凸起的部位。

통 지퍼 입술(zipper--)

절개 주머니 切開---

면의 한 부분을 절개하여 입구를 만든 주머니(포켓). 입술식, 창틀식 따위가 있다.

EN slit pocket a pocket with an opening created by making an incision (e.g. welt pocket, window patch pocket).

VI túi mổ túi hộp có miệng túi được tạo ra bằng một đường rạch. Có các loại như gấp môi, khung dây kéo.

IN saku bobok saku dengan bagian pembuka yang dibuat dengan memotong salah satu bagian dari sisinya. Contohnya bentuk bibir, bingkai jendela, dsb.

CH 开缝兜 将袋身的一面部分裁开做成袋口的口袋兜。有唇形兜、窗口兜等。

통 슬릿 포켓(slit pocket)
관 입술 주머니(입술 포켓), 창틀 주머니(창틀 포켓)

☞ 99쪽, 주머니(포켓)의 종류

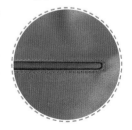

접힘 여유분 --餘裕分

접었을 때 원판이 당기거나 내판이 울지 않도록 원판을 더 크게 만들어

통 유토리(ゆとり)

여유를 주는 부분. 접이 지갑(빌 폴드), 덮개(후타) 따위의 접는 부분에는 모두 들어간다.

EN bend allowance the extra space given to the outer panel of a fold, so that it does not overstretch or pull the outer panel of the fold when folding something. Bend allowances are given to folds on billfold wallets, bag flaps, etc.

VI da giữa phần dư có tác dụng làm thân ngoài lớn hơn thân trong để khi gấp thân ngoài không bị kéo căng hoặc thân trong không bị đùn. Thường thấy ở ví gập đôi hoặc phần gấp của nắp.

IN kelonggaran, ruang ekstra ruang ekstra yang disisihkan di bagian dalam lipatan, sehingga tidak meregang atau menarik bagian luar ketika melipat sesuatu. Contohnya seperti dompet yang dilipat, tutup tas, dll.

CH 弯位 折叠时为不使原板太紧或内板起皱，原板做的比内板更大留出空余的部分。折叠钱包、包盖的折叠部分都使用。

접힘 여유분 가죽 餘裕分

지갑을 펼쳤을 때, 접히는 부분의 안감(우라)이 보이지 않도록 덧대는 가죽.

동 유토리 피(ゆとり皮)

EN bend allowance leather a piece of leather attached to the lining of the fold of a wallet, so that the lining is not visible when the wallet is opened.

VI da giữa miếng da gắn thêm vào để miếng lót của phần bị gấp không bị nhìn thấy khi mở ví.

IN kulit kelonggaran, ruang ekstra pada kulit potongan kulit yang menempel pada lipatan dompet, sehingga lapisan pada bagian yang terlipat tidak terlihat saat dompet dibuka.

CH 弯位皮 钱包折叠时，为了不让折叠部分的里布露出来而附加的皮子。

정장 옆판 正裝板

옆판(마치)과 원판을 맞부착하여 연결 부분이 바깥으로 돌출되고 옆판이 안쪽으로 들어간 형태. 옆판과 바닥판(소코)을 연결할 때는 맞부착하거나 옆판에 바닥판을 얹어 붙인다.

동 정장 마치
(正裝まち[襠])

EN suited gusset a gusset that sinks inward with the connected area protruding when the gusset and body are inseamed together. The gusset and the bottom panels are either sewn on top of each other to connect the two panels or connected by inseams.

VI hông túi công sở dán hai mặt hông túi và thân túi lại, phần liên kết bị chìa ra ngoài, hông túi đi vào phía trong. Khi nối hông túi và đáy túi, dán hai mặt hoặc dán chồng thêm đáy túi vào hông túi.

IN panel samping panel samping dan panel bodi yang disatukan sehingga bagian sambungannya menonjol keluar dan panel sampingnya masuk ke dalam. Ketika panel samping dan panel bawah dihubungkan atau ditempel satu sama lain maka panel bawah akan menempel pada panel samping.

CH 正装侧片 侧片和原板对贴后，连接部分朝外，侧片朝里凹陷的形态。侧片和底围连接时一般采用对贴或底围叠到侧片上贴合的方式。

☞88쪽, 옆판(마치)의 종류

조임끈

양쪽 끝을 동시에 당겨서 가방의 입구(구치)를 조여 주는 끈.

EN drawstring a string that is pulled on both ends to tighten the opening of a bag.

VI dây rút dây thắt miệng túi khi kéo đồng thời hai đầu dây.

IN tali seret tali yang menutup bagian mulut tas dengan menarik bagian ujung tali secara bersamaan.

CH 抽绳 同时拉拽两端使包口收紧的绳。

통 드로스트링 (drawstring)
관 단면식 조임끈 (기리메식 조임끈), 소창식 조임끈, 양쪽 변접음 조임끈 (이면 헤리 조임끈)

이렇게 달라요 Differences between the items

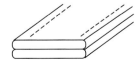

단면식 조임끈 (기리메식 조임끈) edge painted drawstring

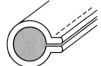

소창식 조임끈 tubular drawstring

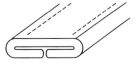

양쪽 변접음 조임끈 (이면 헤리 조임끈) parallel turned edge drawstring

조임끈 가락지

가운데를 막아 구멍을 두 개로 만든 고리. 주로 복주머니 가방(드로스트링 백)의 조임끈(드로스트링)을 모아 주는 역할을 한다. 조임끈이 들어가는 구멍이 나오는 구멍보다 넓을 때는 돼지코 가락지라고 한다.

EN drawstring keeper, drawstring holder a loop with two holes created by blocking the loop down the middle. The loop conjoins the drawstrings on a drawstring bag and allows the length of the drawstrings to be adjusted for the opening and closing function. It is called a 'pig nose drawstring keeper' when the holes in which the drawstrings enter are wider in entry than the exit.

VI nhẫn dây rút nhẫn chặn ở giữa tạo thành hai lỗ trống. Chủ yếu dùng để cố định hai đầu dây rút đối với túi dây rút. Trường hợp lỗ dây rút đi vào rộng hơn so với lỗ dây rút đi ra thì gọi là nhẫn mũi heo.

IN cincin tali seret loop dengan dua lubang yang dibuat untuk menutupi bagian tengah. Biasanya digunakan untuk menyatukan tali pada tas seret. Karena lubang untuk memasukkan tali lebih lebar daripada lubang untuk keluar maka disebut juga sebagai hidung babi atau kancing tali.

CH 索绳套 中间被缝合后形成两个孔的环。主要作用是收紧抽绳包上的抽绳。抽绳穿入的孔比穿出的孔大的戒指扣被称作猪鼻戒指扣。

관 돼지코 가락지
☞42쪽, 가락지

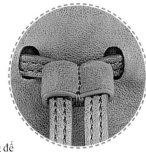

조임끈 가락지
drawstring keeper

돼지코 가락지
pig nose drawstring keeper

주머니

가방의 이곳저곳에 가죽, 안감(우라) 따위를 덧대어 소지품을 넣을 수 있도록 만든 공간.

EN pocket a space for carrying items created by patching leather or lining on a bag.

VI túi hộp dán thêm da hoặc vải vào túi tạo không gian để đựng vật dụng cần thiết.

IN kantong, saku kantong kecil yang dijahit di dalam tas atau luar tas untuk menyimpan barang-barang kecil.

CH 内袋, 小袋 包包的各个位置上附加的用皮子、里布等做成的能放物品的空间。

통 포켓(pocket)
관 다트 주머니(다트 포켓),
달랑이 주머니
(달랑이 포켓),
덮개 주머니(후타 포켓),
열린 주머니(오픈 포켓),
입술 주머니(입술 포켓),
절개 주머니(슬릿 포켓),
지퍼 주머니(지퍼 포켓),
창틀 주머니(창틀 포켓),
카드꽂이(카드 포켓)

주머니(포켓)의 종류 Types of pockets

납작 주머니
(슬립 포켓)
slip pocket

다트 주머니
(다트 포켓)
dart pocket

덮개 주머니
(후타 포켓)
flap pocket

열린 주머니
(오픈 포켓)
open pocket

입술 주머니
(입술 포켓)
welt pocket

절개 주머니
(슬릿 포켓)
slit pocket

지퍼 주머니
(지퍼 포켓)
zipper pocket

창틀 주머니
(창틀 포켓)
window patch pocket

카드꽂이
(카드 포켓)
card pocket

쥐구멍

지갑을 폈을 때 접힘 여유분(유토리)의 아랫부분에 생기는 작은 구멍. 지갑이 잘 접히도록 원판을 내판보다 더 크게 만들기 때문에 생긴다.

EN mouse hole the small hole created in the lower margins of a wallet, due to the differences in the exterior and interior panels of the wallet, when a wallet is fully opened. The exterior panel of a wallet is made to be bigger than the inner panel of a wallet, so that the wallet can fold properly.

VI lỗ chuột phần lỗ nhỏ xuất hiện phía dưới da giữa khi mở ví. Lỗ xuất hiện bởi vì thân ngoài được làm rộng hơn thân trong để ví được gấp dễ dàng hơn.

IN lubang tikus lubang kecil yang muncul di bagian bawah dompet ketika dompet dalam kondisi terbuka. Lubang ini muncul karena bingkai eksterior dompet sengaja dibuat lebih besar dibandingkan frame dalam agar dompet lebih mudah dilipat.

CH 原板老鼠孔 打开钱包时弯位下方形成的小孔。为使钱包方便翻折, 原板比内板做得更大而形成了此部位。

통 원판 마우스 홀
(元板mouse hole)
관 원판 꽁지

지퍼 zipper

서로 이가 맞물리는 금속이나 플라스틱으로 만든 지퍼 이빨을 지퍼 테이프에 나란히 연결하여, 지퍼 풀러를 움직여 이들이 맞물리며 여닫을 수 있도록 만든 잠금 장치. 가방이나 주머니(포켓)의 공간을 막거나 넓힐 때 사용한다.

EN zipper a metal or plastic device consisting of linearly aligned teeth that are attached on two flexible strips. The teeth interlocks and unlocks with a slider. It is used to close off the entrance or to expand the space of a bag or a pocket.

VI dây kéo khóa được làm bằng cách nối răng cưa dây kéo được làm bằng kim loại hoặc nhựa có răng cưa ăn khớp với nhau, di chuyển tép đầu kéo để răng cưa ăn khớp với nhau và có thể đóng mở được. Sử dụng khi che chắn hoặc làm rộng không gian của túi xách hoặc túi hộp.

IN zipper, risleting perangkat logam atau plastik yang terdiri dari gigi linear selaras dan melekat pada dua pita risleting di sampingnya. Giginya saling bertautan yang berfungsi untuk membuka dengan bantuan slider.

관 금속 지퍼(메탈 지퍼),
나일론 지퍼, 오픈 지퍼,
지퍼 뒷막음쇠
(지퍼 뒷도메),
지퍼 막음쇠(지퍼 도메),
지퍼 슬라이더,
지퍼 앞막음쇠
(지퍼 앞도메),
지퍼 이빨, 지퍼 테이프,
지퍼 풀러, 코일 지퍼,
플라스틱 지퍼

☞ 495쪽, 지퍼

Biasanya digunakan untuk menutup atau melebarkan sisi dalam tas dan dompet.

CH 拉链　相互咬合的金属或塑料牙齿整齐排列在拉链布上，拉头可以在上面移动使之开合的装置。用于包或兜的开合。

지퍼 꽁지 zipper--

지퍼 슬라이더가 빠지지 않도록 지퍼의 뒤쪽에 달아 주는 조각. 주로 가죽으로 만들며, 사각, 반달, 말발굽 따위의 모양이다.

EN zipper tail, zipper tab　a patch attached to the ends of a zipper tape to prevent the zipper slider from falling out. The patch is usually made from leather and it is in the shape of a square, a half moon, or a horseshoe.

VI đuôi dây kéo　miếng da gắn vào cuối dây kéo để đầu kéo không bị rơi khỏi dây kéo. Chủ yếu đuôi dây kéo được làm bằng da, có hình vuông, hình bán nguyệt hoặc hình móng ngựa..

IN ekor risleting, pet ujung zipper　patch yang terpasang di ujung pita risleting untuk mencegah slider agar tidak jatuh ke bawah. Patch biasanya terbuat dari kulit dan berbentuk setengah lingkaran, tapal kuda atau persegi.

CH 拉链尾　为防止拉头脱落安在拉链尾端的耳仔(毛毛)。主要由皮革制成，有四角形、半月形、马蹄形等形状。

통 지퍼 꽁지 패치
(zipper--patch),
지퍼 탭(zipper tab)
관 지퍼

지퍼 끝 바인딩 zipper-binding

지퍼 슬라이더가 빠지지 않도록 지퍼의 뒤쪽을 가죽이나 원단(패브릭)으로 만든 띠로 감싼 부분.

EN zipper end binding　a strip of leather or fabric that wraps the zipper ends to prevent the zipper slider from falling out.

VI nẹp chặn dây kéo　phần bọc phía cuối dây kéo bằng nẹp được làm từ da hoặc vải để đầu kéo không bị rơi khỏi dây kéo.

IN zipper end binding　bagian ujung risleting yang dibungkus dengan pita yang terbuat dari kulit atau kain agar slider risleting tidak lepas.

CH 拉尾包边　为防止拉头脱落，在拉链尾端用皮革或面料的条包边的工序。

통 감싸 막은 지퍼 끝
(----zipper-),
뒷도메 바인딩
(-とめ[止め]binding)

지퍼 단 zipper-

가방 또는 지갑의 특정 부위에 지퍼를 연결할 때, 지퍼 양쪽에 덧대어
가방이나 지갑과 연결해 주는 폭이 좁은 띠.

EN zipper collar a narrow strap on both sides of a zipper, which connects
the zipper to a bag or a wallet.

VI nẹp miệng dây kéo nẹp có bản hẹp gắn vào hai bên dây kéo để liên kết
dây kéo với một bộ phận đặc biệt nào đó của túi xách hoặc ví.

IN zipper plaquet lis kecil pada dua sisi risleting yang menghubungkan
risleting dengan tas atau dompet.

CH 拉链边条贴 包或钱包的特定部位上连接拉链时，加在拉链两端以便
于和包或钱包连接的窄条。

동 지퍼 아테
(zipperあて[当て])
☞ 50쪽, 단(아테)

지퍼 주머니 zipper---

입구(구치)에 지퍼를 달아 만든 주머니(포켓).

EN zipper pocket a pocket with a zipper at the opening.

VI túi hộp dây kéo túi hộp có gắn dây kéo ở phần miệng túi.

IN saku dengan risleting kantong dengan risleting di bagian pembukanya.

CH 拉链兜 开口上安装拉链的口袋。

동 지퍼 포켓(zipper pocket)
☞ 99쪽, 주머니(포켓)의
종류

지퍼 풀러
zipper puller

지퍼 주머니(지퍼 포켓)
zipper pocket

지퍼 창틀
zippered window frame

지퍼 창틀 zipper窓–

지퍼를 달아 만든 창 모양 수납 공간의 입구.

EN zippered window frame an opening in the shape of a window made with a zipper.

VI khung dây kéo phần miệng của không gian đựng đồ có hình khung cửa được làm bằng cách gắn dây kéo vào.

IN lis zipper lis tempat memasang zipper. Biasanya berbentuk persegi panjang.

CH 拉链窗口 安装拉链的窗口形状收纳空间的开口位置。

관 창틀 지퍼

지퍼 칸막이 zipper–––

가방이나 지갑에서 공간을 분리해 주는 역할을 하는, 지퍼 주머니(지퍼 포켓) 형태를 갖춘 칸막이(시키리).

EN zipper pocket partition a partition, which functions as a pocket with a zipper, that separates the space inside a bag or a wallet.

VI ngăn hộp dây kéo ngăn đóng vai trò phân chia không gian bên trong túi xách hoặc ví, có chức năng như túi hộp dây kéo.

IN zipper tengah, sekat tengah zipper kantong dengan risleting yang berfungsi sebagai saku dan partisi yang ditempatkan di tengah untuk memisahkan bagian dalam tas atau dompet.

CH 拉链间隔 起到分隔包或钱包空间作用，并具备拉链兜形态的间隔。

동 지퍼 시키리
(zipperしきり[仕切(リ)])
관 시키리 지퍼
(칸막이 지퍼)
☞ 110쪽, 칸막이 안감
(시키리 우라)

지퍼 풀러 zipper puller

지퍼 슬라이더를 쉽게 이동시킬 수 있도록 지퍼 슬라이더에 매다는 손잡이. 소재에 따라 금속 지퍼 풀러(메탈 풀러), 패치 지퍼 풀러(패치 풀러)가 있고, 모양에 따라 타이 모양 지퍼 풀러(타이식 풀러)와 술 모양 지퍼 풀러(태슬식 풀러)가 있다.

EN zipper puller a handle attached to a zipper slider to ease the grabbing and moving of the zipper slider. Depending on the material type and shape, zipper pullers are categorized as metal pullers, patch pullers, tie pullers,

동 지퍼 손잡이(zipper–––)
관 금속 지퍼 풀러(메탈 풀러),
바깥쪽 지퍼 풀러(외풀러),
술 모양 지퍼 풀러
(태슬식 풀러),
안쪽 지퍼 풀러(내풀러),
타이 모양 지퍼 풀러
(타이식 풀러),
패치 지퍼 풀러(패치 풀러)

and tassel pullers.

VI tép đầu kéo tép gắn trên đầu kéo để giúp đầu kéo chuyển động dễ dàng hơn. Tùy theo chất liệu có tép đầu kéo kim loại, tép đầu kéo da, tùy theo hình dạng có tép đầu kéo kiểu cà vạt, tép đầu kéo kiểu tua.

IN penarik zipper handle yang melekat pada zipper slider untuk membantu dengan mudah memegang dan memindahkan slider. Tergantung pada jenis bahan dan bentuknya, handle ini dapat dikategorikan sebagai handle logam, handle kulit, handle rumbai, dll.

CH 拉链结 为了能更方便地拉动拉链而在拉链头上加的把手。根据材质分为金属拉链结和耳仔拉链结。根据形状可分为领结式拉链结和吊穗形拉链结。

쫄대 – 帶

원판보다 옆판(마치)이나 바닥판(소코)이 안쪽으로 들어가 있어 튀어나온 테두리 부분에 띠를 덧대어 모양을 만든 부분. 옆판이나 바닥판의 안쪽 가장자리에 띠를 덧붙이고 띠 전체를 원판과 맞부착 합봉(맞부착 마토메)한다.

EN border tape the part that has been shaped with a strap. The strap wraps around the protruding edges of a product in which the gusset or the bottom panel is situated inwards than the body of the product. The entire strap is bonded to the edge of a double layered gusset and bottom panels for the final assembly.

VI nẹp viền hông túi hoặc đáy túi đi vào phía trong nhiều hơn so với thân túi, gắn thêm nẹp vào phần mép chìa ra và tạo hình dạng. Gắn thêm nẹp vào phần mép trong của hông túi hoặc đáy túi, dán hai mặt rồi ráp toàn bộ nẹp vào thân túi.

IN lis kecil gusset bagian yang terbentuk karena panel samping dan panel bawah posisinya lebih masuk dibandingkan bagian utamanya sehingga bagian tepian yang keluar ditempeli dengan patch. Caranya dengan menempelkan pita ke bagian dalam dari panel samping atau panel bawah dan menutup seluruh bagian dengan panel utama.

CH 围条 侧片或底围比原板向里凹陷，突出的边缘部分附加上条做出形

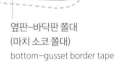

옆판–바닥판 쫄대
(마치 소코 쫄대)
bottom–gusset border tape

바닥판 쫄대
(소코 쫄대)
bottom border tape

状的部分。侧片或底围的内侧边缘上附加条，再把整个条和原板对贴合缝。

바닥판 쫄대(소코 쫄대),
옆판 쫄대(마치 쫄대),
옆판–바닥판 쫄대
(마치 소코 쫄대)

창틀 窓–

창 모양의 수납 공간 입구. 구멍을 내고 가장자리를 변접기(헤리)하고 단(아테)을 달아 마무리한다. 주로 지퍼가 달려 있다.

EN window patch, window frame patch a window-shaped opening to a space for storing items. Once the opening hole has been created, the edges of the opening are turned and a collar is attached to the edges to finish off the process. A zipper is often attached to the opening.

VI khung dây kéo miệng túi đựng đồ có hình dạng như khung cửa. Miệng khung sẽ được gấp mép, gắn nẹp vào và gắn thêm dây kéo.

IN patch berbentuk persegi panjang pintu tempat penyimpanan berbentuk jendela. Ketika lubang pembukanya telah dibuat, bagian tepi bukaannya dilipat untuk menciptakan tepian yang memutar, kemudian patch ditempelkan sebagai proses akhir. Biasanya ada risleting yang melekat di bagian pembuka.

CH 窗口 窗口形状的收纳空间的开口。做出开口后把边缘做折边后贴上拉链边条收尾。该部件一般都带拉链。

창틀 안감 窓–––

창틀 안쪽에서 주머니(포켓)가 되는 안감(우라).

EN window patch lining the lining inside a window patch that becomes a pocket.

VI lót khung dây kéo lót bên trong khung dây kéo, tạo thành túi hộp.

IN lapisan patch berbentuk persegi panjang lapisan yang menjadi saku di dalam patch berbentuk persegi panjang.

CH 窗口里布 在窗口内侧做成兜的里布。

同 창틀 우래(窓–うら[裏])

창틀 주머니 窓––––

입구(구치)에 창 모양의 구멍이 있는 형태의 주머니(포켓).

EN window patch pocket a pocket with a window-shaped opening.

VI túi hộp khung dây kéo túi hộp có miệng túi hình khung cửa.

IN saku patch berbentuk persegi panjang saku dengan bagian mulut yang berbentuk persegi panjang dengan lubang di tengah.

CH 窗口兜 开口处是窗口形状的兜。

통 창틀 포켓(窓–pocket)
관 절개 주머니(슬릿 포켓)
☞ 99쪽, 주머니(포켓)의 종류

창틀 지퍼 窓–zipper

가방이나 지갑의 창틀에 다는 지퍼.

관 지퍼 창틀

EN window patch zipper a zipper on the window patch of a bag or a wallet.

VI dây kéo khung dây kéo dây kéo dán vào khung dây kéo của túi xách hoặc ví.

IN zipper dengan patch berbentuk persegi panjang zipper dengan bingkai persegi panjang yang ada pada tas atau dompet.

CH 窗口拉链 在包或钱包的窗口处安装的拉链。

창틀 지퍼 단 窓–zipper–

절개 주머니(슬릿 포켓) 입구(구치)에 덧댄 창 모양의 테두리.

EN zipper window patch, zipper collar frame a window-shaped frame attached to the opening of a slit pocket.

VI nẹp khung dây kéo viền có hình khung cửa gắn vào miệng túi mổ.

IN lis zipper dengan patch berbentuk persegi panjang patch zipper berbentuk persegi panjang.

CH 窗口拉链链贴 在开缝兜开口处附加的窗口形状的框。

통 창틀 아테(窓–あて[当て]), 창틀 지퍼 아테 (窓–zipperあて[当て])

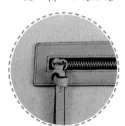

카드꽂이 card––

카드나 신분증 따위를 꽂을 수 있게 만든 수공간.

EN card pocket a pocket designed to hold credit cards and identification cards.

VI dàn ngăn ngăn để đựng card hoặc chứng minh thư.

IN saku kartu kantong untuk menyimpan kartu kredit atau kartu identitas.

CH 卡兜 可以插卡片或者身份证之类的收纳空间。

동 시시 포켓
(CC[credit card] pocket),
카드 포켓(card pocket)

관 카드꽂이 가죽(카드꽂이 피),
카드꽂이 안감
(카드꽂이 우라),
카드판

☞ 99쪽, 주머니(포켓)의
종류

카드꽂이 가죽 card----

가방이나 지갑의 내부에 있는 카드꽂이(카드 포켓)에 덧대는 가죽.

EN card pocket leather the leather attached to a card pocket inside a bag or a wallet.

VI da ngăn card miếng da gắn thêm vào dàn ngăn bên trong túi xách hoặc ví.

IN lis saku kartu, kulit saku kartu bantalan kulit pada tempat kartu yang ada di dalam tas atau dompet.

CH 卡兜皮 在包或钱包的内部的卡兜上附加的皮子。

동 카드꽂이 피(card--皮)
관 카드꽂이(카드 포켓)

카드꽂이 상단 가죽 card--上段--

가방이나 지갑의 내부에 있는 카드꽂이(카드 포켓)의 가장 윗부분에 덧대는 가죽.

EN card pocket top leather the leather attached to the uppermost part of a card pocket inside a bag or a wallet.

VI nẹp trên ngăn card miếng da gắn thêm vào phần trên cùng của dàn ngăn bên trong túi xách hoặc ví.

IN lis atas saku kartu, kulit atas saku kartu tatakan kulit pada tempat kartu yang ada di dalam tas atau dompet bagian pojok atas.

CH 卡兜上端皮 在包或钱包的内部的卡兜的最上端位置附加的皮子。

동 카드꽂이 상단 피
(card--上段皮)
관 카드꽂이(카드 포켓)

카드꽂이 안감 card----

가방이나 지갑의 내부에 있는 카드꽂이(카드 포켓)의 안감(우라). 한 장의 안감을 접어 여러 층의 카드꽂이를 만든다.

동 카드꽂이 우라
(card--うら[裏])

EN card pocket lining the lining of a card pocket inside a bag or a wallet. A single layer of lining is folded to create several layers of card pockets.

VI lót ngăn card vải lót của dàn ngăn bên trong túi xách hoặc ví. Gấp một miếng vải lót lại và làm thành nhiều dàn ngăn.

IN lapisan saku kartu lapisan dari tempat kartu yang ada di dalam tas atau dompet. Satu lembar lapisan dilipat untuk dibuat menjadi berbagai lapis dompet kartu.

CH 卡兜里布 在包或钱包的内部的卡兜的里布。用一张里布折叠做出多层的卡兜。

관 카드꽂이(카드 포켓), 카드꽂이 연결 안감 (카드꽂이 연결 우라)

카드꽂이 연결 안감 card--連結--

가방이나 지갑의 내부에 있는 카드꽂이(카드 포켓)의 안감(우라). 안감의 상단에는 가죽이나 원단(패브릭)을 반드시 덧댄다.

EN card pocket connected lining the lining of a card pocket inside a bag or a wallet. The upper part of the lining must be padded with leather or fabric.

VI vải lót nối ngăn card vải lót của dàn ngăn bên trong túi xách hoặc ví. Da hoặc vải luôn phải được gắn thêm vào đỉnh của vải lót.

IN lapisan dalam saku kartu lapisan saku kartu yang ada di dalam tas atau dompet. Bagian atas dari lapisan selalu dilapisi oleh kain atau kulit.

CH 卡兜连接里布 在包或钱包的内部的卡兜的里布。里布的上端必须用皮革或面料盖住。

동 카드꽂이 연결 우라 (card--連結うら[裏])
관 카드꽂이 안감 (카드꽂이 우라)

카드꽂이 하단 가죽 card--下段--

가방이나 지갑의 내부에 있는 카드꽂이(카드 포켓)의 가장 아랫부분에 덧대는 가죽.

EN card pocket base leather the leather attached to the lowermost part of a card pocket inside a bag or a wallet.

VI nẹp đáy ngăn card miếng da gắn vào phần dưới cùng của dàn ngăn bên trong túi xách hoặc ví.

IN lis bawah saku kartu, kulit bawah saku kartu kulit tatakan di bagian

동 카드꽂이 하단 피 (card--下段皮)
관 카드꽂이(카드 포켓)

paling bawah dari saku kartu yang ada di dalam tas atau dompet.

CH 卡兜下端皮 在包或钱包的内部的卡兜的最下端位置附加的皮子。

카드판 card板

가방이나 지갑 안쪽에 아이디 창과 카드꽂이(카드 포켓)가 모여 층을 이룬 부분.

EN card slots the inner part of a wallet or a bag that has a layer of an ID window and card pockets.

VI khe card thẻ nhựa và dàn ngăn bên trong túi xách hoặc ví gom lại và ráp thành tầng.

IN tempat kartu ID bagian dalam dari dompet atau tas yang mempunyai lapisan tempat menyimpan ID dan saku kartu.

CH 卡兜层 在包或钱包内部由透明窗和卡兜组成分层排列的部位。

관 카드꽂이(카드 포켓)

칸막이

공간을 분리해 주는 부분. 대부분 안감(우라)으로 되어 있으며, 칸막이 상단(시키리 구치)에는 띠를 붙여 준다. 입구에 지퍼를 달아 수납 공간을 만들기도 한다.

EN partition, divider a panel that divides space. Most of the partitions are linings and a strap is attached to the top edge of the partition. Sometimes, a zipper can be placed on the top edge of a partition to create compartments.

VI ngăn phần giúp phân chia không gian. Hầu hết được làm bằng miếng lót, giúp dán nẹp vào miệng ngăn. Đôi khi gắn dây kéo vào miệng túi để làm không gian đựng đồ.

IN sekat pemisah sekat yang memisahkan bagian-bagian di dalam tas. Kebanyakan dari partisinya adalah garis dan tali yang ditempel di atas tepian partisi. Untuk menambah ruang penyimpanan, zipper juga biasanya ditempelkan pada bagian atas tepian partisi.

CH 间隔 分隔空间的部分。大部分使用里布制作，在间隔的上端贴有条。在入口处附加拉链也可以做出收纳的空间。

통 시키리
(しきり[仕切り)])
관 지퍼 칸막이(지퍼 시키리),
칸막이 상단(시키리 구치),
칸막이 안감(시키리 우라),
칸막이 지퍼(시키리 지퍼)

칸막이 상단 ---上段

칸막이(시키리)의 윗부분. 주로 띠를 대어 부착해 준다.

EN partition top the upper part of a partition. A strap is often attached to it.

VI miệng vách ngăn phần phía trên của ngăn. Thường được gắn thêm nẹp.

IN atas sekat pemisah bagian atas dari sekat. Biasanya ditempeli dengan lis binding.

CH 间隔袋口 间隔的上端部分。一般附加有条。

통 시키리 구치
(しきり[仕切(り)]くち
[口])

칸막이 안감

가방이나 지갑에서 공간을 분리해 주는 역할을 하는 안감(우라). 지갑에서는 지폐를 넣는 부분을 구분해 주고, 가방에서는 공간을 나누는 칸막이(시키리) 역할을 한다.

EN partition lining a lining that separates the inner space of a bag or a wallet. It separates the space for bills in a wallet and it functions as a partition in a bag.

VI ngăn lót miếng lót đóng vai trò giúp phân chia không gian trong túi xách hoặc ví. Trong ví thì giúp phân chia các phần bỏ tiền, trong túi xách thì đóng vai trò như ngăn phân chia không gian.

IN lapisan sekat pemisah lapisan yang berfungsi sebagai pemisah bagian di dalam tas ataupun dompet. Di dalam dompet, garis ini berfungsi memisahkan tempat untuk menaruh uang, sedangkan di dalam tas garis ini berfungsi sebagai partisi yang memisahkan ruangan di dalam tas.

CH 间隔里布 用来分隔包或钱包空间的里布。在钱包里可以用作分隔钱包的钞位，在包袋里可以作为分隔空间的间隔使用。

통 시키리 우라
(しきり[仕切(り)]うら
[裏])

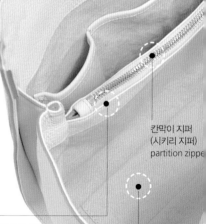

칸막이 지퍼
(시키리 지퍼)
partition zippe

지퍼 칸막이(지퍼 시키리)
zipper pocket partition

칸막이 안감(시키리 우라)
partition lining

칸막이(시키리)
partition

칸막이 지퍼 ‑‑‑zipper

가방이나 지갑의 칸막이(시키리) 입구에 달아 물건을 수납할 수 있게 해 주는 지퍼.

🇪🇳 partition zipper a zipper at the opening of a partition that allows for objects to be stored in the partition of a bag or a wallet.

🇻🇳 ngăn dây kéo dây kéo gắn vào miệng ngăn của túi xách hoặc ví, giúp đựng đồ vật.

🇮🇩 zipper sekat pemisah zipper yang ada pada mulut sekat di dalam tas atau dompet yang dapat digunakan untuk menyimpan barang.

🇨🇳 间隔拉链 附加在包或钱包的间隔开口处，可以使之具备收纳功能的拉链。

📗 시키리 지퍼
(しきり[仕切](り)
zipper)

📘 지퍼 칸막이
(지퍼 시키리)

투시 透視

겹치는 부분이나 보강재(신)를 덧댄 부분이 겉으로 드러나는 현상.

🇪🇳 penetration, X-ray a phenomenon in which the layered or reinforced areas of a product becomes externally visible.

🇻🇳 bị ngấn hiện tượng mà các lớp bên trong hoặc đệm gia cố bị lộ ra ngoài.

🇮🇩 berbekas fenomena yang terjadi ketika bagian jahitan yang tumpang tindih pada suatu produk terlihat.

🇨🇳 印子 重叠部分或附加衬的部分显露出来的情况。

📗 엑스레이(X‑ray)

티(T) 자 구조 T字構造

앞판과 뒤판을 맞박기(쓰나기)했을 때 만들어진 측면과 아랫면이 연결된 부분을 집어 박음질(집어 미싱)했을 때, 바느질선이 'T' 자 모양을 이루는 형태.

🇪🇳 T-structure, T-construction a form in which the sewing lines form a T-shape. This occurs when the front and back panels that are sewn together are conjoined with the side and bottom panels that are inseamed together.

🇻🇳 đáy chữ T cấu trúc mà trong đó các đường may tạo thành hình chữ T. Cấu trúc này được tạo ra khi may nối trong thân trước và thân sau, hông túi

📗 티(T) 마치(T まち[襠],
티(T) 보텀(T bottom)

📘 단면식 티(T) 자 구조
(티(T) 자 기리메)

và đáy túi lại với nhau.

IN struktur T garis sambungan jahitan berbentuk huruf T yang terbentuk ketika panel depan dan belakang dijahit bersamaan dan bagian bawah dengan sampingnya saling terhubung.

CH T字型构造 前板和后板缝合时形成的侧面与底面的连接部位被折叠车线时，缝线形成的T字形状。

파이핑 piping

피피선을 가죽, 원단(패브릭), 피브이시(PVC)로 감싼 뒤, 맞박기(쓰나기)하여 합봉(마토메)하는 곳에 심어 박음질했을 때, 볼록 튀어나온 부분. 단면(기리메)에 약물(에지 페인트)을 바른 가죽을 심어 박기도 하는데 이는 프로파일러(profiler)라고 한다.

동 다마(たま)
관 팔팔(88) 파이핑

EN piping the protruding area in which the piping cord wrapped in leather, fabric, or PVC is inserted and stitched on. A profiler, which is a leather piece that has been painted with edge paint on one side, is occasionally used.

VI viền gân phần lồi ra khi may dây PP được bọc bằng da, vải, PVC. Bỏ miếng da được quét nước sơn vào cạnh sơn rồi may lại, đây được gọi là máy phay chép hình(profiler).

IN piping bagian yang timbul ketika garis piping dijahit dan dibungkus dengan PVC, kain, atau kulit. Potongan kulit yang telah dicat dengan cat tepi di satu sisinya dan kadang-kadang digunakan disebut dengan profiler.

CH piping 把PP线用皮子、面料或PVC包裹缝纫后，插入要合缝的位置缝纫时，向外凸起的部分。断面插入用涂过边油的皮革并缝合的情况被称为profiler。

이렇게 달라요 Differences between the items

파이핑(다마) piping   **팔팔(88) 파이핑** 88 piping

팔팔(88) 파이핑 88 piping

가죽이나 원단(패브릭) 사이에 피피선을 감싼 가죽이나 원단, 피브이
시(PVC)가 볼록 튀어나온 부분. 박음질한 선이 겉으로 드러나 보인다.

EN 88 piping　the protruding part of a piping cord, which is wrapped in
leather, fabric, or PVC in between a layer of leather or fabric. The stitching
line is externally visible.

VI viền gân số 88 , viền piping số 88　phần da, vải hoặc PVC được bọc
dây PP ở giữa da hoặc vải bị lộ ra. Đường may bị lộ ra ngoài.

IN piping delapan-delapan　bagian yang timbul di antara kulit dan kain
pada piping yang dibungkus dengan kain, PVC, atau kulit. Piping yang
dijahit terlihat muncul keluar.

CH 88piping　在皮子或面料之间放入用皮子、面料、PVC包裹的PP线后
突起的部分。缝线可以从外面被看到。

관 파이핑

패치 patch

가방의 여기저기에 덧대어 붙인 조각. 각 부위를 연결하거나 보강하는
역할을 하고, 꾸미는 역할도 한다.

EN patch　a piece of material that is used to connect, reinforce, and
elaborate various parts of a bag.

VI patch, miếng dán　miếng dán trên túi. Đóng vai trò nối hoặc gia cố các
bộ phận hoặc đóng vai trò trang trí.

IN patch　tempelan yang terpasang di berbagai sisi pada tas. Tempelan ini
berfungsi untuk menyambungkan tiap bagian, memperkuatnya, ataupun
bisa juga berfungsi sebagai hiasan.

CH 耳仔　附在包的各个位置的小块材料。既起连接各个部位或补强的作
用，也有装饰的作用。

관 고깔 패치, 로고 패치,
링 패치, 멜빵 패치,
모서리 패치(코너 패치),
바닥발 패치
(소코발 받침 패치),
버클 패치, 불박 패치,
아일릿 받침 패치

패치 지퍼 풀러 patch zipper puller

가죽이나 원단(패브릭) 조각으로 만든, 지퍼의 손잡이.

EN patched zipper puller, patched puller　a zipper puller made with a
piece of leather or fabric.

동 패치 풀러
(patch puller)

VI tép đầu kéo da tép đầu kéo được làm bằng da hoặc vải.

IN zipper puller patch penarik risleting yang terbuat dari potongan kulit atau kain.

CH 耳仔式拉链结 小块的皮子或面料做成的拉链结。

펜꽂이 pen--

지갑이나 가방 안쪽에 펜을 꽂을 수 있도록 고리 모양으로 만든 수납 공간.

EN pen holder a circular holder inside a wallet or a bag made to hold a pen.

VI pad giữ viết không gian đựng đồ được làm thành hình nhẫn để cắm bút ở bên trong ví hoặc túi xách.

IN tempat pena tempat dengan bagian melingkar di dalamnya untuk menyimpan pulpen di dalam tas atau dompet.

CH 笔插 钱包或皮包里面能插笔的环形收纳空间。

행잉 고리 hanging--

행잉 장식을 연결해 주는, 금속이나 가죽 따위로 만든 고리.

EN hanging loop a leather or metal loop that connects a hanging hardware to a bag.

VI nhẫn để treo nhẫn được làm bằng kim loại hoặc da, giúp kết nối treo trang trí.

IN loop gantungan ring yang terbuat dari kulit atau logam yang berfungsi menghubungkan loop dengan gantungan yang ada pada tas.

CH 挂牌环 连接挂饰的用金属或皮子制作的环。

동 연결 고리
(連結--)

행잉 장식 hanging裝飾

가방에 매다는 장식.

EN hanging hardware a hardware hung on bags.

VI treo trang trí vật trang trí được treo lên túi.

동 달랑이 장식
(---裝飾)

IN hiasan gantungan hiasan yang dapat digantung di tas.

CH 挂牌五金 挂在包上的五金。

홑옆판 --板

원판과 바닥판(소코)이 한 장으로 된 형태에서 분리된 옆판(마치). 원판과 옆판은 맞부착한다.

EN single-sided gusset a gusset that is separate from the panel, which makes up both the body and the bottom. The body and the gussets are layered and glued together.

VI hông túi hông được tách biệt ở trạng thái khi thân túi và đáy túi hợp thành một. Dán hai mặt thân túi và hông túi.

IN panel samping satu sisi panel samping yang terpisah, membentuk bagian panel utama dan panel bawah. Panel utama dan panel samping saling menempel satu sama lain.

CH 单侧片 原板和底围是一张的形态下的分离的侧片。原板和侧片对接缝制。

동 단마치(單まち[褶])

☞ 88쪽, 옆판(마치)의 종류

휴대 전화 꽂이 携帶電話--

가방 안쪽에 휴대 전화를 넣을 수 있도록 만든 수납 공간.

EN cell phone holder the compartment inside a bag for carrying cell phones.

VI ngăn đựng điện thoại không gian đựng đồ để bỏ điện thoại di động vào trong túi xách.

IN saku handphone tempat di dalam tas yang dibuat khusus untuk menyimpan handphone.

CH 手机兜 包内部可以放手机的收纳空间。

동 핸드폰 꽂이 (hand phone--)

기술
Way of Making Handbag

가락지 고정 박음질 ---固定---

① 가락지를 만들 때 가죽의 양 끝을 연결하기 위하여 박음질하는 일.
② 어깨끈(숄더 스트랩) 따위에서 가락지가 움직이지 않도록 고정하기
위하여 가락지의 한 부분을 끈에 박음질하는 일.

EN tack stitch on loop ① to make a loop by stitching the ends of a leather
together. ② to stitch and fix a part of a loop onto a shoulder strap.

VI dính nhẫn ① may để liên kết hai đầu của miếng da khi làm nhẫn. ②
đính một phần nhẫn vào quai đeo để nhẫn không bị xê dịch.

IN jahitan tangan cincin ① proses menjahit untuk menghubungkan
kedua ujung kulit menjadi satu saat proses pembuatan cincin. ② proses
menjahit salah satu bagian cincin dengan tali agar cincin tidak bergerak
saat ditempel di belakang tali bahu.

CH 戒指扣固定缝纫 ① 制作戒指扣时，为连接皮子两端而进行缝纫的工
序。② 为了把戒指扣固定在肩带等部位使其不移动，把戒指扣的一部
分缝纫在肩带上的工序。

통 가락지 고정 미싱
(---固定ミシン
[machine])

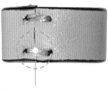

가락지 고정 박음질
(가락지 고정 미싱)
tack stitch on loop

가로결

조직이 가로 방향으로 놓인 형태.

EN cross grain a grain that is horizontally weft.

VI sợ ngang, thớ ngang hình thức sắp xếp các sợ theo chiều ngang.

IN serat horizontal jenis penempatan jahitan secara horizontal.

CH 横纹 组织是横向的形态。

통 요코(よこ[横])
관 사선결, 세로결

가죽 패턴 --pattern

가죽 재단용 패턴(가타).

EN leather pattern a pattern for cutting leather.

VI rập da rập dùng để cắt da.

IN pola kulit pola untuk potongan kulit.

CH 铁刀模, 皮样板 裁剪皮革用的样板。

통 피 가타(皮かた[型])

갈기

갈음기(바후기)로 가죽의 거친 단면(기리메)을 고르게 갈아 내는 일.

EN grinding to evenly shave off the rough raw edges of leather using a buffing machine.

VI mài việc mài đồng đều cạnh sơn của da bằng máy mài.

IN gerinda, menghaluskan meratakan dan menghaluskan bagian kasar dari kulit menggunakan mesin penghalus.

CH 打磨 使用打磨机把皮革粗糙的断面打磨均匀的工序。

통 바후질(バフ[buff]-)
관 갈음기(바후기)

결

가죽이나 원단(패브릭), 보강재(신)의 조직에 대한 방향. 가로결, 세로결, 사선결이 있다.

EN grain the direction of the grain of leather, fabric, or reinforcement (e.g. cross grain, straight grain, true bias).

VI sớ, thớ kết cấu phương hướng sớ của da, vải hoặc đệm gia cố. Có sớ ngang, sớ dọc, sớ xéo.

IN serat posisi serat pada kulit, kain atau lapisan penguat. Terdapat posisi serat horizontal, serat vertikal, atau serat miring.

CH 纹 皮革、面料、补强衬上的组织纹理的走向。有横纹、竖纹和斜纹等。

관 가로결, 사선결, 세로결

고루 펴기

원단(패브릭)이나 안감(우라), 보강재(신) 따위를 일정한 너비로 고루 펴서 쌓는 일.

EN spreading, spread out, leveling to evenly spread and stack the layers of fabric, lining, or reinforcement with a fixed width.

VI trải việc trải và xếp chồng vải, lót hoặc đệm gia cố theo một bề rộng nhất định.

IN gelar, peregangan proses meregangkan atau meratakan kain, lapisan dan lapisan penguat ke dalam lebar yang sama untuk kemudian

통 나라시(ならし[均し])

dikumpulkan.

CH 拉布 把面料、里布、补强衬等按照一定的宽幅均匀铺开叠在一起的工
序。

고루 펴기 재단 ----裁斷

원단(패브릭)이나 안감(우라), 보강재(신) 따위를 일정한 너비로 고루
펴서 쌓은 뒤 자르는 일.

EN layered cutting to evenly spread, stack, and cut the layers of fabric,
lining, or reinforcement to a certain width.

VI cắt lớp việc cắt sau khi trải và xếp chồng vải, lót hoặc đệm gia cố theo
một bề rộng nhất định.

IN memotong gelaran proses memotong kain, lapisan atau lapisan
penguat ke dalam lebar tertentu setelah digelar.

CH 拉布裁 把面料、里布、补强衬等按一定的宽幅均匀铺开叠在一起后
进行裁剪的工序。

동 나라시 재단
(ならし[均し]裁斷)
관 고루 펴기 재단기
(나라시 재단기)

고루 펴서 쌓는다. Stack evenly.

일정한 너비로 자른다. Cut to a certain
width.

고무줄 주름

고무줄을 당겨 가죽이나 원단(패브릭)에 박음질하거나 접착제로 붙인
뒤 놓으면, 탄성 때문에 고무줄이 원래 모양으로 되돌아가면서 가죽이
나 원단에 생기는 주름.

관 기계 주름, 실 주름

EN pleats by elastic band the wrinkles left on the leather or fabric after it
has been pulled and fixed by an elastic band that was sewn or glued on.

VI nếp gấp của dây cao su nếp gấp để lại trên da hoặc vải, nếu kéo dãn dây cao su rồi may lên da hoặc vải hoặc dán lại bằng keo dính thì sau đó do tính đàn hồi nên dây cao su quay lại hình dạng ban đầu.

IN kerutan dengan karet elastik kerutan yang muncul pada kulit atau kain saat karet gelang yang ditarik dijahit atau ditempel menggunakan lem pada kulit atau kain dan bisa kembali ke bentuk semula berkat elastisitasnya.

CH 松紧带起皱 把松紧带拉紧后缝纫或粘贴在皮子或面料上时，松紧带因弹性变回原来的形状而在皮革或面料上产生的皱褶。

고정 박음질 固定---

장식이나 패치 따위가 움직이지 않도록 특정 부분을 박음질하는 일.

EN tack stitch, fixed stitch to stitch and fix a part of a hardware or a patch in order to prevent it from moving around.

VI dính, khâu cố định việc khâu chi tiết đặc biệt nào đó để đồ trang trí hoặc miếng patch không bị di chuyển.

IN jahit kunci jahitan pada bagian khusus yang berfungsi untuk mencegah patch atau hardware agar tidak bergerak.

CH 固定车线, 固定缝纫 为了不让五金或耳仔松动而在特定位置进行的缝纫方式。

동 고정 미싱
(固定ミシン[machine])

고정 박음질
tack stitch

고정식 固定式

장식이나 패치 따위를 부착할 때, 한 점이나 특정 부위만 고정하는 방식.

EN fixed- a method of fixing a hardware or a patch by securing a specific point or an area of the hardware or patch.

VI cố định cách cố định một điểm hoặc một bộ phận đặc trưng nào đó khi dán đồ trang trí hoặc miếng patch.

IN metode penetapan cara menempelkan hardware atau patch pada tas hanya di satu bagian tertentu saja.

관 부착식

CH 固定式 加装五金或耳仔时采用的单点或者特定部位固定的方式。

공정 분석 工程分析

대량 생산에서 발생할 수 있는 문제를 예방하고 생산의 흐름을 원활하게 하기 위한 작업 단계별 연구. 생산성과 품질의 향상에 도움이 된다.

EN production process analysis an analysis on each of the production stages. The analysis is conducted to prevent problems that may arise in the mass production process and to smoothly run the production process without any issues. It assists in the improvement of productivity and quality.

VI phân tích quy trình sản xuất phân tích từng quy trình sản xuất để nhằm phòng tránh các vấn đề có thể phát sinh khi sản xuất với số lượng lớn và giúp việc sản xuất thuận lợi hơn. Giúp ích cho việc nâng cao năng suất và chất lượng sản phẩm.

IN analisis proses produksi analisa tiap proses pekerjaan untuk mempermudah proses produksi dan mencegah timbulnya masalah yang mungkin terjadi dalam produksi massal. Analisis ini berguna untuk membantu meningkatkan produktivitas dan kualitas.

CH 工程分析 为预防大量生产时可能出现的问题，保证生产过程的顺利而进行的各制作阶段的研究。对于生产率和品质的提高都有帮助。

교차 뜨기 交叉--

바늘 두 개에 실을 각각 꿴 뒤 실을 교차하며 동시에 바느질하는 방법. 실이 교차되는 곳에 매듭이 지어져 튼튼하게 바느질할 수 있다.

EN saddle stitch a method of sewing with two needles threaded to the ends of a single thread. The thread ends are crossed and simultaneously sewn on. A knot is made at the crossing points in order to make nice and firm stitches.

VI may kiểu saddle (2 kim) phương pháp sử dụng hai kim với hai đầu chỉ tiến hành thao tác may cùng lúc tương xứng với nhau. Vì nút thắt được thắt ở nơi chỉ giao nhau nên có thể may một cách chắc chắn.

IN jahitan silang, jahitan simpang siur metode menjahit silang dengan ujung benang yang masing-masing dimasukkan ke dua jarum. Akan ada simpul di bagian persimpangan benang, dan simpul ini sangat kuat untuk jahitan.

CH 人字车线 两根针穿线后，交叉并同时缝纫的方法。线交叉的位置形成线结，可以结实地缝纫。

통 새들 스티치
(saddle stitch)

☞ 276쪽, 스티치

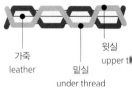

가죽
leather

밑실
under thread

윗실
upper t[hread]

구멍 뚫기

특정한 모양으로 구멍을 뚫는 일. 꾸미기 위하여, 리벳이나 아일릿 따위를 박기 위하여, 링 고리를 심기 위하여, 오뚝이 장식을 쉽게 사용하기 위하여 구멍을 뚫는다.

EN punching to punch a hole in a certain shape for decorative purposes, for the insertion of a collar stud, or for embedding a rivet, an eyelet, or a ring patch.

VI đục lỗ việc đục lỗ theo hình dạng đặc biệt. Đục lỗ để trang trí, để đóng đinh tán hoặc eyelet, để gắn móc khoen, để dễ dàng sử dụng cái ghim của khóa cài.

IN melubangi proses membuat lubang dengan bentuk tertentu. Lubang dibuat biasanya untuk mendekorasi, memasang rivet dan patch cincin, membuat lubang tali atau berfungsi juga untuk memudahkan pemakaian hardware pada collar pin.

CH 打孔 按照特定形状打孔的工序。打孔常用于装饰，钉铆钉或鸡眼扣，固定环，或方便使用蘑菇钉等工序。

동 펀칭(punching)

굵게 박기

9합 이상의 굵은 실을 사용하여 박음질하는 일.

EN thick thread stitching to sew with a relatively thick thread that is at least a twisted sum of 9 or above.

VI may với chỉ dày việc sử dụng sợi chỉ dày có nhiều hơn 9 vòng xoắn để may.

IN jahit dengan benang yang tebal proses menjahit menggunakan lebih dari 9 helai benang yang tebal.

CH 粗线缝纫 使用九股以上的粗线缝纫的工序。

귀 따냄

시접을 안으로 접어서 처리할 때 특정한 각을 이루는 두 선이 맞닿아 이루는 귀퉁이에서 겹치는 부분을 잘라 내는 일.

EN cut off the margin seam, cut off the corner margin to cut off the parts that overlap on the corner of a product when tucking in the inseam allowance.

VI bấm góc việc cắt phần bị trùng lên nhau ở phần góc được tạo bởi hai đường chạm nhau tạo thành góc đặc biệt khi gấp đường biên may vào bên trong.

IN pemotongan ujung lipatan pemotongan bagian yang tumpang tindih saat ada dua garis jahitan yang membentuk sudut tertentu saat dilipat ke bagian dalam.

CH 对折剪角 边距向里折叠处理时，把两条线对接形成特定角度的折叠角部分剪掉的工序。

귀 싸매기

지갑의 귀퉁이를 균일한 각으로 둥글게 만들기 위하여 가장자리를 일정한 폭으로 접은 뒤 일정한 폭의 주름을 넣어 붙이는 일.

동 귀싸미
관 둥글리기(아루 돌리기)

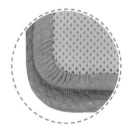

EN corner folding to round off the corners of a wallet by folding and creasing the edges to a certain width.

VI gấp mép góc việc dán những nếp gấp có độ rộng cố định sau khi gấp mép với độ rộng nhất định nhằm làm cho góc ví gấp tròn theo một góc giống nhau.

IN lipatan pojok dengan kerut kecil membuat sudut dompet dengan sudut yang seragam, caranya dengan melipat bagian tepian dengan kelebaran tertentu dan dimasukkan ke dalam.

CH 打角折边 为了将钱包圆角部分做成统一的角度，在边缘按一定宽幅折边后再折出一定幅度的褶皱并粘贴的工序。

그로스 gross

네트와 로스를 합한 원자재와 부자재의 소요량. 실제 생산에 투입하기 위하여 원자재와 부자재의 불량이나 썰물(기레하시) 따위를 고려하여 발주한다.

관 네트. 로스

EN gross yield, gross consumption the combined consumption, which includes the net consumption and the loss, of raw materials and subsidiary materials. The possibility of defects and wastages are taken into consideration when ordering raw materials and subsidiary materials prior to distributing the materials for production.

VI định mức bao gồm hao hụt định mức của nguyên vật liệu chính và nguyên liệu thay thế, bao gồm cả định mức chưa bao gồm hao hụt và phần hao hụt. Để bước vào công đoạn sản xuất trong thực tế thì khi đặt hàng cần lưu ý đến da vụn, vải vụn hoặc nguyên vật liệu chính và nguyên liệu thay thế kém chất lượng.

IN kebutuhan kotor kebutuhan bahan baku dan bahan pengganti termasuk pemakaian bersih dan pemakaian kotor. Agar bisa diproduksi secara aktual, maka pesanan diambil dengan mempertimbangkan tingkat kerusakan dan harga jual bahan baku maupun bahan penggantinya.

CH 整张皮 包括实际面积和损失加起来全部的原料和辅料的用量。为了实际生产的投入，要考虑原料和辅料的不良情况或碎皮的量并进行订货。

- 네트 = ①~⑨까지의 합
  net = a sum of ①~⑨
- 로스 = 가죽에서 네트를 뺀 나머지
  loss = the leather minus the net
- 그로스 = 네트 + 로스
  gross = net + loss

그림형 패턴 --型pattern

패치 따위를 부착할 위치를 알려 주기 위하여 부착할 부분을 패치의 모양대로 오려 낸 패턴(가타).

통 그림형 가타
(--型かた[型])

EN zig pattern, working pattern a pattern cut out to mark the position of a patch in order to indicate where the patch should be attached.

VI rập sang dấu rập cắt xén phần sẽ dán theo hình dạng của miếng patch nhằm đánh dấu vị trí dán miếng patch.

IN gambar pola pola yang dipotong harus sesuai dengan bentuk pola yang akan dipasang, agar dapat diketahui dimana letak penempatan patchya.

CH 画线型样板 为了标识耳仔的粘贴位置，根据需粘贴部分的样子剪出来的样板。

기계 주름 機械--

가죽이나 원단(패브릭)의 가닥을 접어서 줄이 지게 한 것. 보통 한쪽 방향으로 모아서 만들거나 양쪽에서 중앙으로 마주 보게 모아서 만든다.

통 플리츠(pleats)
관 고무줄 주름,
실주름

EN pleat a line on a leather or fabric made by folding the leather or fabric.

Pleats are often made by folding the material from one direction to another or by folding the material from both ends to the center.

VI nếp gấp, xếp li những đường được tạo ra do gấp đoạn da hoặc vải. Thông thường gấp lại theo một hướng hoặc gấp đối diện từ cả hai hướng đến trung tâm.

IN kerutan membuat tali dengan melipat helaian kain atau kulit. Biasanya dibuat dengan menarik ke satu titik atau menggabungkan kedua sisi menjadi satu di tengahnya.

CH 打折 把皮子或面料折出一条一条折痕的工序。一般是向一侧聚拢制成或两侧向中间相向聚拢制成。

기재형 패턴 記載形pattern

수치만으로 재단이 가능한 무형의 패턴(가타). 원 모양의 부위나 바인딩 띠와 같은 직사각형 모양의 부위에 사용한다.

EN size pattern a shapeless pattern that can be cut using measurements. It is used in areas that are circular and rectangular, like a binding strap.

VI kích cỡ rập rập không có hình dạng nhất định mà chỉ có thể được cắt thông qua các số liệu đo lường kích thước. Sử dụng trong những bộ phận có hình tròn hoặc những bộ phận có hình chữ nhật giống như dây nẹp viền.

IN pola tipe dasar pola yang dapat dibuat menjadi berbagai macam potongan. Biasanya digunakan untuk area yang berbentuk lingkaran atau tali binding yang berbentuk persegi panjang.

CH 原型对照样板 仅用数值就可以进行裁剪的无形的样板。针对圆形部位或包边条等四边形部位等使用。

유 사이즈 가타 (sizeかた[型])

까돌이 바인딩 ---binding

가죽이나 원단(패브릭)을 띠처럼 좁게 잘라 가방의 가장자리에 맞춰 박음질한 뒤 띠를 뒤집어 넘겨서 가장자리를 감싸는 일.

EN French binding to cover the edge of a bag with a narrow piece of leather or fabric that has been sewn along the edge, flipped, and wrapped around the edge.

VI viền không có gân, viền lật việc bọc lại mép túi bằng một miếng da

유 까돌이 감싸기, 말아치기 바인딩 (----binding), 프렌치 바인딩 (French binding)

☞ 154쪽, 바인딩

hoặc vải được cắt hẹp như sợi dây và được may vào phần mép túi xách, sau đó lộn ra và bọc phần mép lại.

IN binding setik balik metode untuk membungkus bagian tepian tas dengan cara memotong kulit dan kain menjadi bagian-bagian kecil seperti tali kemudian dilipat dan dijahit di tepian tas.

CH 反包边 把皮子或面料裁切成窄条，沿着皮包的边缘部分缝纫后，把折边翻过来包边的工序。

띠를 가장자리에 맞춰 박음질한다. Sew the strap along the edges.	띠를 뒤집어 가장자리를 감싼다. Flip the strap and wrap it around the edges.	박음질하여 고정한다. Fix the strap by sewing it.

까돌이 바인딩
(프렌치바인딩)
French binding

깎음밥

가죽 전체의 두께를 조절하면서 뒷면(시타지)을 깎아 내고 남은 찌꺼기.

통 와리밥(ゎり[割]-)

EN leather residue, leather scrap the remaining residue from skiving the entire backside of a leather to adjust the thickness of the leather.

VI mặt da phần da thừa còn lại sau khi lạng mặt sau để điều chỉnh độ dày của toàn bộ miếng da.

IN sampah penipisan ampas sisa dari proses penipisan bagian belakang kulit saat tingkat ketebalannya diatur.

CH 铲皮碎皮 调整皮革的整体厚度并从背面铲皮后剩余的底皮。

꾸밈 박음질

두 부분을 연결하거나 합봉(마토메)하기 위해서가 아니라 모양을 내기 위하여 박음질하는 일. 보통 밑실이 보이지 않게 박음질하지만 밑실과 윗실이 모두 보이게 박음질하기도 하는데 이것을 관통 꾸밈 박음질(관통 가라 미싱)이라고 한다.

통 가라 미싱
(ゕら[虚]
ミシン[machine]),
거짓 박음질,
공 박음질(空---)
관 관통 꾸밈 박음질
(관통 가라 미싱)

EN decorative stitch, fake stitch to stitch for the purpose of decorating and elaborating. This stitch does not function to connect or hold things together. It is common to stitch, so that the under thread is not visible. However, perforated decorative stitches expose both the under thread and the upper thread.

VI may giả, may trang trí việc may để tạo hình chứ không phải để liên kết hoặc ráp hai bộ phận với nhau. Thông thường may để không nhìn thấy chỉ dưới nhưng cũng có thể may để nhìn thấy cả chỉ dưới và chỉ trên, việc này gọi là may trang trí đục lỗ.

IN jahitan dekorasi jahitan yang berfungsi untuk membuat suatu bentuk bukan untuk menyelesaikan jahitan atau menghubungkan dua bagian. Biasanya dijahit agar benang bagian bawah tidak terlihat, tetapi dijahit juga agar benang atas dan benang bawahnya terlihat, jahitan ini disebut sebagai jahitan palsu.

CH 假线 不为连接或缝合两个部位而是为做出形状进行的缝纫。通常会隐藏底线缝纫，但也有把面线和底线全部露出来缝纫的情况，即贯通装饰缝纫。

꾸밈 박음질
(가라 미싱)
decorative stitch

끝손질

제작이 끝난 제품에서 본드 자국, 실밥, 먼지 따위의 오염을 제거하는 등 마지막으로 제품을 손질하는 일.

동 시아게
(しあげ[仕上(げ)])

EN cleaning, cleanup to tidy up the final product by removing glue marks, loose threads, dust, and pollution.

VI vệ sinh việc làm sạch sản phẩm lần cuối bằng cách loại bỏ các vết bẩn như dấu keo, chỉ thừa, bụi trên các sản phẩm đã xong hết các công đoạn sản xuất.

IN pembersihan proses membersihkan dan merapikan produk yang sudah jadi dari sisa lem, benang kotor, debu dan lainnya.

CH 清洁 对制作完毕的包包进行清理胶印，剪线头，除尘等整理工作。

끝손질 바이어스 ---bias

안감(우라)의 특정 부위를 바이어스 테이프로 감싼 것. 또는 그렇게 감싸는 일.

동 시아게 바이어스
(しあげ[仕上(げ)]bias)

EN bias taping for cleanup a specific part on a lining that is wrapped with bias tape. Alternatively, to wrap a specific part of a lining with bias tape.

VI viền xéo lót việc bọc một bộ phận đặc biệt nào đó của lót bằng dây nẹp viền. Hoặc việc bọc lại như thế.

IN binding dalam dengan bias membungkus bagian khusus pada lapisan menggunakan bias tape. Atau membungkus dengan cara seperti itu.

CH 链唇 把里布的特定部位用包边带包住的部件。或这样包边的工序。

끝손질 안쪽 바인딩 -----binding

가방이나 지갑 안쪽의 시접 따위를 정리하기 위하여 웨빙, 그로그랭, 원단(패브릭) 따위로 감싸 덧대는 일.

동 끝손질 안쪽 감싸기, 시아게 랏파 (しあげ[仕上(げ)]ラッパー[wrapper])

EN inner binding for cleanup to wrap and sew the seam allowance with webbing, grosgrain, or fabric to clean up the inseams inside a wallet or a bag.

VI viền trong việc bọc và gắn thêm bằng dây đai, vải sọc ngang, vải để dọn dẹp lại đường biên may bên trong túi hoặc ví.

IN binding bagian dalam proses membungkus dan menjahit kelonggaran sambungan, jahitan atau kain yang digunakan untuk menutupi dan merapikan bagian dalam dompet maupun tas.

CH 内包边, 内完成包边 为了整理皮包或钱包里面的折边等部位, 用织带、罗缎或面料等包边的工序。

날개식 --式

패치나 주머니(포켓) 따위를 일부분만 고정하고 나머지 부분은 떠 있게 하는 방식.

EN flutter- a method of fixing a certain part of a patch or a pocket and leaving the rest unfixed.

VI miếng da may cố định 1 cạnh phương thức cố định một phần của miếng patch hoặc túi hộp và để buông phần còn lại.

IN tipe penetapan sebelah metode untuk memperbaiki bagian tertentu pada dompet atau patch dan membiarkan bagian sisanya.

날개식
flutter construction

CH 翅膀式 只固定耳仔或口袋等的一部分，其余部分不固定的方式。

네트 net

제품을 만들 때 들어가는 원자재와 부자재의 순수 소요량. 불량이나 썰물(기레하시) 따위를 포함하지 않는다.

EN net yield, net consumption the actually amount of raw materials and subsidiary materials that is necessary for manufacturing a product. This amount does not account for the defects and wastages.

VI định mức chưa bao gồm hao hụt định mức của nguyên vật liệu chính và nguyên liệu thay thế cần để làm ra một sản phẩm. Không bao gồm hàng kém chất lượng hoặc da vụn, vải vụn.

IN kebutuhan bersih jumlah aktual bahan baku dan bahan pengganti yang dibutuhkan untuk membuat produk. Jumlah ini tidak termasuk bahan cacat dan sisa.

CH 需要量 制作产品时使用的实际原料和辅料的纯用量。不包括为不合格产品或碎皮留出的用量。

반 그로스, 로스
☞ 125쪽, 그로스

노루발 자국

재봉틀(미싱)로 박음질할 때, 재봉틀의 노루발(오사에)이 가죽이나 원단(패브릭)을 강하게 눌러서 가죽이나 원단에 남은 흔적. 노루발 자국이 심하면 불량으로 처리한다.

EN presser foot stain a mark left on the leather or fabric from pressing down too hard on the presser foot when using a sewing machine to sew. It is considered a defect if the presser foot stain is severe.

VI bị cấn dấu chân vịt, bị hằn dấu chân vịt đây là vết hằn để lại trên da hoặc vải khi ép mạnh chân vịt lên da hoặc vải khi may bằng máy may. Nếu có nhiều vết hằn của chân vịt thì sản phẩm bị phân loại là hàng kém chất lượng.

IN bekas sepatu jahit bekas pada kulit atau kain yang diakibatkan karena tekanan sepatu jahit yang terlalu keras. Tekanan sepatu jahit harus diatur agar tidak menimbulkan bekas.

CH 压脚印, 压脚印记 使用缝纫机进行缝纫时，缝纫机的压脚在皮子或面料上用力下压而留下的痕迹。如果压脚印太深，则被视为不合格产品。

다트 dart

특정 부위의 귀퉁이를 접어서 겹쳐 박거나 삼각형 모양으로 잘라 낸 뒤 벌어진 부분을 이어 박아서 입체적으로 만든 형태. 가방의 내부 공간을 넓히기 위하여, 가방을 꾸미기 위하여, 가방의 형태를 잡아 주기 위하여 만든다.

EN dart the style of folding, overlapping, and sewing the corners. Darts can also be made by cutting off the corner in a triangular shape and sewing the resulting gap. It is made to decorate, shape, and expand the inner space of a bag.

VI nhắn góc hình thức gấp, xếp chồng lên và may phần góc của bộ phận đặc biệt nào đó hoặc khâu lại những phần hở sau khi cắt theo hình tam giác. Được làm để mở rộng không gian trong túi hoặc trang trí túi hoặc để tạo hình dạng cho túi.

IN cubitan pojok bentuk tas yang dibentuk dengan melipat bagian pojok pada bagian tertentu dan memotongnya menjadi bentuk segitiga. Berfungsi untuk memberikan ruang lebih besar di dalam tas, sebagai hiasan tas dan untuk membentuk tas itu sendiri.

CH 翅膀, 割角 把特定部位的角折叠起来缝纫或剪成三角形后，把分开的部分缝合做成立体的形态。目的是扩大包的内部空间，起到装饰作用或保持包的形态。

다트 박음질 dart---

가방의 귀퉁이가 자연스럽게 볼록 나와 입체적으로 보이도록 귀퉁이를 접어서 겹쳐 박거나 삼각형 모양으로 잘라 낸 뒤 벌어진 부분을 이어 박아서 다트를 만드는 일.

EN dart stitching to make a dart by folding, overlapping, and sewing a corner of a bag, so that the corner naturally protrudes. It can also be made by cutting off the corner in a triangular shape and sewing the resulting gap.

VI may nhấn góc việc tạo ra một góc bằng việc gấp, xếp chồng lên và may góc túi sao cho góc túi phồng lên một cách tự nhiên. Việc này cũng được thực hiện bằng cách cắt góc theo hình tam giác và may các phần hở lại.

IN jahitan cubitan proses melipat bagian sudut tas sehingga sudut tas secara alami terlihat timbul dan tiga dimensi, kemudian dipotong menjadi bentuk segitiga dan dijahit.

CH 打角, 割角缝纫 为了使包角部分自然地向外凸出呈现立体的样子，把包角折叠缝纫或剪成三角形后，把分开的部分缝合做出割角的工序。

통 다트 미싱
(dartミシン[machine])

단면 띠 바인딩 斷面-binding

가방의 가장자리를 단면(기리메)이 드러나는 띠로 감싸는 일.

EN raw edge binding, binding with a raw edged strap to bind the edges of a bag with a raw edged strap.

VI viền gấp cắt sơn việc bọc lại mép túi bằng nẹp có cạnh sơn lộ ra.

IN binding sisi potongan, membungkus sisi potongan proses menutupi sisi potongan tas dengan pita atau tali yang menyimpang.

CH 包边, 染色包边 把包包边缘的断面用外露的条包起来的工序。

통 단면 띠 감싸기
(斷面————),
기리메 바인딩
(きりめ[切(リ)目]binding)

☞ 154쪽, 바인딩

단면식 손잡이 斷面式———

양쪽 가장자리의 단면(기리메)이 드러나게 만든 손잡이(핸들).

EN raw edged handle a handle that exposes its raw edges on both edges.

VI quai xách cắt sơn, quai xách sơn mép quai xách có cạnh sơn hai bên mép lộ ra.

IN handle dengan potongan sisi handle tangan yang dibuat dengan memperlihatkan sisi potongan di kedua tepiannya.

CH 挽手边油, 染色手把 皮革两侧的断面露在外面的平面式手把。

통 기리메 핸들
(きりめ[切(リ)目]handle)

☞ 72쪽, 손잡이(핸들)의
종류

담요 뜨기 毯---

가죽이나 원단(패브릭)의 가장자리를 따라 'E' 자 모양으로 일정하게
반복하여 바느질하는 방법.

EN blanket stitch a method of repeatedly sewing E-shaped stitches at
consistent intervals along the edge of a leather or fabric.

VI khâu lược phương pháp may lặp đi lặp lại các mũi hình chữ E đồng
đều nhau dọc theo mép da hoặc vải.

IN jahit variasi metode menjahit bagian tepian kulit atau kain berulang
kali hingga membentuk huruf E.

CH E字车线 沿着皮子或面料的边缘反复地按照相同的E字型缝纫的方法。

동 블랭킷 스티치
(blanket stitch)

☞ 176쪽, 스티치

대비 색상 조화 對比色相調和

색상, 명도, 채도의 차가 큰 색상끼리 배치하는 일. 색상환의 반대편에
위치한 보색의 조합이 대비 색상 조화(콘트라스트)가 가장 심하다.

EN contrast to arrange the colors that are opposite in color, brightness, or
saturation together. The colors opposite from each other on the color wheel
have the highest contrast.

VI tương phản sự sắp xếp các nhóm màu sắc có sự khác biệt lớn về màu,
độ sáng, độ sắc nét. Phối các màu ở vị trí đối diện trên biểu đồ màu là sự
phối màu có độ tương phản cao nhất.

IN penempatan warna kontras penempatan warna sesuai dengan kategori
warna, tingkat kecerahan atau saturasi. Kombinasi warna komplementer yang
terletak di sisi berlawanan dari roda warna memiliki harmoni warna kontras
yang paling kuat.

CH 对比配色 将颜色、明暗度、色彩鲜艳度差别大的颜色进行安排的工
序。在色表中处于相对位置的补充色的组合色差最大。

동 콘트라스트(contrast)
괌 매칭, 콤비

☞ 134쪽, 대비, 매칭,
콤비

덧대기

원하는 물성을 만들기 위하여 가죽 안쪽에 다른 가죽이나 보강재(신),
안감(우라) 따위를 붙이는 일.

EN supplementing to attach a piece of leather, reinforcement, or lining

대비, 매칭, 콤비 Contrast, matching, combination

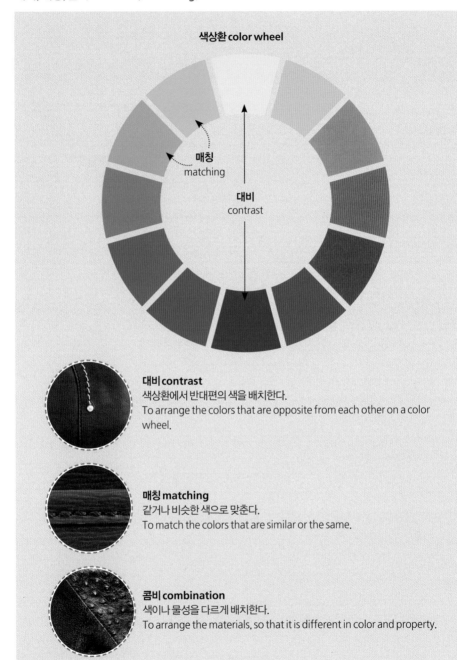

색상환 color wheel

매칭
matching

대비
contrast

대비 contrast
색상환에서 반대편의 색을 배치한다.
To arrange the colors that are opposite from each other on a color wheel.

매칭 matching
같거나 비슷한 색으로 맞춘다.
To match the colors that are similar or the same.

콤비 combination
색이나 물성을 다르게 배치한다.
To arrange the materials, so that it is different in color and property.

onto the inner side of another leather in order to turn the leather into the desired property of material.

VI thêm vào việc dán vào mặt trong của da một miếng da khác, đệm gia cố hoặc lót để làm cho miếng da đó đạt được đặc tính mong muốn.

IN menempelkan proses menempelkan kulit, lapisan penguat dan sebagainya pada kulit bagian dalam untuk menciptakan properti yang diinginkan.

CH 衬 为了制作出所需的物性而在皮子里侧添加其他皮革、补强衬或里布等的工序。

덧붙이기

바탕이 되는 가죽이나 원단(패브릭) 위에 다른 원단이나 레이스, 가죽 따위를 여러 가지 모양으로 오려 붙이고 그 둘레를 실로 꿰매는 일.

EN appliqueing to cut, attach, and sew the circumference of a fabric, lace, or leather in various shapes on top of a base leather or fabric.

VI miếng đính, vá việc cắt, dán và may theo chu vi các hình dạng khác nhau của vải, ren hoặc da lên trên da hoặc vải làm nền chính.

IN mengaplikasikan menempelkan kain, lace, kulit dengan berbagai bentuk di atas kulit atau kain lain yang menjadi background kemudian dijahit dengan benang.

CH 垫皮 在最底层的皮或面料上面通过粘贴不同的布、蕾丝、皮革等做出各种形状并用线在该形状的外围进行缝纫的工序。

동 아플리케(appliqué)

덧붙이기
(아플리케)
appliqueing

덮개 바인딩 --binding

덮개(후타)의 가장자리를 가죽으로 감싸는 일.

EN flap binding, flap edge binding to bind the edges of a flap with leather.

VI viền nắp túi việc bọc mép của nắp túi bằng da.

동 덮개 시접 감싸기, 후타 바인딩
(ふた[蓋]binding)

IN binding sisi penutup, membungkus penutup proses membungkus bagian tepi penutup tas dengan kulit.

CH 盖头包边 把盖头的边缘用皮革包住的工序。

덮개 바인딩
flap binding

돋움 깎기

중심부가 볼록하고 가장자리로 갈수록 점점 얇아지도록 가죽을 비스듬하게 깎는 일.

통 돔 스키
(dome すき[剝き])

EN dome skiving to skive with a slant, so that the leather is thinner around the edges and convex towards the center.

VI lạng vòm việc cắt miếng da theo hướng xéo để phần trung tâm lồi lên và phần mép da từ từ mỏng dần.

IN skiving cembung metode skiving miring pada pinggir potongan kulit untuk membuat bagian tengah menjadi cembung dan semakin tipis di bagian batas pinggirnya.

CH 凸起式片皮 使皮子中心部位凸起，边缘渐渐倾斜着变薄的一种倾斜铲皮的方式。

되돌아 박기

박음질한 자리가 터지거나 실이 풀리는 것을 막기 위하여 박음질한 부분의 시작과 끝을 한두 번 정도 반복하여 박는 일.

통 가에시바리
(かえしばり[返し針]),
보강 박기(補強--)

EN reverse stitch, overlap stitch to go back and stitch over the beginning stitches and the end stitches a few times to prevent the thread from unraveling or snapping.

VI may dặn, may lại mũi việc may lặp lại khoảng một hai lần điểm bắt đầu và kết thúc của các mũi may nhằm ngăn không cho vị trí may bị nứt hoặc chỉ bị tụt ra.

IN jahit kunci menjahit ulang bagian ujung kain sekali atau dua kali untuk mencegah benang agar jahitannya tidak lepas maupun putus.

CH 倒针, 打倒针 为了防止缝线松开滑脱，在缝线的起始和结尾部分回针一两次进行的缝纫。

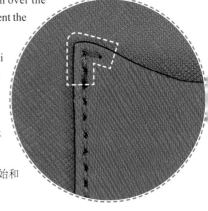

둥글리기

가방의 둥근 귀퉁이 부분을 일정한 폭으로 접어 감싸
붙여 처리하는 일.

EN round off the edge, round off the corner to fold, wrap,
and glue the corners of a bag with a fixed width in order to round
off the corners.

VI bẻ góc tròn việc gấp, bọc và dán phần góc tròn của túi theo một độ
rộng nhất định.

IN memutar proses melipat bagian sudut bulat dari tas dengan ukuran
yang sudah disesuaikan kemudian dibungkus.

CH 转角 把包圆角部位按一定宽幅折边并包住粘贴的工序。

둥글리기
round off the edge

동 라운드 돌리기(round---),
송곳 돌리기,
아루 돌리기
(アール[R, round]---),
아루 작업
(アール[R, round]作業)
관 귀 싸매기(귀싸미),
둥근 모서리(아루)

드롭 drop

손잡이(핸들)를 위로 당겼을 때 가방의 입구(구치) 중앙 끝에서부터 손
잡이의 가장 윗부분까지의 길이.

EN handle drop length, drop the length between the entrance of a bag to
the top of the handle that is positioned upright.

VI chiều cao quai xách chiều cao tính từ giữa miệng túi đến
phần cao nhất của quai xách khi kéo quai xách lên.

IN drop panjang ukuran antara puncak handle dengan bagian
pembuka tas ketika handle ditarik ke atas.

CH 中高, 手把高 把手把往上提起，从包口的中心部位到手把
的最高位置的长度。

드롭
handle drop
length

땀

바느질할 때 실을 꿴 바늘로 한 번 뜸. 또는 그런 자국.

EN stitch a single pass or mark made by a threaded needle when sewing.

VI mũi chỉ vết được tạo ra bởi kim đã được xỏ chỉ khi may.

IN setik benang yang dijahit ke jarum sekali saat menjahit. Atau
sejenisnya.

CH 针 缝纫时，用穿线的针缝的一针。或这样的针脚。

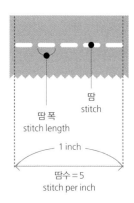

땀
stitch

땀 폭
stitch length

1 inch

땀수 = 5
stitch per inch

땀 폭 －幅

한 땀의 길이.

EN stitch length the length of a stitch.

VI chiều dài mũi chỉ chiều dài của một mũi chỉ.

IN panjang jahitan panjang pada jahitan.

CH 针距 针脚之间的间距。

땀수 －數

일정한 길이 안에 들어가는 바느질 땀의 수. 일반적으로 실의 합을 고려하여 땀수를 정한다.

EN stitch per inch the number of stitches within a certain length. Generally, the stitch per inch is determined by the twisted sum of the thread.

VI số mũi chỉ trên 1 inch số mũi chỉ bên trong một độ dài nhất định. Thông thường số mũi chỉ trên 1 inch được xác định bằng số vòng xoắn sợi chỉ.

IN stitch per inch, jahitan dalam 1 inchi jumlah jahitan dengan panjang tertentu. Biasanya, jumlah jahitan ditentukan dengan mempertimbangkan jumlah benang.

CH 针数 在一定长度内进去的针数。一般情况下，要考虑线的股数再确定针数。

로스 loss

제품을 만들 때 불량이나 썰물(기레하시) 같은 여러 이유 때문에 원자재나 부자재가 부족할 것에 대비하여 여유를 두어 추가로 주문하는 양.

EN loss, wastage factor the extra amount of materials ordered in case of a shortage in the raw materials or the subsidiary materials due to various reasons like a defect or a wastage.

관 네트, 그로스

☞ 125쪽, 그로스

VI hao hụt lượng cần đặt thêm khi làm sản phẩm nhằm đề phòng trường hợp nguyên vật liệu chính và nguyên liệu thay thế thiếu do nhiều nguyên nhân như da vụn, vải vụn hoặc hàng kém chất lượng.

IN kelebihan loss order tambahan kulit yang dipesan untuk mengantisipasi adanya bagian kulit yang tidak bisa dipakai karena cacat atau kurangnya stock bahan baku dan bahan pengganti saat proses produksi.

CH 损耗, 损失 制作产品时因皮子不合格或裁剪碎皮等各种原因会造成原料或辅料的缺乏，为应对此情况而增加的订货量。

롤 재단 roll 裁斷

원단(패브릭)이나 안감(우라), 보강재(신) 따위를 말려 있는 상태에서 일정한 폭으로 자르는 일. 주로 바인딩이나 파이핑에 사용하기 위하여 좁고 길게 자를 때 사용하는 방법이다.

관 롤 재단기

EN roll cutting to cut rolled up fabric, lining, or reinforcement as a whole to a fixed width, without unrolling it. It is a common method used to cut thin and long strips of leather or fabric for binding and piping purposes.

VI xả cuộn thao tác cắt nguyên cả cuộn vải, lót hoặc đệm gia cố với độ rộng nhất định. Đây là phương pháp chủ yếu được sử dụng khi cần cắt thành kích thước nhỏ và dài nhằm sử dụng cho bọc viền hoặc viền gân.

IN pemotong gulungan proses pemotongan kain atau lapisan, bahan penguat dan sejenisnya yang sudah dalam keadaan kering ke dalam ukuran yang diinginkan. Metode ini biasanya digunakan untuk memotong tali atau kain yang tipis dan panjang untuk proses binding atau piping.

CH 切捆 将面料或里布、补强衬在成卷的状态下按一定宽幅裁剪的方式。是裁剪包边或PP线所需的长条形材料的主要方法。

리벳 박기 rivet--

가죽에 작은 구멍을 내고 짝을 이루는 암수 두 개의 금속 장식을 끼워 맞물린 뒤 순간적으로 힘을 주어 고정하는 일.

동 리베팅(riveting), 리벳 작업(rivet作業), 버섯못 박기

EN riveting to embed the rivets by placing a pair of male and female counterparts into a small hole in the leather and to fix it in using momentary force.

VI đóng đinh tán đục một lỗ nhỏ trên da, sau đó gắn cặp nút trang trí kim loại vào cho ăn khớp với nhau và dùng lực trong chốc lát để cố định nút.

IN rivetan proses menggabungkan atau mengencangkan sepasang rivet atau hardware logam yang dimasukkan ke dalam kulit yang berlubang.

CH 打钉作业, 铆钉作业 在皮子上打了小孔后钉上一对五金子母扣并扣紧后, 利用瞬间的力量固定的工序。

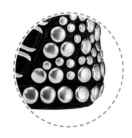

마커 작업 marker作業

정해진 로스 내에서 제품을 제작하기 위하여, 가죽을 재단하기 전에 가죽 위에 패턴(가타)을 배치하고 은펜이나 자고 따위로 패턴의 모양을 그리는 일.

EN leather nesting, precut marking to mark the shape and size of a leather part, which is required in the production of a bag, with a silver pen or a chalk before cutting the leather.

VI vẽ sơ đồ việc sắp xếp rập lên da trước khi cắt da và vẽ hình dạng của rập bằng bút bạc hoặc phấn may để nhằm sản xuất sản phẩm trong mức hao hụt được định sẵn.

IN penandaan sebelum pemotongan proses penandaan bagian yang akan dipotong pada kulit menggunakan pena perak atau kapur sebelum diproduksi menjadi tas.

CH 画皮 为了在确定的损耗内制作产品, 在裁剪皮革之前, 将样板放置在皮子上, 用银笔或粉笔画出样板形状的工序。

마커 재단 marker裁斷

마커 작업을 한 대로 가죽을 자르는 일.

EN marker cutting to cut the leather according to the pre-cut markings.

VI cắt theo sơ đồ việc cắt da theo sơ đồ đã vẽ.

IN tanda potong, pemotongan menurut tanda pemotongan kulit berdasarkan tanda yang sudah dibuat.

CH 画皮裁割 按照画皮的情况裁剪皮革的工序。

마켓 샘플 market sample

고객에게 상품을 판매하기 전에 판매자들을 대상으로 구매 여부를 묻
기 위하여 만든 샘플.

EN market sample, salesman sample a sample for investigating the consumption intention of the consumers prior to selling the product.

VI mẫu market mẫu được làm để nhằm nghiên cứu xem người bán có ý định mua sản phẩm không trước khi bán sản phẩm cho khách hàng.

IN contoh pemasaran, market sample sample yang dibuat untuk ditanyakan ke penjual apakah mereka mau membeli produknya sebelum mereka menjual produk itu ke pembeli.

CH market样品 向顾客发售产品之前以销售者为对象询问购买意向而制作的样品。

동 시장 견본(市場見本)

☞ 167쪽, 제품 개발 단계

망치질

망치나 두드림기(해머링기)를 이용하여 제품의 모
양을 잡아 주거나 부착이 잘 되도록 두드려 주는
일. 합봉(마토메), 전체 붙이기(베타 바리), 갈라
부착 따위를 한 부분을 두드려서 모양을 잡아
준다.

EN hammering to batter a product using a hammer or a hammering machine in an attempt to assist in the attachment of something or to shape the product into the desired form. It is used to shape and fix the parts that have been assembled, bonded, or split.

VI gõ búa việc dùng búa hoặc búa máy gõ liên tục vào sản phẩm, nhằm giữ hình dạng sản phẩm hoặc giúp công đoạn dán dính chắc hơn. Gõ vào phần đã ráp, bôi keo toàn bộ, tách dán để giúp giữ hình dạng.

IN penggetokkan, pemukulan menggetok suatu produk menggunakan mesin atau palu untuk membantu menempelkan sesuatu atau membentuk produk ke dalam bentuk yang diinginkan. Pekerjaan ini biasanya dilakukan untuk menggelarkan sambungan setelah dijahit, menempelkan maupun

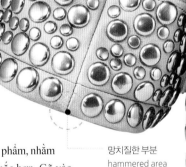

망치질한 부분
hammered area

동 해머링
(hammering)

관 두드림기(해머링기)

맞박기(쓰나기)한 뒤 시접의 처리 방법
A way of dealing with the inseam allowance after the inseam

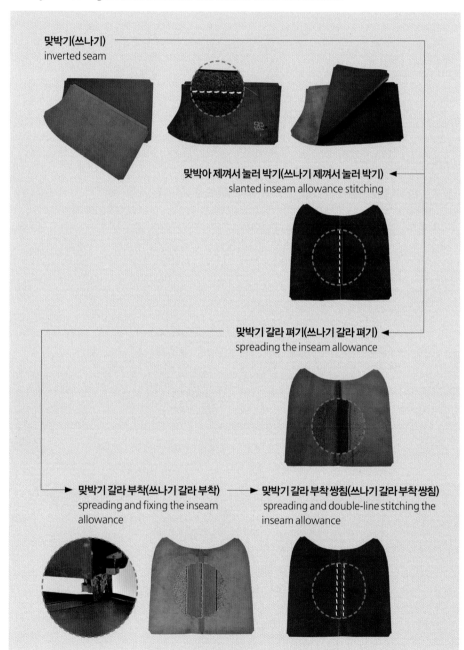

맞박기(쓰나기)
inverted seam

맞박아 제껴서 눌러 박기(쓰나기 제껴서 눌러 박기)
slanted inseam allowance stitching

맞박기 갈라 펴기(쓰나기 갈라 펴기)
spreading the inseam allowance

맞박기 갈라 부착(쓰나기 갈라 부착)
spreading and fixing the inseam allowance

맞박기 갈라 부착 쌍침(쓰나기 갈라 부착 쌍침)
spreading and double-line stitching the inseam allowance

menjahit.

CH 锤 使用锤子敲打来帮助产品成型或辅助贴合的工序。通过捶打缝合、整体粘贴或分开贴合的部分帮助成型。

맞박기

가죽이나 원단(패브릭) 두 장의 겉면을 마주 보게 겹친 뒤 시접을 두고 박음질하는 일.

EN inverted seam, inseam to sew two layers of leather or fabric together with the outer surfaces facing each other and with a margin of inseam allowance.

VI may lộn, mối nối việc may mặt ngoài của hai miếng da hoặc vải đối diện nhau với một đường biên may nhất định.

IN jahitan sambungan proses menjahit 2 bagian kulit atau kain yang kedua sisi permukaan luarnya saling berhadap-hadapan dan tumpang tindih.

CH 驳接 两张皮子或面料的表面相对重叠后，折边并缝纫的工序。

日 쓰나기(つなぎ[繫ぎ]),
쓰나기 미싱
(つなぎ[繫ぎ]ミシン
[machine])

☞ 142쪽, 맞박기(쓰나기)
한 뒤 시접의 처리 방법

맞박기 갈라 부착 -----附着

가죽이나 원단(패브릭) 두 장의 겉면을 마주 보게 하여 박음질한 뒤 시접을 양쪽으로 가르고 접착제로 붙여 고정하는 일.

EN spreading and fixing the inseam allowance to spread apart both sides of the inseam allowance after sewing two layers of leather or fabric together with the outer surfaces facing each other and to fix the inseam allowance with adhesives.

VI tách dán mối nối sau khi may mặt ngoài của hai miếng da hoặc vải đối diện nhau thì tách đường biên may sang hai hướng rồi dán cố định lại bằng keo dính.

IN tempel lipat setelah sambung proses menjahit 2 bagian kulit atau kain yang kedua sisi permukaan luarnya saling berhadap-hadapan dan kemudian dilem pada bagian jahitan yang berlebih.

CH 驳接分边 两张皮子或面料的表面相对缝纫后，把折边向两侧分开并刷胶固定的工序。

日 쓰나기 갈라 부착
(つなぎ[繫ぎ]--附着)

☞ 142쪽, 맞박기(쓰나기)
한 뒤 시접의 처리 방법

맞박기 갈라 부착 쌍침 -----附着雙針

가죽이나 원단(패브릭) 두 장의 겉면을 마주 보게 하여 박음질한 뒤 시접을 양쪽으로 갈라 접착제로 붙이고 양쪽 솔기에 박음질하는 일.

EN spreading and double-line stitching the inseam allowance to split, glue, and sew both sides of the inseam allowance onto the leather or fabric that has been sewn together with the outer surfaces facing each other.

VI tẻ mí và may đường mối nối sau khi may mặt ngoài của hai miếng da hoặc vải đối diện nhau thì tách đường biên may sang hai hướng rồi dán lại bằng keo dính và may lên đường may chắp ở hai bên.

IN jahit double setelah lipat proses menjahit 2 bagian kulit atau kain yang kedua sisi permukaan luarnya saling berhadap-hadapan dan kemudian dilem pada bagian jahitan yang berlebih dan kedua sisinya dijahit kembali.

CH 分边双针车 两张皮子或面料的表面相对缝纫后，把折边向两侧分开并刷胶固定，在缝线的两侧缝纫的工序。

동 쓰나기 갈라 부착 쌍침
(つなぎ[繋ぎ]ーー附着雙針),
쓰나기 쌍침
(つなぎ[繋ぎ]雙針)

☞ 142쪽, 맞박기(쓰나기) 한 뒤 시접의 처리 방법

맞박기 갈라 펴기

가죽이나 원단(패브릭) 두 장의 겉면을 마주 보게 하여 박음질한 뒤 시접을 양쪽으로 갈라 펴 주는 일.

EN spreading the inseam allowance to spread apart both sides of the inseam allowance after sewing two layers of leather or fabric together with the outer surfaces facing each other.

VI tẻ mí sau khi may mặt ngoài của hai miếng da hoặc vải đối diện nhau thì tách và trải đường biên may sang hai hướng.

IN lipatan setelah sambung proses menjahit kedua sisi kain atau kulit yang saling berhadap-hadapan dan bagian sisanya diregangkan ke dua arah.

CH 分边 两张皮子或面料的表面相对重叠缝纫后，把折边向两侧分开压平的工序。

동 쓰나기 갈라 펴기
(つなぎ[繋ぎ]----)

☞ 142쪽, 맞박기(쓰나기) 한 뒤 시접의 처리 방법

맞박기용 깎기 ---用--

가죽 두 장을 맞박기(쓰나기)할 때 겹치는 부분이 두꺼워지지 않도록

겹치는 부분의 뒷면(시타지)을 깎는 일.

EN inseam skiving to carve off the parts that overlap from the backside of the leather before inseaming the two layers of leather together, so that the overlapping parts are not too thick when sewn together.

VI lạng mối nối việc lạng bỏ mặt sau của những chi tiết chồng lên nhau khi may lộn hai miếng da lại để tránh độ dày cho những chi tiết chồng lên nhau.

IN skiving untuk sambungan skiving area kulit atau kain dengan jahitan setik balik yang berfungsi agar 2 bagian kulit yang tumpang tindih tidak terlalu tebal ketika dijahit.

CH 驳接铲皮, 割缝片皮 两张皮子驳接时为使重叠部分不过于厚而对连接部位的背面进行铲皮的工序。

통 쓰나기 스키
(つなぎ[繫ぎ]すき[剝き]),
이음 깎음질

맞박아 제껴서 눌러 박기
(쓰나기 제껴서 눌러 박기)
slanted inseam allowance stitching

맞박아 제껴서 눌러 박기

가죽이나 원단(패브릭) 두 장의 겉면을 마주 보게 하여 박음질한 뒤 가죽이나 원단을 한쪽만 제껴서 시접과 함께 박음질하여 고정하는 일.

EN slanted inseam allowance stitching to sew two layers of leather or fabric together with the outer surfaces facing each other, then to open up the layers by folding one layer over as the other layer lays flat, and to stitch over the layers to secure the inseam allowance.

VI ráp tề 1 bên và may sau khi may mặt ngoài của hai miếng da hoặc vải đối diện nhau, loại bỏ một bên của miếng da hoặc vải rồi may cùng với đường biên may và cố định lại.

IN jahit pada lipatan sebelah setelah sambung proses menjahit 2 bagian kulit atau kain yang kedua sisi permukaan luarnya saling berhadap-hadapan setelah dijahit dan hanya satu bagian dari kulit atau kain yang dilipat dan dijahit bersama sisa lebar jahitan.

CH 驳接分边后单边车线, 割缝反过来压线 两张皮子或面料的表面相对重叠缝纫后, 把单侧的皮子或面料反过来与折边一起缝纫固定的工序。

통 쓰나기 제껴서 눌러 박기
(つなぎ[繫ぎ]-------)

☞ 142쪽, 맞박기(쓰나기)
한 뒤 시접의 처리 방법

맞박아 제낌

가죽이나 원단(패브릭) 두 장의 겉면을 마주 보게 하여 박음질한 뒤 시접을 한쪽 방향으로 뉘어서 접는 일.

EN inseam slanting to sew two layers of leather or fabric together with the outer surfaces facing each other and to fold the inseam allowance to one side.

VI chồng mí mối nối sau khi may mặt ngoài của hai miếng da hoặc vải đối diện nhau, đặt đường biên may nằm sang một bên rồi gấp lại.

IN lipatan sebelah setelah sambung proses menjahit 2 bagian kulit atau kain yang kedua sisi permukaan luarnya saling berhadap-hadapan setelah dijahit dan bagian dalamnya dilipat hanya sebagian saja.

CH 驳接折边, 割缝反过来 两张皮子或面料的表面相对重叠缝纫后, 把折边向单侧压折的工序。

통 넘솔,
쓰나기 제낌
(つなぎ[繫ぎ]ーー)

맞부착 – 附着

가죽이나 원단(패브릭), 피브이시(PVC) 두 장의 뒷면(시타지) 일부 또는 전체에 접착제를 발라 붙이는 일.

EN bonded double layer to glue the backside of two layers of leather, fabric, or PVC by partially or fully applying adhesives.

VI dán hai mặt việc bôi keo dính rồi dán một phần hoặc toàn bộ mặt sau của hai tấm da, vải hoặc PVC.

IN penempelan dobel cara penempelan 2 potongan kulit, kain dan PVC bagian belakang atau seluruh bagian yang telah dilapisi oleh lem.

CH 对贴 把两张皮子、面料或PVC面料背面的一部分或者整体涂胶粘贴的工序。

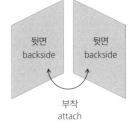

뒷면
backside

뒷면
backside

부착
attach

맞부착 단면 약칠 – 附着斷面藥漆

가죽이나 원단(패브릭), 피브이시(PVC) 두 장을 맞부착한 뒤 가장자리 단면(기리메)에 약물(에지 페인트)을 바르는 일.

EN bonded double layer edge painting to paint the raw edges of a

통 맞부착 기리메
(ー附着きりめ[切(り)
目])

bonded double layered leather, fabric, or PVC with edge paint.

VI dán hai mặt rồi sơn việc quét nước sơn lên mép cạnh sơn sau khi dán hai mặt hai miếng da, vải hoặc PVC với nhau.

IN pengecatan tempelan dobel proses pengecatan bagian tepian pada 2 potong kulit, kain, atau PVC yang telah ditempel dengan cat khusus tepian.

CH 完成边油, 对贴染色 把两张皮子、面料或PVC面料对贴后，在边缘涂边油进行作业。

약칠한 부분
edge painted area

맞부착 손잡이 –附着–––

가죽 두 장을 좁게 잘라 전체를 맞부착한 뒤 만든 손잡이(핸들). 가죽 낱장의 양쪽 가장자리는 단면(기리메)에 약물(에지 페인트)을 발라 처리하기도 하고 변접기(헤리)하기도 한다.

🔵 맞부착 핸들
(–附着handle)

☞ 72쪽, 손잡이(핸들)의 종류

EN bonded double layered handle a handle made with a bonded double layered leather, which is made by cutting two thin layers of leather and gluing the entire surface of the layers together. The edge on both sides of the leather layers are either edge painted or turned.

VI quai xách hai mặt, quai dán hai mặt quai xách được làm sau khi cắt rồi dán toàn bộ hai mặt của hai miếng da lại với nhau. Hai bên mép của từng miếng da có thể quét nước sơn vào cạnh sơn hoặc gấp mép cũng được.

IN handle dobel handle tangan yang dibuat menggunakan 2 lapis kulit tipis yang ditempel agar permukaannya terlihat. Kedua bagian pinggir handle diselesaikan dengan cara dicat menggunakan cat khusus tepian atau dilipat.

CH 对贴手把, 挽手 两张皮革裁成细条，整体对贴后制成的手把。在每张皮子的两侧边缘做边油处理，也可做折边处理。

맞부착 술 – 附着 –

가죽 두 장 전체를 맞부착한 뒤 한쪽 끝부분만 조금 남기고 여러 갈래로 좁게 잘라 만든 술(태슬).

EN bonded double layered tassel a tassel made by rolling up a layer of a bonded double layered leather that has been cut into thin strips except at the base on one end.

VI tua hai mặt chùm tua được làm bằng cách dán toàn bộ hai mặt của hai miếng da, sau đó chừa lại phần chân đế và cắt thành các sợi nhỏ.

IN tassel dua lapis tassel yang dibuat dengan menempelkan dua lapis kulit dan menyisakan sedikit bagian di ujungnya untuk dipotong menjadi beberapa bagian.

CH 对贴吊穗, 对贴穗子 两张皮革整体对贴后，在一端的末尾留出一些空间裁成窄条后做成的穗子。

동 맞부착 태슬
(–附着tassel)

맞부착 합봉 – 附着合縫

원판, 옆판(마치), 바닥판(소코) 따위의 모서리를 맞부착하여 하나의 제품으로 구성하는 일. 주로 맞부착한 뒤 약물(에지 페인트)을 발라 마감하거나 변접기(헤리)한 뒤 맞부착한다.

동 맞부착 마토메
(–附着まとめ[纏め])

EN double layered final assembly, final assembly by bonding double layers to assemble the body, bottom, and gussets into a single product by connecting the double layered corners. Normally, the edges are either edge painted or turned and glued at the end.

VI dán hai mặt rồi ráp dán hai mặt phần góc của thân túi, hông túi, đáy túi lại với nhau rồi tạo thành một sản phẩm. Chủ yếu sau khi dán hai mặt thì quét nước sơn vào để hoàn chỉnh hoặc dán hai mặt lại sau khi gấp mép.

IN pemasangan akhir dengan sama rata proses pembuatan suatu produk dengan memasang ujung panel tengah, panel samping dan panel bawah. Setelah semuanya disatukan proses ini diakhiri dengan mengecat menggunakan cat khusus tepian atau menempel bagian yang dilipat.

CH 完成埋袋, 对贴合缝 将原板、侧片、底围等的边棱对贴做成一个产品的工序。主要在对贴后染边油收尾或折边后对贴。

맞접음

가죽이나 원단(패브릭)의 양쪽 끝이 안쪽에서 서로 닿도록 접는 일.

EN gatefold to make two parallel folds, so that the left and right edges of the leather or fabric meet in the middle.

VI gấp mép đôi thao tác gấp hai bên mép của da hoặc vải vào bên trong sao cho hai mép chạm nhau ở bên trong.

IN lipatan kedua sisi melipat kedua sisi pojok samping kiri dan kanan kulit atau kain mengarah ke dalam agar saling menempel di dalamnya.

CH 对折 把皮革或面料两个边的末端朝里对折到相互接触的工序。

동 맞헤리(－ヘリ[縁])

맞접음식 손잡이
(맞헤리식 핸들)
gatefold handle

맞접음식 손잡이 －－－式－－－

가죽의 양쪽 가장자리 끝이 안쪽에서 서로 닿도록 양쪽 끝이 안쪽을 향하도록 접어서 만든 손잡이(핸들). 맞접음(맞헤리)한 두 장의 가죽을 맞부착하기도 한다.

EN gatefold handle a handle made using the gatefold method, which is a method of folding the two opposing edges of a leather piece inward, so that the edges meet in the middle. Sometimes, two gatefolded leather pieces are glued together.

VI gấp mép trên quai xách, quai bẻ mép quai xách được làm bằng cách gấp biên hai mép hướng vào bên trong sao cho phần biên hai mép của miếng da chạm nhau ở bên trong. Người ta cũng dán hai mặt hai miếng da được gấp mép đôi.

IN handle lipatan kedua sisi handle tangan yang dibuat dengan melipat bagian ujung kedua sisi kulit ke arah dalam agar saling menempel di bagian dalam. Biasanya terbuat dari dua lapis kulit yang ditempel double.

CH 折边手挽, 对折式手把 把皮革的两个边棱的末端朝里对折并相互接触后制作的手把。也用对折后的两张皮革对贴制作。

동 맞접음식 핸들
(－－－－式handle),
맞헤리식 핸들
(－ヘリ[縁]式handle)

☞ 72쪽, 손잡이(핸들)의
종류

매칭 matching

가죽이나 원단(패브릭)의 색과 약물(에지 페인트), 실, 지퍼의 색을 같은 색으로 맞추는 일.

EN matching to match the color of leather or fabric to the color of edge paint, thread, and zipper.

VI tiệp màu việc làm cho màu sắc, nước sơn, chỉ và dây kéo của da hoặc vải trùng màu với nhau.

IN seragam, matching proses pencocokkan kulit atau kain dengan warna yang sama dengan cat khusus tepian, benang atau risleting.

CH 本色 把皮革或面料的颜色与边油、线、拉链配成同样颜色的工序。

관 대비 색상 조화 (콘트라스트), 콤비

☞ 134쪽, 대비, 매칭, 콤비

매칭 박기 matching--

가죽이나 원단(패브릭)과 같은 색의 실로 박음질하는 일.

EN match stitching to sew the leather or fabric with a thread of the same color.

VI may tiệp màu chỉ việc may bằng chỉ trùng với màu da hoặc vải.

IN jahitan matching proses menjahit kulit atau kain dengan benang yang memiliki warna sama.

CH 本色车线, 顺色缝纫 使用与皮革或面料的原色相似的线车线的工序。

통 매칭 미싱 (matching ミシン[machine]
관 콤비 박기(콤비 미싱)

메시 mesh

가죽이나 원단(패브릭) 여러 가닥을 서로 교차하며 엮은 것.

EN mesh a weave made by crisscrossing several leather or fabric strips together.

VI luồng dây, đan việc cho nhiều miếng da hoặc vải giao nhau rồi đan lại với nhau.

IN anyaman proses menyilang dan menyatukan beberapa helai kulit atau kain.

CH 编织, 编织物 把多个皮革或面料的条相互交叉编织的工序。

통 엮음
관 메시 가방(메시 백), 메시 끈, 메시 띠, 메시 손잡이(메시 핸들)

메시 끈 mesh–

엮기 위해 좁고 길게 자른 가죽이나 원단(패브릭).

EN mesh strip a long and narrow piece of leather or fabric for weaving.

VI dây đan đoạn da hoặc vải được cắt hẹp và dài để đan.

IN tali anyaman kulit atau kain yang dipotong memanjang dan tipis untuk dianyam.

CH 穿绳, 编织绳 为了编织裁成的窄而长的皮子或面料。

동 엮음 끈

메시 띠 mesh–

좁고 길게 자른 가죽이나 원단(패브릭)을 엮어 만든 띠.

EN mesh strap a strap made by braiding long and narrow strips of leather or fabric.

VI dây luồng, dây đan dây được làm bằng cách đan lại những đoạn da hoặc vải được cắt hẹp và dài.

IN tali anyaman tali yang dibuat dengan menenun kulit atau kain yang telah dipotong panjang dan tipis.

CH 编织条 把裁得细长的皮革或面料编织成的条。

동 엮음 띠

메시 손잡이 mesh–––

좁고 길게 자른 가죽이나 원단(패브릭)을 엮어 만든 손잡이(핸들).

EN mesh handle a handle made by braiding long and narrow strips of leather or fabric.

VI quai xách đan quai xách được làm bằng cách đan lại những đoạn da hoặc vải được cắt hẹp và dài.

IN handle anyaman pegangan tangan(handle) yang dibuat dengan menenun kulit atau kain yang telah dipotong panjang dan tipis.

CH 编织手挽, 编织手把 把裁得细长的皮革或面料编织成的手把。

동 메시 핸들(mesh handle), 엮음 손잡이

☞ 72쪽, 손잡이(핸들)의 종류

모형 제작 模形製作

실제로 가방을 만들기 전에 가방과 유사한 소재나 패턴(가타) 종이, 압축   통 목 업(mock up)
가죽판(엘비신) 따위의 보강재(신)로 참고용 샘플을 만드는 일.

EN mock up to create a replica of a bag with materials similar to the bag,
with pattern papers, or with reinforcements like leather boards prior to
manufacturing the bags for referential purposes.

VI mẫu thử, mẫu mô hình trước khi làm túi thật sự người ta sử dụng
những vật liệu tương tự với túi, giấy cắt rập hoặc đệm gia cố giống như
LB(leather board) để làm mẫu tham khảo.

IN membuat contoh tiruan proses membuat contoh tas tiruan untuk
referensi dengan menggunakan material yang mirip dengan tas, kertas
berpola dan lapisan penguat sebelum tas yang asli dibuat.

CH 定型托模型, 定型托 实际制作包之前用与包类似的材料或白卡纸、
皮康纸(LB衬）之类的补强衬制作供参考的模板的工序。

목각 작업 木刻作業

나무나 금속, 아크릴로 원하는 모양의 틀을 만들어 그 위에 가죽이나 원   통 골쌈질
단(패브릭)을 씌워 모양을 잡아 주거나 모양대로 부착하는 일. 덮개(후
타)나 옆판(마치)의 휘는 부분의 모양을 잡아 주거나 모양틀(와쿠)에 씌
워 원판이나 옆판, 바닥판(소코)의 모양을 만드는 작업이다.

EN craftwork to shape leather or fabric by placing a frame made of wood,
metal, or acrylic in the desired shape on the leather or fabric. It is used
either to mold the bend of a flap or a gusset, or to shape the body, gusset, or
bottom of a bag.

VI công việc thủ công, thao tác dùng khuôn tạo ra khung có hình dạng
mong muốn bằng gỗ, kim loại hoặc mica, để miếng da hoặc vải lên trên để
giữ hình dạng hoặc dán theo hình dạng. Giúp giữ hình dạng của phần cong
của nắp túi hay hông túi hoặc gắn vào khung để tạo hình dạng của thân túi,
hông túi hoặc đáy túi.

IN pola kayu, pekerjaan menggunakan kayu proses membuat cetakan
dengan bentuk yang diinginkan menggunakan bahan kayu, logam atau
akrilik kemudian bagian atasnya ditempel dengan kulit atau kain untuk
menyempurnakan bentuknya. Pekerjaan ini berguna untuk menjaga bentuk

dari bagian penutup atau panel samping, juga membuat bentuk panel bawah, panel samping dan body tas yang telah ditempel dengan cetakan.

CH 木头作业 把木材、金属或亚克力做成需要的外形，然后蒙上皮革或面料做出形状或依据形状粘贴的工序。在做出盖头或侧片弯折部分的形状或包裹原板、侧片或底围的骨架时采用。

무늬선 누르기 --線---

가죽으로 만든 가방에서, 어깨끈(숄더 스트랩)이나 카드꽂이(카드 포켓) 입구와 같은 특정 부위에 열, 공압, 고주파를 이용하여 누른 무늬선(넨선)을 긋거나 눌러 새기는 일.

동 넨질(ねん[捻]-)
관 무늬선 누름기(넨기계)

EN heat crease to draw or imprint a line on a shoulder strap or at the opening of a card pocket of a leather bag using heat, pneumatics, or high frequencies.

VI kẻ chỉ việc vẽ ép nhiệt hoặc khắc lên bộ phận đặc biệt như quai đeo hoặc miệng dàn ngăn của túi xách được làm bằng da bằng cách sử dụng nhiệt, khí nén, tần số cao.

IN menekan garis pola proses menekan garis pola dengan menggunakan panas, pneumatik, dan frekuensi tinggi di bagian tertentu seperti tali bahu atau bagian pembuka dompet kartu pada tas yang terbuat dari kulit.

CH 电压线, 烫线 在皮包带或卡兜入口等特定部位上利用热能、空气压力、高周波等刻或压制烫线的工序。

바인딩 binding

합봉(마토메)한 가장자리나 가방 안쪽 특정 부위를 좁은 폭으로 자른 가죽이나 원단(패브릭)으로 감싸는 일.

동 감싸기
관 바인딩 재봉틀
(바인딩 미싱)

EN binding to cover the edge of an assembled bag or a specific area inside a bag with a thin narrow strip of leather or fabric.

VI bọc viền việc bọc lại mép túi đã được ráp hoặc một phần đặc biệt nào đó bên trong túi bằng miếng da hoặc vải được cắt với kích thước nhỏ.

IN binding, bungkus membungkus bagian tertentu di dalam tas seperti jahitan akhir atau bagian tepian menggunakan kulit atau kain yang telah dipotong kecil-kecil.

CH 包边 把缝合的边缘或包内部特定部位用裁成窄条的皮革或面料包裹住的工序。

이렇게 달라요 Differences between the items

까돌이 바인딩
(프렌치 바인딩)
French binding

단면 띠 바인딩
(기리메 바인딩)
binding with
a raw edged strap

변접음 바인딩
(헤리 바인딩)
binding with
a turned edge strap

안쪽 바인딩
(랏파)
interior binding

박음 합봉 --合縫

원판, 옆판(마치), 바닥판(소코), 주머니(포켓) 따위의 각 부분을 박음질하여 하나의 제품으로 구성하는 일.

EN assembly stitching to assemble the body, gusset, bottom, and pocket into a single product by sewing all the parts together.

VI may ráp việc may các chi tiết thân túi, hông túi, đáy túi, túi hộp lại và tạo thành một sản phẩm.

IN jahitan pemasangan akhir proses membuat suatu produk dengan menggabungkan dan menjahit tiap tiap bagian seperti panel bodi, panel samping, panel bawah dan kantong.

CH 合缝缝纫, 埋袋车线, 机器合缝 把原板、侧片、底板、口袋等各个部位缝纫成一个完整的产品的工序。

동 마토메 합봉
(まとめ[纏め]合縫),
미싱 마토메
(ミシン[machine]
まとめ[纏め])

박음질

손바늘에 실을 곱걸어서 튼튼하게 꿰매거나 재봉틀(미싱)로 박는 일.

EN stitching, sewing to hand sew by double threading a needle or by

동 미싱(ミシン[machine])
관 손바느질

using a sewing machine.

VI may, đường chỉ việc xâu bằng tay hai lớp chỉ vào kim để may cho chắc hoặc may bằng máy may.

IN jahit menjahit menggunakan tangan atau menggunakan mesin.

CH 缝线 用手缝针把线缠两圈结实地缝纫或缝纫机缝纫的工序。

박음질선 ---線

패턴(가타)에 바느질할 곳을 표시한 선. 또는 제품에서 바느질이 된 선.

EN stitch line, seam line a line on a pattern that marks the place for stitches or a line on a product that has been sewn.

VI đường chỉ may đường biểu thị lên rập nơi sẽ may. Hoặc là đường đã được may trên sản phẩm.

IN baris jahitan garis yang sudah ditandai pada pola yang akan dijahit. Atau garis yang sudah dijahit pada produk.

CH 缝纫线, 车线 在模板上标记要缝纫的位置的线。或在产品上已经缝纫完毕的线。

동 미싱선
(ミシン[machine]線),
에스티(ST[stitch])
관 솔기, 퀼팅 선

반접음 半--

가죽이나 원단(패브릭)을 반으로 접는 일.

EN half folding to fold the leather or fabric in half.

VI gấp một nửa việc gấp một nửa miếng da hoặc vải.

IN lipatan di tengah, lipat setengah melipat kulit atau kain menjadi setengah bagian.

CH 半折 把皮子或面料对折的工序。

반접음식 손잡이 半--式---

가죽을 반으로 접어 만든 손잡이(핸들). 가죽의 양쪽 가장자리를 변접기(헤리)한 뒤 반을 접거나 가죽을 반으로 접은 뒤 단면(기리메)에 약물(에지 페인트)을 발라 마감한다.

EN half folded handle, taco handle a handle made by folding

반접음식 손잡이
(반접음식 핸들)
half folded handle

leather in half. It is created by folding the leather with turned edges in half or by folding the leather in half and then applying edge paint to the raw edges.

VI gấp mép trên quai xách quai xách được làm bằng cách gấp một nửa miếng da. Sau khi gấp mép hai mép của miếng da thì gấp lại một nửa hoặc gấp miếng da lại một nửa rồi sau đó quét nước sơn vào cạnh sơn.

IN handle yang dilipat tengah handle tangan yang dibuat dengan melipat kulit menjadi setengah bagian. Dilakukan dengan melipat kedua sisi tepian kulit menjadi setengah bagian atau melipat kulit menjadi setengah bagian untuk kemudian dilapisi dengan cat khusus.

CH 对折挽手 把皮革对折做成的手把。皮革两侧的边棱做折边后再对折或对折后涂边油做收尾。

뱀 머리 손잡이

소창식 손잡이(소창 핸들)의 일종으로, 손잡이(핸들)의 양쪽 끝부분을 뱀 머리 모양처럼 삼각형으로 마감한 손잡이.

EN snake head handle a type of tubular handle in the shape of a triangular snake head on both ends of the handle.

VI quai ống, quai đầu rắn là một loại quai ống, phần cuối hai bên quai xách được may theo hình tam giác giống hình dạng đầu rắn.

IN handle cangklong handle tangan berbentuk cangklong dengan ujung yang menyerupai kepala ular di kedua ujungnya. Handle ini disambungkan antara body tas dengan cincin.

CH 蛇头挽手, 蛇头手把 是胶管式手柄的一种，两端尾部是被处理成类似蛇头的三角形的手柄。

번호 붙이기 番號---

가죽의 부위에 따라 색이나 엠보(embo), 페블(pebble), 그레인(grain)과 같이 무늬가 다르다는 것을 고려하여, 완성된 제품의 색과 무늬가 같도록 세트 재단을 한 뒤 가죽 조각에 같은 번호가 적힌 스티커를 붙여 분류하는 일. 스티커 때문에 가죽이 상하는 것을 막기 위해 스티커는 반드시 가죽의 뒷면(시타지)에 붙여야 한다.

EN numbering to stick a sticker with a serial number on leather that has

동 반접음식 핸들
(半--式handle)

☞ 72쪽, 손잡이(핸들)의 종류

뱀 머리 모양
shape of a snake head

동 뱀 머리 핸들
(---handle)

☞ 72쪽, 손잡이(핸들)의 종류

동 넘버링(numbering)
관 세트 재단

gone through the set cutting process, so that the final product can be aligned in terms of color and design. This is because the color and design (e.g. embo, pebble, grain) of the leather vary by parts. The sticker must be stuck to the backside of the leather to prevent damages.

VI dánh số việc dán và phân loại những miếng giấy được đánh số giống nhau lên miếng da sau khi cắt đồng bộ để màu sắc và hoa văn của thành phẩm giống nhau. Lưu ý rằng màu sắc hoặc hoa văn như embo, pebble, grain sẽ khác nhau tùy theo từng bộ phận của miếng da. Sticker luôn phải được dán ở mặt sau của miếng da để ngăn cho da không bị hư do sticker.

IN memasang nomor proses memasang dan memisahkan stiker bernomor seri pada potongan kulit yang telah melalui proses pemotongan yang ditetapkan sehingga produk akhir bisa sama dalam hal warna dan desainnya. Agar kulitnya tidak rusak sticker harus ditempel di bagian belakang kulit.

CH 贴号码 考虑皮子不同部位的不同颜色或类似压花纹路(embo)、鹅卵石纹(pebble)、粒面皮(grain)的不同纹路，为了使完成的制品颜色和花纹尽量相近，组合裁断后在皮子上贴上相同号码的便签的工序。为了不伤害皮子应把便签贴到皮子背面。

변접기 邊－－

가죽이나 원단(패브릭)의 가장자리를 일정한 폭으로 접어 붙이는 일.

EN turned edge to fold and attach the edges of a leather or fabric with the given inseam allowance.

VI gấp mép việc gấp và dán mép da hoặc vải với độ rộng nhất định.

IN lipatan pinggir melipat bagian tepian kulit atau kain dengan lebar yang sudah ditentukan.

CH 折边 把皮子或面料的边缘按一定的幅宽折边粘贴的工序。

同 헤리(ヘリ[縁]),
헤리 가에시
(ヘリ[縁]かえし[返し])

변접음기(헤리기)에 가죽이나 원단(패브릭)을 배치한다.
Place a leather or fabric into an edge folding machine.

기계로 가장자리를 접어 붙인다.
Fold and attach the edges with the machine.

변접기(헤리)가 된 결과물.
The resulting turned edge product.

변접음 깎기 邊----

가장자리를 변접기(헤리)했을 때 겹치는 부분이 두꺼워지지 않도록 겹쳐지는 가장자리의 뒷면(시타지)을 깎는 일.

EN skiving for a turned edge to carve off the edges from the backside of the leather to prevent the overlapping areas from becoming too thick when turning the edges.

VI lạng để gấp việc lạng mỏng mặt sau của phần mép bị trùng để nhằm tránh hiện tượng cộm do mép chập lên nhau khi gấp mép.

IN skiving lipatan sisi proses skiving pada pinggiran panel untuk mencegah bagian tumpang tindih yang dijahit agar tidak terlalu tebal sebelum dilipat atau dijahit lagi.

CH 折边片皮 边缘部分折边粘贴前，为了防止重叠的部分过厚而把重叠的边棱背面片薄的工序。

동 헤리 스키
(ヘリ[縁]すき[剝き])

변접음 바인딩 邊--binding

가장자리를 변접기(헤리)한 띠로 감싸는 일.

EN turned edge binding to bind the edges with a turned edge strap.

VI bọc viền gấp mép việc bọc bằng nẹp đã được gấp mép.

IN binding dengan lipatan sisi, membungkus lipatan sisi membungkus bagian tepian yang dilipat.

CH 折边包边 用边缘折边处理的条来包边的工序。

동 헤리 바인딩
(ヘリ[縁]binding)

☞ 154쪽, 바인딩

변접음식 손잡이 邊--式---

가장자리를 변접기(헤리)한 손잡이(핸들). 양쪽 가장자리를 변접기한 뒤 반으로 접어 만들거나 양쪽 가장자리를 변접기한 가죽 두 장을 맞부착하여 만든다.

EN turned edge handle a handle with turned edges. It is made by folding the leather with turned edges in half or

동 헤리식 핸들
(ヘリ[縁]式handle)

변접음식 손잡이
(헤리식 핸들)
turned edge handle

by gluing two layers of leather with turned edges together.

VI quai xách gấp mép, quai gấp quai xách được gấp mép. Sau khi gấp hai bên mép của quai xách thì gấp lại một nửa để làm hoặc là dán hai mặt hai miếng da mà đã được xử lí gấp hai mép.

IN handle dengan sisi lipatan handle tangan yang dilipat ke samping mengarah ke sisi tepian. Dilakukan dengan cara melipat kedua sisi yang sudah dilipat ke samping menjadi setengah bagian atau menempelkan dua lapis kulit pada bagian yang sudah dilipat.

CH 折边式手挽 边缘做折边处理的手把。两侧的边缘进行折边处理后向中间折叠制成，或用两张两侧折边的皮子对贴制成。

보강 補強

보강재(신)를 덧대어 가방의 모양이 틀어지는 것을 막고 내구성, 물성, 촉감 따위를 원래보다 더 나아지게 하는 일.

EN reinforcing/reenforcing to prevent the shape of a bag from changing by attaching reinforcements and to enhance the durability, physical property, and texture of a material.

VI gia cố dán thêm đệm gia cố vào, ngăn chặn hình dạng của túi bị lệch và làm gia tăng tính bền, thuộc tính, cảm giác so với lúc ban đầu.

IN penguat berfungsi untuk merekatkan lapisan penguat agar bentuk tas tidak berantakan dan juga memperkuat daya tahan, bentuk dan juga tekstur tas.

CH 补强 通过添加补强衬来防止包变形并改善其耐用性、物性或触感的工序。

동 신보강(しん[芯]補強)

보강재 재단 補強材裁斷

가방의 각 부분의 모양을 형성하는 보강재(신)를 자르는 일. 자동 연재단기나 누름기(프레스기)를 사용하여 자른다.

EN reinforcement cutting, filler cutting to cut reinforcements that shape the individual parts of a bag. It is cut with an automatic cutting machine or a press.

VI cắt đệm việc cắt đệm gia cố để hình thành hình dạng các bộ phận của

동 속심 재단(−心裁斷), 신 재단(しん[芯]裁斷)

túi. Sử dụng máy cắt tự động hoặc máy dập để cắt.

IN potongan penguat memotong lapisan penguat yang membentuk setiap bagian dari tas. Biasanya dipotong menggunakan pemotong otomatis atau mesin press.

CH 裁杂托 裁剪形成包的各部分的补强衬的工序。使用自动连续裁断机或压力机进行裁剪。

보강재 패턴 補強材pattern

보강재(신)를 재단하기 위한 패턴(가타).

통 신 가타
(しん[芯]かた[型])

EN reinforcement cut pattern a pattern for cutting reinforcement.

VI rập đệm rập dùng để cắt đệm gia cố.

IN pola potongan penguat, pola untuk filler cutting pola untuk memotong filler atau lapisan penguat.

CH 托纸板, 衬样板 用于裁断衬料的样板。

볼록식 --式

특정 부위에 볼록이(모리)를 넣어 가장자리에 비해 가운데가 볼록 튀어나오게 하는 방식. 손잡이(핸들)나 패치 따위를 만드는 방식 중 하나이다.

통 모리식(もり[盛り]式),
봄베식(bombe式)

EN bombay-, bombe-, embossed- a method of inserting reinforcements in the center of an object to make the center protrude compared to the edges. It is a method of making handles and patches.

VI ép nổi phương pháp đặt đệm lên bộ phận đặc biệt nào đó, làm cho phần giữa lồi ra hơn so với phần mép. Là một trong những phương pháp làm quai xách hoặc miếng patch.

IN tipe timbulan cara memasukkan timbulan pada bagian khusus agar posisi bagian tengahnya terlihat lebih timbul daripada sisi tepiannya. Biasanya cara ini digunakan untuk membuat handle atau patch dan sejenisnya.

CH 骨托式 在特定的部位放入骨托使中间比边缘凸出的方式。是制作手把或耳仔部位使用的方式之一。

볼록식 손잡이 −−式−−−

중심부에 볼록이(모리)를 넣어 양쪽 가장자리에 비해 가운데가 볼록 튀어나오게 만든 손잡이(핸들). 잡았을 때 느낌이 좋으며 시각적으로 멋있어 보인다.

EN bombay handle, bombe handle, embossed handle a handle with reinforcements stuffed in the middle to make the center bulge out compared to the edges of the handle. It provides the handle with a better grip and it elaborates the handle in terms of design.

VI quai có bombe, quai có đệm nổi quai xách được làm bằng cách bỏ đệm vào phần chính giữa sao cho phần chính giữa nhô cao hơn so với hai bên mép. Mục đích để giúp thoải mái hơn khi cầm và nhìn có thẩm mỹ hơn.

IN timbulan handle handle tangan yang dibuat dengan memasukkan timbulan pada bagian tengah agar bagian tengah terlihat lebih timbul keluar dibandingkan sisi tepian kanan dan kiri. Handle ini terlihat lebih bagus saat dilihat dan terasa lebih nyaman saat digunakan.

CH 骨托式手挽, 凸起式手把 在中心部位加骨托使之凸起的手挽。可提升手挽抓握的手感, 并使之看起来更美观。

통 돔 핸들(dome handle), 모리식 핸들 (もり[盛り]式handle), 봄베 핸들 (bombe handle)

☞ 72쪽, 손잡이(핸들)의 종류

볼록이 패치 −−−patch

중심부에 볼록이(모리)를 넣어 양쪽 가장자리에 비해 가운데가 볼록 튀어나오게 만든 패치.

EN bombay patch, bombe patch, embossed patch a patch with reinforcements in the center that makes the center protrude compared to the edges.

VI các miếng patch nổi miếng patch được làm bằng cách bỏ đệm vào phần chính giữa sao cho phần chính giữa nhô cao hơn so với hai bên mép.

IN patch timbulan patch yang dibuat dengan timbulan di bagian tengah yang lebih timbul daripada bagian tepiannya.

CH 骨托耳仔 在中心部位加入骨托使之比两侧边缘凸起的耳仔。

통 패치 모리 (patchもり[盛り])

부분 깎기 部分--

가죽이나 보강재(신)의 특정 부위를 원하는 너비와 두께로 깎는 일. 변접기(헤리)나 맞박기(쓰나기)를 했을 때 접히거나 맞닿는 부분이 너무 두꺼워지지 않도록 해 주는 밑작업이다.

EN skiving to skim off the surface of a leather or reinforcement to the desired thickness and width. This becomes the foundation work for folding and conjoining the parts with turned edges or inseams in the next step, so that the thickness of the sewn and bonded parts are of an adequate thickness.

VI cắt, lạng việc lạng bộ phận đặc biệt nào đó của da hoặc đệm gia cố theo bề rộng và độ dày mong muốn. Là công đoạn giúp cho độ dày của phần bị gấp hoặc tiếp giáp nhau không trở nên quá dày khi gấp mép hoặc may.

IN skiving proses penipisan bagian kulit atau lapisan penguat dengan ketebalan dan kelebaran yang diinginkan. Proses ini adalah proses dasar dalam menjahit dan menempel agar ketebalan bagian yang akan dijahit dan ditempel dapat sesuai.

CH 铲皮 把皮或补强衬的特定部位按照需要的宽度和厚度铲皮的工序。是折边或对贴时防止折边或对贴部分变厚的基础工作。

동 가장 깎음질, 부분 피할(部分皮割), 스카이빙(skiving), 스키(すき[剝き])
관 전체 깎기(와리)

부분 깎기(스키)
skiving

부착 박음질 附着---

장식이나 패치 따위를 가방에 부착한 뒤 박음질하는 일.

EN joint stitching, attachment stitching to attach and sew a hardware or a patch onto a bag.

VI may dính việc may sau khi dán đồ trang trí hoặc miếng patch vào túi xách.

IN jahit setelah tempel proses menjahit patch atau hardware yang ditempel di tas.

CH 粘贴车线 在包上粘贴五金或耳仔后车线的工序。

동 부착 미싱 (附着ミシン [machine])

부착식 附着式

장식이나 패치 따위를 부착할 때, 일부 또는 전체를 가방에 붙이는 방식.

EN attached- a method of partially or fully securing a hardware or a patch on a bag.

관 고정식

VI phương pháp dán cách dán một phần hoặc toàn bộ khi dán đồ trang trí hoặc miếng patch lên túi xách.

IN metode pasang metode untuk menempelkan hardware atau patch pada sebagian atau seluruh bagian kulit atau kain.

CH 粘贴, 补贴式 粘贴五金装饰或耳仔时，把一部分或整体粘贴在包上的方式。

불박 작업 – 撲作業

로고가 새겨진 몰드에 고주파나 열을 가한 뒤 몰드를 가죽이나 피브이시 (PVC) 위에 두고 기계로 눌러서 가죽이나 피브이시에 로고를 찍는 일.

EN heat embossing, heat stamping to press a logo onto a leather or PVC by applying high frequencies or heat on the mold with the logo and pressing it against the leather or PVC.

VI ép nhiệt việc dùng máy để ép logo lên da hoặc PVC sau khi tăng tần số cao hoặc nhiệt vào khuôn có hình logo rồi đặt khuôn lên da hoặc PVC.

IN emboss panas metode membuat logo pada kulit atau PVC dengan cara menempatkan cetakan logo di atas sepotong kulit atau PVC kemudian dipress menggunakan mesin dengan bantuan panas dan juga frekuensi tinggi.

CH 烫印作业, 电压作业, 烫印工作 把刻有logo的模具用高周波或加热后放在皮子或PVC上面用机器在皮子上压印出logo的工序。

관 실리콘 불박, 포일 불박

사선 斜線

비스듬한 기울기.

EN diagonal a tilt to one side.

VI độ nghiêng độ dốc nghiêng.

IN diagonal, miring kemiringan pada satu sisi.

CH 斜线 倾斜的角度。

통 나나메(ななめ[斜め])

사선 재단 斜線裁斷

원단(패브릭) 위에 패턴(가타)을 사선 방향으로 놓고 자르는 일. 원단이 꺾이는 것을 막고 잘 휘어지게 해 준다.

EN bias cutting, diagonal cutting to draw and cut a diagonal line across the surface of a fabric by placing a pattern diagonally across the fabric. It prevents the fabric from drooping and allows the fabric to bend well.

VI cắt theo hướng xéo việc đặt rập lên trên vải theo hướng xéo rồi cắt. Giúp ngăn cho vải không bị quăn và trở nên cong hơn.

IN potong miring memotong pola dengan sudut yang miring di atas kain. Potongan ini mencegah kerutan pada kain dan membuatnya bisa dilipat dengan baik.

CH 斜线裁断, 斜裁 把模板斜着放在面料上并裁剪的工序。为避免面料被弯折要仔细地将之展平。

동 나나메 재단(ななめ[斜め]裁斷), 바이어스①

사선결 斜線-

트윌이나 캔버스와 같은 특정 원단의 고유한 결이 아니라, 인위적으로 각을 주어 마름질한 결의 형태.

EN true bias, bias grain a grain that is artificially made, unlike a twill or a canvas that inherently has a unique grain.

VI sợ xéo 45°, thớ xéo 45° là kiểu sợ vải xé tạo góc một cách nhân tạo, chứ không phải là sợ vải đặc trưng của các loại vải đặc biệt như hoạ tiết trên vải, canvas.

IN serat miring bentuk yang memiliki sudut artifisial, namun bukan serat yang memiliki tekstur unik dari kain tertentu seperti kanvas atau kepar.

CH 斜纹 不是类似斜纹布或帆布等的特定面料上固有的纹理，而是人为地制造出角度来裁剪的纹理的形态。

동 바이어스 방향 (bias方向)
관 가로결, 세로결

사전 원가 事前原價

샘플 개발 단계에서, 제품 한 개의 생산에 필요한 모든 요소들의 가격과 소요량을 계산한 것. 바이어가 대량 주문할 때 참고할 수 있도록 바이어에게 미리 알려 준다.

EN pre-estimated cost, development cost to calculate the production cost and the necessary elements of a product in the sample development

☞ 186쪽. 원가의 단계

stage. The buyers are informed of the pre-estimated cost as a reference, prior to ordering the product in large quantities.

VI giá phát triển việc tính toán giá cả và định mức đối với tất cả các yếu tố cần thiết trong việc sản xuất một sản phẩm trong giai đoạn phát triển mẫu. Cho khách hàng biết trước để khách có thể tham khảo khi đặt hàng với số lượng lớn.

IN pengajuan biaya sebelum pesanan perhitungan kebutuhan dan harga semua elemen yang diperlukan untuk membuat suatu produk, dalam tahap pengembangan sample. Perhitungan ini diberitahukan terlebih dulu kepada pembeli sebagai referensi untuk pemesanan dalam jumlah yang banyak.

CH 事前原价 样品开发阶段，计算关于生产一只包袋所需的所有要素的价格和用量的工序。在买家大量订购前，提前告知以便参考。

사후 원가 事後原價

대량 생산을 주문받은 뒤, 가방의 세부 디자인을 포함한 모든 스펙이 확정된 상태에서 계산한 가방 한 개의 원가.

☞ 186쪽. 원가의 단계

EN estimated cost, standard cost the calculated production cost of a single product with the finalized features, including the design details.

VI giá tiêu chuẩn giá sản phẩm của một cái túi được tính ở trạng thái đã xác định tất cả các yêu cầu kỹ thuật bao gồm thiết kế chi tiết của túi sau khi tiếp nhận đơn đặt hàng sản xuất với số lượng lớn.

IN pengajuan biaya setelah pesanan harga satu tas yang telah dikalkulasi setelah semua spesifikasi dikonfirmasi, termasuk detail design dari tas, setelah diproduksi dalam jumlah yang banyak.

CH 事后原价 接大量生产订单后，在包括包袋的细节设计在内的全部纸板都确定的情况下计算出的一只包袋的原价。

삽입식 挿入式

가방의 특정 부분에 고리나 손잡이(핸들) 따위를 끼우거나 넣어서 연결하는 방식.

관 심어 박기

EN inserted- a method of connecting certain parts of a bag by attaching a hook or a handle.

VI chèn vào phương pháp kết nối bằng cách gắn thêm hoặc đặt các chi tiết như nhẫn hoặc quai xách vào các bộ phận đặc biệt của túi.

IN metode menyelipkan cara untuk menempelkan atau menghubungkan cincin atau handle tangan pada bagian khusus di tas.

CH 插入式 在包的特定部位把环或手把插进去进行连接的方式。

상태 狀態

작업이 이루어진 모양.

동 조시(ちょうし[調子])
관 실 박음 상태(실 조시)

EN condition, quality the shape in which a work is completed.

VI căng phương thức công việc được thực hiện.

IN kondisi bentuk pekerjaan yang telah selesai.

CH 松紧度, 状态 作业进行的样子。

샘플 sample

대량 생산 단계 전에, 구조나 품질 따위를 미리 알 수 있도록 스케치와 스펙을 토대로 일부 또는 전체를 제작한 제품.

동 견본(見本)
관 마켓 샘플,
생산 전 샘플(피피 샘플),
최초 제품(톱 샘플),
프로토 샘플,
확인 샘플
(어프로벌 샘플)

EN sample a product that is partially or fully manufactured based on sketches and requirements. It assists in the assessment of the structure and quality of the product prior to mass production.

VI mẫu sản phẩm được làm một phần hoặc toàn bộ dựa trên hình phác họa và yêu cầu kỹ thuật để có thể biết trước cấu tạo hoặc chất lượng của sản phẩm trước công đoạn sản xuất với số lượng lớn.

IN contoh, sample produk yang secara keseluruhan dibuat berdasarkan sketsa dari spesifikasi yang sudah ditentukan untuk mengetahui struktur dan kualitasnya terlebih dahulu sebelum barang diproduksi secara massal.

CH 样品 大量生产之前，为了提前了解结构或品质，以草图和纸板为基础制作的部分或整体的产品。

샘플 리뷰 sample review

고객들에게 제품을 발송하기 전에, 제작된 샘플의 품질을 세부적으로 평가하는 일.

EN sample review to do a detailed evaluation on the quality of a sample prior to shipping the products to the customers.

VI kiểm duyệt mẫu việc đánh giá một cách chi tiết chất lượng của mẫu trước khi giao sản phẩm cho khách hàng.

IN peninjauan contoh evaluasi akhir terhadap kualitas produk atau sample yang sudah dibuat sebelum barang dikirim ke pembeli.

CH 产前会议 给客户寄送产品之前，对制作的样品的品质进行详细评价的工作。

동 견본 품평(見本品評), 제품 품평(製品品評)

제품 개발 단계 Production development process

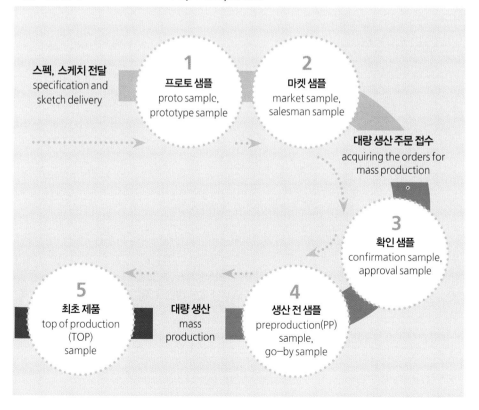

스펙, 스케치 전달
specification and sketch delivery

1 프로토 샘플
proto sample,
prototype sample

2 마켓 샘플
market sample,
salesman sample

대량 생산 주문 접수
acquiring the orders for mass production

3 확인 샘플
confirmation sample,
approval sample

5 최초 제품
top of production (TOP) sample

대량 생산
mass production

4 생산 전 샘플
preproduction(PP) sample,
go-by sample

생산 전 샘플 生産前sample

본격적인 생산에 들어가기 전에 세부 사항이나 품질을 확인하기 위해
만든 샘플.

EN preproduction sample, go-by sample a sample made to confirm the
details or quality of a product prior to the production.

VI mẫu trước sản xuất mẫu được làm để nhằm xác nhận lại các hạng
mục chi tiết hoặc chất lượng sản phẩm trước khi bước vào sản xuất chính
thức.

IN contoh sebelum produksi sample yang dibuat untuk mengkonfirmasi
detail atau kualitas dari produk sebelum dimasukkan ke proses produksi.

CH PP样品 正式投产之前，为确认细节品质而制作的样品。

> 高 고바이 샘플
> (go-by sample),
> 피피 샘플
> (PP[preproduction]
> sample)
>
> ☞ 167쪽, 제품 개발
> 단계

세로결

조직이 세로 방향으로 놓인 형태.

EN straight grain a grain that is vertically weft.

VI sớ đứng, thớ đứng hình thức sắp xếp các sớ theo kiểu đứng.

IN serat vertikal jenis penempatan jahitan secara vertikal.

CH 竖纹 竖直方向的纹路形态。

> 高 다테(たて [縱])
> 관 가로결, 사선결

세트 재단 set裁斷

하나의 제품을 만드는 데 사용할 가죽을 색이나 무늬 따위를 고
려하여 어울리게 재단하는 일.

EN set cutting to cut the leather with regards to the color and
design, so that the leather can be used to create a product.

VI cắt đồng bộ việc cắt miếng da sẽ sử dụng để tạo
ra một sản phẩm sao cho hòa hợp, lưu ý đến màu sắc
hoặc hoa văn.

IN potong set proses memotong
kulit yang akan digunakan untuk
membuat suatu produk dengan

> 관 번호 붙이기(넘버링)

mempertimbangkan warna atau pola potongannya.

CH **配套裁割** 考虑一个产品里所需的皮革颜色或纹路而进行的互相匹配的裁剪。

세피기 재단 細皮機裁斷

원형 칼날이 여러 개 달린 롤러가 돌면서 가죽이나 원단(패브릭)을 좁고 길게 자르는 일. 주로 파이핑 띠, 안쪽 감싸기 띠(랏파 띠), 어깨끈(숄더 스트랩) 따위를 자르는 데 쓴다.

EN strap cutting to cut long and narrow strips of leather or fabric using a roller with circular blades. It is commonly used to cut piping straps, binding straps, and shoulder straps.

VI cắt quai da trục lăn có gắn vài lưỡi dao hình tròn xoay và cắt miếng da hoặc vải hẹp và dài. Chủ yếu sử dụng khi cắt nẹp viền gân, viền quai, quai đeo.

IN potongan roll rol dengan pisau melingkar di bagian luarnya yang diputar hingga memotong kulit atau kain menjadi bagian yang panjang dan juga tipis. Biasanya dipakai untuk memotong tali piping, tali binding bagian dalam dan tali bahu.

CH **开带机** 安装有若干圆形刀片的滚筒通过转动将皮革或面料裁得窄而长的工序。主要在裁剪PP线、内包边条、肩带等时使用。

소요량 所要量

제품 제작에 필요한 모든 원자재와 부자재의 양.

 그로스, 네트, 로스

EN consumption, material consumption the total amount of raw materials and subsidiary materials required to manufacture a product.

VI định mức, định mức nguyên vật liệu tất cả lượng nguyên vật liệu chính và nguyên liệu thay thế cần thiết trong sản xuất sản phẩm.

IN kebutuhan pemakaian keperluan pemakaian bahan baku dan bahan substitusi yang diperlukan untuk produksi tas.

CH 用量, 需要量 产品制作时所需的全部原料和辅料的数量。

소창식 小腸▽式

소창에 가죽이나 원단(패브릭), 피브이시(PVC) 따위를 씌워 둥근 관 모양으로 만드는 방식. 주로 리슬릿, 손잡이(핸들), 조임끈(드로스트 링) 따위를 만드는 데 쓴다.

EN tubular– a method of covering a tube with leather, PVC, or fabric to make it tubular. It is a common method for making wristlets, handles, and drawstrings.

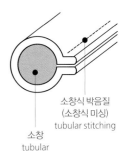

소창식 박음질
(소창식 미싱)
tubular stitching

소창
tubular

VI ống cách gắn miếng da, vải hoặc PVC lên một cái ống và làm thành hình ống trụ tròn. Chủ yếu được sử dụng khi làm quai xách tay, quai xách, dây rút.

IN tipe tubular, tipe cangklong cara membungkus kabel yang berbentuk silinder dengan kulit sapi, kain atau PVC untuk membuatnya seperti pipa yang panjang. Biasanya digunakan pada handle tangan atau tali string pada tas pinggang.

CH 胶管式, 棉绳式, 小肠式 在胶管上包裹皮革、PVC面料等之后做成圆管型的方式。主要在制作手腕手把、手把或抽绳等部位时使用。

소창식 박음질 小腸▽式---

관 모양을 만들기 위해 가죽이나 원단(패브릭)의 양쪽 가장자리를 포개 어 박음질하는 방법.

통 소창식 미싱
(小腸▽式ミシン
[machine])

EN tubular stitching to layer and stitch the two opposing edges of leather or fabric to make it tubular.

VI đường may hình ống cách gấp hai bên mép của da hoặc vải lại rồi may thành hình ống.

IN jahit tubular, jahit cangklong metode melapisi kedua sisi tepian kulit atau kain dan kemudian dijahit hingga terbentuk seperti tabung.

CH 隧道车线 为制作管型而将皮革或面料的两侧边缘重叠并缝纫的方法。

소창식 손잡이 小腸▽式---

관 모양의 손잡이(핸들). 가
방에서 주로 한 쌍으로 구
성되며, 드롭이 비교적
짧다.

EN tubular handle
a handle in the shape a
long cylindrical pipe. On
a bag, the handles often
come in pairs and the
handle drop length is
relatively short.

VI quai ống quai xách
có hình dạng ống. Chủ
yếu được làm thành một
cặp trong túi xách và
chiều cao quai xách hơi
ngắn.

IN handle tubular,
handle cangklong
handle tangan yang
berbentuk pipa silinder. Biasanya
terdiri dari sepasang handle pada tas dan ukurannya relatif pendek.

CH 短手挽, 短手把, 小肠式手把 管型的手把。通常成对使用，手把的高
度相对较短。

동 관식 핸들(管式handle),
둥근식 핸들
(――式handle),
소창 핸들(小腸▽handle)

☞ 72쪽, 손잡이(핸들)의
종류

속지 채우기 -紙---

완성된 제품에 종이 따위를 넣어 형태를 유지할 수 있도록 해 주는 일.
가방 안에 부드러운 종이를 채워 넣거나 지갑의 포개지는 부분에 토일
론 따위를 넣어 준다.

EN stuffing to fill the finished product with materials like paper, so that the
product can maintain its proper form. Bags are filled with soft papers and
the overlapping parts of a wallet are separated with toilons.

동 스터핑(stuffing)

VI nhồi giấy việc nhét những thứ như giấy vào bên trong thành phẩm để giúp duy trì hình dạng của túi thành phẩm. Nhét giấy mềm vào trong túi xách hoặc nhét xốp bọt vào trong phần bị gấp lại của ví.

IN stuffing, mengisi proses pengisian tas yang sudah jadi menggunakan kertas untuk menjaga bentuk tas agar tetap bagus. Di dalam tas biasanya diisi dengan kertas yang lembut, untuk bagian yang dilapisi kantong biasanya diisi dengan toillon.

CH 塞纸, 填充 在成品里放置纸等以保持包的外观形状的工序。在包内通常放置柔软的纸类，在钱包层叠处放置发泡纸。

손 깎기

기계를 쓰지 않고 재단칼이나 커터칼로 가죽의 가장자리 뒷면(시타지)을 깎는 일.

통 칼스키(-すき[剝き])

EN hand skiving to carve off the leather edges from the backside with a skiving knife or a box cutter, without using a machine.

VI lạng tay, cắt thủ công việc lạng mặt sau mép da bằng dao cắt hoặc dao rọc giấy chứ không sử dụng máy.

IN skiving manual, penipisan manual penipisan bagian belakang tepian kulit dengan proses manual tanpa menggunakan mesin.

CH 手工片削, 刀铲皮, 刀片皮 不使用机器而采用裁断刀或美工刀片削皮革边缘的背面的工序。

손뜸질

특정 부위를 튼튼하게 고정하기 위해 손으로 직접 한 땀씩 휘감아 쳐 바느질하는 일.

통 손땀,
핸드 택(hand tack)
관 휘감아 박기(택 미싱)

EN tack stitching to hand sew tack stitches to firmly secure a certain area.

VI đính tay việc trực tiếp cuộn lại rồi may từng mũi chỉ bằng tay để cố định chắc chắn bộ phận đặc biệt nào đó.

IN jahit kunci menjahit satu persatu menggunakan tangan untuk memperkuat bagian bagian tertentu pada tas.

CH 手缝针, 手针缝 为了加固特定部位直接用手一针针缝纫的工序。

손바느질

기계를 쓰지 않고 손으로 직접 하는 바느질. 재봉틀(미싱)을 사용할 수 없는 부분을 바느질하거나, 굵은 실이나 가죽끈과 같이 재봉틀에서 사용할 수 없는 재료로 바느질할 때 이용하는 방법이다.

EN hand stitching to sew by hand without the help of a machine. It is a method of sewing when something cannot be sewn on using a sewing machine. Such as, when sewing an area that a sewing machine cannot reach or when sewing with a thick thread or a leather strap.

VI may tay không dùng máy mà trực tiếp khâu bằng tay. Là phương pháp may những bộ phận mà máy may không may được hoặc may bằng cách sử dụng những vật liệu như sợi chỉ dày hoặc sợi dây da mà không thể dùng máy may được.

IN jahitan tangan menjahit menggunakan tangan tanpa dibantu oleh mesin. Metode menjahit ini dilakukan ketika sesuatu tidak bisa dijahit dengan menggunakan mesin jahit, seperti ketika menjahit bagian yang tidak bisa diraih oleh mesin jahit atau ketika menjahit dengan benang yang tebal.

CH 手缝, 手针 不使用机器直接手缝作业的工序。通常指在不能使用机器车线的部位用手工缝纫或使用粗线或皮绳之类的不能用机器的材料时采用的手工缝纫的方法。

손바느질
hand stitch

손재단 – 裁斷

기계를 쓰지 않고 가위나 칼로 가죽이나 원단(패브릭)을 직접 자르는 일. 누름기(프레스기)로 재단하기 어려운 손잡이(핸들) 같은 부위, 누름기로 재단할 수 없는 원단, 여우 가죽이나 양가죽과 같이 털을 상하지 않게 재단해야 하는 털가죽 따위를 자르는 방법이다.

EN hand cutting to cut a leather or fabric with a knife or a scissor, without using a machine. It is for cutting areas that are difficult to cut with a press (e.g. handle), fabrics that cannot be cut with a press, and fur leathers (e.g. fox leather, sheepskin) that need to be cut with care and without damage.

VI cắt tay việc trực tiếp cắt da hoặc vải bằng kéo hoặc dao chứ không dùng máy. Là cách cắt những bộ phận mà khó cắt bằng máy dập giống như quai xách, các loại vải không thể cắt bằng máy dập, cắt các loại da còn lông như da cáo hoặc da cừu để không làm hỏng lông.

IN pemotongan manual memotong kulit atau kain secara manual menggunakan pisau atau gunting tanpa bantuan mesin. Cara memotong ini biasanya digunakan untuk memotong kulit hewan berbulu seperti kulit rubah atau kulit domba agar tidak mudah rusak, memotong bagian pada handle yang susah dipotong dengan mesin press, dan memotong kain yang tidak bisa dipotong dengan mesin press.

CH 手裁 不使用机器而采用刀或剪刀等直接裁剪皮革或面料的工序。是针对较难使用压力机的手把部位或无法使用压力机的面料以及类似狐狸皮、羊皮等不能损伤毛的毛皮采用的裁剪方法。

술 모양 지퍼 풀러 –模樣zipper puller

가죽을 좁고 가늘게 잘라서 술(태슬) 모양으로 만든, 지퍼의 손잡이.

동 태슬식 지퍼 풀러 (tassel式zipper puller)

EN tassel zipper puller a zipper puller in the shape of a tassel made with thin leather strips.

VI tép đầu kéo dạng tua tép đầu kéo được làm từ miếng da cắt mỏng và quấn như hình chùm tua.

IN tassel zipper puller zipper puller yang dibuat dengan bentuk tassel dengan memotong kulit menjadi bagian kecil kecil dan juga tipis.

CH 穗皮式拉链结, 穗子式拉链结 把皮子裁得窄而细后做成穗头模样的拉链头衬。

숨김식 ––式

리벳, 스프링 스냅의 뒷부분이나 마그네틱 스냅의 자석이 보이지 않게 숨기는 방식.

동 히든식(hidden式)

EN hidden– a method of concealing the backside of a rivet, the backside of a spring snap, or the magnets on a magnetic snap.

VI ẩn phương pháp che giấu phần sau của đinh tán, nút lò xo hoặc nam châm của nút hít.

IN tipe tersembunyi metode untuk menyembunyikan bagian belakang rivet, spring snap atau magnet agar tidak terlihat.

CH 五金垫托 防止铆钉或弹簧四合扣的后部或磁铁四合扣的磁铁被看到而采用的隐藏方式。

스케치 sketch

제품의 스펙과 형태를 그림으로 자세하게 표현한 것.

EN sketch a drawing of a product that outlines the shape and features of a product in detail.

VI hình phác họa hình vẽ thể hiện một cách cụ thể các yêu cầu kỹ thuật và kiểu dáng của sản phẩm.

IN sketsa gambar yang memperlihatkan spesifikasi dan bentuk dari produk dengan jelas.

CH 参照图, 图纸 把产品的规格参数用图片形式详细表示的材料。

스티치 stitch

재봉, 자수, 편물 따위에서 바늘로 뜬 한 땀이나 한 코. 또는 그렇게 수 놓는 방법.

EN stitch a single loop made by a threaded needle when sewing, embroidering, or knitting. Or the method of making such stitches.

VI mũi chỉ một mũi hoặc một vòng được đan bằng kim khi may, thêu, đan len. Hoặc là phương pháp để tạo ra những đường may như vậy.

IN setik, menjahit menjahit, membordir dan menyulam sesuatu dengan jarum. Atau pekerjaan lain yang menggunakan jarum.

CH 车线, 缝线, 针法, 缝法 缝纫、刺绣、编织等过程中用针缝的一针或一眼。或指该种缝纫的方法。

이렇게 달라요 Differences between the items

교차 뜨기
(새들 스티치)
saddle stitch

담요 뜨기
(블랭킷 스티치)
blanket stitch

채워 뜨기
(새틴 스티치)
satin stitch

휘감아 뜨기
(휩 스티치)
whip stitch

스펙 spec

모양, 크기와 같이 가방이 충족해야 하는 규격이나 기술적 특징의 집합.

EN specification, requirement a set of specifications or technical characteristics, like shape and size, that a bag must fulfill.

VI yêu cầu kỹ thuật sự tập hợp của những quy cách hoặc đặc trưng kỹ thuật mà túi xách phải đáp ứng như hình dạng, kích thước.

IN ukuran serangkaian standar atau karakteristik teknik yang harus dipenuhi untuk sebuah tas, seperti bentuk dan ukuran.

CH 规格 形状、大小等包的各种规格或技术特征的集合。

실 박음 상태 ---狀態

일정한 길이 안에 들어가는 바느질의 땀수나, 땀 폭이 균일한 정도나, 바느질 땀이 팽팽하고 느슨한 정도.

EN thread tension the number of stitches within a fixed length, the consistency of the stitch interruption length, or the degree of the tightness and the looseness of the sewn on thread.

VI căng chỉ mức độ đồng nhất của số mũi chỉ trên 1 inch hoặc chiều dài mũi chỉ may vào bên trong theo một đường cố định hoặc là mức độ chặt và lỏng của từng mũi chỉ may.

통 실조시
(−ちょうし[調子])
관 상태(조시),
실 조임 상태

IN tensi benang tingkat tinggi atau rendahnya jahitan pada benang yang dapat diukur.

CH 线松紧度 一定的长度进去的针数或针脚间距的均匀程度或缝纫针脚的松紧程度。

실리콘 불박 silicone-撲

로고가 위로 튀어나와 보이게 하기 위하여, 양각과 음각의 몰드를 이용하여 입체적으로 불박을 찍어낸 뒤 볼록 튀어나온 뒷부분에 실리콘을 채우는 일. 실리콘을 채워 양각 부분이 꺼지는 것을 막는다.

EN silicone embossing to make a protruding logo by using an engraved mold and an embossed mold to print a three-dimensional embossed logo and to fill the backside of the protruding logo with silicone. The silicone prevents the embossed area from collapsing and sinking in.

VI ép nổi với silicon nhằm làm cho logo nổi lên phía trên, sử dụng khuôn có khắc chạm nổi và khắc chạm chìm, sau khi in một biểu tượng nổi ba chiều thì đổ silicon vào phần sau nhô lên. Đổ silicon vào và ngăn cho phần khắc chạm nổi bị chìm xuống.

IN emboss dengan isi silikon proses pengisian silikon pada bagian belakang dari bagian yang timbul untuk membuat logo agar lebih menonjol ke atas. Pengisian menggunakan silikon dapat mencegah kerusakan pada bagian yang diemboss.

CH 凸型电压 为了让商标向上凸出使用阳刻和阴刻的模具做出立体的刻印后，在向外凸出的后侧填充硅胶的工序。填充硅胶后可以防止阳刻的部分发生弯折。

실밥

박음질한 뒤 끝부분에 남아 있는 실. 박음질 과정에서 생긴 실밥은 쪽 가위로 잘라 내거나 열풍기로 태워 정리한 뒤 본드로 깔끔하게 마감한다.

EN leftover thread, thread tail the end part of a thread that remains after sewing. The thread tail that results from sewing is cleaned up with glue after it has been cut off with scissors or burned off with hot air.

VI chỉ thừa sợi chỉ còn lại ở phần cuối sau khi may. Những mối chỉ thừa sau khi may được cắt bằng kéo cắt chỉ hoặc đốt bằng máy khò da và làm sạch bằng keo.

IN sisa benang benang yang tersisa di bagian pojok saat proses menjahit selesai. Benang yang digunakan pada saat menjahit dipotong pada bagian sisinya atau dibakar menggunakan api panas dan bagian ujungnya dibersihkan dengan bond.

CH 线头 缝纫后留在最后的线。缝纫过程中产生的线头用小剪刀剪掉或用热风机加热后再用胶水整理干净。

실주름

느슨하게 박음질한 뒤 윗실을 당겨 모아서 만든 주름. 다소 불규칙해 보이지만 자연스럽다.

동 셔링(shirring)
관 고무줄 주름, 기계 주름

EN shirring the creases made by pulling the upper thread that has been loosely sewn on. Although, the creases are irregular, it has a natural look to it.

VI chỉ bị đùn sau khi may lỏng lẻo, kéo chỉ trên lên và gom lại tạo thành nếp gấp. Nhìn trông hơi không đều nhưng lại tự nhiên.

IN kerutan benang kerutan yang muncul akibat jahitan yang kendor pada benang bagian bawah. Disebabkan juga oleh benang bawah yang ditarik.

CH 缝皱褶, 线皱纹, 线起皱 松线缝纫后拉拽收紧面线后形成的皱褶，虽略显不规则但很自然。

심어 박기

가방의 특정 부분에 고리나 손잡이(핸들) 따위를 끼우거나 넣고 박음질하는 일.

관 삽입식

EN insertive stitching to insert and sew a ring or a handle to a specific part on a bag.

VI may các chi tiết được chèn vào việc gắn hoặc may nhẫn hoặc quai xách vào bộ phận đặc biệt nào đó của túi.

IN jahit setelah selip, tanam tumpuk metode menjahit atau menempelkan ring atau pegangan tangan(handle) pada bagian khusus di tas.

CH 塞入车线 在包的特定部位把环或手把插或放入再进行缝纫的方式。

썰물

가죽이나 원단(패브릭)을 재단한 뒤에 남은 자투리.

EN scrap, wastage, remnant, leftover the remaining pieces of leather or fabric after cutting out the pattern.

VI da vụn, vải vụn những mẩu vụn còn lại sau khi cắt da hoặc vải.

IN sisa potongan sisa potongan kulit atau kain setelah dipotong.

CH 碎皮 裁剪完面料或皮革后剩余的卜脚料。

일 기레하시
(きれはし[切れ端]),
설물(屑物)

재단선
cutting line

썰물(기레하시)
wastage

안쪽 바인딩 ――binding

가방 안쪽의 특정 부위를 좁은 폭으로 자른 가죽이나 원단(패브릭), 바이어스 테이프 따위로 감싸는 일. 합봉(마토메)한 뒤 가방의 형태를 유지하기 위하여 가방 안쪽의 시접을 감싸 처리하기도 한다.

EN interior binding to wrap and sew a certain part inside a bag with a narrow leather strap, fabric strap, or bias tape. Sometimes, the inner seams are wrapped and sewn to maintain the shape of the bag after the final assembly.

VI viền trong việc bọc bộ phận nào đó ở bên trong túi xách bằng dây nẹp viền, vải hoặc miếng da cắt mỏng. Sau khi ráp lại, bọc đường biên may bên trong túi xách để duy trì hình dạng của túi.

IN membungkus lapisan dalam membungkus bagian khusus di dalam tas dengan kulit, kain atau tape bias yang dipotong kecil kecil. Dapat juga digunakan untuk menutupi bagian dalam tas agar mempertahankan bentuk tas.

CH 包边埋袋 在包内特定的位置用裁成细条的皮革或面料、包边带等包住的工序。缝合后为了维持包的形状，在包的内部边缘也会做包边处理。

일 랏파
(ラッパー[wrapper]),
바이어스(bias) ③,
시트(sheet),
시트 마토메
(sheetまとめ[纏め]),
우라 바인딩
(うら[裏]binding)
관 끝손질 안쪽 바인딩
(시아게 랏파),
끝손질 바이어스
(시아게 바이어스),
바이어스 테이프

☞ 154쪽, 바인딩

안쪽 바인딩(랏파)
interior binding

약칠 藥漆

가죽의 단면(기리메)을 깨끗하게 정돈한 뒤 약물(에지 페인트)을 바르
는 일. 가죽과 다른 색의 약물을 사용하여 포인트를 주거나 같은 색의
약물을 사용하여 통일감을 주기 위한 작업이다.

EN edge painting to clean and paint the raw cut edges of a leather. A paint
that is in the same color as the leather provides a sense of unification and a
paint that is of a different color elaborates the edges.

VI sơn mép, sơn việc quét nước sơn sau khi xử lí làm sạch cạnh sơn của
da. Sử dụng da và màu nước sơn khác nhau để tạo điểm nhấn hoặc sử dụng
màu nước sơn giống màu da để tạo cảm giác thống nhất.

IN pengecatan sisi potong proses pengecatan pada sisi potongan kulit
menggunakan cat tepian khusus setelah dipotong dan dibersihkan. Proses
ini merupakan proses untuk memberikan poin saat menggunakan cat
tepian yang berbeda warna dengan kulit dan menunjukkan kesamaan saat
menggunakan cat tepian dengan warna yang sama.

CH 边油, 染色 把真皮的断面整理干净后涂边油的工序。是使用和皮革
不同颜色的边油进行突出或使用同色油以体现统一感的工序。

통 약물 바르기(藥----)

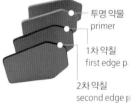

투명 약물
primer
1차 약칠
first edge p
2차 약칠
second edge p

양쪽 변접기 兩-邊--

가죽이나 원단(패브릭)의 양쪽 가장자리를 일정한 폭으로 접어 붙이는 일.

EN parallel turned edge to fold and fix the two opposing edges of a
leather or fabric piece with the given seam allowance.

VI gấp mép song song việc gấp và dán hai bên mép của da hoặc vải với
độ rộng nhất định.

IN lipatan kedua sisi melipat kedua kedua bagian tepian kulit atau kain
dengan ukuran lipatan yang sudah diatur.

CH 两面折边 皮或面料的两边折成宽度一致的边粘贴的工序。

통 양면 헤리
(兩面ヘリ[縁]),
이면 헤리
(二面ヘリ[縁])

관 일자 변접기
(일자 헤리),
한쪽 변접기(일면 헤리)

양쪽 변접음 뒤 반접기 兩-邊---半--

길게 자른 가죽의 양쪽 가장자리를 일정한 폭으로 접어 붙인 뒤 가죽 전
체를 길게 반으로 접어 주는 일. 주로 평면식 손잡이(평면식 핸들)를 만

들 때 쓴다.

EN half folding with parallel turned edge to fold a long piece of leather with parallel turned edges in half. The edges are turned with a fixed width on both edges. This method is commonly associated with the production of flat handles.

VI gập đôi và gấp mép gấp và dán hai bên mép của miếng da được cắt dài với độ rộng nhất định, sau đó gấp đôi toàn bộ miếng da dài. Chủ yếu dùng khi làm quai xách dẹp.

IN lipatan tengah setelah lipatan kedua sisi melipat kedua sisi tepian kulit atau kain yang dipotong panjang agar kedua sisi tepiannya dapat saling bertemu. Kebanyakan cara ini sering digunakan untuk membuat handle lurus.

CH 两面折边后半折 把裁成长条的皮子两边按一定宽幅折边粘贴后，再把皮子整体按长边对折的工序。主要在制作平手把时使用。

통 이면 헤리 반접음
(二面ヘリ[縁]半――)

양쪽 변접음 바인딩 兩–邊――binding

양쪽 가장자리를 일정한 폭으로 접어 붙인 띠로 가방의 특정 부위를 감싸는 일.

EN binding with a parallel turned edge strap to bind a certain part of a bag with a strap that has turned edges. The edges are turned with a fixed width on both edges.

VI gấp viền hai mặt, viền gấp hai mặt việc bọc lại một bộ phận đặc biệt nào đó của túi bằng một loại nẹp đã được gấp mép. Hai mép được gấp với một độ rộng nhất định.

IN bungkus lipatan ujung kedua sisi, binding dengan lipatan kedua sisi proses membungkus kedua sisi tepian kulit dengan pita kemudian bagian pinggirnya dilipat.

CH 包边条双侧包边, 两面折边包边 用两边按一定宽幅折边粘贴的包边条给包的特定位置包边的工序。

통 이면 헤리 바인딩
(二面ヘリ[縁]binding)
관 한쪽 변접음 바인딩
(일면 헤리 바인딩)

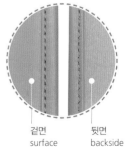

겉면
surface

뒷면
backside

어슷 깎기

가장자리로 갈수록 점점 얇아지도록 가죽을 비스듬하게 깎는 일.

EN diagonal skiving to skive with a slant, so that the leather is thinner towards the edges.

VI lạng xéo, cắt xéo việc lạng xéo miếng da sao cho mỏng dần từ trong ra ngoài mép.

IN skiving miring metode skiving yang membuat bagian pinggir atau tepian lebih tipis dari batasnya.

CH 斜铲皮 斜着铲皮使之向着边缘渐渐变薄的工序。

통 나나메 스키
(ななめ[斜め]すき[剝き])

열풍 건조 熱風乾燥

뜨거운 바람으로 약물(에지 페인트)이나 수성 본드 따위를 빨리 건조 하는 일.

관 자연 건조

EN hot air drying to dry edge paint or adhesives by blowing hot air.

VI phơi nóng việc làm khô nhanh nước sơn hoặc keo nước bằng làn gió nóng.

IN pengeringan dengan angin panas proses pengeringan cat atau lem dengan cepat menggunakan angin yang mengeluarkan panas.

CH 烤箱热烘干, 热风干燥 用热风使边油或水性胶部分快速干燥的 工序。

올려 부착 ――附着

가방의 각 부위들을 층이 지도록 배치한 뒤 박음질 하는 일. 단면(기리메)이나 시접 따위가 모두 드러 나 보인다.

EN layered stitching, top stitching a method of positioning and stitching the bag parts together, so that the parts are layered on top of each other. The inseam allowance and the stitch lines are exposed with this type of stitching.

VI may chồng lên việc may sau khi xếp chồng các bộ phận của túi thành tầng. Thấy được cạnh sơn hoặc đường biên may.

올려 부착
layered stitching

IN jahitan rakitan, jahitan tumpang tindih menjahit satu kulit di atas kulit lainnya pada tiap-tiap bagian di tas. Sisi potongan dan jahitannya sama-sama terlihat.

CH 搭接 把包的各部位层叠放置后缝纫的方式。裁断面或边距等都可以露出来看到。

완성 단면 약칠 完成斷面藥漆

가방의 부분들을 연결하여 구조를 완성한 뒤 겉으로 드러나는 단면(기리메)에 약물(에지 페인트)을 바르는 일.

통 완성 기리메
(完成きりめ[切(り)目])

EN final edge painting to edge paint the raw edges on the exterior side of a bag after the final assembly.

VI sơn thành phẩm việc quét nước sơn lên cạnh sơn lộ ra ngoài sau khi ráp các bộ phận của túi lại và hoàn thành sản phẩm.

IN pengecatan tas jadi proses mengecat bagian sisi potongan tas yang sudah dihubungkan satu sama lain menggunakan cat khusus tepian.

CH 完成边油, 完成染色 把包包各个部分连接并成型后，在外露的断面上涂边油的工序。

완성 재단 完成裁斷

겉으로 드러나는 단면(기리메)을 톰슨 철형(도무손 철형)으로 깨끗하게 자르는 일. 가죽 패턴(피 가타)에서 완성 재단밥(다치밥)을 자른 뒤, 대체로 약물(에지 페인트)을 발라 마감한다.

통 다치(たち[裁ち]),
이차 재단(二次裁斷)

EN re-cutting to make the final adjusting cuts on the exterior part of a product for fine tuning purposes using a Thomson cutting die. The actual size of a pattern, which is the pattern for cutting leather without the cut allowance, is cut from the leather pattern and applied edge paint around the edges as a finish.

VI dập chuẩn việc cắt sạch sẽ cạnh sơn lộ ra ngoài bằng dao dập chuẩn. Cắt biên cắt ở rập da, sau đó quét nước sơn lên là xong.

IN potong kedua, potongan jadi memotong bagian kulit atau kain yang terlihat menggunakan pisau Thomson. Setelah memotong pola pada kulit, kemudian kulitnya dilapisi dengan cat khusus tepian.

CH 重裁, 完成型 把露在外面的断面用木板刀模裁剪干净的工序。在皮革样板上把完成重裁余量剪掉后大致地涂抹边油进行收尾。

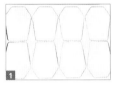   

톰슨 철형(도무손 철형)
Thomson cutting die

일차 재단 first cut

완성 재단 re-cut

결과물 resulting product

완성 재단선 完成裁斷線

완성 재단을 하는(다치를 내는) 영역을 설명하기 위하여 그어 놓은 선.
일반적으로 완성 재단선(다치선)에 일정한 폭을 더 주어 가죽 패턴(피
가타)을 그린다.

圏 다치선(たち[裁ち]線)

EN re-cut line a line that indicates the area for a re-cut. Generally, a cut allowance is added onto the re-cut line for a leather pattern.

VI đường dập đường được vạch ra để giải thích phần dập chuẩn. Thông thường cho đường dập độ rộng nhất định và vẽ.

IN garis potong kedua, garis potongan jadi garis yang digambar pada material yang akan diproduksi, untuk pemotongan sesuai ukuran produk. Pada umumnya, lebar tertentu ditambahkan ke garis potong untuk pemotongan akurat menurut garis.

CH 重裁线 为了说明重裁的范围而画上的线。一般在重裁线外留出一定的宽幅再画上皮样板。

완성 재단형 패턴 完成裁斷型pattern

가죽 패턴(피 가타)에서 완성 재단밥(다치밥)을 잘라낸 패턴(가타). 더
이상 잘라 낼 것이 없다.

圏 다치형 가타
(たち[裁ち]型かた[型])

EN re-cut pattern a pattern cut from a leather pattern. The re-cut pattern is the pattern for cutting leather without the cut allowance. Therefore, the leather does not need to be cut or modified any further from the re-cut pattern.

VI rập dập chuẩn rập sau khi cắt biên cắt trên rập da. Không thể cắt thêm nữa.

IN pola jadi pola yang telah selesai dipotong pada pola kulit. Tidak ada lagi bagian yang bisa dipotong.

CH 重裁型样板 在皮革样板上剪掉重裁余量的样板。之后再没有需要重裁的地方了。

완성형 패턴 完成形pattern

가방의 최종 형태를 파악하기 위하여, 외형에 변화를 줄 수 있는 다트나 주름 따위를 고려하여 각 부위별로 완성한 패턴(가타).

EN final pattern a pattern for determining the final shape of a product with consideration to the exterior features of a product, like darts and creases.

VI hình thành phẩm, rập thành phẩm nhằm phán đoán hình dáng cuối cùng của túi xách, rập theo từng bộ phận bằng cách lưu ý đến nhấn góc hoặc nếp gấp mà có thể tạo sự thay đổi cho ngoại hình của túi.

IN bentuk akhir pada pola pola yang telah selesai dibuat dengan mempertimbangkan masing masing bagian seperti kerutan dan dart agar bentuk akhir tas dapat terbentuk.

CH 完成型样板 为了确定包的最终形态，考虑对外形有可能产生变化的包角或皱褶后制作的各个部位的样板。

동 완성형 가타
(完成形かた[型]))

원가 原價

제품을 제작할 때 제조, 판매, 배급 따위에 필요한 모든 요소의 소요량과 가격. 원자재, 부자재, 공임, 운송, 관리, 기타 부대 비용 따위가 포함된다.

EN production cost the cost of manufacturing, selling, and distributing a product. This includes the cost of raw materials, subsidiary materials, labor, transportation, maintenance, and other incidental costs.

VI giá sản phẩm định mức và giá cả đối với tất cả nhu cầu cần thiết cho việc sản xuất, buôn bán, phân phối khi sản xuất sản phẩm. Bao gồm các chi phí như nguyên vật liệu chính, nguyên liệu thay thế, tiền công, vận chuyển,

관 사전 원가, 사후 원가
☞ 186쪽, 원가의 단계

원가의 단계 Stages of production cost

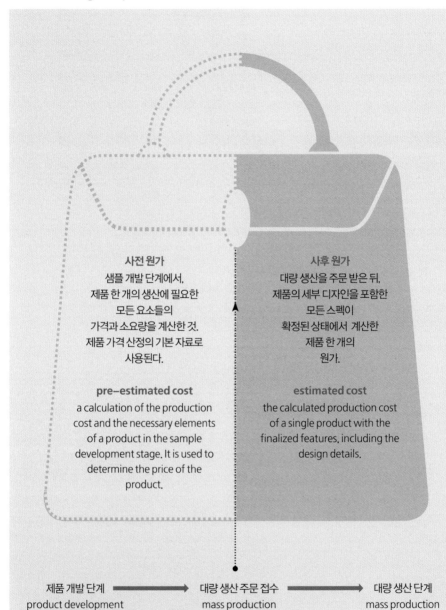

사전 원가
샘플 개발 단계에서,
제품 한 개의 생산에 필요한
모든 요소들의
가격과 소요량을 계산한 것.
제품 가격 산정의 기본 자료로
사용된다.

pre-estimated cost
a calculation of the production
cost and the necessary elements
of a product in the sample
development stage. It is used to
determine the price of the
product.

사후 원가
대량 생산을 주문 받은 뒤,
제품의 세부 디자인을 포함한
모든 스펙이
확정된 상태에서 계산한
제품 한 개의
원가.

estimated cost
the calculated production cost
of a single product with the
finalized features, including the
design details.

제품 개발 단계
product development
stage

대량 생산 주문 접수
mass production
order acquisition

대량 생산 단계
mass production
stage

quản lý, các loại phí phụ khác.

IN biaya produksi biaya keseluruhan yang dibutuhkan untuk membuat suatu produk seperti biaya produksi, biaya penjualan dan biaya distribusi. Termasuk juga biaya untuk bahan baku, bahan substitusi, tenaga kerja, transportasi, manajemen, dan biaya lainnya.

CH 原价 产品制作过程中，销售、配给等过程中需要的所有要素的用量及价格。包括原料、辅料、人工成本、运输、管理及其他附带的费用。

원단결 原緞–

씨실과 날실이 일정하게 켜를 지으면서 짜인 바탕의 상태나 무늬.

EN fabric grain the background pattern created by the woven layers of the weft and warp threads.

VI sớ vải, thớ vải trạng thái nền hoặc hoa văn được tạo ra bởi các lớp chỉ sợi ngang và chỉ sợi dọc dệt lại với nhau.

IN serat kain serat yang muncul ketika kedua benang yang berlawanan arah ditenun bersamaan.

CH 面料纹 经线和纬线按一定的层次编织成的形态或纹理。

원형 패턴 原形pattern

완성된 가방의 형태를 펼쳤을 때 모습의 평면 윤곽을 담은 패턴(가타). 원판 원형, 덮개 원형(후타 원형), 옆판 원형(마치 원형), 바닥판 원형(소코 원형) 따위가 있다.

동 기본형 가타 (基本形かた[型]), 원형 가타 (原形かた[型])

EN full-scale pattern, complete scale pattern, final sized pattern a pattern that outlines of the two-dimensional shape of a finished bag (e.g. full-scale pattern of a body, full-scale pattern of a flap, full-scale pattern of a gusset, full-scale pattern of a bottom).

VI rập tỉ lệ đúng, rập rập phác họa hình dạng hai chiều của các chi tiết thành phẩm. Có các loại như rập thân túi, rập nắp túi, rập hông túi, rập đáy túi.

IN pola bentuk jadi pola yang memperlihatkan kontur datar dari tas yang sudah jadi saat dalam posisi terbuka. Ada pola untuk body tas, bagian penutup tas, bagian dasar tas, dll.

CH 原型样板 把完成的包的形态展开时，包括包形的平面轮廓的样板，有原板原型、包盖原型、侧片原型、底板原型等。

이염 시험 移染試驗

가죽이 다른 가죽이나 원단(패브릭), 보강재(신)와 오랫동안 맞닿아 있을 때 색이 옮겨지는지를 확인하는 일. 가죽이나 원단, 피브이시(PVC), 안감(우라) 두 장을 겉면이 맞닿게 포개서 이염 시험기(이염 테스트기)에 넣은 다음 다시 오븐 시험기(오븐 테스트기)에 넣고 48시간 뒤 이염 여부를 확인한다.

통 이염 테스트(移染test)
관 오븐 시험기
(오븐 테스트기),
이염 시험기
(이염 테스트기)

EN color migration test, color bleeding test to test if the color of leather will transfer onto another piece of leather, fabric, or reinforcement when its in contact with each other for a long period of time. The migration status is checked by stacking and placing two layers of leather, fabric, PVC, or lining with the outer surfaces facing each other in a color migration tester and an oven tester for 48 hours.

VI kiểm tra lem màu việc kiểm tra xem màu sắc của da có bị lem sang lớp da khác, vải hoặc đệm gia cố khi tiếp xúc trong thời gian dài. Chồng hai tấm da, vải, PVC hoặc lót lên sao cho mặt ngoài của chúng đối diện nhau rồi đặt vào máy kiểm tra lem màu, sau đó đặt vào máy test oven và sau 48 tiếng kiểm tra xem da có bị lem màu không.

IN pengujian perpindahan warna tes untuk mengecek apakah warna akan berpindah ketika kulit bersentuhan dengan kain, lapisan penguat atau kulit lainnya dalam kurun waktu yang lama. Tes ini dilakukan dengan cara meletakkan 2 lapis kulit, kain, PVC atau lapisan diatas permukaan satu sama lain dan dimasukan ke dalam oven kemudian dicek kondisinya setelah 48 jam.

CH 移染测试, 移染試验 为确认皮子和其他皮子、面料或补强衬等长时间接触时是否出现染色情况的工序。把皮革、面料、PVC、里布等两张的表面相对叠在一起放入移染测试机后再重新放入烤箱测试机，经过48小时后确认移染与否。

인쇄 印刷

가방이나 지갑의 특정 부위에 각종 무늬나 글씨 따위를 새겨 넣는 일.

디지털 인쇄, 스크린 인쇄, 레이저 인쇄, 전사 인쇄를 주로 사용한다.

EN printing to print a pattern or letter on a particular area of a bag or a wallet. The common printing methods are digital printing, screen printing, laser printing, and transfer printing.

VI in việc in các loại hoa văn hoặc chữ lên những bộ phận đặc trưng nào đó của túi xách hoặc ví. Chủ yếu sử dụng in kỹ thuật số, in lưới, in laser, in decal.

IN sablon, cetak menyablon desain atau huruf pada bagian khusus di dompet atau tas. Biasanya menggunakan printer digital, printer layar, printer laser, dll.

CH 印刷 在包或钱包特定部位上印刷各种花纹或字母的工序。主要采用数码印刷、丝网印刷、激光印刷、贴花印刷等。

동 프린트(print)
관 디지털 인쇄,
레이저 인쇄,
스크린 인쇄, 전사 인쇄

일(一)자 변접기 —字邊––

가죽이나 원단(패브릭)의 한쪽 가장자리를 일정한 폭의 직선으로 접어 붙이는 일.

EN straight turned edge to fold and fix one side of a leather or fabric in a straight line with a fixed width.

VI gấp mép thẳng, gấp thẳng việc gấp và dán một bên mép da hoặc vải theo đường thẳng với độ rộng nhất định.

IN lipatan lurus melipat dan menempel bagian tepian kulit atau kain dengan bentuk margin yang teratur.

CH 一字折边 皮子或面料的一个侧边按一定宽幅折出直线的边并贴合的工序。

동 일(一)자 헤리
(一字ヘリ[緣])
관 양쪽 변접기(양면 헤리),
한쪽 변접기(일면 헤리)

일차 재단 —次裁斷

가죽이나 원단(패브릭)을 일정한 크기로 자르는 일.

EN first cut, initial cut to cut the leather or fabric to a certain size.

VI cắt lần đầu việc cắt da hoặc vải theo một kích thước nhất định.

IN potongan pertama memotong kulit atau kain dengan ukuran yang sudah ditentukan.

CH 一次裁斷 把皮革或面料按一定的大小裁剪的工序。

입술식 --式

주머니(포켓) 입구의 위아래 또는 양쪽에 길게 자른 가죽 조각을 속이
비도록 도톰하게 접어서 달아 주는 방식.

EN lip-, welt- a method of folding long and narrow strips of leather
without pressing it down, so that there is room between the folds, and then
attaching it to the upper and lower edges or the sides of a pocket opening.

VI gấp môi cách gấp một cách dày đặc những sợi da dài sao cho tạo được
không gian bên trong, sau đó dán chúng vào hai mép trên và dưới miệng túi
hộp.

IN tipe bibir cara melipat sepotong kulit panjang yang dipotong di bagian
atas atau bawahnya untuk membuat lubang sebagai pintu masuk ke dalam
kantong.

CH 唇型, 唇式 兜入口的上下側或左右
两侧用裁成长条的皮子中间留空
厚折粘贴的工序。

자수 刺繡

가죽이나 원단(패브릭) 따위에 여러
가지 색의 실로 그림이나 글자 따위를
수놓는 일.

EN embroidery to embroider pictures or letters
on a leather or fabric with various colors of thread.

VI thêu việc thêu hình hoặc chữ với nhiều màu
chỉ trên miếng da hoặc vải.

IN sulaman proses menyulam gambar atau
tulisan pada kulit atau kain dengan menggunakan
berbagai macam benang yang berwarna.

CH 刺绣 在皮或面料上用多种颜色的线刺绣图
案或字体的工序。

자연 건조 自然乾燥

가죽에 풀칠이나 약칠을 한 뒤 열풍기를 사용하지 않고 자연 상태에서 시간을 두고 건조하는 일.

EN natural drying to naturally dry an edge painted or glued leather over time without using a heater.

VI để khô tự nhiên việc dành thời gian để sấy khô ở trạng thái tự nhiên mà không sử dụng máy khò da sau khi quét keo hoặc sơn lên da.

IN pengeringan alami proses pengeringan cat yang dilakukan di tempat teduh tanpa bantuan alat pemanas.

CH 自然干燥 对皮子的涂胶或染色部位不使用热风机而是留出时间在自然状态下干燥的工序。

관 열풍 건조

재단 裁斷

가죽이나 원단(패브릭), 안감(우라), 보강재(신) 따위를 용도에 맞게 자르는 일.

EN cutting to cut leather, fabric, lining, or reinforcement to suit one's needs.

VI cắt, dập việc cắt da, vải, lót hoặc đệm gia cố theo mục đích sử dụng.

IN pemotongan proses memotong kulit, kain, lapisan dan lapisan penguat sesuai ukuran yang diinginkan.

CH 裁斷, 裁剪 把皮子、面料、里布、补强衬等根据用途进行裁剪的工序。

동 마름질

전체 깎기 全體--

재단하거나 재단하지 않은 가죽 전체의 뒷면(시타지)을 기계로 균일하게 깎는 일.

EN full panel skiving to skim off the entire backside of a cut or uncut leather with consistency using a machine.

VI bào, lạng lớn việc dùng máy bào một cách đồng nhất toàn bộ mặt sau của da đã cắt hoặc chưa cắt.

동 두께 깎음질,
스플리팅(splitting),
와리(ゎり[割(リ)]),
전체 피할(全體皮割)
관 부분 깎기(스키)

IN full skiving proses penipisan seluruh bagian belakang kulit yang dipotong maupun tidak dipotong menggunakan mesin skiving.

CH 大铲皮 使用机器将裁断或未经裁断的皮子的背面整体地均匀地铲皮。

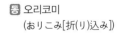

전체 붙이기 全體---

가죽이나 원단(패브릭), 보강재(신) 따위를 두 장이 맞닿는 넓은 면 전체에 풀칠하여 붙이는 일.

EN full panel gluing, full panel bonding to apply adhesives on the whole surface of two or more layers of leather, fabric, or reinforcement and to glue the layers together.

VI bôi keo toàn bộ, dán dính việc bôi keo toàn bộ lên phần tiếp giáp của hai miếng da, vải hoặc đệm gia cố rồi dán lại với nhau.

IN full lem proses penempelan semua bagian dari dua lapis kulit, kain atau lapisan penguat dengan sempurna.

CH 满粘, 全面刷胶 把两张的皮子、面料或补强衬对贴的宽面全部刷胶粘贴的工序。

동 베타 바리
(べたばり[張り])
관 맞부착

접어 박기(오리코미)
fold stitching

접어 박기

가죽이나 원단(패브릭)을 접어서 박음질하는 일. 접은 뒤 붙이지 않고 박음질하기 때문에 접혀 맞닿는 곳에 공간이 생긴다.

EN fold stitching to fold and sew a leather or fabric instead of applying adhesives. A gap is created at the fold due to the nonuse of adhesives.

VI gấp may việc may lại ngay sau khi gấp miếng vải hoặc da. Sau khi gấp không dán mà may lại nên xuất hiện không gian nơi phần bị gấp tiếp giáp với nhau.

IN jahit lipatan proses menjahit kulit atau kain yang dilipat. Karena dijahit tanpa menempelkan bagian yang dilipat maka muncul area di daerah yang dilipat.

CH 活车线 把皮子或面料折起并缝纫的工序。因折边后不粘贴而进行缝纫，折叠贴合的部分会产生空隙。

동 오리코미
(おりこみ[折(り)込み])

접음선 --線

주름을 만들기 위하여 한쪽 방향으로 포개거나 맞포개는 부분을 패턴
(가타)에 표시하는 선.

EN folding line a line on a pattern that indicates a fold in one direction or
both directions.

VI đường gấp đường được gấp theo một hướng để tạo nếp gấp hoặc là
đường thể hiện phần bị gấp trên rập.

IN garis lipatan garis lipatan yang dibuat untuk melipat bagian pembuka
tas atau membuat kerutan dengan menariknya ke satu arah lipatan.

CH 折边线 在样板上标记的为做出褶皱朝一个方向或相对折叠部分的
线。

조각 잇기

여러 조각의 가죽이나 피브이시(PVC)를 정해진 배열로 붙여서 원판
따위를 만드는 일.

EN patchwork to create a panel by arranging and connecting several
pieces of leather or PVC patches together.

VI miếng vá trang trí việc dán nhiều miếng da hoặc PVC với nhau theo
trật tự được định sẵn để tạo thành thân túi.

IN penyambungan potongan kecil proses membuat panel dengan
menggabungkan potongan potongan pada kulit atau kain PVC yang sama
ataupun berbeda warna.

CH 拼接 几块皮子或PVC面料按照规定的顺序接连粘贴做出原板等的工
序。

동 패치워크(patchwork)

지그재그 박기 zigzag--

'Z' 자 모양이 반복적으로 이어지게 박음질하는 일.

EN zigzag stitching to continuously stitch back and forth at regular
intervals in a Z-formation.

VI may zigzag việc may lặp lại liên tục theo hình chữ Z .

동 지그재그 미싱
(zigzag ミシン
[machine])
관 지그재그 재봉틀
(지그재그 미싱)

IN jahitan zig-zag, jahitan silang jahitan maju mundur dengan selingan formasi hingga membentuk huruf Z.

CH 人字车线, 曲折缝法, 曲折缝 以Z字型反复连续缝纫的工序。

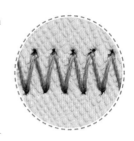

지퍼 부착 zipper 附着

가방이나 지갑에 지퍼를 다는 일.

EN zipper attaching to attach a zipper onto a bag or a wallet.

VI dán dây kéo việc đính dây kéo vào túi xách hoặc ví.

IN pemasangan zipper pemasangan risleting pada tas atau dompet.

CH 拉链粘贴, 拉链补贴 在包或钱包上粘贴拉链的工序。

지퍼 테이프 바인딩 zipper tape binding

지퍼 테이프 가장자리를, 좁게 자른 가죽이나 원단(패브릭), 피브이시 (PVC) 따위로 감싸는 일.

EN zipper tape binding to bind the zipper tape edges with a narrow strap of leather, fabric, or PVC.

VI viền dây kéo việc bọc mép bản dây kéo bằng miếng da, vải hoặc PVC được cắt nhỏ.

IN binding kedua sisi zipper tape membungkus bagian tepian pita risleting menggunakan kulit, kain atau PVC yang dipotong kecil-kecil.

CH 拉链包边 把拉链布边的边缘用裁成窄条的皮革、面料或PVC等包起来的工序。

동 지퍼 테이프 감싸기
(zipper tape———)

지퍼 테이프 바인딩
zipper tape binding

집어 박음질

특정 부위를 접은 뒤 그 형태가 유지되도록 박음질하는 일. 티(T) 자 구조(티 보팀)의 측면과 바닥이 만나는 모서리의 모양을 잡거나 측면의 상단 끝을 접어 모양을 내는 데 쓴다.

동 집어 미싱
(——ミシン[machine])
관 티(T)자 구조(티 보팀)

EN picking-up stitching, point stitching to fold and stitch a certain area of something to maintain its shape. It is used to maintain the shape of the corners where the gusset and bottom panels connect in a T-shaped construction. It is also used to shape the folded top ends of a gusset.

VI khâu tay bỏ mũi việc may lại để duy trì hình dạng sau khi gấp bộ phận đặc biệt nào đó. Được sử dụng để giữ hình dạng góc túi, nơi mà hông túi và đáy túi tiếp giáp theo hình chữ T hoặc được sử dụng khi gấp phần cuối đỉnh hông và tạo hình dạng.

IN jahitan setelah lipat proses menjahit kembali bagian tertentu yang dilipat sehingga bentuknya tetap terjaga. Biasanya digunakan untuk membentuk bagian ujung dimana panel samping dan dasar bertemu dan membentuk huruf T.

CH 夹着车线 把特定部位折边后，为了维持其形态而进行的缝纫。在固定T字构造的侧面和底围连接形成的角，或折出侧面上部末端的形状时使用。

집어 박음질
(집어 미싱)
picking-up stitching

창틀식 窓-式

수납 공간의 입구에 창 모양의 구멍을 내는 방식. 입구에는 주로 지퍼를 단다.

EN window frame- a method of creating a window-shaped hole around the opening of a space for storage. A zipper is often attached to the opening.

VI khung dây kéo cách tạo một lỗ có hình khung cửa ở miệng không gian đựng đồ. Ở miệng túi chủ yếu đính dây kéo.

IN tipe bingkai membuat lubang berbentuk jendela di bagian pembuka pada tempat penyimpanan. Pada bagian pembuka biasanya juga dipasang risleting.

CH 链窗式 在收纳空间的入口处做的窗口形状的开口方式。在入口处主要粘贴拉链。

창틀식
window frame

채워 뜨기

수를 놓을 부분이 겉으로 드러나지 않게 꼼꼼하게 수놓는 방법.

EN satin stitch a method of embroidering in which the stitches conceal

동 새틴 스티치(satin stitch)

☞ 176쪽, 스티치

the background fabric completely.

VI thêu satin phương pháp thêu một cách cẩn thận để phần sẽ đặt thêu không bị lộ ra ngoài.

IN jahitan satin, jahitan isi metode menyulam agar bagian dalam yang diisi tidak terlihat dari luar.

CH 缎纹刺绣 在要刺绣的部分，为了不使针脚露在外面而仔细刺绣的方法。

철형 재단 凸形裁斷

가죽이나 원단(패브릭), 보강재(신) 위에 원하는 모양의 철형을 올리고 누름기(프레스기)로 눌러 자르는 일.

관 철형,
평 누름기(평 프레스기)

EN mold cutting, metal frame cutting to cut leather, fabric, or reinforcement by pressing down a cutting mold on top of the leather, fabric, or reinforcement with a press.

VI khung dập, dao sắt đặt dao dập có hình dạng mong muốn trên tấm da, vải hoặc đệm gia cố, ép và cắt bằng máy dập.

IN pemotongan pola pisau pemotongan kulit atau kain menggunakan mesin press dengan pisau pola yang ditempatkan di atas kulit, kain atau lapisan penguat.

CH 模具裁断 把所需形状的刀模放在皮子、面料或衬的上面，用压力机下压裁剪的工序。

가죽이나 원단(패브릭)에 철형을 올린다. A cutting mold is placed on top of a leather.

누름기(프레스기)로 위에서 눌러 자른다. The leather is cut by pressing down the metal frame using a press.

결과물 resulting product

최초 제품 最初製品

생산 라인에서 처음 생산된 제품.

EN top of production(TOP) sample, top of line(TOL) sample the first resulting product from the production line.

VI mẫu đầu chuyền sản phẩm được sản xuất đầu tiên trong dây chuyền sản xuất.

IN contoh awal produksi produk pertama yang dibuat saat proses produksi.

CH TOP样品 生产线上最早做出的产品。

통 톱 샘플(TOP[top of production] sample), 티오엘 샘플 (TOL[top of line] sample)

☞ 167쪽, 제품 개발 단계

축소형 패턴 縮小型pattern

주로 긴 어깨끈(숄더 스트랩)의 제작 방법을 설명하기 위하여, 어깨끈 양 끝을 잇는 중간 부분의 가죽은 길이로만 표시하고 어깨끈 양 끝의 모양을 자세하게 그린 패턴(가타).

통 숄더 스트랩축소형 가타 (shoulder strap縮小型 かた[型])

EN abbreviated pattern, simplified pattern a pattern, often used to illustrate how to make long shoulder straps, that indicates the length of the leather in the middle that connects the ends of a shoulder strap and draws the ends of a shoulder strap in detail.

VI rập thu ngắn chủ yếu để giải thích phương pháp sản xuất quai đeo dài, miếng da của phần giữa nối hai đầu quai đeo được biểu thị chỉ bằng chiều dài và rập vẽ một cách chi tiết hình dạng của hai đầu quai đeo.

IN pola untuk ujung kedua, pola miniatur sebuah pola, yang sering digunakan untuk menggambarkan bagaimana membuat tali bahu panjang, untuk mengindikasikan panjang kulit di bagian tengah yang menghubungkan ujung tali bahu dan menggambarkan ujung tali bahu secara detail.

CH 缩小型样板, 缩略型样板 主要用于说明长肩带的制作方法，在连接肩带两端的中间部分的皮子上只标记长度并仔细绘制的长肩带两侧形状的样板。

카스 시험 CASS(Copper–Accelerated Acetic Acid Salt Spray)試驗

가방을 완성한 뒤 장식 따위가 부식이나 침식에 강한지 조사하는 일. 일반적으로 장식을 기계에 넣어 50 ℃, 1 % 농도의 염화나트륨 용액에 노출시켜 진행하는데, 업체별로 조금씩 차이가 있다.

통 카스 테스트 (CASS test)

EN copper-accelerated acetic acid salt spray(CASS) test a test, which determines the corrosion and erosion resistance of a hardware on a bag, that is performed after the final production of the bag. Generally, a hardware is placed in a machine and exposed to 1 % of concentrated sodium chloride solution at 50 ℃. However, there are slight variations by companies.

VI test muối sau khi hoàn thành túi, kiểm tra xem đồ trang trí có bị gỉ sét, ăn mòn không. Thông thường, tùy vào các công ty thì việc tiến hành bỏ đồ trang trí vào máy và cho tiếp xúc với dung dịch natri clorua nồng độ 1 % ở 50 độ C sẽ khác nhau một chút.

IN pengujian semprotan asam garam asetat, pengujian CASS pengujian untuk mengecek adanya kerusakan dan menguji daya tahan hardware pada tas yang sudah jadi. Secara umum, komponennya diletakkan dalam mesin dan diberikan konsentrasi natrium klorida sebanyak 1 % pada suhu 50℃. Akan ada sedikit perbedaan tergantung pada vendornya.

CH CASS检查 完成皮包后，检查五金等是否防腐蚀或侵蚀的工序。一般是把五金放入机器并浸在50摄氏度、浓度为1%的氯化钠溶液里进行，但每个企业的检测方式会略有不同。

칸막이 박음질

주머니(포켓)의 공간을 분리하기 위하여 주머니 바깥 쪽에서 세로로 박음질하는 일.

EN pocket divider stitching to make vertical stitches on a pocket from the outside in order to divide up the pocket space inside.

VI đường may phân cách việc may mặt ngoài túi hộp theo chiều dọc để phân chia không gian của túi hộp.

IN jahitan pemisah jahitan secara vertikal pada bagian luar dompet untuk memisahkan bagian-bagian di dalam dompetnya.

CH 插卡中线 为了分隔口袋的空间，在口袋的外侧竖着车线的工序。

동 칸막이 미싱
(−−−ミシン[machine])

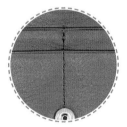

칼금

칼이나 철형을 이용하여 가죽이나 원단(패브릭), 안감(우라)을 한일(一)자 모양으로 베어 놓은 곳.

동 칼집

EN slit cut a straight cut on leather, fabric, or lining made with a blade or a metal frame.

VI cắt rãnh sử dụng dao hoặc dao dập để cắt da, vải hoặc lót theo hình dạng thẳng.

IN garis potongan garis potongan pada kain, kulit atau lapisan berbentuk garis lurus yang dibuat menggunakan pisau atau mesin press.

CH 刀印, 刀口 用刀或铁刀模在皮子、面料、里布上钻出一字型刀口的位置。

캐드 CAD(Computer Aided Design)

컴퓨터를 이용하여 손쉽게 패턴(가타)을 제작할 수 있도록 해 주는 프로그램. 손으로 직접 그리는 것보다 정확하며, 수정, 보관, 전달이 쉽다.

EN computer aided design(CAD) a computer program that assists in the making of patterns. It allows for more accuracy and it makes editing, saving, and transferring the patterns easier.

VI CAD phần mềm máy tính giúp hỗ trợ việc làm rập một cách dễ dàng. So với việc trực tiếp vẽ rập bằng tay thì sử dụng phần mềm giúp vẽ chính xác hơn và chỉnh sửa, bảo quản, chuyển tải cũng dễ dàng hơn.

IN CAD, pola oleh komputer program komputer yang memudahkan untuk membuat pola. Program ini lebih tepat, lebih mudah untuk menyimpan file, mengedit dan mengirim dibandingkan membuat pola manual menggunakan tangan.

CH CAD 利用电脑更方便地制作样板的程序软件。比直接用手画样板更加准确，便于修正、保管和传达。

관 오시시(OCC[output control center]) 프로그램, 옵티텍스 캐드

캐드 패턴 작업 CADpattern作業

캐드 프로그램을 이용하여 제품의 평면 설계도를 만드는 일.

EN CAD pattern work to create a two-dimensional blueprint of a product using the CAD software.

VI rập CAD việc dùng phần mềm CAD để tạo ra những bản thiết kế phẳng hai chiều.

IN pembuatan pola CAD proses yang menghasilkan pola rencana pembuatan suatu produk dengan menggunakan software CAD.

CH CAD样板工作 利用CAD程序做出产品的平面设计图的工序。

콤비 combi

원판과 물성이나 색이 다른 가죽이나 원단(패브릭)을 원판에 덧대거
나, 가죽이나 원단의 색과 약물(에지 페인트), 실, 지퍼의 색을 다르게
배치하는 일.

EN combination to assemble the leather or fabric that is different in color
by taking into consideration the differences in the nature and color of the
leather and fabric, or to assemble the leather or fabric, so that the edge
paint, thread, and zipper are different in color from the leather or fabric.

VI phối, kết hợp việc gắn lên thân túi miếng da hoặc vải có thuộc tính
hoặc màu sắc khác với thân túi, hoặc sắp xếp màu sắc của da hoặc vải khác
với màu sắc của nước sơn, chỉ, dây kéo.

IN penempatan kombinasi warna proses menempelkan kulit atau kain
dengan warna yang berbeda dari panel aslinya untuk kemudian diberi
warna pada benang dan juga risletingnya.

CH 配料, 配套 把与原板性质、颜色不同的皮子或面料加在原板上或把
与皮子和面料颜色不同的边油、线、拉链等相互搭配的工序。

관 대비 색상 조화
(콘트라스트),
매칭, 트림
☞ 134쪽, 대비, 매칭,
콤비

콤비 박기 combi--

가죽이나 원단(패브릭)의 색과 다른 색의 실을 조화롭게 사용하여 박음
질하는 일.

EN combined color sewing to harmonize and stitch with threads that are
different in color from the leather or fabric.

VI màu chỉ phối việc sử dụng một cách hài hòa chỉ có màu sắc khác với
màu của da hoặc vải rồi may lại.

IN jahitan kombinasi menjahit kulit atau kain dengan benang yang
memiliki warna yang berbeda dari kulit atau kain tersebut.

CH 撞色线 使用与皮革或面料颜色不同的线和谐地进行缝纫的工序。

동 콤비 미싱
(combiミシン
[machine])
관 매칭 박기(매칭 미싱)

콩찌 달기

가시발이 있는 콩찌(스터드)를 가방에 다는 일.

EN studding to attach a stud with grippers onto a bag.

동 스터드 작업(stud作業)

VI tán, đóng đinh việc đính nút stud có đinh tán gai lên túi xách.

IN tempelan stud menempelkan hiasan rivet dengan kaki-kaki ringan yang terbuat dari metal tipis pada tas.

CH 打钉作业, 铆钉作业 把有尖牙的铆钉装订在包上的工序。

퀼팅 quilting

가죽이나 원단(패브릭)의 뒷면(시타지)에 솜이나 스펀지 따위의 부드러운 보강재(신)를 두툼하게 대고 특정 모양으로 누벼서 무늬가 두드러지게 바느질하는 일.

동 누비질
관 퀼팅 백, 퀼팅 선

EN quilting to sew patterns onto a leather or fabric that has soft reinforcing materials, like cotton or sponge, underneath it.

VI chần đặt thêm đệm gia cố mềm mại như bông gòn hoặc xốp ở mặt sau của miếng da hoặc vải rồi may theo hình dạng nào đó để làm nổi bật hoa văn lên.

IN quilting teknik menjahit dengan memasukkan bahan pengisi seperti kapas atau spons ke bagian belakang dari kulit atau kain yang dibentuk menjadi bentuk yang diinginkan dan kemudian dijahit.

CH 刺绣, 绗缝 在皮革或面料的背面放上厚厚的棉花或海绵等柔软的补强衬，按照特定的样子绗缝，使花纹凸起的缝纫工序。

퀼팅 선 quilting線

퀼팅을 하기 위한 바느질선(미싱선).

EN quilting stitch line a sewing line for quilting.

VI đường chi chần đường chi may để chần.

IN garis quilting garis jahitan yang dibuat untuk proses quilting.

CH 刺绣线 用于刺绣的缝纫线。

퀼팅 선
quilting stitch line

동 누비 선(--線)

타이 모양 지퍼 풀러 tie模樣zipper puller

가죽을 띠 모양으로 좁게 잘라서 교차하거나 넥타이를 맨 모양처럼 만
든, 지퍼의 손잡이.

동 타이식 지퍼 풀러
(tie式zipper puller)

EN tie zipper puller a zipper puller in the shape of a
necktie made with a thin leather strap.

VI tép đầu kéo có nút thắt, tép đầu kéo cà vạt
tép đầu kéo được làm bằng cách cắt mỏng
miếng da thành hình sợi dây rồi cho giao
nhau hoặc thắt kiểu cà vạt.

IN zipper puller berbentuk dasi
zipper puller yang dibuat dengan
potongan kulit yang panjang
hingga menyerupai bentuk dasi.

CH 领结式拉链结, 领带式拉链
结 把皮子裁成窄条交叉或做
出领带模样的拉链头衬。

터널식 tunnel式

덮개(후타)나 띠덮개(베루) 따위가 터널 모양의 부위 안쪽으로 드나들
수 있게 만든 방식.

EN tunnel- a method of shaping a bridge or a flap, so that it can pass
through a tunnel-like part on a bag.

VI hình vòm, đường hầm cách làm cho pad cài hoặc nắp túi đi vào phía
trong bộ phận có hình vòm.

IN tipe terowongan metode untuk membentuk sebuah objek menjadi
seperti terowongan, sehingga handle atau benda lainnya bisa melewati
bagian tersebut.

CH 隧道式 使舌条、盖头等能从隧道形状的部位内部穿过的制作方式。

티(T) 자 합봉 T字合縫

가방의 옆판(마치)과 바닥판(소코), 앞판과 뒤판이 'T' 자 모양으로 연

결되도록 마무리하는 일.

EN T-shaped construction with inseam to construct a bag by connecting the gusset and the bottom of the bag to the front and back panels of the bag, forming a T-shape.

VI ráp chữ T việc ráp phần hông túi và đáy túi vào thân trước và thân sau theo hình chữ T.

IN penyelesaian bentuk T proses finishing tas dengan cara menghubungkan panel samping dengan panel bawah, panel depan dengan panel belakang hingga membentuk huruf T.

CH T字合縫, T字埋袋 把包的側片和底围、前板和后板部分连接形成T字模样收尾的工序。

图 티(T)자 마토메
(T字まとめ[纏め])

파이핑 piping

얇은 가죽이나 원단(패브릭), 피브이시(PVC)로 피피선을 감싸는 일.

EN piping to wrap the piping cord with a thin layer of leather, fabric, or PVC.

VI viền gân việc bọc dây PP bằng da, vải hoặc PVC mỏng.

IN piping membungkus garis piping dengan kulit, kain atau PVC yang tipis.

CH piping 用薄的皮革、面料或PVC把PP线包住的工序。

판 파이핑〈부위〉,
파이핑 마토메
(파이핑 합봉),
팔팔 파이핑

파이핑 합봉 piping合縫

피피선, 옥변, 로프 따위를 얇은 가죽이나 원단(패브릭), 피브이시(PVC)로 감싸서 면과 면이 연결되는 부분에 심고 박음질하여 마무리하는 일. 볼록해져서 윤곽선이 뚜렷해 보이게 해 주며, 가방의 형태도잡아 준다.

EN construction by piping around to place and sew on a piping cord, a flanged piping cord, or a cotton rope that has been wrapped in a thin layer of leather, fabric, or PVC on the edge of a bag, where two panels meet. Pipings elaborate the outline of a bag and also help maintain its form.

VI ráp viền gân việc bọc dây PP, ống dây có gờ hoặc dây bằng PVC, vải

图 다마돌이(たま[玉]ーー),
피피 마토메
(PP[piping]まとめ[纏め])

hoặc da mỏng và đặt vào phần tiếp giáp của hai mặt túi rồi may lại. Giúp cho đường nét phác thảo trở nên rõ hơn và giữ dáng túi.

IN pemasangan akhir dengan piping proses finishing dengan membungkus garis piping menggunakan kulit, kain atau PVC yang ditanam dan dijahit pada bagian yang terhubung ke permukaan. Proses ini memberikan kesan kontur tas yang lebih jelas dan juga berfungsi untuk menjaga bentuk tas.

CH piping合缝, piping埋袋 把PP线、玉边、棉绳等用薄的皮革、面料或PVC包住插入面和面连接的部分后缝纫收尾的工序。因形状凸起使轮廓线看起来更鲜明，也能维持包的形状。

이렇게 달라요 Differences between the items

파이핑 합봉(피피 마토메)
construction by piping around

ⓐ
앞판의 겉면
front panel
exterior

ⓒ
옆판의 겉면
gusset
exterior

피피선을 감싼 가죽 ⓑ
piping cord wrapped in leather

ⓐ ⓑ ⓒ를 순서대로 올리고 한번에
맞박기(쓰나기)한다.
To arrange ⓐ, ⓑ, and ⓒ in order and
to inseam it together.

팔팔(88) 파이핑
88 piping

ⓑ
앞판
front panel

ⓒ
옆판
gusset

ⓐ 피피선을 감싼 가죽
piping cord wrapped in leather

ⓐ를 ⓑ에 부착한 뒤
ⓐ, ⓑ와 ⓒ를 포개어 눌러 박는다.
To press down and seam ⓐ, ⓑ, and ⓒ,
after attaching ⓐ to ⓑ.

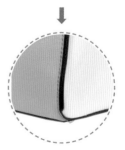

팔(8) 자 합봉 8字合縫

지퍼 단(지퍼 아테)과 옆판(마치)을 연결하여 한 장으로 만들고, 원판과 바닥판(소코)을 연결하여 한 장으로 만든 뒤, 그 둘을 합봉(마토메)하여 마무리하는 일. 화장품 파우치(코즈메틱 파우치)를 만 들 때 많이 사용한다.

EN peanut-shaped construction to assemble a conjoined zipper collar-gusset panel that is in the shape of a peanut, to the body-bottom panel, which is a single panel that functions as the body and the bottom part of a bag. It is a popular method for making cosmetic pouches.

VI ráp số 8 nối nẹp dây kéo và hông túi làm thành một tấm, nối thân túi và đáy túi làm thành một tấm, sau đó ráp hai cái đó lại và kết thúc. Sử dụng nhiều khi làm túi đựng mỹ phẩm.

IN penjahitan keliling bodi tahapan akhir untuk menjahit body tas dengan cara menghubungkan panel samping dengan risleting, panel bodi dan panel bawah menjadi satu bagian. Cara ini biasanya sering dipakai untuk membuat pouch kosmetik.

CH 8字合縫, 8字埋袋 把拉链边条和侧片连接做成一 张，再把原板和底围连接做成一张，最后把这两张缝合 收尾的工序。在制作化妆包时经常使用。

용 팔(8) 자 마토메
(8字まとめ[纏め])

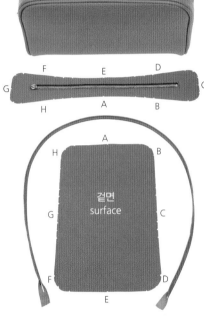

같은 알파벳끼리 만나도록 합봉(마토메)한다.
To construct, so that the same alphabets meet each other.

팔팔(88) 파이핑 88 piping

가죽이나 원단(패브릭) 위에 피피선을 감싼 가죽이나 원단, 피브이시 (PVC)를 올려 붙이고 다시 가죽이나 원단을 올린 뒤 박음질한 선이 겉 으로 드러나 보이게 눌러 박는 일. 피피선을 감싼 가죽, 원단, 피브이시 대신 단면(기리메)에 약물(에지 페인트)을 바른 가죽이나 원단을 이용 하기도 하는데 이는 프로파일러(profiler)라고 부른다.

관 팔팔 파이핑〈부위〉

☞ 204쪽, 파이핑 합봉
(피피 마토메)

EN 88 piping to place and sew a piping cord wrapped in leather, fabric, or PVC in between a layer of leather or fabric, so that the stitching line is externally visible. A profiler, which is a leather piece that has been painted with edge paint on one side is occasionally used.

VI viền gân số 88 sau khi dán miếng da, vải hoặc PVC bọc dây PP lên trên miếng da hoặc vải thì may lại để đường may sau khi đặt lên miếng da hoặc vải lộ ra ngoài. Cũng sử dụng da hoặc vải đã quét nước sơn vào cạnh sơn thay cho da, vải, PVC bọc dây PP, cái này được gọi là máy phay chép hình(profiler).

IN piping 88 proses menempatkan dan menjahit tali pipa yang dibungkus dengan kulit, kain, atau PVC di antara lapisan kulit atau kain, sehingga garis jahitannya dapat terlihat dari luar. Biasanya juga menggunakan kain atau kulit yang telah dilapisi dengan cat khusus dan dipasang pada sisi yang sering disebut dengan profiler.

CH 88piping 在皮子或面料上放置并粘贴包裹了PP线的皮子、面料或 PVC后，再放皮子或面料在其之上，使缝纫线朝外露出的压住缝纫的工 序。也使用边油处理的皮革或面料代替包裹了PP线的皮革、面料或 PVC，这种被称作profiler。

패널 panel

주로 원판의 소재나 색, 모양 따위를 바꾸어 만든 것. 크기나 색을 다양 하게 바꾸어 여러 개를 만든 뒤 원래의 가방과 비교하기 위해 만든다.

EN panel a product that has been altered from the original edition of a bag in terms of material, color, or shape in order to compare it to the original bag.

VI tấm panel việc thay đổi nguyên liệu, màu sắc hoặc hình dạng của thân túi. Thay đổi kích thước hoặc màu sắc một cách đa dạng và làm thành nhiều cái, sau đó được làm để so sánh với túi ban đầu.

IN panel barang yang biasanya dibuat dengan merubah material, warna dan bentuk dari panel. Dibuat ke dalam berbagai macam ukuran dan warna untuk dibandingkan dengan tas aslinya.

CH 比较用部位 主要指改变原板的材料、 颜色、形状等制作的物品。为了与原 来的包进行比较而各种改变大 小或颜色做出多个产品。

통 껍데기, 비교용 부위(比較用部位)

패널
panel

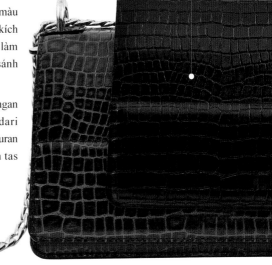

패턴 pattern

가방이나 지갑을 만들기 위한 도면.

EN pattern a blueprint for manufacturing a bag or a wallet.

VI rập bản thiết kế để làm túi xách hoặc ví.

IN pola sketsa atau gambar untuk membuat tas dan dompet.

CH 样板, 纸板 为了制作包或钱包的设计图。

동 가타(かた[型])

관 가죽 패턴(피 가타),
그림형 패턴(그림형 가타),
기재형 패턴(사이즈 가타),
보강재 패턴(신 가타),
완성 재단형 패턴
(다치형 가타),
완성형 패턴(완성형 가타),
원형 패턴(원형 가타),
축소형 패턴
(숄더 스트랩 축소형 가타)

패턴 복사 pattern 複寫

패턴(가타)을 그대로 복제하는 일.

EN pattern copying to replicate a pattern.

VI sao chép rập việc sao chép y như rập gốc.

IN duplikat pola penyalinan pola sesuai dengan pola aslinya.

CH 纸板复制, 样板复制 完全依照纸板进行复制的工序。

패턴 축소 pattern 縮小

가방의 크기를 줄이기 위하여 패턴(가타)의 크기를 줄이는 일.

EN pattern downscaling, pattern downsizing to reduce the size of a pattern in order to reduce the size of a bag.

VI thu nhỏ rập việc thu nhỏ kích thước của rập để làm giảm kích thước túi.

IN pengecilan pola pengecilan pola untuk memperkecil ukuran tas.

CH 纸板缩小, 样板缩小 为了缩小包的大小而缩小纸板的工序。

패턴 확대 pattern 擴大

가방의 크기를 키우기 위하여 패턴(가타)의 크기를 키우는 일.

EN pattern enlarging, pattern upscaling, pattern expanding to increase the size of a pattern in order to increase the size of a bag.

VI phóng to rập việc phóng to kích thước của rập để tăng kích thước túi.

IN pembesaran pola pembesaran pola untuk memperbesar ukuran tas.

CH 纸板放大, 样板放大 为了放大包的大小而放大纸板的工序。

패턴지 pattern 紙

가방의 제작 과정에 필요한 정보를 담은 패턴(가타)을 출력할 때 사용하는 두꺼운 종이.

EN pattern paper a thick paper used for printing out patterns, which has the necessary information for production.

VI rập giấy một loại giấy cứng được sử dụng khi in rập có chứa nhiều thông tin cần thiết trong quá trình sản xuất túi.

IN kertas pola kertas tebal yang digunakan untuk mencetak pola yang diperlukan untuk melampirkan informasi seputar produksi tas.

CH 纸板纸, 样板纸 打印包含包袋制作时必要信息的纸板时所用的厚纸张。

평면식 平面式

볼록 튀어나오는 부분이 없이 평평하게 처리하는 방식.

EN flat- a method of flattening a surface without any areas protruding.

VI bằng phẳng cách xử lý bề mặt phẳng, không có phần nhô lên.

IN tipe rata metode untuk membuat permukaan rata tanpa ada bagian timbul yang menonjol keluar.

CH 平面式 没有凸起部分平整处理的方式。

평면식 손잡이 平面式---

볼록 튀어나오는 부분이 없이 평평한 손잡이(핸들).

동 평면식 핸들
(平面式 handle)

EN flat handle a handle with a flat surface that has no protruding areas.

VI quai dẹt quai xách phẳng, không có phần nhô lên.

IN handle rata handle tangan dengan permukaan rata tanpa ada bagian timbul yang menonjol keluar.

CH 平手把, 平面式手把 没有凸起部分平平的的手把。

포일 불박 foil-撲

가죽이나 원단(패브릭), 피브이시(PVC) 위에 다양한 색의 얇은 포일을 올려 놓고 그 위에 열을 가한 몰드를 올린 뒤 위에서 기계로 눌러 가죽에 로고를 찍는 일.

몰드 mold
포일 foil
가죽 leather
결과물
resulting product

EN heat stamping with foil, embossing with foil to stamp a logo on a leather, fabric, or PVC by pressing a heated mold of the logo on top of a sheet of foil, which could come in various colors, with a machine.

VI in nhũ đặt nhũ mỏng có màu sắc đa dạng lên trên miếng da, vải hoặc PVC, đặt khuôn nóng lên trên đó, sau đó ép từ trên xuống bằng máy để in logo lên miếng da.

IN emboss dengan foil proses membuat emboss logo di atas kulit dengan pewarna foil yang ditempatkan di atas kulit menggunakan mold dan dipanaskan dalam mesin press.

CH 电压, 金属箔烫印 在皮子、面料或PVC上面放上各种颜色的薄金属箔后，在其之上放加热的模具后，用机器按压在皮子上印出商标的工序。

포장 包裝

최종 검사가 끝난 제품에 유통에 필요한 각종 명세들을 달아서 폴리 백에 넣은 뒤 상자에 담는 일.

통 패킹(packing)

EN packing to put the final product, after the final inspection, in a poly bag with various specifications for shipping and then, to place the poly bag in a box.

VI đóng gói sau khi được kiểm tra lần cuối, túi thành phẩm sẽ được quấn những chi tiết cần thiết để lưu thông phân phối và được bỏ vào túi nhựa, sau đó đặt vào thùng.

IN pembungkusan, packing proses menempatkan produk yang sudah jadi setelah pemeriksaan akhir ke dalam polybag dengan berbagai spesifikasi pengiriman dan kemudian polybagnya dimasukkan ke dalam box.

CH 包装 在完成最终检查的产品上悬挂流通环节必要标示的挂牌并装入塑料袋后再装箱的工序。

표시 標示

가죽이나 원단(패브릭) 따위에 은펜이나 자고, 송곳으로 작업에 필요한 위치를 표시하는 일. 표시를 하고 가방의 주요 부분을 박음질로 연결하면 박음질한 부분의 첫 점과 끝 점이 정확하게 맞아 모퉁이가 울지 않는다. 캐드에서는 '노치'라고 한다.

통 노치(notch), 시루시(しるし[印])

EN point marking, notch to mark a leather or fabric with a silver pen or a chalk to indicate the location in which it needs work. It prevents the corners from overstretching or wrinkling by accurately measuring the start and end of a stitch when the major parts of the bags are sewn together. It is called a 'notch' in CAD.

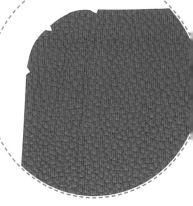

VI đánh dấu, định vị việc đánh dấu vị trí cần thiết trong sản xuất lên da hoặc vải bằng bút bạc, phấn may, cái dùi. Nếu nối những bộ phận chính của túi bằng cách may lại thì điểm đầu tiên và điểm cuối cùng của phần được may được đo một cách chính xác và phần góc không bị nhăn. Nó được gọi là notch trong chương trình CAD.

IN penandaan proses menandai kulit atau kain yang dibutuhkan untuk produksi menggunakan pena perak atau kapur tulis. Mencegah bagian sudut agar tidak melar atau mengerut dengan mengukur secara akurat bagian awal dan akhir jahitan saat bagian utama dari tas dijahit bersamaan. Disebut 'notch' pada CAD.

CH 打点, 标记, 牙剪 在皮革或面料上用银笔、粉笔或锥子在需要作业的位置标记的工序。标记之后再通过缝纫连接包的主要部位的话，缝纫的第一针和最后一针准确吻合角不会起皱。在CAD中被称为'缺口'。

풀칠 –漆

접착제를 칠하는 일.

통 본드칠(bond漆)

EN gluing to apply adhesives.

VI quét keo, dán keo việc quét keo dính.

IN pengeleman mengoleskan lem pada bagian tertentu.

CH 刷胶 指刷粘合剂的工序。

프로토 샘플 proto sample

구상한 내용을 스케치와 유사하게 구현한 초기 샘플. 이후에 여러 번의 수정을 거친다.

EN proto sample, prototype sample a primitive sample that materializes ideas and sketches. This sample will be revised several times in the future.

VI mẫu phát triển, mẫu proto mẫu ban đầu được tái hiện tương tự như hình phác họa những nội dung ý tưởng. Sau đó mẫu này sẽ được trải qua nhiều lần sửa chữa.

IN contoh asli sampel yang dibuat dengan implementasi serupa dari sketsa awal. Akan ada banyak perbaikan setelah sampelnya dibuat.

CH 试制品 根据构思内容用草图制作的初期样品。之后要经过几轮的修改。

동 시제품(試製品)

☞ 167쪽, 제품 개발
단계

한쪽 변접기 ――邊――

가죽이나 원단(패브릭)의 한쪽 가장자리를 일정한 폭으로 접어 붙이는 일.

EN single-sided turned edge, one-sided turned edge to fold and fix one side of a leather or fabric piece with a fixed width.

VI gấp mép một bên, gấp mép đơn, gấp một mặt việc gấp và dán một bên mép da hoặc vải với độ rộng nhất định.

IN lipatan satu sisi melipat dan menempel salah satu sisi dari kulit atau kain ke dalam bentuk yang rapi.

CH 单边折边, 一面折边 把皮或面料的单边以一定的宽度折边粘贴的工序。

동 일면 헤리
(一面ヘリ[緣])
관 양쪽 변접기(양면 헤리),
일자 변접기
(일자 헤리)

한쪽 변접음 바인딩 ――邊――binding

한쪽 가장자리만 일정한 폭으로 접어 붙인 띠로 가방의 특정 부위를 감싸는 일.

EN binding with a one-sided turned edge strap to bind a certain part of a bag with a one-sided turned edge strap.

VI gấp viền một mặt việc bọc lại một bộ phận đặc biệt nào đó của túi xách bằng nẹp được gấp một bên mép với độ rộng nhất định.

동 일면 헤리 바인딩
(一面ヘリ[緣]binding)
관 양쪽 변접음 바인딩
(이면 헤리 바인딩)

IN membungkus lipatan satu sisi, binding dengan lipatan satu sisi proses membungkus bagian tertentu pada tas dengan menggunakan tali yang salah satu sisinya dilipat.

CH 反包边, 单侧包边, 一面折边包边 用单边按一定宽度折边的包边条包住包的特定部位的工序。

합봉 合縫

하나의 제품을 만들기 위하여 원판, 옆판(마치), 바닥판(소코), 주머니 (포켓) 따위를 박음질하거나 부착하여 연결하는 일.

동 마토메(まとめ[纏め])

EN final assembly to assemble and connect the body, gusset, bottom, pocket, and other parts of a product to construct a single product.

VI ráp thành phẩm việc may hoặc dán thân túi, hông túi, đáy túi, túi hộp để làm ra một sản phẩm.

IN pemasangan akhir proses menyatukan bagian bagian tas seperti panel bodi, panel bawah, panel samping, kantong, dan lainnya dengan cara ditempel atau dijahit.

CH 合缝, 埋袋 为了制作一个产品，把原板、侧片、底板、口袋等缝合或粘贴连接的工序。

합봉 깎기 合縫--

원판, 옆판(마치), 바닥판(소코), 주머니(포켓) 따위의 각 부분을 박음 질하기 전에, 겹치는 부분의 가장자리를 알맞은 두께로 깎는 일. 깎아 내지 않으면 겹치는 부분이 두꺼워져 투박해 보인다.

동 마토메 스키 (まとめ[纏め]すき[剝き])

EN seam line skiving, edge skiving to carve off the edges of a body, gusset, bottom, or pocket prior to sewing, so that the overlapping edges are not too thick and do not look crude when sewn together.

VI lạng phần ráp trước khi may thân túi, hông túi, đáy túi, túi hộp với nhau, lạng các phần mép chồng lên nhau với một độ dày thích hợp. Nếu không lạng thì các phần chồng lên sẽ rất dày và trông thô kệch.

IN skiving gabungan, penipisan sisi proses memotong bagian kain yang overlapping dengan ketebalan tertentu sebelum bagian body, samping, bawah dan kantong tasnya dijahit. Jika tidak dipotong maka bagian yang menumpuk akan terlihat sangat tebal.

CH 刀铲皮, 合缝片皮 缝纫原版，侧片、底围、内袋等各部分之前，将重叠部分的边棱铲成合适的厚度的工序。如果不进行铲皮处理，重叠部位看起来会过厚。

합봉 바인딩 合縫binding

원판, 옆판(마치), 바닥판(소코) 따위의 모서리를 맞부착하여 하나의 제품으로 구성한 뒤 맞부착한 곳을 좁게 자른 가죽으로 감싸는 일.

EN assembled binding to assemble the body, gusset, and bottom into a single product by the corners and to bind the conjoining areas with a thin leather strap.

VI ráp viền dán hai mặt mép góc của thân túi, hông túi, đáy túi lại với nhau và tạo thành một sản phẩm, sau đó bọc nơi dán hai mặt lại bằng miếng da cắt mỏng.

IN binding bodi, binding gabungan proses pembuatan sebuah produk dengan menempelkan bagian tepiannya ke badan tas, panel samping dan panel bawah kemudian dibungkus dengan kulit yang dipotong kecil-kecil.

CH 反包边, 合缝包边 把原板、侧片、底板等的棱对贴构成一个产品后，把对贴的地方用裁得窄窄的皮革包边的工序。

동 마토메 바인딩 (まとめ[纏め]binding), 합봉 감싸기(合縫---)

홈 깎기

가죽의 특정 부위에 원하는 모양을 원하는 넓이만큼 홈을 내어 깎는 일. 홈 깎기(홈 스키) 부위의 겉면에 원하는 모양의 위치틀(지그)을 덧댄 뒤 전체 깎음기(와리기)에 통과시켜 작업한다.

EN jig skiving to carve out a piece of leather to the desired shape and width by placing a jig on the exterior surface of a leather and passing it through a skiving machine for skiving.

동 홈 스키(-すき[剥き])

지그
jig

깎인 부분
skived area

VI lạng có cử việc cắt tạo rãnh có hình dạng và độ rộng mong muốn lên một bộ phận đặc biệt nào đó của da. Dán một miếng cử có hình dạng mong muốn lên mặt ngoài của bộ phận lạng có cử, sau đó cho nó đi qua máy lạng lớn.

IN skiving tengah skiving untuk mengukir bentuk dan lebar yang diinginkan di bagian tertentu pada kulit. Caranya dengan menerapkan bentuk yang diinginkan di permukaan luar kemudian dipotong secara beralur.

CH 坑铲皮 在皮子的特定部位按照需要的宽度削出凹槽的工序。在坑铲皮的位置表面，按照需要的形状放置模具后使之通过整体铲皮机来作业。

홈 변접기 −邊−−

가죽의 뒷면(시타지)을 원하는 모양으로 원하는 넓이만큼 깎고 가운데에 칼금을 그어 안쪽으로 감싸 접어 붙이는 일. 창틀을 만들 때 주로 사용한다.

동 홈 헤리(−ヘリ[緣])

EN partially turned edge to cut a piece of leather to the desired shape and width, then to fold the edges of the leather inwards from the backside. It is often used to make window frame patches.

VI gấp mép một phần, gấp khung, bẻ khung cắt mặt sau của da theo hình dạng và độ rộng mong muốn và cắt rãnh ở giữa, bọc lại và dán vào phía trong. Chủ yếu được sử dụng khi làm khung dây kéo.

IN lipatan jendela, lipatan bobok melipat tepian kulit yang bagian belakangnya sebagian telah diukir, khususnya di area yang diperlukan untuk didesain. Cara ini kebanyakan dipakai untuk membuat bagian yang berbentuk bingkai jendela.

CH 坑铲皮折边, 凹折边 把皮子的背面按需要的形状铲出需要的宽度，在中间用刀划刻并向内侧包裹折边粘贴的工序。主要在制作窗口时使用。

홑겹

여러 겹이 아닌 한 겹.

EN single layer, one layer a single layer of something, as opposed to multiple layers.

VI một lớp không phải nhiều lớp mà là một lớp.

IN satu lapis, lapisan tunggal satu lapisan saja, tidak banyak.

CH 单张, 单层 不是多层而是单层。

홑겹 술

가죽 한 장을 좁게 잘라 만든 술(태슬).

EN single layered tassel, one layered tassel a tassel made with narrow cuts on a single layer of leather.

VI tua 1 mặt da, tua một lớp tua được làm bởi một lớp da được cắt mỏng.

IN tassel satu lapis tassel yang dibuat dengan satu lapisan kulit yang dipotong kecil-kecil.

CH 单层吊穗, 单层式穗子 把一张皮子裁成窄条制作的吊穗。

图 홑겹식 태슬
(--式tassel)

확인 샘플 確認sample

가방을 생산하기 전에 각 부분의 세부 사항이나 품질을 최종 확인하기 위하여 만드는 샘플.

EN confirmation sample, approval sample a sample that is made and used for the final confirmation of the quality and details of a product prior to mass production.

VI mẫu duyệt mẫu được làm để kiểm tra lần cuối các chi tiết cụ thể hoặc chất lượng của các bộ phận trước khi sản xuất túi.

IN approval sample, sample yang disetujui sample yang dibuat untuk mengecek kualitas sebagai konfirmasi akhir sebelum tas benar-benar diproduksi.

CH 确认样品 皮包大量生产前，为了最终确认各部分的细节或品质而制作的样品。

图 어프루벌 샘플
(approval sample),
콘퍼메이션 샘플
(confirmation
sample),
확인 견본(確認見本)

☞ 167쪽, 제품 개발
단계

휘감아 뜨기

가죽이나 원단(패브릭), 안감 (우라) 따위의 가장자리를 굵은 실이나 얇은 가죽으로 휘감으며 손바느질하는 일.

图 휩 스티치(whip stitch)
☞ 176쪽, 스티치

EN whipstitch to hand stitch over the edge of a leather, fabric, or lining with a thick thread or a thin strap of leather.

VI luồn dây việc quấn mép của da, vải hoặc lót bằng sợi chỉ dày hoặc miếng da mỏng rồi may lại bằng tay.

IN jahitan anyaman proses menjahit dengan tangan untuk membungkus bagian sekitar tepian kulit, kain atau lapisan dengan benang tebal atau kulit tipis.

CH 锁缝 把皮革、面料或里布的边缘位置用粗线或薄的皮革缠绕着手缝的工序。

휘감아 박기

튼튼하게 고정하기 위하여 특정 부위를 휘감아 쳐 박음질하는 일. 휘감기 재봉틀(핸드 택 미싱기)이 개발된 뒤로는 주로 기계로 작업한다.

图 택 미싱
(tack ミシン[machine])
관 손뜸질(핸드 택)

EN tack stitching to repeatedly stitch a certain area to fix it in place. Machineries are often used to make tack stitches since the development of handle tack stitchers.

VI dính, dính bọ việc quấn và may bộ phận đặc biệt nào đó để cố định chắc chắn. Sau khi máy đính bọ được phát triển thì làm bằng máy.

IN jahit kunci, jahitan tack proses menjahit yang dilakukan berulang kali di bagian tertentu untuk memperkuat jahitan. Cara menjahit seperti ini biasanya dilakukan menggunakan mesin khusus.

CH 手缝作业, 固定车线, 标记缝纫 为了加固而在特定位置反复锁边缝纫的工序。在开发了锁边缝纫机之后，多用机器作业。

휘갑치기

원단(패브릭) 가장자리의 올이 풀리지 않도록 재봉틀(미싱)을 이용하여 'X' 자나 'ㄷ' 자 모양으로 꿰매는 일.

图 오버로크(overlock)

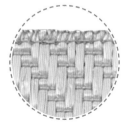

EN overlock to sew X-shaped stitches or U-shaped stitches using a sewing machine on the edge of a fabric to prevent the plies from unraveling.

VI vắt sổ việc sử dụng máy may và may theo hình chữ X hoặc hình chữ U để sợi của mép vải không bị bung ra.

IN jahitan obras metode menjahit tepian kain atau kulit dengan bentuk X untuk mencegah pinggiran kain agar tidak menjumbai.

CH 锁边, 包缝 为了使面料的边缘不开线，利用缝纫机做出X字型或ㄷ字型缝纫的工序。

휘어 부착 ── 附着

휘어지는 부분의 겉면이 당기지 않고 자연스러운 상태를 유지하도록 겉면의 가죽이나 원단(패브릭)을 안쪽 면에 사용할 가죽이나 원단보다 여유를 주고 휘어서 부착하는 일.

EN bent attachment to bend and attach two layers of leather or fabric together. The leather or fabric on the exterior side is given more wiggle room than the leather or fabric on the inner side of the bend. This allows for the bonded layers to bend naturally without having to overstretch.

VI dán cong việc uốn cong rồi dán lên mặt ngoài của miếng da hoặc vải hơn so với miếng da hoặc vải sẽ sử dụng ở phía trong để mặt ngoài của phần bị cong không bị kéo căng và duy trì trạng thái tự nhiên.

IN pemasangan dengan belokan metode menempel kulit atau kain di bagian dalam dengan tidak menarik bagian luarnya yang bengkok untuk menjaga bentuknya agar tetap alami.

CH 弯贴 为了使弯折部分的表面不被牵拉并保持自然的形态，给表面的皮革或面料留出多于内侧面要使用的皮革或面料的余量并弯折粘贴的工序。

기계

Machine / Tools for Handbag

가락지 핀 고정기 ---pin固定機

가락지를 만들기 위하여 좁은 폭으로 자른 가죽의 양 끝을 연결하여 핀
으로 고정하는 기계.

EN loop pin fixing machine, stapling machine a machine that makes a
loop by connecting and pinning the two ends of a narrow leather strap.

VI máy đóng nhẫn, máy bấm nhẫn máy dùng để nối hai phần cuối của
miếng da được cắt với bề ngang hẹp và cố định nó lại bằng ghim để làm nhẫn.

IN mesin staples cincin mesin untuk membuat cincin yang menghubungkan
dua ujung kulit yang dilipat kecil kemudian dipasangi pin.

CH 戒指扣针固定机, 戒指扣固定机 为制作戒子扣，将皮革裁成细条两头
连接并用针固定的机器。

통 가락지 핀 기계
(---pin機械)

가랑기 --機

장식의 표면을 매끄럽게 갈아 주는 기계. 큰 통 안에 장식과 연마석을
함께 넣고 돌려 준다. 장식의 표면을 훼손하여 폐기할 때도 사용한다.

EN tumbling polisher a grinding machine that smoothens the surface of a
hardware. The hardware and grinding stones are placed in a large barrel
that spins. Sometimes, it is used to destroy the surface of a hardware for
disposal.

VI máy nghiền máy nghiền giúp nghiền phẳng lì bề mặt đồ trang trí. Bỏ
đá mài cùng đồ trang trí vào trong một cái thùng lớn và quay thùng. Cũng
sử dụng khi làm hỏng bề mặt của đồ trang trí để vứt bỏ.

IN mesin penghancur, mesin penghalus mesin yang secara halus
mengubah bagian permukaan hardware. Caranya dengan memasukkan
hardware dan batu gerinda ke dalam wadah besar kemudian diputar. Mesin
ini juga digunakan untuk menghancurkan bagian permukaan hardware.

CH 粉碎器 将五金装饰的表面打磨光滑的研磨机。将五金和砂轮一起放
入大桶里并转动。当五金表面因磨损而被废弃时也会使用。

통 가랑 연마기
(--研磨機)

가죽 계평기 --計坪機

가죽의 면적을 재는 기계.

통 계평기(計坪機)

EN leather area measuring machine a machine for measuring the area of leather.

VI máy đo da loại máy dùng để đo diện tích của da.

IN mesin pengukur kulit mesin untuk mengukur luas kulit.

CH 皮測量机 測量皮面積的机器。

갈개

갈음기(바후기)에서, 가죽 따위의 단면(기리메)을 갈아 주는 원반 형태의 장치. 천, 돌, 가죽, 나무 따위로 만든다.

EN buffer a disc-shaped device in a buffing machine that grinds the raw edges of leather. It is made from cloth, stone, leather, or wood.

VI mài thiết bị ở máy mài có hình đĩa giúp mài cạnh sơn của da. Được làm bằng vải, đá, da, gỗ.

IN alat gerinda perangkat berbentuk cakram yang mengikir bagian sisi potongan kulit atau sejenisnya pada mesin penghalus. Terbuat dari kain, batu, kulit atau kayu.

CH 打磨沙轮 打磨机上用来打磨皮革之类的裁断面的圆盘形装置。用布、石头、皮革、木材等制作。

> 통 바후(バフ[buff])
> 관 돌 갈개(돌 바후),
>   천 갈개(천 바후)
>
> ☞ 222쪽, 갈음기
>   (바후기)

갈라 부착 기계 附着機械

맞박기(쓰나기)한 가죽이나 안감(우라), 보강재(신)의 시접을 양쪽으로 갈라 눕히고 핫멜트 따위의 접착제를 발라 붙이는 기계.

EN inseam halving machine a machine that splits open the margins of an inseamed leather, lining, or reinforcement and applies adhesives (e.g. hot-melt adhesives) in between the split.

VI máy chẻ biên loại máy dùng để bôi và dán keo nóng chảy bằng cách tách và đè đường biên may của da, lót hoặc đệm gia cố đã được may nằm xuống sang hai bên.

IN mesin pelipat melipat kedua sambungan margin yang sudah dijahit sambung.

> 통 갈라 부착기
>   (附着機)

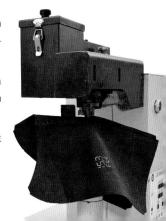

CH 分边机, 分割粘贴机器 把经过驳接的皮革、里布或补强衬的折边向两侧分开并压折后涂抹热熔胶等粘合剂粘贴的机器。

갈음기 --機

가죽 따위의 단면(기리메)을 매끄럽게 가는 기계. 천, 돌, 가죽, 나무 따위를 붙여 만든 갈개(바후)를 회전 모터에 부착하여 사용한다.

EN buffing machine, grinder a machine that sands the raw edges of leather. A fabric, stone, leather, or wood is attached to a rotating motor that rubs against the leather surface.

VI máy mài loại máy dùng để mài nhẵn cạnh sơn của da. Mài được làm từ những loại như vải, đá, da, gỗ, dán vào mô tơ quay và sử dụng.

IN mesin penghalus mesin yang digunakan untuk menghaluskan sisi potongan kulit. Digunakan dengan menempelkan alat gerinda yang terbuat dari kain, batu, kulit, dan kayu ke motor yang berputar.

CH 打磨机 将皮子的裁断面打磨光滑的机器。将贴有布料、石头、皮子或木材之类的打磨砂轮装在旋转电机上使用。

동 그라인더(grinder),
버핑기(buffing機),
바후기(バフ[buff]機),
연마기(研磨機)

갈개(바후)
buffer

감쌈기

재봉틀(미싱)에서, 바인딩 띠를 'U' 자 모양으로 말아 주는 장치. 바인딩 재봉틀의 바늘판(침판)에 달아 사용하며, 감쌈기(랏파기)에서 말려 나온 바인딩 가죽이나 원단(패브릭)으로 특정 부위의 가장자리를 감싼 뒤 재봉틀에서 박음질한다. 일반 재봉틀에 달아 사용하기도 한다.

EN wrapper, bias folder a piece of equipment on a sewing machine that rolls the binding strap in a U-shape. It is placed on the needle plate of a sewing machine. The binding leather or fabric that has been rolled by a wrapper is wrapped and stitched on the edges of a particular area using a sewing machine.

VI cử bọc viền thiết bị trên máy may giúp cuộn dây bọc viền theo hình chữ U. Treo vào mặt nguyệt của máy bọc viền và sử dụng, miếng da hoặc vải bọc viền được cuộn lại ở cử bọc viền sẽ bọc lấy mép của một bộ phận đặc biệt nào đó và may lên. Cũng sử dụng để treo vào máy may thông thường.

IN corong binding alat yang digunakan untuk membentuk tali binding

동 랏파기
(ラッパー[wrapper]機)

☞ 248쪽, 바인딩 재봉틀
(바인딩 미싱)

ke dalam bentuk huruf U pada mesin jahit. Alat ini diletakkan di atas panel jarum di mesin jahit yang ditempelkan di sekitar tepian area tertentu dengan kulit binding atau kain yang digulung di corong binding dan dijahit di mesin jahit. Bisa juga memakai mesin jahit biasa.

CH 包边筒, 撸子 安装在缝纫机上的把包边条卷成U型的装置。挂在缝纫机的针板上使用，用卷在包边筒上的包边皮革或面料包住特定位置的边缘后再进行缝纫。也安装在普通缝纫机上使用。

건조기 乾燥機

건조 시간을 줄이기 위하여 열이나 뜨거운 바람으로 약물(에지 페인트)이나 접착제를 말리는 기계. 작업물을 컨베이어 위에 올리거나 공중에 매달아 차례대로 이동시키며 말린다.

관 열 건조기, 컨베이어 건조기

EN hot air dryer a machine that uses heat or hot air to reduce the drying time of paint and glue. A workpiece is placed on a conveyor belt or hung in the air and sequentially moved for drying.

VI băng chuyền nóng loại máy dùng để làm khô nước sơn hoặc keo dính bằng cách sử dụng nhiệt hoặc hơi nóng để làm giảm thời gian hong khô. Chủ yếu là đặt vật cần hong khô lên trên băng chuyền hoặc treo vào không trung rồi cho nó chuyển động và làm khô lần lượt.

IN mesin pengering mesin untuk mengurangi waktu pengeringan cat khusus tepian atau lem dengan meniupkan udara panas. Material yang akan dikeringkan diletakkan di atas konveyor yang berjalan.

CH 干燥机 为了减少干燥时间，利用热量或热风干燥皮边油或胶黏合剂的机器。通常将产品放在传送带上或挂在空中，依次移动进行干燥。

건조대 乾燥臺

약물(에지 페인트)이나 접착제를 칠한 부위를 말리기 위하여 제품을 널어 놓는 선반. 여러 층으로 만들기도 한다.

EN drying rack a rack for hanging and drying edge painted or glued products. The rack can be multi-leveled.

VI giá phơi giá phơi sản phẩm dùng để treo và làm khô những chi tiết được quét nước sơn hoặc keo dính. Cũng được xếp thành nhiều tầng.

IN rak pengering rak multi level yang digunakan untuk mengeringkan kulit dengan sisi tepian yang telah dicat menggunakan cat khusus tepian atau dilem.

CH 千层架, 干燥台 用来放置涂完边油或黏合剂的皮革的干燥用架子。也可以做成多层的样子。

검단기 檢斷機

말려 있는 원단(패브릭)을 다른 쪽으로 옮겨 말면서 원단의 길이와 폭, 얼룩과 같은 흠, 무늬, 색, 사행도 따위를 확인하는 기계.

EN fabric inspector a machine that checks the length, width, color, and patterns of a fabric and also inspects the fabric for skewness, stains, and other deficiencies by unrolling and reversely rolling a rolled fabric.

VI máy kiểm vải loại máy xả và cuộn vải lại, dùng để kiểm tra hoa văn, màu sắc, độ lệch, những khuyết điểm như chiều dài và độ rộng, vết dơ của vải.

IN mesin pengecek kain mesin untuk mengecek panjang dan lebar gulungan kain dengan melakukan pemeriksaan pada panjang dan lebar kain, bagian cacat seperti noda, garis pola, warna, tingkat kemiringan dan sejenisnya.

CH 打码机, 检断机 将成卷的面料向另一侧卷动来检查面料的长度、宽幅、污渍等缺陷、纹路、颜色、歪度等情况的机器。

고루 펴기 재단기 ----裁斷機

두루마리 상태의 원단(패브릭)이나 안감(우라), 보강재(신) 따위를 작업대 위에 펼쳐 쌓으면서 일정한 너비로 자르는 기계.

EN spreading and cutting machine a machine that spreads rolled fabric, lining, or reinforcement on a flat work table and cuts the material to a fixed width.

VI máy cắt vải lót máy dùng để xếp vải, lót hoặc đệm gia cố ở trạng thái cuộn lên bàn cắt rồi cắt với một bề rộng đều nhau.

통 나라시 재단기
(ならし[均し]裁斷機),
나라시 절단기
(ならし[均し]切斷機)
관 고루 펴기 재단
(나라시 재단)

IN mesin pemotong gelaran mesin untuk memotong gulungan kain atau lapisan kain yang digelar pada permukaan datar dan dipotong dengan panjang yang sama.

CH 手动裁布机, 洗料机, 均匀裁断机 将成捆的面料、里布或衬之类的展开摆起放在工作台上并按一定的长度裁剪的机器。

고정대 固定臺

재봉틀(미싱)에서, 시접의 폭이 일정하게 바느질되도록 가죽이나 원단(패브릭)을 고정하여 주는 장치. 재봉틀과 분리된, 나무로 만든 수동 고정대(수동 조기대)와 재봉틀에 부착되어 있어 쓰지 않을 때는 위로 접어 놓을 수 있는 반자동 고정대(반자동 조기대)가 있다.

EN guider a piece of equipment on a sewing machine that anchors the leather or fabric down. A manual clamp is wooden and it can be completely separated from the sewing machine. A semi-automatic clamp is attached to the sewing machine, but it can be lowered for use and lifted when it is not in use.

VI cử treo thiết bị trong máy may dùng để cố định da hoặc vải để bề rộng của đường biên may được may theo khoảng cách nhất định. Có cử treo thủ công được làm bằng gỗ và được tách rời với máy may và có cử treo bán tự động được gắn trên máy may và khi không sử dụng thì có thể gập lên trên.

IN alat pengatur jahitan komponen pada mesin jahit yang digunakan untuk mencegah kulit atau kain agar tidak bergerak untuk menjaga jahitan margin tetap teratur. Terdapat alat pengatur jahitan manual yang terbuat dari kayu dan terpisah dari mesin jahit, dan juga ada alat pengatur semi otomatis yang terpasang pada mesin jahit, yang bisa dilipat saat tidak digunakan.

CH 磅位, 鼻子, 位置固定器 缝纫机上的为了能按固定宽幅缝纫折边而将皮革或面料固定的装置。分为与缝纫机分离的木制手动磅位和安装在缝纫机上不用的时候可以向上折起的半自动磅位。

통 조기(じょうぎ[定規]), 조기대(じょうぎ[定規]臺)

고주파 무늬선 누름기 高周波--線--機

고주파를 이용하여 순간적으로 발생시킨 열로 가죽에 누른 무늬선(넨선)을 찍는 기계.

EN **high frequency heat creaser** a machine that draws crease lines on leather using momentary heat that is temporarily released from high frequency waves.

VI **máy ép nhiệt cao tần** loại máy sử dụng tần số cao, tạo ra lực ép phát sinh tạm thời để kẻ chỉ bằng nhiệt lên da.

IN **mesin emboss garis frekuensi tinggi** mesin untuk membuat garis pola tekanan pada kulit dengan panas yang dihasilkan dari frekuensi tinggi.

CH 高周波电压线机, 高周波烫印线机, 高周波烫线机 利用高周波瞬间释放热量来烫印线的机器。

日 고주파 넨기계
(高周波ねん[捻]機械),
고주파 넨선기
(高周波ねん[捻]線機),
고주파 넨질기
(高周波ねん[捻]–機)

고주파 불박기 高周波–撲機

고주파를 이용하여 순간적으로 발생시킨 높은 전류로 피브이시(PVC)에 로고나 상징을 찍는 기계.

EN **high frequency embossing machine** a machine for embossing a logo or an emblem on a PVC using momentary currents that are temporarily released from high frequency waves.

VI **máy ép điện cao tần** loại máy sử dụng tần số cao để in logo hoặc biểu tượng vào PVC bằng dòng điện cao được phát sinh tạm thời.

IN **mesin emboss frekuensi tinggi** mesin yang menghasilkan panas dari frekuensi tinggi untuk emboss logo atau lukisan pada PVC.

CH 高周波电压机, 高周波烫印机 利用高周波瞬时释放的高压电流在PVC上印商标或者标志的机器。

고차 재봉틀 高次裁縫–

원판, 옆판(마치), 바닥판(소코) 따위를 박음질하여 하나의 제품으로 구성하거나 입체적으로 표현해야 하는 부분의 형태를 유지하며 박음질할 때 쓰는 재봉틀(미싱). 가죽이나 원단(패브릭)을 가로로 긴 원통 모양의 지지대 위에 놓고 박음질한다. 바늘이 두 개 달려 있어서 동시에 두 줄로 박음질할 수 있는 쌍침 고차 재봉틀(쌍침 고차 미싱)도 있다.

EN **cylinder arm sewing machine** a sewing machine with a cylinder bed that lies horizontally. It is used to either assemble the body, gusset, and bottom parts of a product, or to maintain the three dimensional shape of a product during the stitching process. Some cylinder arm sewing machines have two needles, so that the machine can stitch two parallel lines simultaneously.

VI máy trụ ngang loại máy may được sử dụng khi may thân túi, hông túi, đáy túi để tạo thành một sản phẩm hoặc duy trì hình dạng của những phần phải thể hiện trong không gian ba chiều rồi may lại. Đặt da hoặc vải lên trên cột trụ với hình ống dài theo chiều ngang rồi may lại. Cũng có loại máy trụ ngang hai kim có thể may đồng thời thành hai đường vì có gắn hai kim.

IN mesin jahit tiang horizontal mesin jahit yang biasa digunakan untuk menjahit badan tas, panel samping, panel bawah, dll untuk membentuk suatu produk atau untuk menjaga proporsi bentuk agar terlihat tiga dimensi. Dijahit dengan meletakkan kain atau kulit pada bagian terpisah dengan bagian penyokong yang berbentuk silinder dan horizontal tanpa meletakkannya di lantai.

CH 高车, 高台车 把原板、侧片、底板等缝纫成一个完整的产品或缝纫需要维持立体状态的部分时使用的缝纫机。把皮子或面料上放在横着的长圆筒形支架上缝纫。也有挂有两根缝纫针可同时缝双线的双针高车。

통 고차 미싱
(高次ミシン[machine])

관 쌍침 고차 재봉틀
(쌍침 고차 미싱)

☞ 286쪽, 재봉틀(미싱)의 종류

공압 드라이버 空壓driver

공기의 압력으로 드라이버의 날을 회전시켜 나사나 볼트를 조이거나 푸는 데 쓰는 기구. 전동 드라이버에 비해 빠르지만, 소음이 심하다.

EN air screwdriver a tool that uses air pressure to rotate the blade of a screwdriver to fasten or loosen screws and bolts. It is faster than an electric drill, but it is quite noisy.

VI máy bắn vít dùng khí nén dụng cụ dùng khi vặn vào hoặc tháo bu lông hoặc ốc vít ra bằng cách sử dụng khí nén để làm lưỡi của máy bắt vít chuyển động. Nó nhanh hơn khoan điện nhưng cũng khá ồn.

IN obeng tekanan udara alat yang digunakan untuk mengencangkan atau melonggarkan sekrup atau baut dengan memutar pisau obeng menggunakan tekanan udara. Alat ini lebih cepat dibandingkan obeng elektrik tapi lebih berisik dari segi suaranya.

CH 气钻 利用空气压力转动钻机的钻头来旋紧或松开螺丝或螺栓的工具。与电钻相比速度更快，但噪音较严重。

통 에어 드라이버
(air driver)

공압 리벳기 空壓rivet機

공기의 압력으로 가죽이나 원단(패브릭)에 리벳, 아일릿, 스냅 따위를
박아 고정하는 기계.

EN air pressurized riveting machine a machine that clamps and fixes
rivets, eyelets, or snaps to a leather or fabric using air pressure.

VI máy ép nén loại máy sử dụng khí nén để đóng cố định đinh tán, nút
eyelet, snap lên da hoặc vải.

IN mesin rivet tekanan udara mesin yang menempatkan rivets, eyelets
dan snaps pada kulit atau kain dengan bantuan tekanan angin.

CH 气压打钉机 利用空气压力在皮子或面料上钉铆钉、鸡眼扣或按扣之
类的五金并固定的机器。

동 공압 잔장식 고정기
(空壓–裝飾固定機)

공압 무늬선 누름기 空壓––線––機

공기의 압력으로 가죽에 누른 무늬선(넨선)을 찍는 기계.

EN air creaser, air pressurized creaser a machine that prints crease lines
using air pressure.

VI máy ép nhiệt không khí máy ép nhiệt lên da bằng khí nén.

IN mesin emboss garis tekanan udara mesin yang mencetak garis
lipatan menggunakan tekanan udara.

CH 气压电压机 利用空气的压力进行烫印的机器。

동 공압 넨기계
(空壓ねん[捻]機械),
공압 넨선기
(空壓ねん[捻]線機),
공압 넨질기
(空壓ねん[捻]–機)

공압 변접음기 空壓邊––機

공기의 압력으로 가죽이나 원단(패브릭)의 가장자리를 일정한 폭으로
접어 붙이는 기계.

EN air pressurized edge folding machine a machine that uses air pressure
to fold the edges of a material, like leather and fabric, to a fixed width.

VI máy gấp hơi loại máy sử dụng khí nén, dùng để gấp và dán mép da
hoặc vải với độ rộng nhất định.

IN mesin lipatan tekanan udara mesin yang menggunakan tekanan
udara untuk melipat bagian sisi tepian kulit atau kain.

동 공압 헤리기
(空壓ヘリ[緣]機)

CH 折边机, 空压折边机 利用空压把皮或面料的边缘折出一定宽度的边并粘贴的机器。

공압 불박기 空壓—撲機

공기의 압력으로 불박 몰드를 눌러서 가죽이나 원단(패브릭)에 로고나 상징을 찍는 기계.

EN air pressurized embossing machine a machine that uses air pressure to emboss a logo or an emblem onto a leather or fabric.

VI máy in embossing, dùng hơi ép nổi loại máy sử dụng khí nén dùng để in logo hoặc biểu tượng lên da hoặc vải bằng cách ép xuống khuôn in embossing.

IN mesin emboss tekanan udara mesin yang menggunakan tekanan udara untuk menekan cetakan emboss kemudian mengambil simbol dan gambar pada kulit atau kain.

CH 空压烫印机 利用空气压力按压电压模在皮革或面料上印制商标或标志的机器。

구멍 뚫이

가죽이나 원단(패브릭)에 다양한 모양의 구멍을 뚫을 때 쓰는 기계. 직접 구멍을 뚫는 수동 구멍 뚫이(수동 펀칭기)와 원하는 모양의 펀치를 부착한 뒤 컴퓨터로 움직여 구멍을 뚫는 자동 구멍 뚫이(자동 펀칭기)가 있다.

EN hole puncher, hole punching machine, punching press a machine for punching various shapes of holes on a leather and fabric. The manual hole puncher allows for the holes to be manually made and the automatic hole puncher uses a computer to position and punch holes.

VI máy đục lỗ loại máy dùng để đục các loại lỗ lên da hoặc vải. Có máy đục lỗ thủ công bằng cách đục lỗ trực tiếp và máy đục lỗ tự động bằng cách dịch chuyển và đục lỗ bằng máy tính sau khi dán dụng cụ đục lỗ với hình dạng mong muốn.

IN mesin pelubang mesin yang digunakan untuk membuat lubang dengan berbagai macam bentuk pada kulit atau kain. Terdapat dua tipe,

동 펀칭 프레스기
(punching press機)
관 수동 구멍 뚫이
(수동 펀칭기),
자동 구멍 뚫이
(자동 펀칭기),
펀치

mesin pelubang manual yang digunakan untuk melubangi kulit atau kain secara manual dan mesin pelubang otomatis menggunakan komputer untuk melubangi kulit atau kain.

CH 刀冲, 冲孔器 给皮革或面料打各种形状的孔时使用的机器。有直接打孔的手动冲孔器和先安转所需形状的冲孔器后用电脑来移动并打孔的自动冲孔器等。

그리프 griffe

손바느질할 곳에 구멍을 내어 표시할 때 쓰는 포크 모양의 송곳.

EN griffe, awl a fork-shaped tool used to perforate holes for hand stitches.

VI móc len cái dùi có hình dạng giống như cái nĩa, được dùng để đục lỗ để may tay.

IN pembolong alat dengan bentuk seperti garpu yang digunakan untuk melubangi jahitan tangan.

CH 锥子 在手缝的位置打孔做标记时使用的叉子模样的锥子。

동 목타(目打), 치즐(chisel), 포크 송곳(fork--)

긴 부리 집게

오(O) 링이나 디(D) 링 따위의 장식을 벌리거나 오므려서 가방에 달 때 쓰는 도구.

EN long nose plier a tool used to widen and close hardwares like O-rings and D-rings in order to attach it onto a bag.

VI kìm mỏ dài dụng cụ dùng để mở hoặc bóp những đồ trang trí như khoen tròn, khoen chữ D và treo trong túi.

IN tang cucut alat yang digunakan untuk membuka dan menutup hardware O-ring atau D-ring.

CH 开口钳, 撑钳 用来把O环或D环撑开或闭合以挂在包上的工具。

동 라디오 펜치 (← radio pincers), 롱 노즈 플라이어 (long nose plier), 얏토코(やっとこ[鋏])

노루발

재봉틀(미싱)에서, 박음질할 때 가죽이나 원단(패브릭)을 눌러 주는 장치. 가운데의 구멍으로 바늘이 오르내리며 박음질이 된다. 고무, 쇠, 플

동 오사에 (おさえ[押(さ)え])

라스틱 따위로 만들며, 바느질감의 종류에 따라 모양과 소재가 다른 노루발을 사용한다.

평 노루발(평 오사에)은 바닥이 평평하여 넓은 면적을 균일한 힘으로 눌러 박음질해야 할 때 사용한다.

턱 노루발(턱 오사에)은 가죽이나 원단(패브릭)의 용도에 맞추어 평 노루발에 특정 깊이와 폭을 주어 만든 것이다.

홈 노루발(홈 오사에)은 평 노루발에 특정 깊이나 폭으로 반달 모양의 홈을 파낸 것으로 파이핑을 하거나 소창식 손잡이(소창 핸들)를 박음질할 때 사용한다.

EN presser foot a piece of rubber, metal, or plastic equipment on a sewing machine that presses the leather or fabric down during the sewing process. The presser foot is split down the center for the needle to pass through, move up-and-down, and make stitches. There are various presser feet for different purposes.

flat presser foot is a type of presser foot with a flat surface that evenly distributes the pressure on a wide surface and fixes the material down for stitches.

trim presser foot is a type of presser foot with a flat presser foot that is of a certain length and width to suit the purpose of a leather or fabric.

carved presser foot is a type of presser foot with a curvature for piping and stitching tubular handles.

VI chân vịt thiết bị của máy may, giúp đè miếng da hoặc vải trong lúc may. Mũi kim đi lên đi xuống theo lỗ chính giữa và được may lại. Được làm từ cao su, sắt, nhựa, tùy theo loại vải may vá mà sử dụng chân vịt có hình dạng và chất liệu khác nhau.

chân vịt có bề mặt bằng phẳng là dạng chân vịt có bề mặt phẳng và được sử dụng khi đè xuống diện tích rộng với một lực đều và may lại.

chân vịt cao là vật được làm với chiều sâu và bề rộng đặc biệt lên chân vịt có bề mặt bằng phẳng để phù hợp với mục đích sử dụng của da hoặc vải.

chân vịt lõm là loại khoét rãnh hình bán nguyệt với chiều sâu hoặc bề rộng đặc biệt lên chân vịt có bề mặt bằng phẳng, được sử dụng khi làm viền gân hoặc may quai ống.

IN sepatu mesin jahit sepotong karet, logam, atau peralatan plastik pada mesin jahit yang berfungsi untuk menekan kulit atau kain selama proses menjahit. Bagian kaki diletakkan di bagian tengah untuk memudahkan jarum agar bisa lewat. Jarum bergerak naik turun pada bagian pusat ini sehingga membentuk jahitan.

관 고무 노루발
  (고무 오사에),
  상하송 노루발
  (상하송 오사에),
  쇠 노루발(쇠 오사에),
  턱 노루발(턱 오사에),
  평 노루발(평 오사에),
  플라스틱 노루발
  (플라스틱 오사에),
  홈 노루발(홈 오사에)

☞ 288쪽, 재봉틀(미싱)의 구조

sepatu jahit datar adalah sepatu jahit dengan permukaan yang datar, permukaannya yang lebih luas membuat tekanan lebih merata dan membantu proses jahitan menjadi lebih baik.

sepatu jahit dagu adalah sepatu jahit yang digunakan untuk membuat lebar dan kedalaman tertentu tergantung pada pengaplikasiannya pada kulit atau kain.

sepatu jahit galur adalah sepatu jahit dengan bentuk separuh bulan. Tergantung pada penggunaannya, terdapat jenis sepatu jahit bola, sepatu jahit body dan sepatu jahit cetak.

CH 压脚, 压脚鼻子 安装在缝纫机上的用于缝纫时压住皮革或面料的装置。针通过该装置中间的孔上下移动进行缝纫。用橡胶、铁、塑料之类的材料制成，根据缝纫的种类使用不同形状和材质的压脚。

平压脚 底部平整，在较宽的面积上需要以均衡的力量按压缝纫时使用。

鼻子压脚 是根据皮革或面料的用途，在平压脚上留出特定的深度和宽度的工具。

曲面压脚 是在平压脚上挖出特定的深度和宽度的半月形槽，在缝纫piping或胶管式手把时使用。

노루발 압력 조절기 ---壓力調節機

재봉틀(미싱)에서, 노루발(오사에)의 힘을 조절할 때 쓰는 장치. 가죽이나 원단(패브릭)이 두꺼우면 누르는 압력을 강하게 하고, 얇으면 누르는 압력을 약하게 하는 것이 좋다.

☞ 288쪽. 재봉틀(미싱)의 구조

EN presser foot pressure adjuster a piece of equipment on a sewing machine that adjusts the pressure of the presser foot. If the leather or fabric is thick, it is best to increase the pressure. Whereas, the pressure should be decreased for thin leathers and fabrics.

VI bộ phận điều chỉnh lực của chân vịt thiết bị trong máy may dùng để điều chỉnh lực của chân vịt. Đối với da hoặc vải dày thì nên điều chỉnh lực nén mạnh, còn đối với da hoặc vải mỏng thì điều chỉnh lực nén yếu.

IN alat pengatur tekanan sepatu jahit alat yang digunakan untuk mengatur tekanan pada sepatu jahit di mesin jahit. Jika kulit atau kainnya tebal maka tekanan sepatunya semakin kuat, namun lebih baik jika kulit atau kainnnya tipis sehingga tekanannya juga lebih lemah.

CH 压脚压力调节机, 调整压脚压力机, 压力调节螺丝 缝纫机上的用来调

节压脚压力的装置。皮革或面料厚的话要把压脚的压力调高，薄的话则
需要将压力调弱。

노루발대 --- 帶

재봉틀(미싱)에서, 나사로 죄어 노루발(오사에)을 고정하는 장치.

EN presser foot lifter a device on a sewing machine that fixes the presser
foot with a screw.

VI nâng chân vịt thiết bị trong máy may, vặn lại bằng ốc vít để cố định
chân vịt.

IN pengangkat sepatu alat yang berfungsi untuk menyesuaikan injakan
kaki dengan sekrup pada mesin jahit.

CH 附手勾 安装在缝纫机上的用螺丝固定压脚的装置。

통 노루대(--帶)

☞ 288쪽, 재봉틀(미싱)
의 구조

누름기 --機

누르는 힘으로 일정한 모양을 찍어 내거나 가죽이나 원단(패브릭)을 자
르는 기계.

EN press a machine that applies pressure on materials, like leather and
fabric, to make cuts or to cut out shapes.

VI máy dập máy cắt da hoặc vải dập thành những hình dạng đồng nhất
bằng cách sử dụng lực ép.

IN mesin press mesin yang digunakan untuk memotong kulit dan kain
dengan bantuan kekuatan tekanan.

CH 压力机 利用压力压出一定的图案或裁剪皮革或面料的机器。

통 프레스(press),
프레스기(press機)
관 구멍 뚫이
(펀칭 프레스기),
롤러 누름기
(롤러 도무손기),
압축 누름기
(압축 프레스기),
유압 누름기
(유압 프레스기),
편심 누름기
(에키센 프레스기),
평 누름기
(평 프레스기)

니퍼 nipper

금속 장식을 자르거나 지퍼 이빨을 뺄 때 사용하는 도구.

EN nipper a tool for cutting metal hardware or for removing the teeth of a
zipper.

VI kiềm cắt dụng cụ dùng để cắt những vật trang trí kim loại hoặc bẻ răng
dây kéo.

IN nipper alat yang digunakan untuk memotong hardware yang terbuat dari logam atau untuk melepaskan gigi risleting.

CH 钳子, 镊子 剪铁五金或拔铁拉链牙时使用的工具。

다리미

가죽의 주름을 펴거나 가죽 표면에 광을 내기 위하여 다림질하는 기계.

동 아이론기 (アイロン[iron]機)

EN iron a machine for flattening wrinkled leather and polishing the leather surface.

VI bàn ủi máy dùng để ủi da nhằm làm phẳng các nếp gấp của da hoặc làm tăng độ bóng cho bề mặt da.

IN setrika alat yang digunakan untuk menyeterika agar meratakan bagian yang kusut dan juga mengkilapkan permukaan kulit.

CH 烫皮机 为了将皮子表面皱褶展平或使表面光亮而熨烫皮革用的机器。

다용도 스냅 작업기 多用途snap作業機

헤드가 3~4개 있어 마그네틱 스냅이나 스프링 스냅 따위를 용도에 맞추어 작업할 수 있는 기계.

EN snap button fastener machine a machine with 3~4 riveting machine heads that can work with magnetic snaps or spring snaps.

VI máy đóng snap đa dụng máy được gắn 3~4 đầu để có thể đóng các loại nút hít hoặc nút lò xo phù hợp với mục đích sử dụng.

IN mesin snap serba guna mesin yang memiliki 3 atau 4 kepala rivet dan dapat digunakan untuk mengerjakan snap magnet atau snap spring.

CH 多功能打扣机 有3至4个机头，可根据磁铁四合扣或弹簧四合扣的用途不同进行作业的机器。

되돌아 박기 손잡이

재봉틀(미싱)에서, 바느질한 실이 풀리지 않도록 시작하는 곳과 끝나는 곳에서 여러 번 되돌아 박을 수 있게 바느질의 방향을 바꾸는 데 쓰

☞ 288쪽, 재봉틀(미싱)의 구조

는 장치.

EN reverse feed button a lever on a sewing machine that controls the direction of the feed dog, so that the starting stitch and the ending stitch can be stitched several times in order to prevent the stitches from unraveling.

VI nút gạt lại mũi chỉ thiết bị của máy may được sử dụng để thay đổi chiều hướng may để có thể lại mũi ở phần đầu và phần cuối của đường may để mũi chỉ không bị bung.

IN handle stik balik alat yang digunakan untuk mengatur arah jahitan pada mesin jahit agar awal jahitan dan akhir jahitan dapat diulang berkali-kali supaya benang jahitnya tidak lepas.

CH 倒针杆 缝纫机上的为防止开线在缝纫开始和收针处改变缝纫方向来打倒针的小控制杆。

두드림기 ---機

제품의 모양을 잡아 주거나 부착이 잘 되도록 해머로 두드려 주는 기계. 보통 해머의 머리에 고무를 씌워 사용한다.

⑧ 해머링기
(hammering機)

EN hammering machine a machine that uses a hammer to shape a product or to assist in the attachment of something by tapping it. The head of the hammer is often wrapped in rubber.

VI búa máy, máy dán túi loại máy giúp gõ bằng búa để cố định hình dạng của sản phẩm hoặc để cho dán chắc hơn. Thông thường gắn cao su vào đầu búa và sử dụng.

IN mesin getok, palu mesin mesin yang menggunakan palu untuk mengencangkan suatu produk atau membuatnya menempel dengan baik. Biasanya bagian kepala palu dilapisi dengan karet.

CH 压袋机, 整型机 利用锤子捶打给产品定型或使贴合更紧密的机器。通常在锤子的头部包裹橡胶使用。

디지털 인쇄기 digital印刷機

컴퓨터를 이용하여 가죽이나 원단(패브릭)에 원하는 이미지를 인쇄하는 기계.

⑧ 디지털 프린터기
(digital printer機)

EN digital printer a machine that uses a computer to print images onto the surface of a material like leather and fabric.

VI máy in kỹ thuật số loại máy sử dụng máy tính để in những hình ảnh mong muốn lên da hoặc vải.

IN mesin cetak digital mesin untuk mencetak gambar yang diinginkan pada kulit atau kain menggunakan komputer.

CH 数码打印机, 电脑打印机 利用电脑在皮子或面料上印出想要的图像的机器。

땀수 조절기 – 數調節機

재봉틀(미싱)에서, 땀의 길이를 조절하는 데 쓰는 장치. 숫자를 크게 설정할수록 땀의 길이가 길어지고 땀수는 적어진다.

☞ 288쪽, 재봉틀(미싱)의 구조

EN stitch length regulator a piece of equipment on a sewing machine that adjusts the stitch length. The higher the number, the longer the stitch length and fewer stitches per inch.

VI nút điều chỉnh mũi chỉ thiết bị được sử dụng trong máy may để điều chỉnh độ dài của mũi chỉ. Khi thiết lập các số càng lớn thì độ dài của mũi chỉ được kéo dài ra và số mũi chỉ trên 1 inch trở nên ít hơn.

IN pengontrol panjang jahitan alat pengontrol panjang jahitan pada mesin jahit. Semakin tinggi nomornya, maka panjangnya semakin bertambah dan jahitannya berkurang.

CH 针码调节器, 针码调整机 缝纫机上调节针距的装置。数字被设置得越大代表针距越长针脚数越少。

레이저 절단기 laser切斷機

물리적인 접촉 없이 레이저로 재료를 자르는 기계. 아크릴 판 따위를 잘라 위치틀(지그)을 만들 때 사용한다.

통 레이저 커팅기 (laser cutting機)

EN laser cutter a machine that utilizes a laser to make clean cuts without physically coming into contact with the material. It is often used to create jigs from acrylic panels.

VI máy cắt Laser loại máy sử dụng tia Laser để cắt các vật liệu mà không cần tiếp xúc vật lí. Thường sử dụng khi cắt tấm mica để làm khung.

IN laser pemotong alat yang menggunakan laser untuk memotong sisi potongan dengan rapi dan akurat. Biasanya digunakan untuk membuat lokasi bingkai dari material akrilik.

CH 激光裁断机 没有物理接触而采用激光裁断材料的机器。在裁剪亚克力板之类的材料来制作电脑车模具时使用。

롤 재단기 | roll 裁斷機

두루마리 상태의 원단(패브릭)이나 안감(우라), 보강재(신)를 원하는 폭으로 자르는 기계. 가죽의 경우 세피기를 사용한다.

관 세피기

EN roll cutter a machine that cuts rolled fabric, lining, or reinforcement to the desired width. A leather strap cutting machine is used for cutting rolled leather.

VI máy cắt cuộn loại máy cắt vải, lót hoặc đệm gia cố ở trạng thái cuộn với độ rộng mong muốn. Trường hợp của da thì sử dụng máy xả.

IN mesin pemotong roll mesin yang digunakan untuk memotong gulungan kulit, kain, atau lapisan sesuai dengan lebar yang diinginkan. Untuk kulit biasanya menggunakan mesin putaran pisau.

CH 切捆机, 洗卷机, 裁卷机 把成捆的面料、里布或补强衬按一定的宽幅裁剪的机器。裁剪皮革的话通常采用开带机。

롤러 누름기 roller--機

위쪽의 큰 굴렁쇠가 돌면서 톰슨 철형(도무손 철형)을 눌러 가죽이나 원단(패브릭)을 자르는 기계. 주로 가죽이나 원단을 길게 자를 때 사용한다.

EN roller press a machine that cuts leather or fabric with the force of a large roller that rolls over and presses against the Thomson cutting die onto the leather. It is commonly used to cut leather or fabric into long extensive pieces.

VI máy cắt cuốn loại máy cắt da hoặc vải bằng cách bánh xe sắt lớn ở phía trên vừa xoay vừa ép lên dao dập chuẩn. Chủ yếu sử dụng để cắt da hoặc vải thành những miếng dài.

IN mesin roll untuk potong press mesin yang digunakan untuk memotong kulit atau kain sambil menekan pisau pemotong Thomson sementara lingkaran besar di bagian atasnya berputar. Biasanya digunakan untuk memotong kain atau kulit yang panjang.

CH 圆压平模切机 上侧的大铁环转动的同时，下压木板刀模裁剪皮子或面料的机器。主要在长裁皮革或面料时使用。

동 롤러도무손기
(roller トムソン
[Thomson]機),
롤러톰슨기
(roller Thomson機),
롤러프레스기
(roller press機)

롤러 무늬선 누름기 roller--線--機

돌아가는 얇은 원반에 열을 가한 뒤 원반 아래에 가죽을 대고 밀어 누른 무늬선(넨선)을 긋는 기계.

EN rolling creaser a machine that applies heat to a thin spinning disc and pushes the leather underneath it to draw a line.

VI máy in nhiệt trục lăn loại máy gia nhiệt vào đĩa mỏng đang xoay, sau đó đặt da dưới đĩa, đẩy da và kẻ chi.

IN mesin roll untuk emboss garis mesin yang menempatkan panas ke dalam disk tipis dan menekan kain ke bagian bawah untuk menggambar garis pola.

동 롤러넨기계
(rollerねん[捻]機械),
롤러넨선기
(rollerねん[捻]線機),
롤러넨질기
(rollerねん[捻]-機),
이태리넨기계
(伊太利ねん[捻]機械)

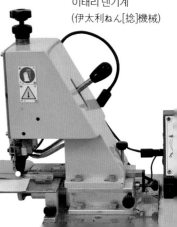

CH 滚轴压线机 加热旋转的薄圆盘后，将皮革放置在其下方并推动以压刻出电压线的机器。

롤러 변접음기 roller邊--機

가죽이나 원단(패브릭)을 고정대(조기대)에 통과시켜 가장자리를 일정한 폭으로 접은 뒤 롤러 두 개 사이를 지나게 하면서 접힌 부분을 눌러 부착하는 기계.

EN roller edge folding machine a machine that presses and fixes the folded areas of a leather or fabric with folded edges by passing it through a guider and in between two rollers.

VI máy gấp mép trục lăn loại máy giúp ép và dán phần bị gấp của da hoặc vải. Sau khi cho da hoặc vải thông qua cử treo và gấp mép với độ rộng nhất định thì đi ngang qua giữa hai trục lăn.

IN mesin roll untuk lipatan sisi mesin di mana sepotong kulit atau kain melewati alat pengaturan kemudian bagian tepinya dilipat sesuai lebar yang ditentukan dan bagian lipatannya ditekan dengan cara melewati dua rol.

CH 折边机, 滚轴折边机 把皮子或面料通过磅位，把边缘按一定宽幅折边后，使之经过两个滚轮间按压粘贴折边部分的机器。

통 롤러 헤리기
(roller헤リ[緣]機)

리벳기 rivet機

피스톤의 상하 운동으로 생긴 순간적인 강한 힘으로 가죽이나 원단(패브릭)에 리벳, 아일릿, 스냅 따위의 장식을 박아 고정하는 기계.

EN riveting machine a machine that utilizes the force generated by the vertical movements of a piston to attach and fix rivets, eyelets, and snaps to a leather or fabric.

VI máy đóng nút rivet loại máy giúp đóng cố định đinh tán, nút eyelet, snap vào da hoặc vải bằng cách dùng lực được tạo ra bởi chuyển động lên xuống của pít tông.

IN mesin rivet mesin yang digunakan untuk menempelkan metal hardware seperti rivet, eyelet atau snap pada kulit atau kain dengan gerakan piston vertikal menggunakan tekanan tinggi.

통 잔장식 고정기
(-裝飾固定機)
관 공압 리벳기,
편심 리벳기
(에키센 리벳기)

CH 打钉机, 铆钉机 利用活塞的上下运动释放的瞬间强力将铆钉、鸡眼扣或四合扣等五金固定在面料或皮子上的机器。

마모 시험기 磨耗試驗機

가죽이나 원단(패브릭), 피브이시(PVC) 위에서 회전석을 회전시켜 마찰에 의해 닳는 정도를 확인하는 기계.

통 마모 테스트기 (磨耗test機), 마찰 테스트기 (摩擦test機)

EN abrasion tester, friction damage tester a machine that determines the degree of the potential wear and tear of the leather, fabric, and PVC by inflicting friction on the material with a rotating stone.

VI máy test ma sát máy được sử dụng để kiểm tra mức độ hao mòn gây ra bởi lực ma sát, bằng cách xoay tròn đá kiểm tra trên miếng da, vải hoặc PVC.

IN mesin penguji perputaran abrasi mesin yang menguji tingkat abrasi yang disebabkan oleh gesekan dengan cara memutar batu hingga berputar pada potongan kulit, kain atau PVC.

CH 摩擦测试器, 磨耗测试器 通过旋转石在皮子或面料上旋转留下的划痕来检查磨损情况的机器。

말뚝 재봉틀 ――裁縫―

세로로 긴 원통 모양의 지지대 위에 가죽이나 원단(패브릭)을 두고 박음질할 때 쓰는 재봉틀(미싱). 바늘이 두 개 달려 있어서 동시에 두 줄로 박음질할 수 있는 쌍침 말뚝 재봉틀(쌍침 말뚝 미싱)도 있다.

통 말뚝 미싱 (――ミシン[machine])

관 쌍침 말뚝 재봉틀 (쌍침 말뚝 미싱)

☞286쪽, 재봉틀(미싱)의 종류

EN post cylinder arm sewing machine a sewing machine for sewing leather or fabric with a cylindrical fixture that stands vertically. A double stitching post cylinder arm sewing machine has two needles that can make two linear stitches simultaneously.

VI máy trụ cao loại máy may được sử dụng khi đặt miếng da hoặc vải lên trên cột trụ có hình ống dài theo chiều dọc và may lại. Cũng có cả loại máy trụ cao hai kim có thể may đồng thời theo hai đường vì có gắn hai kim.

IN mesin jahit tiang berdiri mesin jahit yang digunakan ketika menjahit kain atau kulit dengan garis vertikal. Ada juga mesin jahit dengan jarum

kembar yang bisa digunakan untuk menjahit dua baris pada saat bersamaan.

CH 柱车, 桩车 把皮革或面料放在竖直的固定平台上缝纫时使用的缝纫机。也有挂有两根缝纫针可以同时缝纫双线的双针柱车。

맞롤러 풀칠기 –roller– 漆機

맞물린 두 개의 롤러 사이에 가죽이나 원단(패브릭)을 지나가게 하여 접착제를 바르는 기계. 위쪽 롤러가 회전하면서 접착제를 가죽이나 원단에 발라 준다.

EN rolling glue machine a glue machine with two interlocking rollers that rolls the leather or fabric in between and applies adhesives. The upper roller applies adhesives to the leather or fabric as it spins.

VI máy keo loại máy được sử dụng để làm cho da hoặc vải đi qua giữa hai trục lăn ăn khớp với nhau và dán keo lại. Trục lăn ở trên quay và bôi keo dính lên trên da hoặc vải.

IN mesin lem roll mesin yang digunakan untuk menempelkan lem pada potongan kulit atau kain saat melewati dua roll yang saling mengunci. Roll bagian atas berputar kemudian menempelkan lem pada kulit atau kain.

CH 过胶机, 摩胶机, 台湾刷胶机 使皮革或面料经过在两个相互咬合的滚轮之间并涂粘贴剂用的机器。上方的滚轮一边旋转一边给皮子或面料涂抹粘贴剂。

동 대만 풀칠기 (臺灣–漆機)

모양틀 模樣–

입체적으로 작업해야 할 부위의 가죽이나 보강재(신)의 형태를 잡아 주어 작업이 쉽도록 도와주는 틀. 나무, 플라스틱, 종이, 아크릴 따위로 만든다.

EN frame, shaping frame a frame for shaping the leather or reinforcement three dimensionally. The frame can be made of wood, plastic, paper, or acrylic.

VI khung khung giúp giữ hình dạng của da hoặc đệm gia cố của những bộ phận phải làm theo dạng không gian ba chiều và giúp cho việc gia công dễ dàng hơn. Khung được làm từ nhiều chất liệu như gỗ, nhựa, giấy hoặc mica.

IN pola bingkai alat seperti bingkai atau cetakan yang membuat bentuk

동 와쿠(わく[枠])
관 위치틀(지그)

tiga dimensi pada kulit untuk memudahkan pekerjaan. Materialnya terbuat dari kayu, plastik, kertas, dan akrilik.

CH 木模, 模型 为了给需要做成立体部位的皮子或衬定型而使用的模型。使用木材、塑料、纸或亚克力之类的材料制作。

몰드 mold/mould

금속을 녹여 거푸집에 넣고 다양한 윤곽으로 굳혀 만든 도구. 리벳 몰드와 아일릿 몰드는 대부분 짝을 이룬다.

통 금형(金型)
관 리벳 몰드, 밑찌, 불박 몰드, 아일릿 몰드, 웃찌

EN mold/mould a hollow container in which molten metal is poured into to form a three dimensional object. Rivet molds and eyelet molds are often paired.

VI khuôn dụng cụ làm tan chảy kim loại rồi bỏ vào trong khuôn, sau đó làm đông lại thành hình phác họa đa dạng. Thông thường khuôn đinh tán và khuôn nút eyelet làm thành cặp.

IN cetakan alat yang dibuat dengan meleburkan logam dalam cetakan dan dibentuk ke dalam berbagai bentuk. Sebagian besar terdiri dari cetakan rivet dan cetakan eyelet.

CH 电压模, 烫印模具 用于将金属融化放入铸模中并凝固成各种轮廓的工具。铆钉电压模和鸡眼扣电压模大部分是成对的。

무늬선 누름기 --線--機

열과 압력으로 카드꽂이(카드 포켓) 입구에 누른 무늬선(넨선)을 긋거나 찍어 주는 기계. 롤러 무늬선 누름기(롤러 넨기계), 고주파 무늬선 누름기(고주파 넨기계), 공압 무늬선 누름기(공압 넨기계) 따위가 있다.

통 넨기계(ねん[捻]機械), 넨선기(ねん[捻]線機), 넨질기(ねん[捻]-機)
관 고주파 무늬선 누름기 (고주파 넨기계), 공압 무늬선 누름기 (공압 넨기계), 롤러 무늬선 누름기 (롤러 넨기계), 변접음 무늬선 누름기 (헤리 넨기계), 수동 넨기계 (手動ねん[捻]機械), 자동 무늬선 누름기 (자동 넨기계)

EN heat creaser a machine that uses heat and pressure to draw a line at the opening of a card pocket (e.g. rolling creaser, high frequency heat creaser, air pressurized creaser).

VI máy in nhiệt, máy kẻ chỉ loại máy giúp kẻ chỉ hoặc ép xuống miệng dàn ngăn bằng nhiệt và áp lực. Có các loại như máy in nhiệt trục lăn, máy ép nhiệt cao tần, máy ép nhiệt không khí.

IN mesin emboss garis mesin yang digunakan untuk menggambar garis pola yang menekan bagian pembuka case kartu menggunakan panas dan juga tekanan. Terdapat jenis mesin pola garis roll, mesin pola garis frekuensi tinggi, dan mesin pola garis pneumatik.

CH 压印线机器, 压线机, 手动烫线器 用于在卡兜入口处利用热量和压力刻或压制电压线的机器。有轮压印机、高周波压印机、空压压印机等。

무늬선 누름칼 --線---

누른 무늬선(넨선)을 긋는 데 쓰는 도구. 주로 곡선 형태의 누른 무늬선을 그을 때 사용한다.

동 넨칼(ねん[捻]-)

EN heat creasing blade, heat creasing tool a tool that is used to draw crease lines. It is mainly used to draw curved lines.

VI dao kẻ chỉ dụng cụ sử dụng khi kẻ chỉ. Chủ yếu sử dụng khi kẻ chỉ có hình đường cong.

IN alat emboss garis alat yang digunakan untuk menggambar garis pola tekanan. Biasanya digunakan untuk menggambar garis melengkung.

CH 压线刀 用于刻画压线的工具。主要用于刻画曲线型的压线。

밑실 감개

재봉틀(미싱)에서, 북에 밑실을 감을 때 쓰는 장치.

동 밑실 감는 기계 (----機械)

EN bobbin winder a piece of equipment on a sewing machine that is used to coil up the under thread onto a bobbin.

VI máy quấn chỉ loại thiết bị của máy may dùng để cuộn sợi chỉ dưới vào con suốt.

IN penggulung benang sepul dalam, penggulung benang sepul bawah perangkat pada mesin jahit yang digunakan untuk menggulung benang bawah.

CH 线芯器 缝纫机上将底线缠在线芯上的一个设备。

밑찌

리벳이나 아일릿, 스냅 따위를 박을 때, 밑에서 받쳐 주는 도구. 장식 아래쪽이 찌그러지지 않도록 감싸 보호해 준다.

관 몰드, 웃찌

EN fastening hardware bottom mold a tool that supports a rivet, eyelet, or snap from underneath. It covers and protects the bottom side of the rivet, eyelet, or snap from collapsing.

VI khuôn đóng nút bấm dụng cụ giúp nâng đỡ ở dưới khi đóng đinh tán, nút eyelet hoặc snap. Bọc lại giúp bảo vệ phần dưới đồ trang trí không bị nhăn nhúm.

IN mold bawah rivet, mold bawah eyelet, mold bawah snap alat yang digunakan untuk menopang bagian bawah rivets, eyelets, snaps atau sejenisnya saat dipasang. Alat ini melindungi bagian bawah hardware dengan melapisinya sehingga tidak lepas.

CH 下模 装订铆钉、鸡眼扣或四合扣时垫在底部的工具。为了不让五金的下端变瘪起到包裹保护的作用。

바늘

실을 꽂아 가죽이나 원단(패브릭)을 통과시켜 땀을 만들어 내는, 가늘고 끝이 뾰족한, 쇠로 된 물건. 침의 모양에 따라 손바늘, 재봉 바늘, 칼바늘, 통바늘 따위로 나뉜다.

재봉 바늘은 보통의 손바늘과 달리 뾰족한 끝부분에 바늘귀가 있다.

칼바늘은 끝부분이 한쪽으로 비스듬하게 깎인 모양의 바늘이다. 바늘이 통과하는 부분에 상처가 덜 생겨 깔끔하게 바느질할 수 있어 주로 가죽에 사용하며 실이 잘려 올이 풀릴 수 있는 원단(패브릭)에는 사용하지 않는다.

통바늘은 끝부분이 둥근 모양의 바늘이다. 실이 교차한 사이의 구멍으로 들어가 보풀이 생기지 않고 바늘 끝이 둥글어 원단(패브릭)의 실이 잘리지 않기 때문에 주로 원단을 바느질할 때 사용한다.

휘감기 재봉틀 바늘(택 미싱 바늘)은 바늘 끝 한쪽이 안으로 움푹 패어 있어 실을 걸어 사용하는 바늘이다. 휘감기 재봉틀(택 미싱)에 끼워 사용한다.

EN needle a thin and pointy piece of metal with a hole on one end for carrying a thread through a material to create stitches. It can be categorized as a hand stitching needle, sewing needle, triangular needle, or ball point needle according to the shape of the needle.

sewing needles have an eye on one end unlike a regular hand stitching

관 손바늘, 재봉 바늘, 칼바늘, 통바늘, 휘감기 재봉틀 바늘 (택 미싱 바늘)

needle.

triangular needles have a triangular end that reduces the damage inflicted on the leather when puncturing the leather for stitches. It is mainly used to sew leather and it is not used to sew fabrics that could unraveled.

ball point needles have a rounded tip, so that the needle does not penetrate the fabric when inserted, but pass between the fabric threads by separating them.

tack sewing needles have a dent on one end. It is threaded with a thread and placed in a tack sewing machine.

VI kim vật mỏng và có phần cuối được làm bằng sắt nhọn giúp cho chỉ xuyên qua da hoặc vải và tạo thành mũi chỉ. Tùy theo hình dạng của kim mà chia thành kim khâu tay, kim máy may, kim mũi xéo, kim mũi tròn.

kim máy may có lỗ kim ở phần cuối nhọn, khác với loại kim khâu tay thông thường.

kim mũi xéo là kim có phần cuối cây kim được gọt hơi xéo về một bên. Làm giảm thiểu hư hại lên da khi kim đâm qua nên có thể may gọn gàng hơn, chủ yếu dùng cho hàng da, không sử dụng cho các loại vải vì chỉ vải bị đứt nên sợi dễ bị bung ra.

kim mũi tròn là kim có phần cuối kim có hình tròn. Chỉ đi vào lỗ ở giữa đoạn giao nhau giúp cho chỉ không bị xổ sợi và phần cuối kim tròn nên chỉ của vải không bị đứt, vì vậy chủ yếu sử dụng khi may vải.

kim máy đính bọ có một bên cuối mũi kim bị lõm vào bên trong, xâu chỉ vào để sử dụng, gắn vào máy đính bọ để dùng.

IN jarum logam tipis dan runcing dengan lubang di salah satu ujungnya yang berfungsi untuk membawa benang melewati material saat membuat jahitan. Dilihat dari bentuknya jarum ini dapat dikategorikan menjadi jarum jahitan tangan, jarum jahit, jarum pisau dan jarum biasa.

jarum jahit memiliki mata pada salah satu ujungnya tidak seperti jarum jahitan tangan.

jarum pisau mempunyai bagian ujung berbentuk segitiga yang berfungsi untuk mengurangi kerusakan yang timbul pada kulit saat dijahit.

jarum biasa memiliki ujung yang berbentuk bulat, sehingga jarum tidak akan menembus kain saat dimasukkan, tetapi tetap dapat melewati benang kain dengan cara memisahkan bagian di sela-selanya.

mesin jarum jahit tack digunakan dengan cara menggantungkan satu sisi benang karena sisi benang lainnya tertanam di bagian dalam, sehingga harus dimasukkan ke dalam mesin jahit tack.

CH 针 穿上线后可穿过皮子或面料缝出针脚的细长的末端尖锐的铁质物

品。根据针头的形状分为手针、缝纫针、刀针、圆头针等。

缝纫针是与普通的手针不同的，针尖处有针孔。

刀针是针尖处被削成向一侧倾斜状的针。能减少对针穿过部分的损伤并干净整洁地缝纫，主要在皮革上使用，不在容易抽丝的面料上使用。

圆头针是针尖形状为圆形的针。使用时针尖穿过面料织线交叉形成的空隙，所以不会起毛，针尖圆滑不会弄断织线，所以主要在缝纫面料时使用。

锁边缝纫机针是针尖向里劈开一道凹痕把线挂上缝纫使用的针。缝纫针被插在锁边缝纫机上使用。

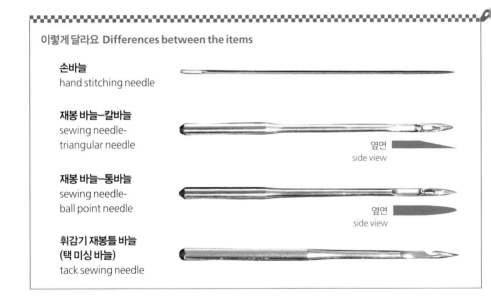

이렇게 달라요 Differences between the items

손바늘
hand stitching needle

재봉 바늘-칼바늘
sewing needle-
triangular needle

옆면
side view

재봉 바늘-통바늘
sewing needle-
ball point needle

옆면
side view

**휘감기 재봉틀 바늘
(택 미싱 바늘)**
tack sewing needle

바늘대 --帶

재봉틀(미싱)에서, 바늘을 끼워 바늘이 오르내리며 움직일 수 있게 해 주는 장치.

☞ 288쪽, 재봉틀(미싱)의 구조

EN needle clamp a piece of equipment on a sewing machine that fixes the needle, so that the needle is secured to the sewing machine. It allows the needle to move up and down.

VI trụ kim thiết bị của máy may dùng để gắn cây kim vào trụ kim, làm cho kim chuyển động lên xuống.

IN penjepit jarum alat untuk menjepit jarum pada mesin jahit untuk membiarkan jarum bergerak bebas ke atas dan bawah.

CH 针杆, 针带 缝纫机上用于插针并使针能够上下移动的装置。

바늘판 ――板

재봉틀(미싱)에서, 바늘이 오르내리면서 박음질을 하는 바닥의 작은 쇠판. 바늘이 통과하는 구멍과 톱니(오쿠리) 부분이 튀어나오는 두 개의 틈이 있다.

EN needle plate, stitch plate, throat plate the metal plate on a sewing machine in which the needle passes through, moves up-and-down, and makes stitches. There are two holes on the needle plate in which the needle passes through and in which the feed dog protrudes.

VI mặt nguyệt tấm sắt nhỏ của đáy máy may mà kim chuyển động lên xuống để may. Có hai chỗ trống là lỗ mà kim đi qua và phần bàn lừa nhô lên.

IN panel jarum panel kecil yang ada di bagian bawah pada mesin jahit yang menjahit sambil menggerakkan jarum ke atas dan ke bawah. Terdapat dua celah yaitu melalui lubang tempat jarum lewat dan bagian gigi yang menonjol.

CH 针板 缝纫机上的针上下移动缝纫的底板较小的铁板。针通过的孔和牙部分有突起的两个空隙。

동 침판(針板)

☞ 288쪽, 재봉틀(미싱)의 구조

바닥판 부착기 ――板附着機

바닥판(소코)에 보강재(신)를 부착하고 바닥판의 가장자리를 일정한 폭으로 접어 붙인 뒤 원판에 연결하는 기계. 변접기(헤리) 전에 보강재를 빨아 당겨 고정한 뒤 자동으로 변접기를 하고 압착기로 바닥판을 눌러서 고정한다.

EN bottom attaching machine a machine that attaches reinforcing materials to the bottom of a product, folds the bottom edges to a certain width, and attaches the bottom to a body. The reinforcement is pulled and fixed to the bottom using a compressor prior to turning the edges.

VI máy dán gấp li đáy loại máy dán đệm gia cố vào đáy túi và gấp mép

동 바닥 변접음 부착기 (――邊――附着機), 소코 부착기 (そこ[底]附着機), 소코 헤리 부착기 (そこ[底]ヘリ[縁]附着機)

của đáy túi theo một độ rộng nhất định rồi dán lại, sau đó nối lên thân túi. Trước khi gấp mép thì kéo và cố định đệm gia cố lại, sau đó gấp mép một cách tự động, ép và cố định lên đáy túi bằng máy ép.

IN pelekat panel bawah mesin yang menempelkan penguat ke panel bawah, melipat tepian dari panel bawah ke dalam ukuran tertentu, dan dihubungkan dengan panel utama. Mesin ini akan secara otomatis memperbaikinya dengan menekan bagian bawah panel menggunakan presser.

CH 底板粘贴机 把补强衬粘贴在底板上将底板的边缘按一定幅度折边粘贴后将底板连接到原板上的机器。折边之前把衬吸住固定后自动折边，再用压力机压住底板固定。

바인딩 재봉틀 binding裁縫-

합봉(마토메)한 가장자리나 가방 안쪽 특정 부위를 폭이 좁은 띠로 감싸 박음질할 때 쓰는 재봉틀(미싱). 바늘판(침판)에 감쌈기(랏파기)가 달려 있어 감쌈기에 바인딩 띠를 끼워 사용한다.

EN binding sewing machine a type of sewing machine that is used to bind and sew the edges of a leather or fabric. A binding strap is placed on a binding feeder, which is attached to a needle plate, for binding.

VI máy bọc viền máy may được sử dụng khi may bọc phần mép đã được ráp hoặc bộ phận đặc biệt nào đó bên trong túi bằng nẹp hẹp. Cử bọc viền được gắn ở mặt nguyệt, gắn dây bọc viền vào cử bọc viền và sử dụng.

IN mesin jahit binding mesin jahit yang digunakan saat menjahit tali sempit di sekitar tepian yang dibungkus atau area tertentu di dalam tas. Terdapat corong binding pada papan jarum yang digunakan, tali binding juga digunakan di corong binding.

CH 包边车, 包边缝纫机 给埋袋的边缘或包内部特定部位用窄条包边缝纫时使用的缝纫机。针板上安装有包边筒，将包边条套在包边筒上使用。

통 감싸기 재봉틀
(---裁縫-),
바인딩 미싱
(binding ミシン
[machine])

☞ 286쪽, 재봉틀(미싱)의
종류

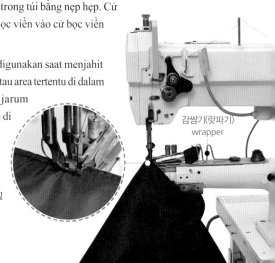
감쌈기(랏파기)
wrapper

발수 시험기 撥水試驗機

일정한 높이에서 물을 흘려 보아 물이 제품에 스며드는 정도를 확인하는
기계.

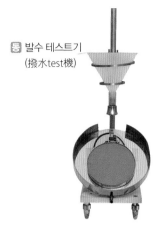

🔵 발수 테스트기
(撥水test機)

EN water repellency tester a machine that tests the water repellency of a
product by dropping water onto the product from a fixed height.

VI máy kiểm tra độ thẩm nước loại máy sử dụng để kiểm tra độ thẩm
nước của sản phẩm khi đổ nước từ một độ cao nhất định vào sản phẩm.

IN pengujian tembus air mesin yang digunakan untuk menguji saat air
dijatuhkan dari ketinggian tertentu apakah air tersebut dapat menembus
kain atau tidak.

CH 防水检查机 在一定高度下洒水以确认产品渗水程度的机器。

변접음 무늬선 누름기 邊－－－－線－－機

가죽의 가장자리를 일정한 폭으로 접어 붙인 뒤 누른 무늬선(넨선)을
눌러 찍는 기계.

🔵 헤리 넨기계
(ヘリ[縁]ねん[捻]機械),
헤리 넨선기
(ヘリ[縁]ねん[捻]線機),
헤리 넨질기
(ヘリ[縁]ねん[捻]－機)

EN turned edge creaser a machine that folds the edges of leather to a
certain width and draws crease lines.

VI máy gấp mép kẻ chỉ loại máy kẻ chỉ sau khi gấp và dán phần mép của
da theo một độ rộng nhất định.

IN mesin melipat sisi dan emboss garis mesin yang berfungsi untuk
melipat bagian tepian kulit atau kain ke dalam lebar tertentu kemudian
dipress dan diambil garis polanya.

CH 折边压线机 将皮革的边缘按一定的幅度折边粘贴后压制电压线的机
器。

변접음기 邊－－機

가죽이나 원단(패브릭)의 가장자리를 일정한 폭으로 접어 붙이는 기계.

🔵 맞접음기(－－－機),
접음질 기계
(－－－機械),
헤리기(ヘリ[縁]機)

📐 공압 변접음기
(공압 헤리기),

EN edge folding machine a machine for folding and fixing the edge of
leather or fabric to the desired width.

VI máy gấp mép loại máy để gấp và dán phần mép của da hoặc vải với
một độ rộng nhất định.

IN mesin pelipat sisi mesin yang digunakan untuk melipat bagian sisi tepian kain atau kulit dengan tingkat kelebaran tertentu.

CH 折边机 把皮或其他面料按特定宽度进行折边的机器。

롤러 변접음기
(롤러 헤리기),
수동 변접음기
(수동 헤리기),
자동 변접음기
(자동 헤리기)

볼록이칼

볼록이(모리)의 모양을 잡을 때 쓰는, 쇠로 만든 칼.

EN bombe filling knife a metal knife used to shape bombays.

VI dao lồi loại dao được làm từ sắt, sử dụng khi tạo hình dạng lồi.

IN alat untuk timbulan alat untuk menahan bentuk timbulan. Biasanya terbuat dari logam.

CH 骨托模 给骨托定型时使用的铁质刀具。

동 모리칼(も[盛]リ–)

부분 깎음 고구마돌 部分––––––

부분 깎음기(스카이빙기)에서, 회전하면서 가죽이나 원단(패브릭)을 앞으로 밀어 주는 고구마 모양의 검은색 돌.

EN feed roll stone a black potato-shaped stone that feeds the leather or fabric into the edge skiving machine as it rotates.

VI đá lạng dạng đá màu đen có hình dạng như củ khoai, trong lúc vận hành thì nó xoay vòng để đẩy cho miếng da hoặc vải về phía trước của máy lạng.

IN batu pisau skiving batu hitam berbentuk ubi jalar pada mesin skiving yang berfungsi untuk mendorong maju kulit atau kain saat berputar.

CH 小铲皮机砂轮, 地瓜模样石头 小铲皮机里通过旋转推动皮子或面料向前的地瓜模样的黑色石头。

동 숫돌.
스카이빙 고구마돌
(skiving––––)

☞ 253쪽, 부분 깎음기
(스카이빙기)

부분 깎음 고정대 部分––固定臺

부분 깎음기(스카이빙기)에서, 가죽을 깎을 때 가죽의 폭과 두께를 조절하는 장치. 가로 고정대(가로 조기대)로 폭을 조절하고 세로 고정대(세로 조기대)로 두께를 조절한다.

EN edge skiving guider a device on an edge skiving machine that adjusts

동 스카이빙 조기대
(skivingじょうぎ[定規]
臺)

the width and thickness of the leather for skiving. The vertical controller adjusts the width and the horizontal controller adjusts the thickness.

VI cử treo của máy lạng thiết bị trên máy lạng, giúp điều chỉnh bề rộng và độ dày của da khi lạng da. Cử treo theo chiều ngang giúp điều chỉnh bề rộng và cử treo theo chiều dọc giúp điều chỉnh độ dày.

IN alat pengatur skiving perangkat pada mesin skiving yang dapat menyesuaikan lebar dan ketebalan kulit pada saat dipotong. Tingkat kelebaran diatur oleh alat pengatur horizontal dan tingkat ketebalan diatur oleh alat pengatur vertikal.

CH 小铲皮机固定台, 洼里机固定台 安装在小铲皮机里铲皮时调整皮革宽度和厚度的装置。横向固定台用于调节宽度，竖向固定台用于调节厚度。

부분 깎음 누름대 部分----臺

부분 깎음기(스카이빙기)에서, 가죽의 두께를 조절하며 깎기 위하여 가죽이 통과할 때 압력을 조절하며 가죽을 눌러 주는 장치.

EN edge skiving presser foot a device on an edge skiving machine that adjusts the force that presses the leather down, so that the leather can be skived to the desired thickness as it goes through the skiving machine.

VI chân vịt máy lạng thiết bị của máy lạng, dùng để đè lên da và điều chỉnh áp lực khi da đi qua, giúp điều chỉnh độ dày của da cần lạng.

IN mesin tekanan skiving perangkat pada mesin tekanan skiving yang mengatur tekanan pada kulit saat melewati mesin dan mengontrol tingkat ketebalan kulit untuk kemudian dipotong.

CH 小铲皮机压脚, 洼里机压脚, 片皮机压脚 安装在小铲皮机里为调节皮子厚度以方便铲皮，在皮子通过的时候调节压力将皮子压住的装置。

同 스카이빙 오사에
(skivingおさ[押]え)

☞ 253쪽, 부분깎음기
(스카이빙기)

부분 깎음 연마석 部分--研磨石

부분 깎음기(스카이빙기)에서, 칼을 날카롭게 가는 돌. 빨간색과 흰색이 있다.

EN emery wheel for edge skiving bell knife, edge skiving grinding stone a red or white stone that sharpens the blade of an edge skiving machine.

同 스카이빙 연마석
(skiving研磨石)

| VI | đá mài máy lạng | hòn đá mài trên máy lạng giúp mài dao sắc bén. Có màu đỏ và màu trắng.

| IN | batu untuk menajamkan pisau skiving | batu pada mesin tekanan skiving yang berfungsi untuk menajamkan pisau. Terdapat warna merah dan putih.

| CH | 铲皮磨砂轮 | 小铲皮机里的将刀刃研磨锋利的石头。有红色和白色之分。

부분 깎음 칼 部分---

부분 깎음기(스카이빙기)에서, 빠르게 회전하며 가죽의 특정 부위를 얇게 깎아 주는, 둥근 칼.

EN edge skiving bell knife a circular knife that is used to skive off the edges of leather. The knife rapidly rotates in an edge skiving machine.

VI lưỡi dao lạng lưỡi dao tròn trong máy lạng, chuyển động nhanh và giúp gọt mỏng bộ phận đặc biệt nào đó của da.

IN pisau skiving pisau berbentuk bulat pada mesin skiving yang digunakan untuk menipiskan bagian khusus pada kulit.

CH 洼里刀, 铲皮刀, 片皮刀 小铲皮机里的能够快速旋转来把皮革特定位置铲薄的圆形刀。

동 스카이빙 칼(skiving-)
☞ 253쪽, 부분깎음기
(스카이빙기)

부분 깎음 테이프 部分--tape

부분 깎음기(스카이빙기)에서, 가죽의 손상을 막기 위하여 부분 깎음 누름대(스카이빙 오사에)에 붙여서 가죽이 부드럽게 지나가도록 돕는 장치.

EN edge skiving tape the tape attached to the edge skiving presser foot of an edge skiving machine. It helps the leather smoothly pass through the skiving machine and prevents damages to the leather.

VI băng keo dán chân vịt máy lạng vật trong máy lạng để ngăn chặn hư hỏng của da, dán vào chân vịt máy lạng, giúp da đi qua dễ dàng.

IN selotip sepatu mesin skiving perangkat seperti selotip yang ditempel pada mesin tekanan skiving yang ada pada mesin skiving untuk memudahkan

동 스카이빙 테이프
(skiving tape)

kulit melewati dan mencegah kerusakan pada kulit.

CH 铲皮胶布, 洼里胶带, 片皮胶带 小铲皮机里的为防止损伤皮面贴在小铲皮压脚上的可帮助皮革轻柔通过的装置。

부분 깎음기 部分--機

가죽의 특정 부위를 원하는 두께로 깎는 기계. 변접음 깎기(헤리 스키), 합봉 깎기(마토메 스키)와 같이 다양한 작업에 사용한다.

[봉] 스카이빙기(skiving機)

EN edge skiving machine a machine that skives off certain parts of the leather to acquire the desired thickness of the leather. It is used in various works, like turned edge skiving and edge skiving for assembly.

VI máy lạng loại máy dùng để lạng một bộ phận đặc biệt nào đó của da theo độ dày mong muốn. Sử dụng vào nhiều công việc khác nhau như lạng dùng cho gấp mép, lạng dùng để ráp thành phẩm.

IN mesin skiving mesin yang digunakan untuk memotong area kulit tertentu dengan ketebalan yang diinginkan. Mesin ini bisa digunakan untuk berbagai macam pekerjaan seperti pemotongan parsial untuk lipatan dan pemotongan parsial untuk jahitan akhir.

CH 洼里机, 片皮机, 小铲皮机 把皮子特定位置按需要的厚度铲皮的机器。与折边小铲皮机和缝合用小铲皮机一起进行各种作业。

부분 깎음 누름대(스카이빙 오사에)
edge skiving presser foot

부분 깎음 테이프(스카이빙 테이프)
edge skiving tape

부분 깎음 고구마돌
(스카이빙 고구마돌)
feed roll stone

부분 깎음 칼(스카이빙 칼)
edge skiving bell knife

북

재봉틀(미싱)에서, 밑실을 감아서 사용하는 수레바퀴 모양의 실패.

EN bobbin the spool on a sewing machine that coils in the under thread.

VI con suốt ống chỉ trong máy may, có dạng như bánh xe bò, dùng để quấn chỉ dưới.

IN sepul alat berbentuk roda untuk menggulung benang bawah pada mesin jahit.

CH 线芯, 锁芯 缝纫机里的缠底线使用的车轮模样的线板。

통 북알

☞ 288쪽, 재봉틀(미싱)의 구조

북
bobbin

북집
bobbin c

☞ 288쪽, 재봉틀(미싱)의 구조

북집

재봉틀(미싱)에서, 북을 넣는 집.

EN bobbin case a case for a bobbin on a sewing machine.

VI thuyền vật trong máy may, được bọc vào con suốt.

IN sekoci tempat pada mesin jahit untuk memasukkan benang sepul.

CH 梭壳 缝纫机里用来放线芯的梭壳。

분콘기 分cone機

실 꾸러미 하나를 여러 덩어리로 나눌 때 쓰는 기계.

EN cone thread separator a machine that divides one bundle of thread into multiple thread cones.

VI máy đánh chỉ, máy sang chỉ loại máy chia một cuộn chỉ thành nhiều cuộn nhỏ.

IN mesin pemisah benang kone mesin yang berfungsi untuk memisahkan gumpalan benang ke dalam beberapa bagian.

CH 分线机 将一个大线卷分成若干个份的机器。

불박 몰드 –撲mold/mould

로고나 상징이 새겨져 있어 가죽이나 원단(패브릭)에 불박을 찍을 때 쓰는, 브라스(신추)로 만든 도장. 음각과 양각이 있다.

EN embossing mold/mould a brass mold for embossing a logo or an emblem on a leather or fabric. The mold can be an engraved mold or an embossed mold.

VI khuôn in embossing khuôn có khắc logo hoặc biểu tượng, dùng để in lên bề mặt da hoặc vải, được làm từ đồng thau. Có khắc chìm và khắc chạm nổi.

IN cetakan emboss cetakan terbuat dari kuningan yang digunakan untuk membuat logo atau simbol emboss pada kulit atau kain. Ada yang berupa ukiran ada juga yang berupa timbulan.

CH 电压模, 烫印模具 印制商标或标志时，在皮革或面料上压制时使用的用黄铜制作的印章。有阴刻和阳刻之分。

불박기 – 撲機

가죽이나 원단(패브릭), 피브이시(PVC)에 로고나 상징을 찍는 기계. 불박 몰드에 열이나 전류와 함께 순간적으로 압력을 가하여 작업한다. 동력 전달 방법에 따라 공압 불박기, 유압 불박기 따위가 있으며, 피브이시 자재에 주로 사용하는 고주파 불박기가 있다.

관 고주파 불박기, 공압 불박기, 유압 불박기

EN embossing machine a machine for embossing logos or emblems onto the surface of a leather, fabric or PVC by pressing a mold with a logo or an emblem on the leather, fabric or PVC using heat or electrical currents (e.g. air-pressurized embossing machine, hydraulic embossing machine, high frequency embossing machine).

VI máy in embossing loại máy in logo hoặc biểu tượng lên da, vải hoặc PVC. Dưới hơi nóng hoặc dòng điện cộng với một lực ép nhất định, tác động lên khuôn in embossing. Tùy theo phương pháp truyền động ta có máy in embossing dùng hơi, máy ép thủy lực, còn máy ép điện cao tần chủ yếu để in lên PVC.

IN mesin emboss mesin untuk mencetak logo atau simbol pada kulit atau kain. Cetakan emboss dengan logo atau simbol ditekan dengan bantuan panas atau aliran arus. Tergantung pada metode transmisi tenaganya, terdapat jenis mesin emboss pneumatik dan mesin emboss hidrolik, dan juga mesin emboss frekuensi tinggi yang biasanya menggunakan bahan PVC.

CH 电压机器, 烫印机 在皮革、面料或PVC材料上印商标或标志的机器。

利用热能或电流瞬间给电压模加压进行制作。根据动力传导方式的不
同，分为空压烫印机和液压烫印机，以及在PVC资材上主要使用的高周
波烫印机。

상하송 재봉틀 上下送裁縫–

주 노루발(오사에)과 보조 노루발이 있는 재봉틀(미싱). 박음질할 때 하
나의 노루발이 가죽이나 원단(패브릭)을 눌러 주고 나머지 하나가 톱니
(오쿠리)와 함께 가죽이나 원단을 앞으로 밀어 주는 것을 반복하기 때문
에 노루발이 하나인 보통의 재봉틀보다 땀 폭이 일정하게 박음질된다.

EN sewing machine with walking presser foot a type of sewing machine
with a main presser foot and a supporting presser foot. The stitch
interruption length is more consistent with a sewing machine with two
presser feet than a sewing machine with one presser foot because one
presser foot holds the leather or fabric down as the other presser foot and a
sawtooth pushes the leather or fabric forward.

VI máy may có hai chân vịt máy may có chân vịt chính và chân vịt phụ
hỗ trợ. Khi may, một chân vịt giúp đè xuống da hoặc vải và một chân vịt
còn lại đẩy da hoặc vải lên phía trước cùng với bàn lừa, việc này được lặp
lại nên độ rộng của mũi chỉ đều hơn so với máy may thông thường chỉ có
một chân vịt.

IN mesin jahit dengan sepatu gerak ganda mesin jahit dengan sepatu
jahit kaki utama dan sepatu jahit kaki tambahan. Ketika proses menjahit,
salah satu presser menekan kulit atau kain dan presser lainnya mendorong
kulit atau kain maju berulang kali, sehingga lebarnya akan lebih konstan
dibandingan dengan menjahit menggunakan mesin jahit biasa dengan satu
sepatu jahit saja.

CH 双同步缝纫机 有主压脚和辅助压脚的缝纫机。缝纫时，一个压脚用
来压住皮革或面料，另一个与牙齿一起将皮革或面料向前推送，因该过
程反复进行，使得双同步高车比只有一个压脚的普通缝纫机的针距更加
规整。

동 상하송 미싱
　　(上下送ミシン
　　[machine])

☞ 286쪽, 재봉틀(미싱)
　의 종류

상하송 재봉틀 노루발
walking presser foot for
sewing machines

세단기 細斷機

로고 따위가 새겨진 원단(패브릭)이나 피브이시(PVC) 따위를 폐기하

동 파쇄기(粉碎機)

기 위하여 잘게 자르는 기계.

EN chopper, shredder a machine that shreds fabric or PVC with an engraved logo to dispose of it.

VI dao bầu loại máy dùng để cắt mỏng nhằm loại bỏ các chi tiết như vải hoặc PVC có khắc logo.

IN penghancur bahan mesin untuk memotong dan menghancurkan kain atau PVC yang memiliki logo.

CH 打碎机 为了废弃印有商标之类的面料或PVC而将其剪碎的机器。

세피기 細皮機

일정한 간격으로 부착되어 있는 원형의 칼날로 가죽이나 보강재(신)를 댄 가죽을 원하는 폭으로 길게 자르는 기계. 원단(패브릭), 안감(우라), 보강재는 롤 재단기를 사용한다.

EN leather strap cutting machine, rotating blades machine a machine with circular blades that cut leather or reinforced leather to the desired width. A roll cutter is used to cut fabrics, linings, and reinforcements.

VI máy xả loại máy cắt da hoặc da đệm gia cố khi cần cắt thành chi tiết dài với bề rộng mong muốn bằng lưỡi dao hình tròn được dán theo một khoảng cách nhất định. Trường hợp của vải, lót, đệm gia cố thì sử dụng máy cắt cuộn.

IN mesin putaran pisau mesin yang memotong sepotong kulit atau lapisan penguat dengan lebar yang diinginkan menggunakan pisau melingkar yang melekat. Untuk kain, lapisan dan penguat biasanya dipotong menggunakan mesin roll.

CH 开带机 用按固定间距安装的圆形刀片将皮革或粘贴补强衬的皮革依据需要的宽度裁成长条的机器。裁剪面料、里布、补强衬时使用切捆机。

관 롤 재단기

세피기 고무 롤러 細皮機--roller

세피기에서, 위쪽의 칼날과 맞물려 돌아가며 칼날을 보호하고 재단이 잘 되도록 도와주는, 고무로 만든 장치.

EN rotating blades machine rubber roller a roller made of rubber on a leather strap cutting machine that rotates with the upper blade for support and protection.

VI thớt máy xả thiết bị trong máy xả, xoay được và tiếp giáp lưỡi dao ở trên, giúp bảo vệ lưỡi dao cũng như giúp cho việc cắt dễ dàng hơn. Thiết bị được làm từ cao su.

IN karet roller, mesin putar pisau sepigi alat yang terbuat dari gulungan karet yang dipasang di bawah pisau, digunakan untuk melindung pisau dan menjaga supaya hasil potongannya tetap lebih baik.

CH 开带机胶轮 装在开带机里，与上方的刀片相互咬合转动，能保护刀刃并使裁剪顺利的用橡胶制成的装置。

세피기 칼 細皮機–

세피기에서, 가죽을 일정한 폭으로 자르는 데 쓰는 장치. 둥근 고리 모양이며, 세피기 위쪽의 원통에 끼워 사용한다.

동 세피기 회전 칼
(細皮機回轉–)

EN rotating blades an array of round and ring-like blades on a leather strap cutting machine for cutting leather to the desired width. The blades are inserted into a cylindrical pole for use.

VI lưỡi dao trong máy xả thiết bị trong máy xả, dùng để cắt da theo một độ rộng nhất định. Có hình dạng tròn, được gắn vào thanh trụ ở trên máy xả để sử dụng.

IN pisau untuk mesin putaran pisau alat yang digunakan untuk memotong kulit pada mesin putaran pisau dengan tingkat kelebaran tertentu. Bentuknya lingkaran dan dipakai di bagian atas mesin putaran pisau.

CH 开带机刀片, 洗皮机刀片, 细皮机刀片 开带机上将皮革按一定宽幅切割的装置。形状呈圆钩型，挂在开带机上部的圆筒上使用。

소창 손잡이 시접 재단기 小腸▽－－－－－裁斷機

소창식 손잡이(소창 핸들) 시접의 가장자리를 일정한 폭만 남기고 반듯하게 자르는 기계.

EN tubular handle edge cutter a machine for cutting the seamed edges of a tubular handle while leaving a margin of a fixed width.

VI máy cắt biên quai ống loại máy cắt một cách gọn gàng và để chừa lại phần mép của biên quai ống với một khoảng cách nhất định.

IN pemotong sisi handle cangklong mesin untuk memotong bagian tepian pada handle ke dalam ukuran yang sesuai.

CH 挽手切边机, 小肠手把切割器, 胶管式手把切割器 将胶管式手把的边缘只留出一定的宽幅后整齐裁剪的机器。

통 소창 핸들 다치기
(小腸▽handle 다치[達]機),
소창 핸들 커팅기
(小腸▽handle cutting機)

손 핫멜트기 –hot melt機

열로 핫멜트를 녹인 뒤 직접 손잡이를 잡고 롤러를 밀어 작업할 부분에 핫멜트를 칠하는 기계.

EN handheld hot-melt glue machine a machine that uses heat to melt and apply hot-melt adhesives to a part that is to be worked on.

VI máy lăn tay keo nóng loại máy mà sau khi làm tan chảy keo nóng chảy bằng nhiệt thì trực tiếp cầm quai xách và đẩy trục lăn để phun keo nóng chảy lên bộ phận cần gia công.

IN mesin untuk memakai lem panas secara manual mesin yang melelehkan lem menggunakan panas secara manual, kemudian memegang handle dan mendorong roll ke bagian yang perlu dilapisi lem panas.

CH 热熔胶机 将热熔胶加热融化后，直接握住把手并推动滚轮在作业部位涂胶的机器。

수동 무늬선 누름기 手動––線––機

수동으로 누른 무늬선(넨선)을 긋는 기계. 직선 형태의 누른 무늬선은 주로 페달을 발로 밟아 작동하는 기계를 이용하여 모양을 눌러 찍고, 곡선 형태의 누른 무늬선은 인두(고데)를 이용하여 긋는다.

EN manual creaser a machine for manually drawing on crease lines. A pedal type machine is used for making straight crease lines and a curling iron is used for making curved crease lines.

VI máy kẻ chỉ thủ công máy kẻ chỉ một cách thủ công. Đối với đường kẻ chỉ dạng thẳng thì chủ yếu sử dụng loại máy hoạt động bằng cách đạp bàn

통 수동 넨기계
(手動ねん[捻]機械),
수동 넨선기
(手動ねん[捻]線機),
수동 넨질기
(手動ねん[捻]–機)

관 인두(고데),
자동 무늬선 누름기
(자동 넨기계)

đạp bằng chân và kẻ lại hình dạng, còn đối với đường kẻ chỉ có hình dạng cong thì kẻ chỉ bằng cách dùng kẹp làm xoăn.

IN mesin emboss garis manual mesin untuk menggambar garis pola yang dipress secara manual. Untuk garis pola press yang lurus, menggunakan mesin dengan pedal dan untuk garis pola press yang berbentuk lengkung, menggunakan mesin manual dengan menggunakan panas.

CH 手动压印线机器, 手动压线机, 手动烫线器 手动的压印线的机器。直线主要用脚踏型机器来压制，曲线主要用电烙铁制作。

수동 변접음기 手動邊--機

수동으로 가죽이나 원단(패브릭)의 가장자리를 일정한 폭으로 접어 붙이는 기계.

동 발 헤리기(-ヘリ[縁]機),
손 헤리기(-ヘリ[縁]機),
수동 헤리기
(手動ヘリ[縁]機)
관 자동 변접음기
(자동 헤리기)

EN manual edge folding machine a machine for manually folding the edges of leather or fabric to a certain width.

VI máy gấp mép thủ công loại máy dùng để gấp và dán phần mép của da hoặc vải với một độ rộng nhất định bằng cách thủ công.

IN mesin pelipat sisi manual mesin manual yang berfungsi untuk melipat bagian tepian dari kulit atau kain ke dalam ukuran tertentu.

CH 手动折边机 通过手动的方式把皮革或面料的边缘按一定的宽幅折边粘贴的机器。

수동 약칠기 手動藥漆機

약칠 롤러를 굴리고 그 위에 가죽의 단면(기리메)을 대 주어 가죽의 단면에 약물(에지 페인트)을 칠하는 기계.

EN manual edge painting machine a machine that rolls edge painting rollers, places a leather with raw edges on top, and applies edge paint to the raw edges of the leather.

VI máy quét sơn thủ công loại máy cuộn tròn trục lăn sơn và đặt cạnh sơn của da lên trên đó rồi quét nước sơn lên cạnh sơn của da.

IN mesin roll cat manual mesin untuk menggulung roll, meletakkan kulit di bagian atas mesin dan bagian sisi potongannya dicat menggunakan cat khusus tepian.

CH **手动边油车** 滚动涂边油的滚轮在其上方放置皮革的裁断面并给皮革断面涂抹边油的机器。

수직 약칠기 垂直藥漆機

롤러 두 개 사이에 가죽을 세로로 넣어 가죽의 단면 (기리메)에 약물(에지 페인트)을 칠하는 기계. 주로 어깨끈(숄더 스트랩)과 같이 길이가 긴 부위에 사용한다.

EN vertical edge painting machine a machine that applies edge paint to the raw edges of leather by vertically inserting it in between two rollers. It is commonly used in the production of long objects like shoulder straps.

VI máy sơn theo chiều dọc loại máy đặt da ở giữa hai trục lăn theo chiều dọc rồi quét nước sơn lên cạnh sơn của da. Chủ yếu sử dụng khi sản xuất các bộ phận có chiều dài dài giống như quai đeo.

IN mesin cat lurus vertikal mesin yang menempatkan kulit di antara dua roll secara vertikal dan mengecat bagian sisi potongannya menggunakan cat khusus tepian. Biasanya digunakan untuk membuat tali panjang seperti tali bahu.

CH **意大利边油机** 把皮革竖直放入在两个滚轮之间在皮革的裁断面上涂抹边油的机器。主要在制作肩带等长条形部位时使用。

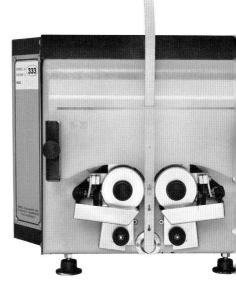

통 세로 약칠기
(――藥漆機),
전동 세로 약칠기
(電動――藥漆機)

술 제작기 –製作機

술(태슬)을 만들기 위하여 끝부분 일부를 남기고 여러 갈래로 자른 가죽이나 피브이시(PVC) 따위를 기둥처럼 동그랗게 말아 주는 기계.

통 태슬 기계(tassel機械)

EN tassel rolling machine a machine that rolls leather or PVC, which has been cut into thin narrow strips except at the base, to make a tassel.

VI máy quấn chùm tua loại máy giúp cuộn da hoặc PVC đã được cắt thành nhiều sợi nhỏ, chỉ chừa lại phần chân đế để làm tua tròn giống như cái cột.

IN mesin penggulung tassel mesin yang mengubah potongan kulit atau

PVC menjadi bulat seperti bantal untuk membuat gulungan tassel.

CH 卷吊穗机 为了制作吊穗将留出一部分末尾并裁成小条的皮革或PVC材料等卷成圆柱状的机器。

스프레이 풀칠기 spray-漆機

가죽이나 원단(패브릭), 안감(우라), 보강재(신) 따위에 수성 본드나 핫멜트 같은 접착제를 뿌리는 기계. 스프레이 총을 매달아 사용하기도 하며, 컴퓨터를 이용하여 자동으로 분사하기도 한다.

EN spray-type glue machine a machine that sprays water-based adhesives or hot-melt adhesives on leather, fabric, lining, or reinforcement. The adhesives can be sprayed using a spray gun or it can be sprayed automatically with a computer.

VI máy phun keo loại máy giúp phun keo dính giống như keo nước hoặc keo nóng chảy lên da, vải, lót hoặc đệm gia cố. Người ta treo súng phun để sử dụng và cũng có thể sử dụng máy tính để phun tự động.

IN lem semprot mesin yang menyemprotkan perekat seperti lem cair atau lem panas pada kulit, kain, lapisan atau penguat. Lem semprot ini kadang menggunakan spray semprot atau disemprot secara otomatis oleh komputer.

CH 喷胶机 在皮革、面料、里布或补强衬上喷涂水性胶或热熔胶等粘贴剂的机器。可安装喷枪使用，或利用电脑自动喷洒。

스프레이 총, 스프레이기, 컴퓨터 스프레이 풀칠기

실걸이

재봉틀(미싱)에서, 윗실이 꼬이지 않고 잘 풀리도록 윗실이 가는 길을 일정한 힘으로 잡아 주는 장치.

EN thread guide a piece of equipment on a sewing machine that adjusts the tension of the upper thread, so that the thread can be fed to a sewing machine without getting tangled or unraveling.

VI thiết bị dẫn chỉ thiết bị giúp giữ đường đi của chỉ trên với một lực đều đều nhằm giúp cho chỉ trên không bị rối và rải đều trong máy may.

IN pengatur benang alat pada mesin jahit yang berfungsi untuk mengatur benang atas supaya tidak kusut.

실잡이
빵빵이, 실 조절기
288쪽, 재봉틀(미싱)의 구조

CH 挂线器 缝纫机里的能防止上线乱线并能使上线走线力度一致的装置。

실기름

재봉틀(미싱)에 사용하는 실에 묻혀 사용하는, 실리콘이 함유된 기름. 바늘이 가죽이나 원단(패브릭)을 통과할 때 생기는 마찰을 줄여서 실박음 상태(실 조시)나 실 조임 상태가 좋아지지만 가죽이나 원단이 오염되거나 이염이 되는 단점이 있다.

통 실리콘 오일 (silicone oil), 케이에프-구십육 (KF-96)

EN thread oil, silicone oil a type of oil that contains silicone. The oil is applied on the thread for sewing machines. The oil allows for the needle to pass through the leather or fabric with less friction, which helps improve the thread tension and stitching conditions. However, it can pollute the leather.

VI dầu chỉ dầu có chứa hàm lượng silicon, sử dụng trong máy may sao cho sợi chỉ thấm dầu vào. Nó giúp cho độ căng của chỉ hoặc đường may tốt hơn bằng việc giảm độ ma sát phát sinh khi kim xuyên vào da hoặc vải. Tuy nhiên nó có khuyết điểm là làm bẩn hoặc lem màu da hoặc vải.

IN minyak benang minyak yang mengandung silikon dan menempel pada benang yang digunakan di mesin jahit. Minyak ini sangat membantu mengurangi gesekan antar benang saat dijahit dan membuat lipatan menjadi lebih baik namun memiliki kelemahan ketika jarum dijahit menembus kain ada kemungkinan kain akan terkontaminasi.

CH 线油 在缝纫机里使用的浸润缝纫线的一种含硅的油。缝纫针在穿过皮革或面料时能减少摩擦帮助保持线的组织状态或缝纫状态，但有造成皮革或面料污染或移色的缺点。

실리콘 총 silicone銃

장식이나 스냅 따위가 벌어지거나 밑실이 풀리지 않도록 장식, 스냅, 실을 붙여서 고정하고, 가죽이나 원단(패브릭)을 붙일 때 쓰는 총 모양의 접착 도구. 막대 모양의 실리콘을 끼운 뒤 열로 녹이면서 사용한다.

EN silicone gun a gun-shaped adhesive tool that is used to glue leathers or fabrics together, prevent hardwares and snaps from widening, and prevent the under thread from unraveling. A silicone stick is placed in the tool and used by dissolving the silicone with heat.

VI súng bắn keo silicon dụng cụ bắn keo có hình dạng súng, dùng khi dán và cố định đồ trang trí, snap, chỉ để cho đồ trang trí hay snap tránh bị rộng ra hoặc để chỉ dưới tránh bị bung ra rồi dán vào da hoặc vải. Gắn một thanh silicon vào súng và nung chảy bằng nhiệt rồi sử dụng.

IN mesin lem silikon alat perekat berbentuk pistol yang digunakan untuk merekatkan kulit atau kain, mencegah hardware atau snap agar tidak lepas, dan mencegah benang agar tidak longgar. Dapat digunakan saat silikon batang dimasukkan kemudian dilelehkan dengan panas.

CH 玻璃胶枪 为防止五金、按扣等脱落或底线松开，将五金、按扣和线粘贴固定并贴在皮革或面料上时使用的枪型粘贴工具。装入条形的硅胶后，加热融化并使用。

실엮개

재봉틀(미싱)에서, 북집을 끼워서 윗실과 밑실을 서로 엮어 땀을 구성해 주는 장치.

EN shuttle hook a device on a sewing machine that allows the upper and lower threads to weave and form a knot. This is done so by inserting a bobbin case.

VI ổ máy thiết bị trong máy may, gắn con thuyền vào và đan chỉ trên và chỉ dưới tạo thành mũi chỉ.

IN pengait alat pada mesin jahit yang berfungsi untuk membantu benang atas dan benang bawah agar membentuk simpul.

CH 梭床 将压力弹簧放入缝纫机，把上线和底线相互交叉构成针脚的装置。

동 가마(かま[釜])

☞ 288쪽, 재봉틀(미싱)의 구조

실엮개
shuttle hook

실엮개 + 북집 + 북알
shuttle hook + bobbin case + bobbin

실패꽂이

재봉틀(미싱)에서, 콘을 꽂아 놓는 축. 콘에 감긴 실은 윗실로 사용한다.

EN spool pin, spool cap a pin on a sewing machine that holds the cone. The thread is unwound from the cone and used as the upper thread.

VI ống chỉ thiết bị dùng để gắn cuộn chỉ trong máy may. Chỉ được quấn trong cuộn chỉ được sử dụng làm chỉ trên.

동 실 꼬절기(———機)

IN tiang benang poros yang disisipkan kone pada mesin jahit. Benang yang digulung pada kone digunakan sebagai benang bagian atas.

CH 线架, 插缝纫线器 缝纫机上安装线筒的轴。缠在线筒上的线作为上线使用。

쌍침 재봉틀 雙針裁縫-

바늘과 실엮개(가마)가 두 개씩 달려 있어서 동시에 두 줄로 박음질할 수 있는 재봉틀(미싱).

EN double stitching sewing machine a sewing machine that uses two shuttle hooks and two needles to stitch two linear stitches at the same time.

VI máy may 2 kim loại máy may được gắn hai kim và hai ổ máy, sử dụng để may cùng một lúc hai đường chỉ.

IN mesin jahitan ganda mesin jahit dengan benang dan jarum ganda untuk menjahit dua titik secara bersamaan.

CH 双针车, 双针缝纫机 挂有双梭床和双针可以同时缝纫双线的缝纫机。

동 쌍침 미싱
(雙針ミシン[machine])

관 쌍침 고차 재봉틀
(쌍침 고차 미싱),
쌍침 말뚝 재봉틀
(쌍침 말뚝 미싱)

☞ 286쪽, 재봉틀(미싱)의
종류

안전 꼬리표 검사기 安全--票檢查機

제품 안에 도난 방지용 안전 꼬리표(안전 태그)가 들어 있는지 확인하는 기계.

EN safety tag checker a machine that checks whether or not an anti-theft tag is in a bag.

VI máy kiểm tra thẻ chống trộm loại máy giúp kiểm tra xem trong túi có thẻ chống trộm hay không.

IN pengujian tag keamanan mesin untuk mengecek apakah tas berisi tag keamanan atau tidak.

CH 防盗检测器, 防盗牌检测器 用来确认包内是否装有防盗牌的机器。

통 안전 태그 검사기
(安全tag檢査機),
태그 검출기
(tag檢出機)

압축 누름기 壓縮--機

압력을 이용하여 위에서 세게 눌러 가죽에 보강재(신)나 패치 따위를 붙이거나 가죽에 몰드를 올린 뒤 눌러 모양을 찍는 기계. 열로 재단물과 재단물 사이에 있는 티피유(TPU)나 핫멜트 따위를 녹인 뒤 눌러서 붙이기도 한다.

EN compressing press a machine that either compresses and attaches reinforcements and patches on leather, or cuts leather into a particular shape using a mold. Sometimes, TPU or hot-melt adhesives are melted and pressed in between the two objects for attachment.

VI máy ép nén loại máy sử dụng lực nén, ép mạnh từ trên xuống rồi dán đệm gia cố hoặc miếng patch lên da hoặc là đặt khuôn lên da để in hình dạng. Làm tan chảy TPU hoặc keo nóng chảy ở giữa hai vật cần cắt, sau đó ép xuống rồi dán.

IN mesin press kompresi mesin untuk memasang patch pada kulit dengan bantuan panas dan daya tekanan secara bersamaan, atau untuk memasang cetakan pada kulit dan mengambil bentuknya. Caranya dengan meleburkan TPU atau lelehan panas di antara kedua potongan kulit dan kemudian ditekan bersamaan.

CH 油压烫金机, 压缩机 利用压力从上向下用力按压在皮子上以粘贴补强衬或耳仔, 或在皮子上放置电压模印出图案的机器。也用于将两个裁断物之间的TPU或热熔胶之类的加热融化后按压粘贴。

통 압축 프레스기
(壓縮press機),
압축기(壓縮機),
열 압축기(熱壓縮機)
관 압축 다리미
(압축 아이론기),
압축 롤러기

압축 다리미 壓縮———

가죽의 주름을 펴거나 가죽 표면에 광을 내기 위하여 열과 압력으로 가죽을 다림질하는 기계.

EN compressing iron machine a machine that uses heat and pressure to flatten wrinkled leather or to polish the leather surface.

VI máy ủi nén loại máy ủi da bằng nhiệt độ và lực nén để nhằm giúp cho nếp gấp của da phẳng ra hoặc đánh bóng bề mặt da.

IN mesin tekanan setrika mesin untuk menyetrika kulit menggunakan bantuan panas dan tekanan untuk meratakan atau mengkilapkan kulit.

CH 烫皮机, 压缩熨斗 为熨平皮革的皱褶并给表面增加光泽度利用热量和压力熨烫皮革的机器。

동 압축 아이론기
(壓縮アイロン[iron]機)

압축 롤러기 壓縮roller機

위아래로 맞물려 움직이는 롤러 두 개 사이의 압력으로 가죽이나 원단 (패브릭)을 다리거나 압착하는 기계.

EN compressing roller machine a machine with two vertically interlocking rollers that irons and compresses the leather or fabric that is placed and pressed in between the two rollers.

VI máy cuốn nén loại máy ủi hoặc ép da hoặc vải bằng lực nén giữa hai bánh lăn mà ăn khớp với nhau và di chuyển theo phương thẳng đứng.

IN mesin tekanan roll mesin yang menekan atau meremas kulit dan kain dengan memakai kekuatan tekanan di antara dua rol yang bergerak naik turun.

CH 压带机 利用上下咬合移动的两个滚轮之间的压力熨平或粘贴皮革或面料的机器。

약칠 롤러 藥漆roller

약칠기에서, 돌아가며 가죽의 단면(기리메)에 약물(에지 페인트)을 칠해 주는 롤러.

EN edge painting roller a roller on an edge painting machine that applies

동 기리메 롤러
(きりめ[切(リ)目]roller),
수동 약칠기 바퀴
(手動藥漆機——)

edge paint to the raw edges of leather.

VI cục lăn sơn cục lăn ở máy sơn, vừa xoay tròn vừa giúp quét nước sơn lên cạnh sơn của da.

IN roll cat roll pada mesin pengecat bagian tepian yang digunakan untuk mengecat sisi potongan kulit menggunakan cat khusus tepian dengan cara digulung.

CH 边油轮, 染色轮 边油机里的转动着给皮裁断面涂边油染色的滚轮。

약칠기 藥漆機

가죽의 단면(기리메)에 약물(에지 페인트)을 칠하는 기계.

EN edge painting machine, edge staining machine, edge painter a machine that applies edge paint on the raw edges of leather.

VI máy sơn loại máy giúp quét nước sơn lên cạnh sơn của da.

IN mesin pengecatan mesin untuk mengecat sisi potongan kulit menggunakan cat khusus tepian.

CH 边油车 给皮断面油边的机器。

권 수동 약칠기,
수직 약칠기,
전동 약칠기

양면 갈음기 兩面--機

갈개(바후) 두 개를 회전시켜 가죽의 양면을 동시에 가는 기계.

EN double-sided buffing machine a machine that spins two buffing pads and buffs both sides of leather simultaneously.

VI máy mài hai mặt loại máy làm quay hai bánh mài và mài đồng thời hai cạnh của da.

IN mesin gerinda untuk kedua sisi potong mesin yang memutar dua alat gerinda dan menjalankan kedua sisi kulit secara bersamaan.

CH 双轮打磨机 将两个打磨砂轮转动同时给皮革的两面打磨的机器。

동 양면 바후기
(兩面パフ[buff]機)

엑스레이 검출기 X-ray檢出機

완성된 제품을 컨베이어에 올리고 기계를 통과시켜 제품의 안쪽에 이물질이 있는지 확인하는 기계.

EN X-ray inspection machine a machine that passes the finished products through a conveyor and checks the inside of the products for foreign matter.

VI máy chụp X-quang loại máy dùng để kiểm tra xem bên trong túi có dị chất không bằng cách đặt túi thành phẩm lên băng chuyền và cho nó đi xuyên qua máy.

IN mesin pemeriksa X-ray mesin yang memeriksa apakah ada sesuatu di bagian dalam produk yang sudah jadi, kemudian diletakkan di atas conveyor.

CH X光检测机 将成品放在传送带上从机器中通过来确认产品内部是否有异物的机器。

연결 강도 시험기 連結強度試驗機

손잡이(핸들)나 손잡이 고리의 연결 강도를 확인하는 기계. 완성한 가방 안에 물건을 담아 기계 안에 넣고 흔들거나 반복하여 낙하하는 방법으로 연결 강도를 검사한다.

등 사이클링 테스트기 (cycling test機)

EN cycling tester a machine that tests the strength of the attachment of a handle or a handle ring to the body of a bag by stuffing the bag with heavy objects, repeatedly shaking the bag, and dropping the bag to test its strengths.

VI máy kiểm tra chức năng quai loại máy kiểm tra độ chắc chắn của quai xách hoặc phần liên kết của vòng quai. Bỏ đồ vật vào túi thành phẩm, sau đó đặt túi vào máy, máy sẽ làm túi rung lắc hoặc rơi xuống nhiều lần để kiểm tra độ chắc chắn.

IN uji kekuatan handle mesin untuk menguji kekuatan handle dan kekuatan koneksinya dengan tas. Tas yang sudah selesai dibuat, diisi dengan material yang berat dan terus digoncangkan kemudian dijatuhkan untuk menguji kekuatannya.

CH 震荡测试机器, 重力测试器, 旋转测试器 测试手把或手把环的连接强度的机器，在成品包中放上东西放入机器内，通过反复摇晃或下落的方法来测试连接强度。

연마석 研磨石

가죽을 깎을 때 쓰는 칼을 날카롭게 가는 데 쓰는 돌. 부분 깎음기(스카이빙기)나 전체 깎음기(와리기)의 모터에 끼워 사용하며 부분 깎음 연마석(스카이빙 연마석)과 전체 깎음 연마석(와리기 연마석)이 있다.

관 부분 깎음 연마석 (스카이빙 연마석), 전체 깎음 연마석 (와리기 연마석)

EN grinding stone a stone that is used to sharpen a knife for cutting leather. It is placed in the motor of an edge skiving machine or a solid skiving machine (e.g. edge skiving grinding stone, solid skiving grinding stone).

VI đá mài đá sử dụng để mài dao sắc bén khi cắt da. Gắn vào mô tơ của máy lạng hoặc máy lạng lớn rồi sử dụng và có các loại như đá mài máy lạng lớn và đá mài máy lạng.

IN batu gerida batu yang digunakan untuk mengasah pisau yang digunakan untuk memotong kulit. Batu ini ditempatkan pada motor yang ada di mesin skiving sepenuh dan mesin skiving bagian, sehingga dikategorikan menjadi batu gerida untuk skiving sepenuh dan batu gerida untuk skiving biasa.

CH 磨刀砂轮 将铲皮时用的刀打磨锋利的砂轮。放置在小铲皮机或大铲皮机的马达上使用，有大铲皮机磨刀砂轮和小铲皮机磨刀砂轮之分。

열 롤러기 熱roller機

티피유(TPU)를 가죽이나 원단(패브릭), 보강재(신) 따위에 올린 뒤 롤러의 열로 녹여 붙이는 기계.

EN heat press roller a machine that places TPU on leather, fabric, or reinforcement and melts it on with a heated roller.

VI máy cuốn nhiệt loại máy làm tan chảy TPU bằng nhiệt của trục lăn sau khi đặt TPU lên da, vải hoặc đệm gia cố.

IN penggulung press panas mesin yang menempatkan TPU pada kulit, kain, atau penguat dan kemudian dicairkan dengan panas yang dihasilkan dari roll.

CH 压印机 把TPU放在皮革、面料或补强衬上，用滚轮的热量将其融化粘贴的机器。

열 변접음기 熱邊--機

공기의 압력으로 가죽이나 원단(패브릭)을 고정하고 가장자리에 티피유(TPU)를 올려서 녹인 뒤 일정한 폭을 직선으로 접어 붙이는 기계.

EN heat press edge folding machine a machine that fixes leather or fabric with air pressure, melts TPU on the edges of the leather or fabric, and folds the edges straight.

VI máy ép TPU loại máy gấp và dán một bề rộng nhất định theo đường thẳng sau khi cố định da hoặc vải bằng khí nén và đặt TPU lên mép rồi làm tan chảy.

IN mesin pemanas untuk lipatan sisi mesin yang menahan kulit atau kain dengan tekanan udara, melelehkan TPU di bagian tepiannya dan melipatnya ke dalam garis lurus.

CH 折边机 利用空气压力固定皮革或面料，在其边缘放置TPU并加热融化后，按一定的宽幅沿直线折边粘贴的机器。

동 열 헤리기
(熱へリ[緣]機)

열풍기 熱風機

고온의 바람을 쏘여 실밥을 태우거나 구겨진 가죽을 펴는 기계. 스탠드식 열풍기와 수동 열풍기(핸드 열풍기)가 있다.

EN hot air dryer a machine that blows hot air to burn off the threads that stick out or to flatten wrinkled leather (e.g. handheld hot air dryer, standing hot air dryer).

VI máy khò da loại máy tạo ra gió ở nhiệt độ cao để đốt cháy chỉ thừa hoặc làm phẳng da bị nhăn nhúm. Có máy khò da dạng đứng và máy khò da dạng cầm tay.

IN mesin blower mesin yang mengeluarkan angin panas, digunakan untuk membakar dan membersihkan sisa-sisa benang dan meratakan bagian kulit yang kerut. Terdapat jenis mesin blower yang berdiri dan juga mesin blower yang menggunakan tangan.

CH 吹风机, 烤风机, 热风机 产生高温风来烤断线头或使皮子皱褶舒展的机器。有立式吹风机和手动吹风机(手持吹风机)之分。

판 수동 열풍기
(핸드 열풍기),
스탠드식 열풍기

염수 분무 시험기 鹽水噴霧試驗機

제품에 소금물을 분무해서, 바다를 통해 제품을 운반했을 때 예상되는 제품의 변형이나 장식의 부식 정도를 파악하는 기계. 소금물을 1~5%로 희석한 물을 내부 온도 57 ℃를 유지하며 분무하여, 장식의 도금 상태, 코팅 상태, 변색 정도를 확인한다. 한국 공업 표준 검사 규격 KSA ISO-2859-0~3을 따른다.

통 염수 분무 테스트기
(鹽水噴霧test機)

EN salt spray tester a machine that takes into account the conditions of shipping over oceanic waters and sprays the product with salt water to determine the degree of modification and corrosive damage inflicted on the hardware. It sprays 1~5 % saline diluted water in a 57 ℃ room and checks the condition of the plating, coating, and discoloration of the hardware. This test is performed in compliance with the KSA ISO-2859-0~3 regulation of the Korean Industrial Standard Inspection.

VI máy test nồng độ muối loại máy được sử dụng để kiểm tra sự thay đổi của sản phẩm hoặc mức độ ăn mòn của đồ trang trí khi vận chuyển sản phẩm bằng đường biển bằng cách phun nước muối vào. Pha loãng nước muối 1~5 % và duy trì trạng thái nước muối ở 57 ℃ rồi phun lên, kiểm tra trạng thái mạ, trạng thái phủ keo, mức độ biến đổi về màu sắc của đồ trang trí. Tuân theo quy cách kiểm tra tiêu chuẩn công nghiệp Hàn Quốc KSA ISO-2859-0~3.

IN pengujian air garam mesin yang mengukur tingkat deformasi suatu produk atau tingkat korosi suatu produk bila disemprot dengan air garam dan produk dibawa dengan perjalanan melewati laut. Disemprotkan pada suhu 57 ℃ dalam air yang diencerkan dengan 1sampai 5 % air garam untuk memeriksa tingkat plating permukaan, lapisan, dan perubahan warna pada hardware. Mengikuti KSA ISO-2859-0~3 dalam pemeriksaan standar industri Korea.

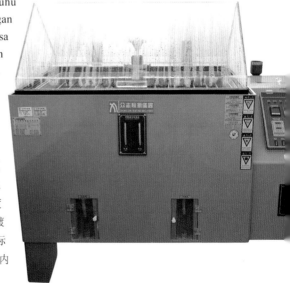

CH 盐雾测试机器, 盐水检查器 在产品表面喷洒盐水, 用来掌握船运时预期中的产品变形或五金腐蚀程度的机器。喷洒浓度稀释到1~5%、内部温度维持57℃的盐水, 确认五金表面的镀金状态、变色程度。依据韩国工业标准检查规格KSA ISO-2859-0~3的相关内容进行。

염화칼슘 분해기 鹽化calcium分解機

염화칼슘을 증류수에 넣고 가열하여 녹이는 기계. 카스 시험(카스 테스트)을 위한 시약 제조 전 단계에서 주로 사용한다.

EN calcium chloride decomposer a machine that places calcium chloride in distilled water, boils it, and dissolves the calcium chloride. This machine is used prior to manufacturing the chemical reagent for the CASS test.

VI máy hòa tan canxi clorua loại máy làm tan canxi clorua trong nước cất. Chủ yếu sử dụng trước bước chế tạo thuốc thử để test CASS.

IN mesin dekomposisi kalsium klorida mesin untuk melarutkan kalsium klorida dalam air suling dan dipanaskan. Proses ini biasanya dilakukan pada tahap pra produksi pereaksi untuk uji CASS.

CH 氯化钙分解器, 氯化钙分解机 氯化钙放入蒸馏水后加热使其融化的机器。主要用于CASS测试的试剂制作环节之前。

오므림 집게

집게의 발 부분에 넓적한 판이 붙어 있는 집게. 장식을 오므리거나 가죽의 모양을 잡고 본드가 잘 붙도록 누르는 데 사용한다. 장식이나 가방에 상처가 날 수 있으므로 보통은 집게의 발을 가죽으로 감싸 사용한다.

EN plier, tong a tong with wide plates on its feet. It is used to close the opening of a hardware, to shape leather, and to press glued leather or fabric pieces together. The feet are normally wrapped in leather to prevent damages to the bag.

VI kìm bóp kìm có nẹp ở phần đuôi kìm. Được sử dụng khi muốn đóng đồ trang trí lại hoặc cố định lại hình dạng của da và để keo kết dính tốt hơn. Vì đồ trang trí hoặc túi xách có thể bị trầy xước nên thông thường người ta bọc phần đuôi kìm bằng da.

IN tang alat dengan panel yang menempel di kaki forsep. Digunakan untuk menempelkan hardware atau untuk menahan bentuk kulit dan juga menekan ikatan dengan baik. Karena hardware dan tas mudah tergores, biasanya bagian ujungnya dibungkus dengan kulit.

CH 钳子, 宽脚钳子, 整形钳 钳脚部分贴有较宽的板子的钳子。用于捏紧五金的开口或给皮革整形，或用于压住胶水使其贴合。因为有可能对五金或包造成损伤，通常用皮革包住钳脚部分使用。

동 푸라이야
(プライヤー[pliers]),
프레임 장식 집게
(frame裝飾--),
프레임 집게
(frame--),
플라이어(plier)

오븐 시험기 oven 試驗機

어떤 공간을 일정 시간 동안 일정 온도로 설정하여 가죽이나 원단(패브릭)의 이색을 시험하는 기계. 온도와 습도를 다양하게 설정하여, 시험 대상의 종류에 따라 24시간에서 72시간 사이로 노출시킨다.

EN oven tester a machine that heats up the space inside an enclosed compartment to the desired temperature for a certain period of time in order to test the leather or fabric. It is used to test whether or not the product can withstand the heat or become damaged and discolored along the process. The temperature and humidity settings vary and the length of exposure varies from 24 to 72 hours according to the type of the test object.

VI máy test oven loại máy dùng để làm nóng một không gian nào đó đến một nhiệt độ nhất định trong thời gian cố định và kiểm tra sự lem màu của da hoặc vải. Thiết lập nhiệt độ và độ ẩm một cách đa dạng, tùy vào loại đối tượng thử nghiệm thì ngâm trong khoảng thời gian từ 24 đến 72 tiếng.

IN pengujian oven mesin untuk mengecek perubahan warna atau bentuk material dari tas dengan kelembapan dan suhu yang konstan selama periode tertentu. Suhu dan tingkat kelembapan bisa diatur namun biasanya dilakukan dengan durasi waktu 24 sampai 72 jam.

CH 烤箱测试机, 高温测试机 把一定的空间按照一定的时间和温度设置后测试皮革或面料的移染情况的机器。可以设置各种温度和湿度，根据测试对象的种类不同测试时间从24小时到72小时不等。

동 건식 오븐 테스트기 (乾式oven test機), 오븐 테스트기 (oven test機)

왕 실엮개 재봉틀 王---裁縫-

보통의 재봉틀(미싱)보다 북에 실을 더 많이 감아 사용할 수 있는 재봉틀. 주로 두꺼운 실로 박음질할 때 사용한다.

EN sewing machine with an oversized shuttle hook a type of sewing machine with a bobbin that can coil in more threads than a regular sewing machine. It is mainly used for sewing thick threads.

VI máy may ổ máy lớn loại máy may có thể cuộn nhiều chỉ hơn vào con suốt để sử dụng so với những loại máy may thông thường. Chủ yếu sử dụng khi may bằng chỉ dày.

IN mesin jahit dengan hook besar mesin jahit yang bisa digunakan untuk menggulung benang lebih besar di dalam drum dibandingkan mesin jahit normal. Biasanya digunakan saat menjahit menggunakan benang yang berukuran lebih besar.

CH 大型梭床縫纫机 线轴比普通的缝纫机能缠更多的线使用的缝纫机。主要在采用粗线缝纫时使用。

일 왕가마 미싱
(王かま[釜]ミシン
[machine])

☞ 286쪽, 재봉틀(미싱)의
종류

왕 실엮개
oversized
shuttle hook

일반 실엮개
a regular shuttle
hook

웃찌

위에서 내리치는 힘을 리벳, 아일릿, 스냅 따위에 전달하여 가죽이나 원단(패브릭)에 박는 도구. 장식의 머리가 찌그러지지 않도록 장식을 감싸 보호해 준다.

EN fastening hardware upper mold a cover that transfers the impact of the downward force to the rivets, eyelets, and snaps, so that the hardware anchors to the leather or fabric. It also protects the hardware by covering its head.

VI de dụng cụ truyền lực đánh mạnh từ trên xuống đinh tán, nút eyelet, snap rồi đóng vào da hoặc vải. Giúp bọc và bảo vệ đồ trang trí để đầu của đồ trang trí không bị méo.

IN penutup hardware komponen untuk melindungi eyelet, rivet dan snap dengan cara menutupi bagian kepala dan membiarkannya pada saat dibuka. Melindungi bagian atas hardware agar tidak rusak dengan cara membungkusnya.

CH 模子, 扣模具 把从上向下敲击的力量传到铆钉、鸡眼扣、四合扣等上并将这些五金钉在皮革或面料上的工具。能包裹保护五金的上部不使其变瘪。

관 몰드, 밑찌,
우치(うち[打ち])

잘못 알고 있어요 일본어인 '우치(うち[打ち])'는 '내리치다'를 의미한다. ('우치'는 '우찌'라고도 사용하는데 이것은 외래어 표기법에 따르면 틀린 표기이므로 '우치'로 써야 한다.) '우치'는 리벳, 아일릿, 스냅을 가죽이나 원단(패브릭)에 박을 때 장식의 머리 부분에 대 주어서 장식의 머리를 보호해 주는 기구의 이름으로 사용하고 있는데, 이는 내리친다는 '우치'의 일본어 뜻만 생각하고 기구의 이름으로까지 확장해서 잘못 사용하는 말이므로 우리말 '웃찌'로 바꾸어 써야 한다.

Misconception of 'uchi' The Japanese word 'uchi(うち[打ち])' means 'to strike down.' 'Uchi' is also used as 'ujji,' but 'ujji' is an incorrect usage according to the loanword orthography system. The usage of the word 'uchi' extended to define a device that protects the head of a hardware, like rivets, eyelets, and snaps, when hammering the hardwares onto a leather or fabric. However, this is a misuse of the Japanese word 'uchi,' which should be corrected to the correct Korean terminology 'utjji.'

위치틀 位置–

대량 생산을 할 때 다양한 작업에서 정확성을 높이기 위해 사용하는 틀. 일정한 너비로 변접기(헤리)하기 위한 위치틀(지그), 정확한 모양으로 박음질하기 위한 컴퓨터 위치틀(컴퓨터 지그), 정확한 위치에 부착하기 위한 위치틀, 톰슨 철형(도무손 철형) 위에 올려 가죽의 위치를 잡아 주는 위치틀 따위가 있다.

동 지그(jig)
관 모양틀(와쿠)

EN jig a frame used in the process of mass production that improves the accuracy of various tasks. There is a jig for turning the edges to a certain width, a computerized jig for sewing shapes with accuracy, a jig that outlines the location of an attachment, and a jig that fixes the leather on a Thomson cutting die.

VI cử, khung khung được sử dụng để nâng cao độ chính xác trong những công việc đa dạng khi sản xuất với số lượng lớn. Có các loại như khung để gấp mép với bề rộng nhất định, khung máy tính để may với hình dạng chính xác, khung để dán vào vị trí chính xác, khung giúp giữ vị trí của da trên dập chuẩn.

IN pola jig bingkai plastik yang digunakan untuk menempelkan hardware

atau bagian kantong dengan akurat pada saat proses produksi massal.
Terdapat jenis lokasi bingkai untuk melipat ke dalam bentuk tertentu,
lokasi bingkai komputer untuk menjahit dengan bentuk yang sempurna,
lokasi bingkai untuk menempelkan di lokasi yang sesuai, dan lokasi
bingkai menahan kulit yang ada di atas Thomson.

CH 电脑车模具, 位置标志架 大量生产时，为提高多种工作的精确性而
使用的模具。分为按固定宽幅折边的位置标志架、用于精确缝纫图案的
电脑车模具，用于精确对位粘贴的位置标志架和在木板刀模上固定皮革
位置的位置标志架等。

유압 누름기 油壓––機

압력을 가한 기름으로 피스톤을 움직여 철형을 눌러서 가죽이나
원단(패브릭)에서 특정한 모양을 따 내는 기계.

EN hydraulic press a machine that uses compressed oil to create piston
movements to cut leather or fabric into a particular shape using a cutting
mold.

VI máy dập thủy lực loại máy sử dụng lực nén của dầu để làm cho pít
tông di chuyển và ép lên dao dập để tạo hình dạng đặc biệt nào đó lên da
hoặc vải.

IN mesin press hidrolik mesin press yang dioperasikan oleh piston
dengan bantuan tenaga minyak hidrolik untuk memotong kulit atau
kain ke dalam bentuk tertentu.

CH 小啤机 利用油压移动活塞把铁刀模压在皮革或面料上，在皮革或面
料上压出特定图案的机器。

동 유압 프레스기
(油壓press機)

유압 불박기 油壓–撲機

압력을 가한 기름으로 피스톤을 움직여 누르는 힘으로 가죽이나 원단
(패브릭)에 로고나 상징을 찍는 기계.

EN hydraulic embossing machine a machine that uses compressed oil to
create piston movements to emboss a logo or an emblem on a leather or
fabric.

VI máy ép thủy lực loại máy in logo hoặc biểu tượng lên da hoặc vải bằng cách tăng áp lực dầu làm pít tông chuyển động.

IN mesin emboss hidrolik mesin yang mengambil logo atau lambang pada kulit atau kain dengan menekan piston menggunakan minyak yang sudah dipress.

CH 油压电压机 利用油压使活塞移动，利用产生的压力在皮革或面料上印制商标或标志的机器。

이염 시험기 移染試驗機

가죽이나 원단(패브릭), 피브이시(PVC), 안감(우라)이 오랫동안 맞닿아 있었을 때 색이 옮겨지는지 확인하는 기계. 가죽이나 원단, 피브이시, 안감 두 장을 겉면이 맞닿게 포개어 놓고 그 위에 4 kg 정도의 쇳덩어리를 올린 뒤 오븐 시험기(오븐 테스트기)에 넣어 이염 시험(이염 테스트)을 진행한다.

통 이염 테스트기
 (移染test機)
관 이염 시험(이염 테스트)

EN color migration tester, color bleeding tester a machine that checks whether or not the color of leather, fabric, PVC, or lining bleeds onto another material when it has been in contact together for a long period of time. It places two pieces of leather, fabric, PVC, or lining on top of each other, situates a metal mass that weighs approximately 4 kg on the two pieces of material, places it in the oven tester, and proceeds with the color migration test.

VI máy kiểm tra lem màu loại máy kiểm tra xem màu sắc có bị thay đổi không khi để da, vải, PVC hoặc lót tiếp xúc với nhau trong thời gian dài. Chồng hai tấm da, vải, PVC hoặc lót sao cho mặt ngoài đối diện nhau và đặt thanh sắt khoảng 4 kg lên trên đó, sau đó bỏ vào máy test oven và tiến hành kiểm tra lem màu.

IN mesin uji pemindahan warna mesin yang menguji warna kulit atau kain, PVC , lapisan ketika dipakai dalam kurun waktu yang lama. Caranya dengan memasukkan dua potong kulit, kain, PVC dan lapisan di atas satu sama lain, kemudian taruh potongan pelet dengan berat sekitar 4 kg di atasnya, masukkan kembali ke dalam tester oven kemudian mulai melakukan tes transfusi.

CH 移染测试机 确认皮革、面料、PVC或里布是否因长期相互接触而产生颜色移染的机器。将皮革、面料、PVC或里布两张材料表面相对叠放，在其上方放置4kg左右的铁块后重新放入高温测试机中进行测试。

인두

열로 달구어서 실밥을 끊거나 가죽의 잔털을 제거할 때 쓰는, 쇠로 만든 무딘 송곳 모양의 도구. 피브이시(PVC)로 만든 제품의 둥글리기(아루 돌리기)를 할 때나 튀어나온 부분을 녹여 평평하게 할 때 사용하기도 한다.

EN manual heat creaser a dull pointed tool that can be heated to cut off unraveled strands of thread or to remove lint from leather. It is also used to melt and flatten the protruding parts of a product made with PVC in the rounding process.

VI cây hơ, dùi nóng loại dụng cụ có hình cái dùi cùn được làm bằng sắt, dùng để nung lên rồi cắt chỉ thừa hoặc loại bỏ những phần lông còn sót lại của da. Cũng được sử dụng khi làm tròn sản phẩm được làm từ PVC hoặc làm tan chảy rồi làm phẳng lại phần nhô ra.

IN besi penyorder alat dengan ujung tajam yang terbuat dari besi, digunakan untuk memotong sisa benang jahitan. Alat ini juga digunakan untuk melelehkan dan meratakan bagian yang menonjol saat melapisi produk yang tebuat dari PVC.

CH 电烙铁 烧热之后烧断线头或去除皮革起毛时用的钝的铁制锥形工具。在把PVC制作的产品撑圆或将突出部分加热变软并整理平整时使用。

유 고데(←こて[鏝])

일자 변접음기 一字邊――機

직선 모양의 가죽이나 원단(패브릭)의 한쪽 가장자리를 일정한 폭으로 접어 붙이는 기계.

EN straight line edge folding machine a machine that folds one straight edge of a leather or fabric to a certain width.

VI máy gấp mép đường thẳng loại máy gấp và dán một bên mép của da hoặc vải theo một đường thẳng với độ rộng nhất định.

IN mesin pelipat sisi lurus mesin yang melipat garis lurus pada salah satu sisi tepian kulit atau kain ke dalam lebar tertentu.

CH 一字折边机 把直线型的皮革或面料的一边按一定的幅度折边粘贴的机器。

유 일자 헤리기
(一字へリ[緣]機)

입구 벌림기 入口--機

걸감에 안감(우라)이나 안쪽 입구 띠(내구치 띠)를 붙일 때 가방의 입구
(구치) 부분을 벌리고 평평하게 펴서 붙이기 쉽도록 도와주는 기계.

EN top widener a machine that eases the stitching process by widening
and anchoring down the opening of a bag when stitching the lining or the
inner opening strap to the outer part of a bag.

VI máy căng mở miệng túi loại máy hỗ trợ cho việc mở rộng và mở
phẳng phần miệng túi ra rồi dán lại một cách dễ dàng khi dán lót hoặc nẹp
miệng bên trong vào vải ngoài.

IN pelebar bagian atas mesin yang membantu membuka tas selebar-
lebarnya untuk mempermudah saat akan menempelkan lapisan di bagian
dalam dan tali di bagian pembuka tas.

CH 手合缝机器, 包口分离机 在内里上粘贴里布或内袋口衬时将包口撑
开展平帮助粘贴的机器。

同 구치 벌림기
(くち[口]--機)

자동 가죽 재단기 自動--裁斷機

가죽을 자동으로 자르는 기계. 캐드 프로그램으로 가죽의 면적을 측정
하고, 가죽의 상태와 소요량을 반영하여 패턴(가타)을 배열한 뒤 배열
된 모양대로 가죽을 자른다.

EN automated leather cutting machine a machine that automatically
cuts leather. The CAD program measures the area of leather, arranges a
pattern to reflect the conditions and requirements of the leather, and cuts
the pattern according to the arrangements.

VI máy cắt da tự động loại máy cắt da tự động. Đo diện tích của da bằng
chương trình CAD, sắp xếp rập tùy theo định mức và trạng thái của da và
cắt da theo hình dạng đã được sắp xếp.

同 자동 재단기
(自動裁斷機),
절단기(切斷機)

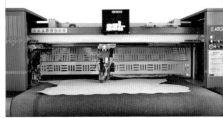

IN mesin pemotong kulit otomatis mesin untuk memotong kulit secara otomatis. Kulit dipotong sesuai bentuknya setelah mengatur pola, mengukur area kulit, menghitung jumlah dan memeriksa kondisi kulit menggunakan program CAD.

CH 自动裁皮机, 制动裁断机 自动裁断皮革的机器。用CAD程序测量皮革面积后，显示皮革状态和需求量，并进行纸板配置，最后按配置的形状裁断皮革。

자동 무늬선 누름기 自動––線––機

가죽이나 원단(패브릭)을 원반 작업대에 올려 놓으면 작업대가 돌아가며 자동으로 누른 무늬선(넨선)을 찍는 기계.

EN turntable heat creaser a machine that draws crease lines using a turntable. The leather or fabric is placed on a turntable that spins.

VI máy kẻ chỉ tự động loại máy mà đặt da hoặc vải lên kệ hình đĩa, kệ sẽ xoay vòng và kẻ chỉ tự động.

IN mesin emboss garis otomatis mesin yang secara otomatis mengambil garis pola saat kulit atau kain diletakkan di atas meja kerja dan meja kerjanya diputar.

CH 自动电压机, 自动电压线机 将皮革或面料放置在圆盘工作台上工作台便转动并自动压制电压线的机器。

동 자동 넨기계
(自動ねん[捻]機械),
자동 넨선기
(自動ねん[捻]線機),
자동 넨질기
(自動ねん[捻]−機)
관 수동 무늬선 누름기
(수동 넨기계)

자동 변접음기 自動邊––機

틀 위에 원단(패브릭)이나 안감(우라)을 놓으면 틀 아래에서 공기의 압력으로 빨아 당겨 고정한 뒤 틀 모양대로 가장자리를 접어 붙이는 기계. 작업 부위의 모양에 따라 틀을 교체한다.

EN semi-automatic edge folding machine a machine that uses air pressure to pull the fabric or lining back on a frame and fold the edges according to the shape of the frame. The frames are interchangeable and changed according to the shape of the working area.

VI máy gấp khung tự động loại máy có thể gấp và dán mép lại theo hình dạng khung sau khi kéo và giữ cố định chi tiết lại bằng khí nén dưới khung nếu đặt vải hoặc lót lên trên khung. Tùy vào hình dạng của bộ phận gia công

동 자동 헤리기
(自動ヘリ[緣]機)
관 수동 변접음기
(수동 헤리기)

để thay đổi khung.

IN mesin pelipat otomatis mesin yang melipat bagian tepian hingga membentuk bingkai dengan cara menyedot bagian bawah bingkai dengan tekanan udara yang muncul saat lapisan atau kain ditempelkan di atas bingkai. Bingkai ini dapat diganti sesuai dengan bentuk pekerjaan.

CH 自动折边机 把面料或里布放在模具上，从模具下方利用空气压力将其拽动并固定后，按照模具的形状折边粘贴的机器。根据作业部位的形状更换模具。

자동 불박기 自動-撲機

컴프레서를 통한 공기의 압력으로 가죽이나 원단(패브릭)에 연속하여 로고나 상징을 찍는 기계. 자동으로 온도를 조절하는 기능이 있다.

EN automatic embossing machine a machines that uses the air pressure emitted by a compressor to repeatedly emboss a logo or an emblem on a leather or fabric. It has a function that automatically adjust the temperature.

VI máy in embossing tự động loại máy in logo hoặc biểu tượng lặp đi lặp lại lên da hoặc vải bằng khí nén thông qua máy nén không khí. Có chức năng điều chỉnh nhiệt độ tự động.

IN mesin emboss otomatis mesin yang mencetak logo dan simbol terus menerus pada kulit atau kain dengan tekanan udara melalui kompresor. Mesin ini memiliki fungsi kontrol suhu otomatis.

CH 自动电压机 通过压缩机利用空气压力连续地在皮革或面料上压制商标或标志的机器。具有自动调节温度的功能。

자동 연재단기 自動連裁斷機

두루마리 상태의 원단(패브릭)이나 안감(우라), 보강재(신) 따위를 연단기로 일정하게 잘라 쌓은 뒤, 구체적인 모양으로 자르는 기계. 컴퓨터로 마커 작업을 진행하여 로스를 최소화하여 자른다.

EN automated cutting machine a machine that cuts rolled fabric, lining, and reinforcement with precision, stacks up the material, and cuts the materials into a particular shape. It uses a computer to leave a mark on the material to minimize the loss.

VI máy cắt tự động máy sử dụng để cắt vải, lót hoặc đệm gia cố ở trạng thái cuộn với một khoảng nhất định bằng máy cắt. Xếp nguyên vật liệu chồng lên nhau và cắt thành những hình dạng cụ thể. Tiến hành công đoạn vẽ sơ đồ bằng máy tính nên giảm thiểu được hao hụt.

IN mesin pemotong otomatis mesin untuk meratakan kain, lapisan, dan penguat yang digulung dan dipotong ke dalam bentuk tertentu secara otomatis. Proses penandaan menggunakan komputer untuk meminimalisir kerugian.

CH 自动切割机, 制动洗料机 把卷成圆形的面料、里布或补强衬等用切割机整齐切割并放置后，再按具体的形状裁剪的机器。用电脑设计样板将余量最小化后裁剪。

장력 시험기 張力試驗機

완성된 가방의 스냅, 개고리, 연결 부위 장식, 손잡이(핸들) 따위를 당겨서 버티는 힘을 확인하는 기계.

EN tensile tester a machine that tests the strength of a snap fastener, a dog hook, a handle, or a conjoining hardware on a bag by pulling it away from the bag.

VI máy đo lực căng máy dùng để kiểm tra độ chắc chắn bằng cách kéo đẩy những vật như snap, móc chó, đồ trang trí kết nối, tay cầm trên túi thành phẩm.

IN alat uji ketegangan mesin penguji untuk mengecek tingkat kekuatan tas saat patch, hardware, pegangan, dan sambungan tasnya ditarik.

CH 拉力测试机, 张力测试机 拉拽制作完成的包上的按扣、挂钩、连接部位五金、手把等，确认其承力情况的机器。

장식 벌림 집게 裝飾————

가죽이나 원단(패브릭)을 끼우기 위하여 링을 벌려 틈새를 만드는 데 쓰는 도구.

EN hardware widener a tool that spreads the gap on a ring to insert a material like leather or fabric in between.

VI thiết bị mở đồ trang trí dụng cụ dùng để tạo ra khoảng trống trên

동 장력 테스트기 (張力test機), 텐슬 테스트기 (tensile test機)

khoen để gắn da hoặc vải vào.

IN tang pembuka hardware alat yang digunakan untuk melebarkan cincin untuk pembuka supaya kulit atau kain bisa diselipkan masuk ke dalam.

CH 五金开钳, 五金撑钳 为了把环扣挂在皮革或面料上而将其撑开做出空隙的工具。

재단 칼 裁斷-

주로 가죽이나 보강재(신)를 자르는 데 쓰는 칼. 칼자루의 반대쪽 끝이 한쪽 방향으로 비스듬하게 날이 서 있기 때문에 칼을 세워서 사용한다.

동 가죽 칼

EN cutting knife a knife for cutting leather and reinforcement. The blade tilts to one side and therefore, needs to be positioned upright upon cutting.

VI dao cắt tay loại dao được sử dụng chủ yếu khi cắt da hoặc đệm gia cố. Vì phía cuối hướng đối diện của chuôi dao lệch sang một bên nên khi sử dụng thì giơ lưỡi dao thẳng đứng.

IN pisau potong pisau yang sering digunakan untuk memotong kulit atau penguat. Karena ujung gagang pisaunya miring ke satu arah maka pisau ini harus digunakan dengan posisi tegak saat melakukan pemotongan.

CH 划皮刀, 裁断刀 主要在裁断皮革或补强衬时使用的刀。由于刀柄的反方向一端的刀刃向一个方向倾斜，所以需要竖直使用。

재봉틀 裁縫-

바느질하는 기계. 모양과 사용 목적에 따라 종류가 다양하다.

EN sewing machine a machine that sews. The type varies by shape and purpose.

VI máy may loại máy dùng để may. Có nhiều loại đa dạng tùy theo hình dạng và mục đích sử dụng.

IN mesin jahit mesin yang digunakan untuk menjahit. Terdapat berbagai jenis sesuai dengan bentuk dan tujuan penggunaannya.

CH 缝纫机 缝纫使用的机器。根据形状和使用目的的不同种类多样。

동 미싱
(ミシン[machine]),
봉제기(縫製機)

관 고차 재봉틀(고차 미싱),
말뚝 재봉틀(말뚝 미싱),
바인딩 재봉틀
(바인딩 미싱),
쌍침 고차 재봉틀
(쌍침 고차 미싱),

미싱이라는 말은 이렇게 유래되었어요 재봉틀(미싱)은 가죽, 원단(패브릭), 보강재(신) 따위를 실로 꿰매는 데 사용하는 기계이다. 최초의 실용적인 재봉틀은 1829년에 등장했고, 우리나라에는 1877년에 도입되어 1960년 중반 대중화되었다. 영어로는 소잉 머신(sewing machine)인데, 일본식 영어 발음인 '미싱'으로 우리나라에 전해졌다. 재봉틀은 당시에 가정집에서 사용할 수 있는 거의 유일한 기계였다. 이후 '재봉틀을 사용하여 박음질하는 일'로 쓰임을 확장하여 '가라 미싱(→꾸밈 박음질)', '칸막이 미싱(→칸막이 박음질)'과 같이 기술 용어로도 쓰인다. 하지만 '미싱'은 일본을 통해 들어와 잘못 사용하고 있는 어휘로 기계를 가리킬 때는 '재봉틀'로, '기술'을 가리킬 때는 '박음질'로 순화하여 사용해야 한다.

Origin of the word 'mising' A sewing machine is a machine that is used to sew leather, fabric, and reinforcement. The first residential sewing machine was introduced in 1829. It was first introduced to Korea in 1877 and popularized in the mid 1960s. It is said to believe that the word 'machine' in 'sewing machine' became 'mishin(ミシン)' in Japanese and the usage of the Japanese pronunciation of the word spread to Korea. Since sewing machines were the only machinery that was used at home, the words 'machine' and 'sewing machine' both referred to sewing machines and were recognized as synonyms. Afterwards, the usage of the term 'mising' extended to a verb to define the action of 'using a sewing machine to sew,' and coined technical terms like 'gara mising (decorative stitching)' and 'kanmagi mising (divider stitching).' Nonetheless, the word 'mising' is an incorrect usage derived from Japan. In Korean, the machinery should be properly addressed as 'jaebongteul(sewing machine)' and the action of sewing should be 'bageumjil(to sew).'

쌍침 말뚝 재봉틀
(쌍침 말뚝 미싱),
쌍침 재봉틀(쌍침 미싱),
왕 실엮개 재봉틀
(왕가마 미싱),
지그재그 재봉틀
(지그재그 미싱),
컴퓨터 재봉틀
(컴퓨터 미싱),
퀼팅 재봉틀
(퀼팅 미싱),
휘감기 재봉틀
(택 미싱),
휘갑치기 재봉틀
(오버로크 미싱)

☞ 286쪽. 재봉틀(미싱)의 종류

☞ 288쪽. 재봉틀(미싱)의 구조

재봉틀(미싱)의 종류 Types of sewing machines

1 형태 by form

평차 재봉틀(평차 미싱)
traditional
sewing machine

고차 재봉틀(고차 미싱)
cylinder arm
sewing machine

말뚝 재봉틀(말뚝 미싱)
post cylinder arm
sewing machine

2 결과물의 모양 by the shape of the outcome

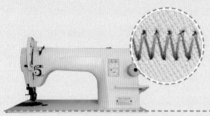

지그재그 재봉틀(지그재그 미싱)
zig zag
sewing machine

쌍침 재봉틀(쌍침 미싱)
double stitching
sewing machine

3 장치 추가(변형) by the additional devices(alternations)

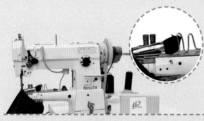

바인딩 재봉틀(바인딩 미싱)
binding
sewing machine

상하송 재봉틀(상하송 미싱)
sewing machine with walking
presser foot

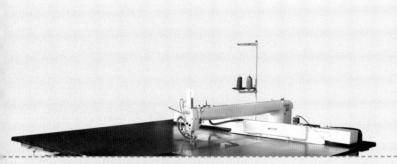

컴퓨터 재봉틀(컴퓨터 미싱)
computerized
sewing machine

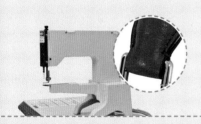

휘감기 재봉틀(택 미싱)
tack
sewing machine

휘갑치기 재봉틀(오버로크 미싱)
overlock stitch
sewing machine

왕 실엮개 재봉틀(왕가마 재봉틀)
sewing machine with
a oversized shuttle hook

재봉틀(미싱)의 구조 Composition of a sewing machine

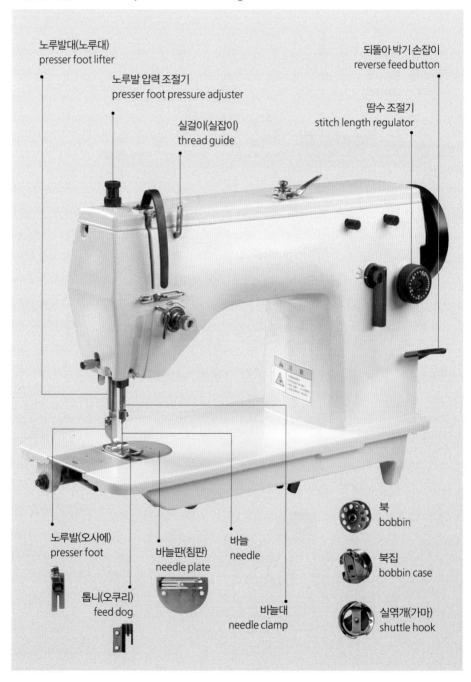

노루발대(노루대)
presser foot lifter

노루발 압력 조절기
presser foot pressure adjuster

실걸이(실잡이)
thread guide

되돌아 박기 손잡이
reverse feed button

땀수 조절기
stitch length regulator

노루발(오사에)
presser foot

톱니(오쿠리)
feed dog

바늘판(침판)
needle plate

바늘
needle

바늘대
needle clamp

북
bobbin

북집
bobbin case

실엮개(가마)
shuttle hook

전동 약칠기 電動藥漆機

전기를 동력으로 롤러를 움직여 가죽의 단면(기리메)에 약물(에지 페인트)을 칠하는 기계.

EN electric edge painting machine a machine that applies edge paint on the raw edges of leather with an electric roller.

VI máy quét sơn bằng điện loại máy quét nước sơn lên cạnh sơn của da bằng cách chuyển động con lăn dùng điện.

IN mesin cat roll dengan motor mesin yang mengecat bagian sisi potongan kulit menggunakan cat khusus tepian dengan cara menggerakkan roller menggunakan tenaga listrik.

CH 电动边油车 依靠电力转动滚轮给皮革的裁断面涂边油的机器。

전체 깎음 연마석 全體––研磨石

전체 깎음기(와리기)에서, 전체 깎음 칼(와리기 칼)을 날카롭게 가는 돌.

EN solid skiving grinding stone a grinding stone that sharpens the solid skiving knife on a solid skiving machine.

VI đá mài máy lạng lớn đá mài ở máy lạng lớn để mài lưỡi dao lạng lớn sắc nhọn.

IN batu untuk menajamkan pisau mesin skiving batu pada mesin skiving sepenuh yang digunakan untuk mengasah pisau skiving sepenuh agar lebih tajam.

CH 大铲皮磨刀砂轮 大铲皮机里的把大铲皮刀研磨锋利的石头。

동 와리기 연마석
(わり[割(リ)]機研磨石)

전체 깎음 칼 全體–––

전체 깎음기(와리기)에서, 가죽의 두께를 줄이기 위하여 가죽의 뒷면(시타지)을 깎는 칼. 보통 폭 5 ㎝, 길이 2.68 m, 두께 0.6~0.8 ㎜ 정도이며, 길고 넓은 벨트 모양이다.

EN solid skiving knife a knife on a solid skiving machine that is used to adjust the thickness of leather by skiving the leather from the backside. The knife is usually 5 cm wide, 2.68 m long, and 0.6~0.8 ㎜ thick. And it is in the shape of a long and wide belt.

동 와리기 칼
(わり[割(リ)]機–)

VI dao lạng lớn, lưỡi dao máy bào lưỡi dao trong trong máy lạng lớn dùng để cắt mặt sau của da nhằm làm giảm bớt độ dày của da. Dao có hình dạng như dây đai dài và rộng, bề rộng tầm 5 ㎝, chiều dài 2,68 m và chiều dày thường từ 0,6~0,8 ㎜.

IN pisau skiving sepenuh pisau yang berfungsi untuk menipiskan kulit bagian belakang pada mesin skiving sepenuh. Biasanya memiliki ukuran lebar 5 ㎝, panjang 2.68 m, ketebalan 0.6~0.8 ㎜, dan bentuknya seperti sabuk panjang.

CH 大铲皮刀, 全面片皮刀 大铲皮机里为了减少皮革厚度在皮革的背面铲皮的刀。通常宽5cm、长2.68m、厚度为0.6~0.8mm，呈长而薄的带状。

전체 깎음기 全體－－機

가죽의 뒷면(시타지) 전체를 지정한 두께로 균일하게 깎는 기계. 다양한 면적의 가죽에 사용할 수 있으며 대형 전체 깎음기(와리기)는 가죽 한 장 전체를 깎을 수도 있다.

통 와리기(わり[割(リ)機)

EN solid skiving machine a machine that skives the entire back surface of a leather to the desired thickness. It can be used to skive leather of all sizes. A large solid skiving machine can skive one whole layer of leather.

VI máy lạng lớn máy dùng để lạng toàn bộ mặt sau của da theo độ dày được chỉ định. Có thể sử dụng để lạng da mọi kích cỡ và máy lạng lớn cũng có thể lạng toàn bộ một tấm da.

IN mesin skiving sepenuh mesin untuk menipiskan kulit atau kain dengan ketebalan yang dikehendaki. Dapat digunakan untuk berbagai bidang kulit, dapat juga untuk menipiskan seluruh bagian kulit.

CH 大铲皮机, 洼里机, 全面片皮机 将整张皮的背面铲成合适厚度的铲皮机。可以用在多种面积的皮革上，大型铲皮机可以给整张皮进行铲皮。

조명 상자 照明箱子

반투명한 판 아래 조명을 설치하여 조명의 빛으로 가죽이나 원단(패브릭), 장식 따위의 색과 상태를 검사하는 상자 모양의 기계. 데이 라이트 [D-65]나 백열광[incandescent A]과 같은 조명을 이용한다.

동 라이트 박스(light box), 빛 상자(-箱子)

EN light box a box-shaped machine that shines a light under a semi-transparent panel for inspection. It is to inspect the color and conditions of the leather, fabric, and hardware. A D-65 day light or an incandescent A light is used for lighting.

VI máy soi màu máy có hình dạng hộp dùng để lắp đặt đèn chiếu sáng ở phía dưới một tấm bảng trong suốt và kiểm tra tình trạng và màu sắc của da, vải hoặc đồ trang trí bằng ánh sáng đó. Sử dụng dạng đèn như đèn LED D-65 hoặc dạng đèn có ánh sáng trắng.

IN kotak lampu mesin berbentuk kotak yang berfungsi untuk mengecek warna dan kondisi kulit, kain, atau hardware menggunakan cahaya dari pantulan sinar yang dipasang di bawah panel transparan. Menggunakan cahaya seperti daylight [D-65] dan incandescent A.

CH 灯箱, 检查箱, 灯光检查箱, 标准多光源对色灯 在半透明隔板下安装光源，利用其光线检查皮革颜色或状态的箱型机器。使用日光[D-65]或白炽光[incandescent A]等照明光源。

종이 재단기 --截斷機

주로 사각으로 된 많은 양의 종이나 보강재(신) 따위를 일정한 길이로 자르는 기계. 작두처럼 칼날이 위에서 아래로 내려오며 종이나 보강재를 자른다.

동 시어링기(shearing機)

EN paper cutting machine, paper shearing machine a machine that cuts bulks of paper or reinforcement, which is often rectangular, to a certain length. The blade comes down like a guillotine and cuts the paper or reinforcement.

VI máy cắt giấy loại máy chủ yếu cắt nhiều lượng giấy hoặc đệm gia cố thành hình tứ giác theo chiều dài nhất định. Lưỡi dao di chuyển từ trên xuống dưới như máy cắt rơm giúp cắt giấy hoặc đệm gia cố.

IN mesin pemotong kertas mesin yang memotong lapisan penguat atau kertas berbentuk persegi dalam jumlah yang banyak ke dalam ukuran panjang tertentu. Pisau pada mesin ini memotong kertas dan penguat dari atas ke bawah.

CH 切割刀 主要把大量的四角形的纸或补强衬按一定长度裁剪的机器。用类似铡刀的刀自上向下裁剪纸张或补强衬。

줄자

헝겊이나 강철로 띠처럼 만든 자. 둥근 집 속에 말아 두었다가 필요한 때에 풀어 쓴다.

EN measuring tape a tape-like ruler made of cloth or steel that can be rolled up into a case and pulled back out for usage.

VI thước dây thước được làm bằng vải hoặc thép tương tự như đai. Được cuộn lại và bảo quản trong hộp tròn, khi cần sử dụng thì tháo ra.

IN tali meteran tali yang dibuat dari kain atau logam. Biasanya digulung ke dalam tempat melingkar dan dikeluarkan saat akan dipakai.

CH 卷尺 用布头或钢条制作的尺子。卷在圆盒里需要的时候拉出来使用。

지그재그 재봉틀 zigzag裁縫–

'Z' 자 모양으로 박음질할 때 쓰는 재봉틀(미싱).

EN zigzag sewing machine a type of sewing machine for sewing Z-shaped stitches.

VI máy may zigzag loại máy may được sử dụng khi may theo hình chữ Z.

IN mesin jahit zig zag mesin yang

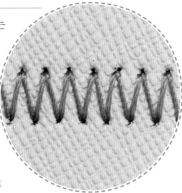

동 지그재그 미싱 (zigzagミシン [machine])

☞ 286쪽, 재봉틀(미싱)의 종류

digunakan saat menjahit bentuk Z.

CH 人字车, Z字缝纫机 按Z字型缝纫时使用的缝纫机。

지퍼 꼬부림기 zipper---機

나일론 소재의 지퍼 테이프 끝부분을 뒤로 접은 뒤 열로 녹여 올이 풀리지 않게 마감하는 기계.

EN zipper bender a machine that uses heat to bend and melt the ends of a nylon zipper tape to prevent the zipper tape plies from unraveling.

VI máy ép đuôi dây kéo loại máy sử dụng nhiệt để ép cong phần cuối của dây kéo nylon, tránh làm cho con chạy bị rớt ra.

IN mesin pembengkok risleting mesin yang melipat bagian ujung tape risleting berbahan nilon kemudian dilelehkan dengan panas agar bagian ujungnya tidak lepas.

CH 点烫机, 拉链烫布机 把尼龙材质的拉链布的末端向后折叠后加热融化使之不开线的收尾用机器。

지퍼 막음쇠 부착기 zipper---附着機

지퍼 슬라이더가 빠지지 않도록 지퍼의 양 끝에 지퍼 막음쇠(지퍼 도메)를 달아 주는 기계.

EN zipper stopper fastening machine a machine that places a zipper stopper on both ends of a zipper to prevent the zipper slider from falling out.

VI máy đóng chặn đầu dây kéo loại máy dùng để gắn chặn đầu kéo kim loại ở cuối hai bên dây kéo sao cho đầu kéo không thể rớt ra.

IN mesin stopper risleting mesin untuk menempelkan stopper di kedua ujung risleting agar slider risleting tidak jatuh.

CH 上齿机, 拉链堵头机 给拉链两端加上堵头以防止拉链头滑落的机器。

동 지퍼 도메기
(zipperとめ[止め]機),
지퍼 정지 부착기
(zipper停止附着機)

관 지퍼 뒷막음쇠 부착기
(지퍼 뒷도메기)

지퍼 슬라이더 누름기 zipper slider--機

지퍼 슬라이더에 끼운 지퍼 풀러가 빠지지 않도록 일정한 압력을 주어 지퍼 슬라이더의 벌어진 끝을 오므리는 기계.

EN zipper slider press machine a machine that applies pressure and closes the opening gap of a zipper slider, so that the zipper puller does not fall out.

VI máy đóng tép đầu kéo vào con chạy máy ép phần bị hở của đầu kéo bằng lực nén nhất định để tránh cho tép đầu kéo bị rơi ra khi lắp vào đầu kéo.

IN mesin press slider risleting mesin untuk menekan bagian ujung slider risleting yang terbuka dengan menggunakan daya tekanan yang teratur agar puller untuk risleting yang menempel di slider risleting tidak jatuh.

CH 钳子拉链钳, 拉链头按压机 为了不让卡在拉链上的链头脱落，用一定的压力将拉链的开口闭合的机器。

동 지퍼 여닫이 누름기 (zipper-----機)

지퍼 이빨 제거기 zipper--除去機

금속 지퍼 양 끝의 지퍼 이빨을 자동으로 제거하는 기계.

EN zipper teeth remover a machine that removes zipper teeth from both ends of a metal zipper.

VI máy cắt bỏ răng dây kéo sắt loại máy loại bỏ tự động răng dây kéo của hai bên dây kéo kim loại.

IN mesin pencabut gigi risleting mesin untuk mencabut gigi risleting yang ada di ujung kedua sisi risleting logam secara otomatis.

CH 拉链拔牙机 自动去除拉链两头的拉链齿的机器。

동 지퍼 금속 치절기 (zipper金屬齒切機), 지퍼 치절기 (zipper齒切機)

지퍼 절단기 zipper切斷機

말려 있는 지퍼 뭉치를 풀면서 일정한 길이로 자르는 기계.

EN zipper cutting machine a machine that unrolls and cuts zipper tapes from a roll of zipper tapes to the desired length.

VI máy cắt dây kéo loại máy dùng để mở một bó dây kéo được cuộn tròn và cắt theo chiều dài nhất định.

IN mesin pemotong risleting mesin yang menggelar gulungan ritsleting dan memotongnya dengan panjang tertentu.

CH 拉链切割机 将成卷的拉链展开按一定的长度切割的机器。

지퍼 풀칠기 zipper-漆機

가방에 연결되는 쪽 지퍼 테이프에 접착제를 바르는 기계. 양면 풀칠기 와 단면 풀칠기가 있다.

EN zipper gluing machine a machine that applies adhesives on the side of a zipper tape that connects to the bag (e.g. double-sided zipper gluing machine, one-sided zipper gluing machine).

VI máy chạy keo dây kéo loại máy quét keo dính trên bản dây kéo cần nối vào túi xách. Có loại máy phun keo hai mặt và máy phun keo một mặt.

IN mesin pengelem risleting mesin untuk menempelkan lem pada sisi tape risleting yang terhubung ke tas. Ada dua jenisnya, pengeleman dua sisi bolak balik dan pengeleman satu sisi.

CH 拉链摩胶机, 拉链刷胶机 给连接在包上的拉链布涂粘贴剂的机器。 有双面刷胶机和单面刷胶机。

집진기 集塵機

갈아 내고 남은 가죽 부스러기 따위를 빨아들이는 기계. 대부분 부분 깎음기(스카이빙기)나 전체 깎음기(와리기) 따위에 연결되어 있다.

EN dust collector a machine that sucks in the residue of shredded leather. It is often associated with solid skiving machines and edge skiving machines.

VI máy hút bụi trong máy mài loại máy hút các loại mảnh vụn da còn lại sau khi mài. Chủ yếu được kết nối với máy lạng hoặc máy lạng lớn.

IN penyedot debu mesin yang menghisap sisa-sisa debu kulit. Kebanyakan terhubung dengan mesin skiving biasa atau mesin skiving sepenuh.

CH 吸尘器 吸除铲皮后的碎皮屑的机器。常与小铲皮机或大铲皮机相互 连接。

짤순이

본드를 담아 놓고 짜서 쓰는 입구가 좁은 통.

EN glue container a container with a narrow opening for storing glue.

VI hũ đựng keo hũ có phần miệng hẹp dùng để chứa keo.

IN botol lem corong botol plastik kecil dengan bagian mulut yang kecil untuk menyimpan lem di dalamnya.

CH 胶水壶, 胶壶 装有胶水挤压使用的开口窄小的桶。

통 본드 통(bond桶)

쪽가위

실 따위를 자르는 데 쓰는, 족집게처럼 생긴 작은 가위.

EN embroidery scissor a small scissor that looks like a tweezer for cutting thread.

VI kéo nhỏ cắt chỉ kéo nhỏ có cấu tạo giống cái nhíp, được sử dụng để cắt chỉ.

IN gunting kecil, gunting bordir gunting kecil berbentuk seperti pinset yang digunakan untuk memotong benang.

CH 小剪刀 剪线头时使用的类似镊子的小剪刀。

창틀 변접음기 窓–邊––機

안감(우라) 창틀 작업에서, 공기의 압력을 이용하여 안감을 빨아 당긴 뒤 창틀 구멍의 가장자리를 일정한 폭으로 접어 붙이는 기계.

EN window pocket edge folding machine a machine that uses air pressure to pull back the lining and fold the edges of a window patch to the desired width during the process of creating a window patch in the lining of a product.

VI máy gấp khung loại máy được dùng trong thao tác làm khung lót, giúp gấp và dán mép khung theo độ rộng nhất định sau khi sử dụng khí nén để kéo giữ miếng lót.

IN mesin pelipat ujung lapisan mesin yang menggunakan tekanan udara untuk menyedot dan melipat bagian tepi lubang jendela dengan lebar

통 우라 창틀 헤리기 (うら[裏] 窓-ヘリ[緣]機), 창틀 헤리기 (窓-ヘリ[緣]機)

tertentu dalam proses pelapisan lapisan.

CH 链框折边机 里布窗口作业中，利用空气压力将里布吸住拉拽后，把窗口的边缘按一定幅度折边粘贴的机器。

철형 鐵型

쇠로 만든, 다양한 모양의 재단용 틀. 가죽이나 원단(패브릭), 보강재(신) 따위에 철형을 올리고 누름기(프레스기)로 눌러 같은 모양을 반복적으로 따 낸다.

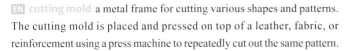

EN cutting mold a metal frame for cutting various shapes and patterns. The cutting mold is placed and pressed on top of a leather, fabric, or reinforcement using a press machine to repeatedly cut out the same pattern.

VI dao dập khung dùng để cắt, được làm bằng sắt theo nhiều hình đa dạng. Đặt dao dập lên trên da, vải hoặc đệm gia cố, sau đó đè xuống bằng máy dập để liên tục tạo ra hình dạng giống nhau.

IN pola pisau press pisau untuk memotong berbagai macam bentuk dari kulit, kain dan penguat sesuai dengan pola yang ada. Pisaunya ditempatkan di atas material kemudian ditekan pada mesin press.

CH 铁刀模, 铁模具 用铁制成的形状多样的裁断用刀模。在皮革、面料或补强衬上放置铁刀模后，用压力机反复压制出同样的形状。

카스 시험기 CASS(Copper–Accelerated Acetic Acid Salt Spray Test)試驗機

도금한 장식이 부식이나 침식으로 변색되는지 확인하는 기계. 기계에 장식을 넣고 50 ℃의 1 % 농도 염화나트륨 용액에 24시간 노출시킨다.

동 카스 테스트기
(CASS test機)

EN copper accelerated acetic acid salt spray(CASS) tester a machine that tests the susceptibility of an electroplated hardware to discoloration and rust. The electroplated hardware is placed in a CASS tester and exposed to a temperature of 50 ℃ with a 1 % concentration of sodium chloride solution for 24 hours.

VI máy test CASS máy kiểm tra xem đồ trang trí được mạ có bị biến đổi màu do bị gỉ sét hoặc ăn mòn hay không. Bỏ đồ trang trí vào máy và ngâm trong dung dịch natri clorid nồng độ 1 % ở 50 ℃ trong 24 giờ.

IN mesin pengujian CASS mesin penguji yang berfungsi untuk memeriksa apakah hardware akan berubah warna saat terkena erosi atau korosi. Hardware ditempatkan pada mesin dan diberi larutan natrium klorida sebanyak 1 % pada suhu 50 ℃ selama 24 jam.

CH CASS检查机 用于确认电镀五金腐蚀或变色与否的机器。把五金浸入50摄氏度的浓度为1%的氯化钠溶液中放置24小时。

컴퓨터 재봉틀 computer裁縫−

컴퓨터에 입력한 위치와 모양대로 박음질하는 재봉틀(미싱). 다양한 크기의 틀 위에 위치틀(지그)로 가죽이나 원단(패브릭)의 위치를 고정한 뒤, 컴퓨터에 입력한 대로 틀을 움직여 사용한다. 박음질 속도 조절, 땀수 및 땀 폭 조절과 같은 기능이 있다.

통 컴퓨터 미싱 (computerミシン [machine])

☞ 286쪽, 재봉틀(미싱) 의 종류

EN computerized sewing machine a sewing machine with a computerized system that makes stitches according to the inputted position and shape. The frame, which can come in various sizes, can be moved with the computer once a jig fixes and positions the frame on the leather or fabric. It has the function to adjust the speed, number of stitches, and width of the stitching margin.

VI máy may computer loại máy may dùng để may theo vị trí và hình dạng được nhập sẵn trên máy tính. Cố định vị trí của da hoặc vải bằng khung lên trên khung có kích thước đa dạng, sau đó di chuyển khung theo như số liệu được nhập trên máy tính. Có các chức năng như điều chỉnh tốc độ may, điều chỉnh số mũi may và độ rộng mũi may.

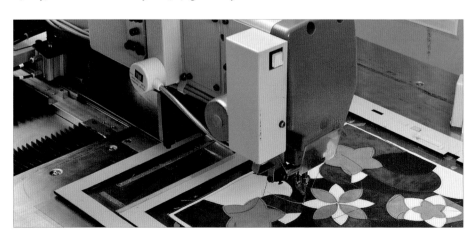

IN mesin jahit komputer mesin yang digunakan untuk menjahit sesuai dengan pola dan garis jahitan yang sudah diinput ke dalam komputer. Setelah memposisikan kulit atau kain sesuai dengan bingkai dalam berbagai ukuran, gunakan bingkai seperti yang telah diinput ke komputer. Mesin ini memiliki fungsi seperti menyesuaikan kecepatan jahitan, mengatur jumlah jahitan dan margin.

CH 电脑车, 电脑缝纫机 按照在电脑上输入的位置和形状进行缝纫的机器。在不同大小的模具上使用电脑车模具固定皮革或面料的位置后，根据电脑内输入的数据移动模具使用。具有速度调节、针数和针距调节等功能。

콘 cone

① 실을 원뿔 모양의 대에 감아 놓은 꾸러미. ② 실 꾸러미를 세는 단위.

EN cone ① a pile of coiled up thread in the shape of a cone. ② a counting unit for a spool of thread.

VI cuộn chỉ ① lõi quấn chỉ thành hình nón. ② đơn vị để đếm ống chỉ.

IN kone ① tempat dengan bentuk kerucut untuk melilitkan benang. ② unit untuk menghitung banyaknya benang.

CH 线捆, 线筒 ① 缠在圆锥筒上的线捆。② 线捆的数量单位。

퀼팅 재봉틀 quilting裁縫-

얇은 가죽이나 원단(패브릭)의 뒷면(시타지)에 솜이나 스펀지 같은 부드러운 보강재(신)를 두툼하게 대고 네모나 다이아몬드 모양으로 누빌 때 쓰는 재봉틀(미싱).

동 누빔 재봉틀 (--裁縫-), 퀼팅 미싱 (quiltingミシン [machine])

EN quilting sewing machine a sewing machine for quilting square or diamond shaped patterns on a thin leather or fabric with soft reinforcing materials, like cotton and sponge, on the backside.

VI máy may chần loại máy may sử dụng khi may chần theo hình tứ giác hoặc hình kim cương, đặt đệm gia cố mềm như bông hoặc xốp vào mặt sau của miếng da hoặc vải mỏng.

IN mesin jahit quilting mesin jahit yang digunakan untuk memasukkan penguat halus seperti spons dan kapas pada bagian belakang kain atau kulit tipis agar terlihat berisi dan membentuknya menjadi bentuk persegi atau diamond.

CH 刺绣车线机 在薄的皮革或面料的背面厚厚地放上棉花或海绵等柔软的补强衬，按照四方形或钻石形刺绣时使用的缝纫机。

크로킹 시험기 crocking試驗機

가죽이나 원단(패브릭)에 젖거나 마른 천을 반복하여 문질러서 안료나 염료가 묻어나는지 확인하는 기계.

통 크로킹 테스트기
(crocking test機)

EN crocking tester a machine that repeatedly rubs a wet or dry cloth on a leather or fabric to check if the pigment or dye rubs off.

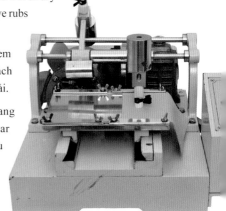

VI máy kiểm tra độ bền màu loại máy để kiểm tra xem bột màu hoặc thuốc nhuộm có bị dính không bằng cách lặp đi lặp lại việc cọ xát vải ướt hoặc khô vào da hoặc vải.

IN mesin uji kepudaran warna mesin yang berulang kali menggosok kain basah atau kering pada selembar kulit atau kain untuk memeriksa setiap pigmen atau pewarnanya.

CH 摩擦测试机 在皮革或面料上用干或湿的布反复摩擦，确认是否会沾染颜料或染料的机器。

톰슨 철형 Thomson鐵型

가죽이나 원단(패브릭)을 정교하게 자르는 데 쓰는, 얇은 칼날로 만든 철형.

통 도무손 철형
(トムソン[Thomson]
鐵型)

EN Thomson cutting die, steel rule die a cutting mold made with a thin blade that is used to cut leather and fabric with precision.

VI dao dập chuẩn dao dập được làm bằng lưỡi dao mỏng, dùng để cắt da hoặc vải với độ chính xác.

IN pisau pemotong Thomson pisau tajam dan tipis yang digunakan untuk memotong kulit atau kain dengan hasil potongan yang tepat.

CH 木板刀模, 木模 整齐地裁断面料或皮时使用的用薄刀刃制成的铁模具。

톰슨이라는 말은 이렇게 유래되었어요 '톰슨(Thomson)'은 '톰슨 프레스 (Thomson Press)'라는 영국의 인쇄기 업체 명칭에서 나온 말이다. 톰슨은 '톰 슨—브리티시 오토매틱 플래튼'이라는 제품을 영국 맨체스터에서 팔았는데 플 래튼(platen)이란 평압 인쇄기를 말한다. '평압(平壓)', 즉 평형의 압판으로 압 력을 가하여 인쇄하는 방식이다. 도무손은 인쇄물에 모양을 내서 자르는 기술 을 뜻하는 출판 용어로 톰슨의 일본식 발음이다. 도무손 기계는 인쇄물에 칼선 을 넣는 방식으로 평판 인쇄를 진행하므로 흔히들 도무손(トムソン)이라고 통 칭하여 부른다. 도무손 가공, 톰슨 가공보다 모양 따기, 따내기 등으로 부르는 것이 정확하다. 미국에서는 톰슨 가공이라고 하지 않고 형판에서 오려낸다는 뜻으로 '다이 커팅(die cutting)' 또는 '몰드 커팅(mold cutting)'이라고 한다.

Origin of the word 'Thomson' 'Thomson' is from the name of 'Thomson Press,' a printing company in the UK. Thomson Press sold a product under the name of 'Thomson-British automatic platen' in Manchester, England. Platen refers to a pneumatic press, which prints by applying pressure with an equilibrium pressure plate. 'Domuson' is the Japanese pronunciation of 'Thomson,' which is a technical printing term that refers to the technology of shaping and cutting printouts. Domuson machine uses the flat printing method to print scored lines and it is commonly referred to as 'domuson.' However, the correct term that refers to cutting from a mold is 'mold cutting' or 'die cutting' as opposed to 'domuson processing' or 'Thomson processing.'

톱니

재봉틀(미싱)에서, 땀과 땀이 이루어지는 사이에 가죽이나 원단(패브 릭)을 앞으로 조금씩 밀어 주는 장치. 고무, 쇠, 플라스틱 따위로 만들 며, 플라스틱 톱니(플라스틱 오쿠리)는 쇠로 만든 것에 비해 밀어 주는 힘은 약하지만 톱니(오쿠리)가 닿는 면이 상하는 것을 막아 주기 때문 에 밑실이 보이는 면에 주로 사용한다.

통 오쿠리(おくり[送り])
관 고무 톱니(고무 오쿠리),
쇠 톱니(쇠 오쿠리),
플라스틱 톱니
(플라스틱 오쿠리)

☞ 288쪽, 재봉틀(미싱)의
구조

EN feed dog a piece of equipment on a sewing machine that pushes the leather or fabric forward upon stitching. The feed dog pushes the leather or fabric from below. It is made of rubber, metal, or plastic. The plastic feed dog is weaker than the metal feed dog, but it prevents damages to the area the feed dog comes into contact with. Therefore, it is used for surfaces where the under thread is visible.

VI bàn lừa thiết bị trong máy may để đẩy cho da hoặc vải di chuyển ra phía trước khi may. Được làm từ cao su, sắt, nhựa. Bàn lừa nhựa so với những cái được làm bằng sắt thì có lực đẩy nhẹ nhưng giúp ngăn cản bề mặt chạm với bàn lừa không bị trầy xước nên chủ yếu sử dụng ở mặt mà nhìn thấy chỉ dưới.

IN gigi mesin jahit perangkat dalam mesin jahit yang mendorong potongan kecil dari kulit atau kain ke bagian depan saat dijahit. Biasanya terbuat dari karet, besi, atau bahan plastik. Gigi mesin jahit yang terbuat dari plastik memiliki daya dorong yang lemah dibandingkan gigi mesin jahit dari besi namun sering digunakan di sisi dimana benang yang lebih rendah terlihat.

CH 牙齿, 针板 缝纫机上在针脚之间的间隙中将皮革或面料向前一点点推动的装置。用橡胶、铁、塑料等制作，塑料针板比铁制针板的推力弱，但能防止针板接触面的损伤所以主要使用在能看到底线的面上。

쇠 톱니
(쇠 오쿠리)
metal feed dc

플라스틱 톱니
(톱니 오쿠리)
plastic feed d

파이핑기 piping機

피피선을 가죽으로 감싸는 기계. 말굽 모양 부분으로 말려 들어간 가죽으로 피피선을 감싸 붙인 뒤 가죽의 가장자리에 칼금을 내서 뽑아 낸다. 가죽 가장자리에 본드를 미리 발라 파이핑기에 넣어서 붙이거나 파이핑기에 고체 핫멜트를 넣고 녹여서 가죽에 발라 붙인다.

EN piping cord wrapper, piping machine a machine that wraps piping cords with leather. The piping cord is wrapped with a horseshoe-shaped piece of leather and a slit cut is made on the edge to pull the piping cord out. Adhesives are preapplied on the leather edges or a hot-melt adhesive stick is melted and applied on the edges by the piping machine.

VI máy bọc gân, máy quay gân máy bọc dây PP bằng da. Bọc và dán dây PP bằng da cuộn tròn thành hình móng ngựa, sau đó cắt rãnh ở mép da để kéo dây PP. Bôi keo vào mép da trước rồi bỏ vào máy bọc gân và dán lại hoặc bỏ keo nóng chảy ở trạng thái rắn vào máy bọc gân rồi làm tan chảy rồi bôi và dán vào da.

IN mesin piping mesin untuk membungkus garis piping dengan kulit. Bagian kulit yang berbentuk tapal kuda dibungkus dengan kulit yang membungkus garis piping, kemudian ditarik keluar ke arah tepian kulit.

Bisa dengan melapisi bond pada bagian tepian kulit atau menggunakan lem yang meleleh saat dimasukkan ke dalam mesin piping.

CH 洛捆条机器, 压PP线机, 摞捆条机 用皮革包裹PP线的机器。用裹成马蹄形的皮革给PP线包裹粘贴后，在皮革边缘留下刀印并拽下分离。提前在皮革边缘涂胶后放入压PP线机里粘贴或在压PP线机里放置固体热熔胶，加热融化后涂在皮革上粘贴。

패턴 재단기 pattern裁斷機

패턴(가타)이 포함된 출력물 전체를 인쇄하고 패턴의 모양대로 재단하는 기계. 상하좌우로 움직이는 펜으로 단순한 글자에서 복잡한 그림, 설계 도면까지 거의 모든 정보를 인쇄하고 재단할 수 있다.

통 캐드 플로터기
(CAD plotter機)

EN plotter a machine that prints the entire plot and cuts out the pattern according to the data that was inputted in the machine's software. It uses a flexible pen that can be used to draw simple letters to complex drawings, blueprints, and all sorts of information.

VI máy vẽ và cắt rập loại máy in toàn bộ các chi tiết bao gồm rập và cắt theo hình dạng của rập. In và cắt tất cả thông tin, từ những chữ đơn giản tới những hình vẽ, bản thiết kế phức tạp bằng một cây bút di chuyển linh động.

IN mesin pemotong pola mesin yang mencetak keseluruhan cetakan yang berisi pola dan memotongnya menjadi bentuk yang sesuai dengan polanya. Kita bisa mencetak dan memotong hampir semua informasi dari huruf yang sederhana hingga gambar desain yang rumit dengan menggunakan pena yang bergerak naik dan turun.

CH 纸板切割机, 切印样板机, 绘图机 将包括样板的打印图整体印刷并根据样板的形状裁剪的机器。使用能上下左右移动的笔从简单的字到复杂的图案或设计图等几乎所有的信息都可以印出来并裁剪。

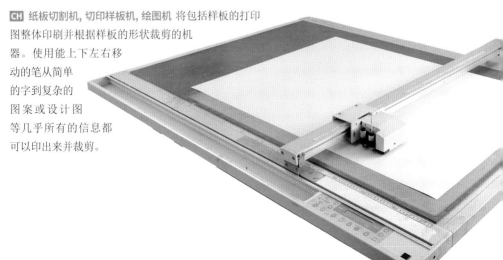

패턴 좌표 입력기 | pattern座標入力機

패턴(가타)의 윤곽을 점으로 찍어 컴퓨터에 입력하는 장치.

통 디지타이저(digitizer)

EN digital grid input system, digitizer a device that dots and inputs the outline of a pattern into a computer.

VI máy vẽ rập thiết bị chụp nét phác thảo của rập bằng các điểm rồi nhập vào máy tính.

IN mesin untuk mengkoordinasi pola sebuah perangkat yang menginput garis besar pola ke dalam komputer dengan mengambil gambar titik-titik.

CH 扫描仪, 样板坐标输入机, 数码转换器 将样板的轮廓打点输入到电脑的装置。

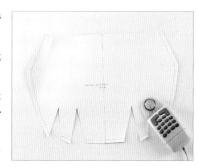

펀치 | punch

가죽이나 원단(패브릭)에 원, 타원, 일자, 사각, 별, 마름모와 같이 다양한 모양의 구멍을 뚫을 때 쓰는 도구. 용도에 따라 버클용 펀치, 오뚝이 펀치, 자석 쌍펀치 따위가 있다.

관 구멍 뚫이
(펀칭 프레스기),
버클용 펀치,
오뚝이 펀치,
자석 쌍펀치

EN puncturing tool, puncher a tool for puncturing the leather or fabric in various shapes, like a circle, oval, straight line, rectangle, star, or rhombus (e.g. buckle hole puncher, stud hole puncher, magnetic hole puncher).

VI dụng cụ đục lỗ, cây đục dụng cụ dùng để đục các lỗ đa dạng như hình tròn, hình bầu dục, hình đường thẳng, hình tứ giác, hình ngôi sao, hình thoi lên trên da hoặc vải. Tùy vào mục đích sử dụng, có dụng cụ đục lỗ khóa, dụng cụ đục lỗ nút stud, dụng cụ đục lỗ nút hít.

IN pembolong alat yang digunakan untuk melubangi bagian kulit atau kain. Bentuk yang dibuat bisa bermacam macam seperti bulat, oval, datar dan bintang. Tergantung penggunaannya, terdapat jenis pembolong gesper atau pembolong untuk magnet.

CH 冲孔器, 冲孔 在皮革或面料上打圆形、椭圆形、一字型、四角形、星型或菱形等各种各样形状的孔时使用的工具。根据用途不同，有搭扣冲孔器、奶嘴钉冲孔器、磁扣冲孔器等。

편심 누름기 偏心--機

전기로 모터를 작동하거나 수동으로 기계 내부의 기어를 맞물리게 하여 소재에 힘을 가하는 기계. 손잡이를 돌리면 축이 상하로 움직이면서 회전 운동을 직선 운동으로 바꿔 준다.

EN eccentric press a machine that applies pressure to a material by using an electric motor or by manually pressing it down. The reeling handle converts rotational power to vertical power by moving a pole up and down.

VI máy dập lệch tâm máy được vận hành bằng mô tơ điện hoặc làm cho chuyển động bánh răng trong máy được ăn khớp với nhau một cách thủ công và làm tăng thêm lực lên vật liệu. Khi lăn cong quai xách, hộp trục vừa di chuyển lên xuống vừa thay đổi từ chuyển động quay sang chuyển động thẳng.

IN mesin press eksentrik mesin yang mengaplikasikan tegangan listrik ke material dengan mengoperasikan motor listrik atau menarik roda gigi ke dalam mesin secara manual. Putar kenop untuk menggerakkan sumbu ke atas dan ke bawah untuk mengubah gerakan rotasi menjadi gerakan linear.

CH 偏心压力机, 打钉机 通过电力制动电机或手动的方式将机器内部的齿轮相互咬合给材料施压的机器。转动手柄让轴承上下移动可以将旋转的运动改成直线的运动。

日 에키센
(エキセン[eccentric]),
에키센 프레스기
(エキセン[eccentric]
press機),
편심 프레스기
(偏心press機)

편심 리벳기 偏心rivet機

기어의 힘으로 가죽이나 원단(패브릭)에 리벳, 아일릿, 스냅 따위를 박아 고정하는 기계. 순간적으로 발생한 큰 힘을 필요로 하는 원통 티아르 리벳을 박는 데 주로 사용한다.

EN eccentric riveting machine a machine that uses the force of a gear to press and fix rivets, eyelets, and snaps. It is often used for fixing tubular rivets, which requires a lot more force.

VI máy đóng đinh tán tự động, bánh lệch tâm loại máy đóng cố định đinh tán, nút eyelet, snap lên da hoặc vải bằng lực của chuyển động bánh răng. Chủ yếu sử dụng khi đóng đinh tán hình ống tròn cần có lực lớn phát sinh nhất thời.

IN mesin press rivet mesin yang menempelkan dan memperbaiki rivet, eyelet, dan snap yang terdapat pada kulit atau kain dengan menggunakan

日 에키센 리벳기
(エキセン[eccentric]
rivet機),
티아르 리벳기
(TR[tubular] rivet機),
편심 잔장식 고정기
(偏心-裝飾固定機)

kekuatan roda gigi. Biasanya digunakan untuk menempelkan rivet teal silinder yang membutuhkan tenaga yang besar sewaktu-waktu.

CH 打钉机器, 打TR机器 使用齿轮的力量将铆钉、鸡眼扣或按扣等五金固定在皮革或面料上的机器。主要在固定需要用瞬间发出的巨大力量的圆形TR铆钉时使用。

평 누름기 平--機

큰 철형에 압력을 가하여 가죽이나 원단(패브릭)을 자르는 기계. 가죽을 펼친 뒤 넓은 면의 모양을 따 내거나 여러 겹의 원단을 한번에 자를 때 사용한다.

롱 평 프레스기
(平press機),
평 프레스 재단기
(平press裁斷機)

EN flat press a machine that makes cuts by applying pressure to a large cutting mold on a leather or fabric. It is used to cut out a large area of leather or to cut several layers of fabric at once.

VI máy dập dẹp loại máy cắt da hoặc vải bằng cách tăng lực nén lên dao dập lớn. Sử dụng để cắt mảng da rộng hoặc cắt đồng loạt nhiều lớp vải.

IN mesin press datar mesin press untuk memotong kulit atau kain dengan tekanan pisau. Pada umumnya digunakan untuk potongan besar pada kulit atau beberapa lapisan material.

CH 大啤机, 平压力机 在大型铁模上加压裁断皮革或面料的机器。将皮革展平后，裁剪宽阔面的形状或将叠成多层的面料一次性裁剪时使用。

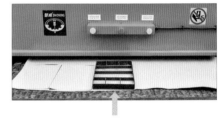

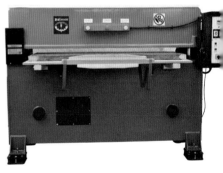

평차 재봉틀 平次裁縫-

가죽이나 원단(패브릭)을 평편한 바닥에 놓고 박음질할 때 쓰는 가장 일반적인 형태의 재봉틀(미싱). 상하송 재봉틀(상하송 미싱), 왕 실엮개 재봉틀(왕가마 미싱)같이 변형된 것도 있다.

롱 본봉 미싱
(本縫ミシン
[machine]),
평차 미싱
(平次ミシン
[machine])

EN basic sewing machine, traditional sewing machine the most common type of sewing machine for sewing leather or fabric on a flat surface. Some sewing machines, like a sewing machine with walking presser foot and a sewing machine with an oversized shuttle hook, are alternations of the original sewing machine.

VI *máy may bàn* loại máy may cơ bản nhất, dùng khi may da hoặc vải đặt trên bề mặt phẳng. Cũng có loại máy may có sự thay đổi so với loại máy may truyền thống như máy may có hai chân vịt, máy may ổ máy lớn.

IN *mesin jahit biasa* mesin jahit umum yang biasa digunakan untuk menjahit kulit atau kain di permukaan yang datar. Beberapa mesin jahit, seperti mesin jahit dengan sepatu gerak ganda, telah berubah menjadi mesin jahit yang lebih modern.

CH 平车 把皮革或面料放在平台缝纫时使用的最基本的缝纫机。有双同步高车、12合线专用高车等变形缝纫机。

관 상하송 재봉틀
(상하송 미싱),
왕 실엮개 재봉틀
(왕가마 미싱)

☞ 286쪽, 재봉틀(미싱)의
종류

풀칠기 – 漆機

가죽이나 원단(패브릭), 보강재(신), 안감(우라)의 뒷면에 접착제를 칠할 때 쓰는 기계. 접착제의 종류와 작동 원리에 따라 맞롤러 풀칠기(대만 풀칠기), 수성 본드 풀칠기, 스프레이 풀칠기, 핫멜트 풀칠기 따위가 있다.

관 맞롤러 풀칠기
(대만 풀칠기),
수성 본드 풀칠기,
스프레이 풀칠기,
핫멜트 풀칠기

EN *adhesive applicator, glue machine* a machine for applying adhesives on the back surface of a leather, fabric, reinforcement, or lining (e.g. rolling glue machine, spray-type glue machine, hot-melt adhesive applicator).

VI *máy phun keo* loại máy dùng để quét keo lên mặt sau của da, vải, đệm gia cố hoặc lót. Tùy thuộc vào loại keo dính và nguyên tắc phun mà có máy keo, máy phun keo nước, máy phun keo, máy lăn keo nóng.

IN *mesin lem* mesin yang digunakan untuk mengelem kulit, penguat dan lapisan. Dilihat dari jenisnya terdapat jenis mesin lem roll, mesin lem air, mesin lem semprot, dan mesin lem panas.

CH 过胶机, 摩胶机, 刷胶机 在皮、面料、补强衬以及里布的背面涂胶时使用的机器。根据粘合剂的种类和制动原理不同分为台湾刷胶机、水性胶刷胶机、喷胶机、热熔胶机等。

피대 皮帶

모터에 걸어 재봉틀(미싱)과 연결하여 동력을 전달하는 띠 모양의 부품. 고무나 가죽으로 만든다.

EN power belt a piece of equipment in the shape of a loop made of rubber or leather that connects a sewing machine to a motor and transmits the power of a motor to the sewing machine.

VI dây curoa phụ tùng có hình dạng như một cái nẹp dùng để móc vào môtơ rồi nối với máy may và truyền tải động lực. Thường được làm bằng cao su hoặc da.

IN sabuk penghubung komponen berbentuk tali sabuk yang terhubung ke mesin jahit untuk mengirim daya dari motor ke mesin jahit. Biasanya terbuat dari karet atau kulit.

CH 皮带 挂在电机上与缝纫机相连接传达动力的条形部件。用橡胶或皮革制成。

비 미싱 벨트
(ミシン[machine]belt)

피에이치(PH) 측정기 PH測定機

약품의 산도를 측정하는 기계. 카스 시험(카스 테스트)에 사용한다.

EN PH tester a machine that tests the acidity of leather. It is used in CASS tests.

VI máy đo độ PH loại máy đo độ axit của hóa chất. Được sử dụng trong test CASS.

IN mesin uji keasaman mesin pengujian tingkat keasaman pada kulit. Dilakukan dengan pengujian CASS.

CH 皮测试器, 酸碱度测试器, PH测试器 测定药品酸度的机器。在CASS测试时使用。

비 산도 측정기
(酸度測定機)
관 카스 시험(카스 테스트)

핫멜트 풀칠기 hot melt–漆機

가죽이나 원단(패브릭), 보강재(신), 안감(우라) 따위를 고체 상태의 핫멜트를 녹여 바른 롤러 사이에 통과시켜 소재에 핫멜트를 발라 주는 기계.

EN hot-melt adhesive applicator a machine that melts solidified hot-melt adhesives, soaks the rollers with liquefied hot-melt adhesives, and applies hot-melt adhesives on leather, fabric, reinforcement, or lining by passing it through and in between the rollers.

VI máy lăn keo nóng loại máy làm tan chảy keo nóng ở trạng thái rắn, rồi quét vào da, vải, đệm gia cố hoặc lót bằng cách cho đi ngang qua giữa hai con lăn và giúp bôi keo nóng chảy vào vật liệu.

IN mesin penggulung lem panas mesin yang mengaplikasikan panas material dengan cara melewatinya di antara rol padat dengan melelehkan bahan padat seperti kulit, kain, lapisan dan juga penguat.

CH 热熔胶过胶机 将固体热熔胶融化后涂在滚轮上，把皮革、面料、补强衬或里布等通过滚轮之间，把热熔胶涂在材料上的机器。

항온 항습 시험기 恒溫恒濕試驗機

온도와 습도가 높은 최악의 기후에서 가죽이나 원단(패브릭), 장식 따위가 변색이나 이염, 변형이 되는지 확인하는 기계. 제품을 57 ℃의 온도와 95~98 %의 습도에 24, 48, 72시간 노출시킨다.

> 항온 항습 오븐 테스트기
> (恒溫恒濕oven test 機),
> 항온 항습 테스트기
> (恒溫恒濕test機)

EN heat and humidity oven tester a machine that tests whether or not the leather, fabric, and hardware can withstand high temperature and humidity without discoloration or migration. The product is exposed to an environment of 57 ℃ and 95~98 % humidity for 24, 48, or 72 hours.

VI máy kiểm tra nhiệt độ và độ ẩm loại máy để kiểm tra xem ở trong điều kiện khí hậu khắc nghiệt, với nhiệt độ và độ ẩm cao thì da, vải hoặc đồ trang trí có bị biến đổi màu sắc, lem màu hoặc biến hình hay không. Ngâm sản phẩm trong máy với nhiệt độ 57 °C, độ ẩm từ 95~98 % trong vòng 24, 48 hoặc 72 tiếng.

IN mesin uji panas dan kelembapan mesin pengujian perubahan warna dan warna luntur dengan kondisi suhu dan kelembapan yang tinggi. Biasanya pengujian dalam kondisi standar dilakukan dengan suhu 57 ℃ dan kelembapan 95~98 % selama 24, 48, dan 72 jam.

CH 高温测试机, 耐湿热测试机, 恒温恒湿测试机 在高温度和高湿度的最恶劣气候下确认皮革、面料或五金等是否会变色、移染或变形的机器。在57℃和湿度达95~98%的状态下将产品放置24、48或72小时。

핸드 나이프 hand knife

원단(패브릭)이나 안감(우라), 스펀지 따위의 부드러운 소재를 재단하는 기계. 위아래로 움직이는 칼이 부착되어 있으며, 손잡이가 달려 있어 움직임이 자유롭다.

EN electric hand knife a machine that cuts soft materials like fabric, lining, and sponge. It has a vertical blade that moves up-and-down and a handle attached to the blade.

VI máy cắt tay loại máy cắt những vật tư mềm mại như vải, lót hoặc xốp. Máy được gắn lưỡi dao di chuyển từ trên xuống và có gắn quai xách nên có thể di chuyển tự do.

IN mesin potong hand drive mesin yang digunakan untuk memotong bahan yang lembut seperti spons, lapisan kulit atau penguat. Mesin ini dilengkapi dengan pisau yang bergerak secara vertikal sehingga mudah digerakkan dengan pegangan.

CH 电剪机, 裁板器, 刀裁机器, 手工刀 裁断面料、里布、海绵等柔软材质的机器。安装有上下移动的刀片并装有手把，可以自由移动。

동 손잡이형칼
(———形—)

호스 절단기 hose 裁斷機

주로 소창식 손잡이(소창 핸들)의 보강재(신)와 같이 기다란 호스를 빠르고 정확하게 동일한 길이로 자르는 기계. 절단면을 사선이나 요철 따위의 다양한 모양으로 자를 수 있다.

EN hose cutter a machine for swiftly, steadily, and accurately cutting reinforcement cords and hoses, like the ones stuffed inside a tubular handle. The cut can be made diagonally, unevenly, or in other various shapes.

VI máy cắt ống loại máy dùng để cắt ống dài như đệm gia cố của quai ống với độ dài đều, chính xác và nhanh. Có thể cắt để mặt cắt thành những hình đa dạng như đường xiên hoặc lồi lõm.

IN mesin pemotong selang mesin untuk memotong selang plastik dengan cepat dan tepat ke dalam ukuran panjang yang sama. Permukaan yang dipotong dapat dipotong ke dalam berbagai bentuk lagi seperti bentuk garis miring dan bentuk tidak rata.

핸드 나이프
hand knife

CH 管切割机 主要用于快速准确地把类似胶管式手把的补强衬的细长管裁成同样的长度时使用的机器。裁断面可以被裁成斜线型或凹凸型等多种形状。

휘감기 재봉틀 ----裁縫-

한 곳을 여러 번 휘감쳐 가방에 손잡이(핸들)나 패치 따위를 강하게 고정할 때 쓰는 재봉틀(미싱).

EN tack stitch sewing machine a type of sewing machine that repeatedly makes stitches on one particular area of a bag to strengthen the fixture of a handle or a patch.

VI máy đính bọ loại máy may dùng để may lặp đi lặp lại mũi chỉ tại một vị trí nhất định để cố định quai xách hoặc miếng patch lên túi xách.

IN mesin jahit tack mesin jahit yang digunakan untuk menahan pegangan atau patch pada tas agar kuat dengan menjahitnya di satu tempat berulang kali.

CH 手缝针车 在包的手把或耳仔部位的同一位置反复锁边来加强固定时使用的缝纫机。

통 손바느질 미싱
(----ミシン
[machine]),
택 미싱
(tackミシン[machine]),
핸드 택 미싱
(hand tackミシン
[machine])

☞ 286쪽, 재봉틀(미싱)의
종류

휘갑치기 재봉틀 ----裁縫-

가죽이나 원단(패브릭)의 올이 풀리지 않도록 가장자리를 'X' 자로 휘갑칠 때 쓰는 재봉틀(미싱).

EN overlock stitch sewing machine a type of sewing machine that makes cross-shaped stitches to prevent the leather or fabric plies from unraveling.

VI máy vắt sổ loại máy may sử dụng khi vắt sổ phần mép theo hình chữ X để sợi của da hoặc vải không bị bung ra.

IN mesin jahit obras mesin jahit yang digunakan saat membungkus bagian tepian dengan pola X sehingga kulit atau kain tidak akan mudah lepas.

CH 锁边机, 码边机 为防止皮革或面料开线在边缘处用X型锁边时使用的缝纫机。

통 오버로크 미싱
(overlockミシン
[machine])

☞ 286쪽, 재봉틀(미싱)의
종류

자재
Materials for Handbag

원자재 原資材

원판, 손잡이(핸들), 안감(우라)과 같이 겉으로 드러나는 부위에 주로
사용하는 자재. 가죽이나 원단(패브릭), 피브이시(PVC) 따위를 사용
한다.

관 가죽, 보디,
원단(패브릭),
트림,
피브이시(PVC)

EN raw material a material that is often used to make an externally visible
part of a product, like the body, handle, or lining. It is common to use
leather, fabric, or PVC.

VI nguyên vật liệu chính vật liệu sử dụng chủ yếu ở các bộ phận thể hiện
ra bên ngoài như thân túi, quai xách, lót. Sử dụng da, vải hoặc PVC.

IN bahan baku bahan yang digunakan untuk area yang terlihat dari luar
seperti panel bodi, handle tangan dan juga lapisan. Biasanya menggunakan
kulit, kain, atau PVC.

CH 原材料 主要在原板、手把、里布等显露在外面的部位上使用的材
料。使用皮革、面料、PVC之类的材料。

부자재 副資材

장식이나 실, 지퍼, 보강재(신)와 같이 보조적으로 사용하는 자재.

관 보강재(신), 실,
장식, 지퍼

EN subsidiary material, auxiliary material a supplementary material,
like hardware, thread, zipper, and reinforcement.

VI nguyên liệu thay thế, vật tư phụ vật liệu sử dụng để bổ trợ như đồ
trang trí, chỉ, dây kéo hoặc đệm gia cố.

IN bahan substitusi bahan yang digunakan sebagai substitusi seperti
hiasan, benang, risleting, penguat dan lain-lain.

CH 副材料 五金、线、拉链、补强衬等辅助使用的材料。

보디 body

제품의 기본이 되는 원자재.

EN body a raw material that becomes the basis of a product.

VI thân nguyên vật liệu chính trở thành nền tảng của sản phẩm.

IN bahan utama bahan baku yang menjadi fondasi dari suatu produk.

CH 大身 构成产品的最基本的原材料。　　　　　　　　　　**관** 원자재

트림 trim

색깔이나 물성, 소재 따위가 보디와 다른 원자재.　　　　**관** 원자재

EN trim a raw material that is different in color, property, or material from the body of a product.

VI phối nguyên vật liệu chính có màu sắc, thuộc tính hoặc nguyên liệu khác với thân.

IN trim bahan baku yang memiliki perbedaan warna, properti atau material dari bodi suatu produk.

CH 装饰 颜色、物性或材质与大身不同的原材料。

트림
trim

보디
body

가죽 Leather

가먼트 가죽 garment--

주로 모자, 바지, 재킷, 코트를 만드는 데 사용하는, 내파 가죽의 하나. 가볍고 부드럽다.

☞ 383쪽, 가죽의 가공에 따른 분류

EN garment leather a type of nappa leather that is often used to make hats, pants, jackets, and coats. It is light and soft.

VI da mềm làm trang phục là một chủng loại của da nappa, chủ yếu sử dụng khi làm mũ, quần, áo khoác, áo choàng. Nhẹ và mềm mại.

IN kulit garmen salah satu jenis kulit nappa yang tipis, halus dan juga ringan. Biasanya digunakan untuk membuat topi, celana, jaket dan juga coat.

CH 薄片皮, 服装用皮 主要用于制作帽子、裤子、夹克、大衣外套的一种软皮。轻薄柔软。

가오리 가죽

가오리의 가죽. 가죽의 중앙에 희고 오돌토돌한 독특한 돌기가 있으며 딱딱하고 튼튼하다. 주로 지갑과 핸드백을 만드는 데 사용한다.

관 특수 가죽
☞ 381쪽, 가죽의 종류

EN stingray skin, stingray leather a type of hard leather made from the skin of a stingray. Stingray skins are bumpy with a unique diamond-shaped white eye in the center. It is often used to make wallets and handbags.

VI da cá đuối da cá đuối. Ở giữa da có đốm trắng, có chỗ nhô lên độc đáo, cứng và chắc. Chủ yếu được dùng để làm ví và túi xách.

IN kulit ikan pari kulit yang terbuat dari kulit ikan pari. Kulit ini keras dan memiliki pola unik berwarna putih di bagian tengahnya. Biasanya digunakan untuk membuat dompet atau tas.

CH 魟皮 魟鱼的皮。皮革中部有灰色凸起的独特的点，质地坚硬结实。主要用于制作钱包和手袋。

가죽

① 동물의 몸을 싸고 있는 질긴 껍질. ② 동물의 몸에서 벗겨낸 껍질을 무두질(태닝)하고 가공하여 만든 것.

EN leather ① the tough skin of an animal that used to wrap the animal. ② the skin of an animal that has been skinned, tanned, and processed.

VI da ① lớp vỏ dai bọc lấy cơ thể của động vật. ② việc thuộc da và gia công lớp vỏ lột từ cơ thể của động vật.

IN kulit ① kulit keras yang membungkus seluruh badan hewan. ② proses penyamakan kulit hewan yang sudah terpisah dari tubuhnya.

CH 皮, 皮革 ① 包裹动物身体的结实的皮。 ② 将动物身上剥下的皮鞣制加工制成的材料。

동 레더(leather), 피혁(皮革)

☞ 381쪽, 가죽의 종류

가죽 검사 --檢查

가죽 공정이 끝난 뒤 가죽의 품질이나 등급을 확인하는 일.

EN leather inspection to inspect the quality and grade of a fully processed leather.

VI kiểm tra da việc kiểm tra chất lượng hoặc cấp bậc của da sau khi kết thúc công đoạn làm da.

IN inspeksi kulit pemeriksaan kualitas atau mutu kulit yang telah selesai diproses.

CH 真皮检查, 皮革检查 对制成的皮革进行品质和等级确认的工作。

관 가죽 등급

가죽 공장 --工場

원피를 상품화할 수 있는 가죽으로 가공하는 공장.

EN tannery a factory where raw hides are processed into commercialized leather.

VI nhà máy sản xuất da nhà máy gia công da nguyên thủy chưa qua gia công thành da thành phẩm.

IN pabrik kulit, tannery pabrik di mana bahan dan kulit mentah diolah menjadi kulit jadi yang bisa diperdagangkan.

동 태너리(tannery)

CH 皮革厂, 制革厂 将原皮加工成商品化的皮革制品的工厂。

가죽 등급 ––等級

사용 가능한 면적에 따라 A, B, C로 나누어 가죽의 품질을 나타내는 등급. 가죽 흠의 정도나 가죽의 표면 상태에 따라 등급이 결정된다.

관 가죽 검사

EN leather grade a grade of A, B, or C that is given to the usable area of a leather, which represents the leather quality. The grade is determined by the degree of the leather defect and the state of the leather surface.

VI cấp bậc da cấp bậc thể hiện chất lượng của da khi chia da thành loại A, B, C tùy theo diện tích có thể sử dụng. Cấp bậc được quyết định tùy thuộc vào mức độ của da hư hoặc trạng thái bề mặt da.

IN mutu kulit pengelompokkan kulit menjadi level A,B, dan C berdasarkan kualitas dan banyak atau tidaknya bagian yang bisa dipakai. Tingkat bagusnya kulit ditentukan dari cacat atau tidaknya bagian permukaan kulit tersebut.

CH 皮等级 根据可使用面积的大小分为A、B、C级的表示皮革品质的等级。根据皮革缺陷程度或表面状态决定其等级。

가죽 흠

가죽으로 제품을 만들 때 사용하기에 문제가 있는 부분. 긁힌 자국(스크래치), 면 뜸 현상, 벌레 자국, 부패 자국, 불도장 자국(화인 자국), 접힌 자국, 주름 자국, 혈관 자국(베인 자국) 따위가 있다.

동 가죽 결함(––缺陷)
관 긁힌 자국(스크래치), 면 뜸 현상, 벌레 자국, 부패 자국, 불도장 자국(화인 자국), 접힌 자국, 주름 자국, 혈관 자국(베인 자국)

EN leather defect a part of leather that is problematic for manufacturing products due to scratches, bug bite marks, fold marks, brand marks, vein marks, wrinkle marks, loose grains, and putrefactions.

VI da hư phần da lỗi khi làm sản phẩm bằng da. Có các loại như vết trầy, vết sẹo do côn trùng cắn, vết gấp, dấu in trên da, vết sẹo tĩnh mạch, vết nhăn, bề mặt da bị nhũng, vết sẹo do bị mục nát.

IN cacat kulit potongan kulit yang bermasalah ketika akan dipakai untuk membuat suatu produk. Permasalahannya seperti goresan, warna pudar, bekas gigitan serangga, bekas lipatan, bekas tanda merk, keriput, bekas busuk dll.

CH **皮革缺陷** 制作皮革制品时，导致皮革不能使用的问题部分。通常有划痕、虫印、折痕、火烙印、血管疤痕、皱痕、面松现象、腐烂痕迹等。

갓오리

① 박피 전 원피를 모양에 맞추어 잘라 낸 것. ② 염색을 끝낸 크러스트 가죽에서 불필요한 부분을 잘라 내어 제품을 완성하는 일.

통 트리밍(trimming)

☞ 384쪽, 가죽 공정

EN trimming ① to cut a raw hide to the desired shape prior to the skinning process. ② to finish the leather manufacturing process by cutting off the unwanted parts of a crust leather.

VI cắt tỉa da ① việc cắt da nguyên thủy chưa qua gia công cho phù hợp với hình dạng trước khi lột da. ② sau khi nhuộm màu, cắt bỏ phần da thuộc không sử dụng để hoàn thành sản phẩm.

IN pemangkasan ① kulit dipotong ke dalam bentuk yang sesuai sebelum dipangkas. ② menyelesaikan produk dengan memotong bagian yang tidak diinginkan dari kulit yang telah mengerak.

CH **修剪** ① 剥皮前，按照原皮的形状裁剪的工序。② 将完成染色的坯革上不需要的部分裁剪并完成产品的工艺。

잘못 알고 있어요 '갓오리'는 우리말샘(국립국어원)에 '박피된 피모에 귀, 발목, 입술, 어깨 따위는 제하고 불필요한 부분을 잘라 버리는 작업.'이라고 등재되어 있다. 갓오리는 트리밍(trimmimg)의 순우리말이며 [가소리]로 발음해야 하는데, [가도리], [갇또리]로 잘못 발음하던 것이 거꾸로 '가도리, 갇도리'처럼 일본어 같은 어휘를 만들어 냈다. '가도리[가도리]', '갇도리[갇또리]'는 잘못 쓰는 말이므로 '갓오리'라고 쓰고 [가소리]로 발음해야 한다.

Misconception of 'gasori' According to the National Institute of the Korean Language, 'gasori' is 'to remove the ear, ankle, lip and shoulders and to cut off the unprofitable parts from a peeled hide.' 'Gasori' is the Korean word for 'trimming.' It is pronounced [gasori], but often mispronounced as [gadori] and [gatttori], which coined the Japanese sounding words 'gadori' and 'gatdori.' However, 'gadori[gadori]' and 'gatdori[gatttori]' are a misuse of the word 'gasori,' which should be pronounced [gasori].

건조 乾燥

무두질(태닝)과 염색이 끝난 가죽을 말리는 일.

☞ 384쪽, 가죽 공정

EN drying to dry a leather that has been tanned and dyed.

VI sấy khô việc sấy khô da sau khi kết thúc công đoạn thuộc da và nhuộm màu.

IN pengeringan proses pengeringan permukaan kulit yang telah disamak dan diwarnai.

CH 干燥 将完成鞣制或染色的皮革进行干燥处理的工艺。

견뢰도 堅牢度

가죽이나 원단(패브릭)을 염색하거나 도장하는 데 사용한 염료나 안료가 물리적, 화학적 자극이나 작용에 견디는 정도. 가죽의 품질을 판단할 때 주로 햇빛, 물, 기름, 열에 대한 견뢰도를 본다.

EN fastness, color fastness the degree to which the dye and pigment used to dye and paint the leather or fabric is able to physically and chemically maintain its color without fading or washing away. The fastness of sunlight, water, oil and heat is used to determine the quality of leather.

VI tính bền mức độ chịu đựng của thuốc nhuộm hoặc bột màu sử dụng trong nhuộm màu da hoặc vải, tùy thuộc vào sự tác động hoặc sự kích thích mang tính vật lý, hóa học. Khi phán đoán chất lượng của da, chủ yếu xem xét tính bền về ánh sáng, nước, dầu, nhiệt.

IN fastness tingkat ketahanan dan rangsangan kimia fisik dari pewarna atau pigmen yang digunakan untuk mewarnai kulit dan kain. Kualitas kulitnya dapat dilihat dari ketahannya akan luntur, sinar matahari, air, minyak dan panas.

CH 坚牢度, 耐受度 皮革或面料在染色或涂层处理过程中，受到颜料染料的物理性及化学性刺激或作用时的耐受程度。在评判皮革的等级时，主要从对于阳光、水、油、热量的耐受度来考察。

계평 計坪

가죽의 면적을 거래 단위로 측정하는 일. 단위는 주로 평방미터(스퀘어

통 메저링(measuring)

미터)나 평방 피트(스퀘어 피트)를 쓴다.

EN measuring to ascertain the area of leather using a trading unit. The trading unit is often in square meters(m²) or square feet(ft²).

VI đo lường việc đo diện tích của da thông qua một đơn vị đo. Chủ yếu sử dụng đơn vị đo là mét vuông hoặc feet vuông.

IN mengukur pengukuran area kulit yang akan diperdagangkan. Unit perhitungannya menggunakan meter persegi (m²) atau kaki persegi (ft²).

CH 计平 用交易单位测量皮革面积的工作。单位主要使用平方米或平方英尺。

관통 염색 貫通染色

표면에서 뒷면(시타지)까지 가죽 전체에 염료를 완전히 침투시켜 염색한 상태. 관통 염색(스루 다잉)이 되지 않은 가죽은 관통 염색이 잘된 가죽에 비해 딱딱하고 단면에 흰색 심지가 보인다.

동 스루 다잉
(through dyeing)

EN through dyeing a method of dyeing by completely penetrating the entire leather, from front to back, with a dye. A leather that cannot be through dyed is hard in texture compared to a leather that can be through dyed. A leather that cannot be through dyed has a white center that is visible from the raw edges.

VI nhuộm xuyên thấu trạng thái nhuộm màu bằng cách để toàn bộ da từ mặt trên đến mặt dưới thẩm thấu hoàn toàn thuốc nhuộm. So với da được nhuộm xuyên thấu thì da không được nhuộm xuyên thấu cứng và lõi nhét màu trắng được nhìn thấy ở cạnh sơn.

IN penetrasi pewarnaan kondisi di mana seluruh bagian kulit dari bagian atas hingga bagian belakang dicelup dan diwarnai. Kulit non penetrasi biasanya lebih kasar dibandingkan dengan kulit penetrasi dan memiliki garis putih pada bagian penampangnya.

CH 貫通染色 从皮革的正面到背面把颜料完全浸透染色的状态。非贯通染色的皮革比起贯通染色的皮革皮质发硬且裁断面能看到白色的芯。

긁힌 자국

날카로운 물건에 긁히거나 나무, 돌 따위에 부딪쳐서 원피나 가죽의 표면에 생긴 흠. 심한 경우 은면을 갈거나(바후질하거나) 엠보싱을 한다.

EN scratch a mark left on the surface of a raw hide or leather as a result of a sharp object, wood, or rock scraping against it. Worst case scenario, the grain layer of the raw hide or leather has to be shaved off or embossed for concealment.

VI vết trầy trên bề mặt da nguyên thủy chưa qua gia công hoặc da có những vết sẹo do bị xước bởi những đồ vật sắc nhọn hoặc bị va chạm với gỗ, đá. Trường hợp nghiêm trọng thì mài lớp da ở tầng trên hoặc in nổi.

IN goresan goresan yang muncul pada permukaan kulit atau kain yang disebabkan karena goresan benda tajam atau benturan dengan pohon, batu dll. Saat sudah semakin memburuk, lapisan atas pada kulit harus dicukur atau diemboss untuk menghilangkan goresan.

CH 刮花, 刮伤 被尖锐物划割或碰到木头、石头之类的东西而在原皮或皮革表面形成的痕迹。刮花严重的情况会通过打磨透明层或压纹来掩盖。

동 기스(← きず[傷]), 스크래치(scratch)
관 가죽 흠

기름 먹이기

가죽에 기름을 흡수시키는 일. 가죽 공정 중에 원피의 단백질과 지방이 변성되는데 이 상태에서 가죽을 건조하면 나무처럼 단단해지기 때문에 가죽을 부드럽게 하기 위하여 기름 먹이기를 진행한다. 또한 가죽의 감촉이나 색을 조절하기 위하여, 반복적인 세탁에 견딜 수 있는 내구성을 높이기 위하여, 내수성, 방수성, 발수성을 높이기 위하여 진행한다.

동 가지(加脂)
☞ 384쪽, 가죽 공정

EN fatliquoring to introduce oil into the leather. The protein and fat in the leather is denaturalized during the leather manufacturing process and if the leather is dried in that state, the leather will become hard like wood. The fatliquoring process is carried out to soften the leather and to make the leather flexible. It also adjusts the texture and color of the leather and improves the durability, water resistance, and water repellency of the leather, which is required in order to withstand repeated washes.

VI tẩm dầu việc làm cho dầu thẩm thấu vào da. Trong công đoạn gia công da thì phần thịt của da và chất béo bị biến chất nên nếu sấy khô da ở trạng thái này thì da sẽ trở nên cứng như gỗ, vì vậy tiến hành tẩm dầu để làm cho da trở nên mềm mại hơn. Ngoài ra cũng được tiến hành để điều chỉnh cảm nhận hoặc màu sắc của da, để nâng cao độ bền mà có thể chịu đựng việc giặt lặp lại nhiều lần, để nâng cao tính chịu nước, tính chống thấm, tính không thấm nước.

IN fatliquoring proses penyerapan minyak di kulit. Selama proses ini, protein dan lemak kulit akan terdenaturasi untuk membuat kulit menjadi fleksibel, jika kulit menjadi kering pada proses ini maka kulit akan menjadi keras seperti pohon. Proses ini selain mengontrol tekstur dan warna kulit juga meningkatkan ketahanan terhadap air sehingga tidak akan bermasalah jika terus dicuci berulang-ulang.

CH 加脂 让皮革吸收油脂的工序。制革工序中，皮革的蛋白质和脂肪会变性，在此形态下皮革干燥后，会变得像木头一样坚硬，因此为了使皮革变柔软而进行添加油脂的工序。另外，为了调节皮革的触感及颜色，提高能耐受反复清洗的耐久性和防水性，也进行此项工序。

기름 무두질

가죽의 뒷면(시타지)에 기름과 수지를 섞어서 발라 무두질(태닝)하는 일. 원피에 바르는 기름은 주로 대구, 물개, 고래, 상어의 기름이며, 기름을 바른 원피를 태고에 넣고 돌려 원피에 함유된 수분을 기름으로 대체한다. 기름 무두질(오일 태닝)을 거친 가죽은 기름을 많이 함유하고 있어 부드럽고 유연하며, 상온에서 발수성과 방수성이 매우 뛰어나다.

EN oil tanning to tan a leather after applying oil and resin on the backside of the leather. Typically, the oil applied on the hide is cod oil, seal oil, whale oil, or shark oil. The oiled raw hide is placed in a drum and spun. This replaces the moisture contained in the hide with oil. Oil tanned leathers contain a lot of oil, which makes the leather soft, flexible, waterproof and water repellent in room temperature.

VI thuộc da dầu việc thuộc da sau khi trộn và bôi dầu và mỡ lên mặt sau của da. Dầu được bôi lên da nguyên thủy chưa qua gia công chủ yếu là sử dụng dầu của cá thu, hải cẩu, cá voi, cá mập. Bỏ da nguyên thủy chưa qua gia công đã bôi dầu vào thùng sử dụng trong thuộc da và xoay thùng, thay thế hơi ẩm chứa trong da nguyên thủy chưa qua gia công bằng dầu. Da trải qua thuộc da dầu chứa nhiều dầu nên mềm mại và dẻo, ở nhiệt độ bình thường tính không thấm nước và tính chống thấm rất nổi trội.

IN penyamakan minyak, oil tanning proses penyamakan yang dilakukan dengan mencampur minyak dan resin di bagian belakang kulit. Caranya dengan menempatkan bahan baku minyak sarat, kemudian dibalik lalu

오일 태닝(oil tanning)

☞ 385쪽. 무두질(태닝)의 종류

mengganti cairan yang terkandung dalam kulit yang bercampur dengan minyak. Minyak yang dioleskan pada kulit biasanya menggunakan minyak dari paus, hiu, dan sejenisnya. Kulit yang sudah selesai diproses oil tanning akan menyerap minyak lebih banyak sehingga menjadikannya lembut dan fleksibel, juga memiliki daya tahan yang kuat terhadap air.

CH 油性鞣制 在皮子的里面将油和树脂混合后涂抹鞣制的工序。涂在原皮上的油主要使用鳕鱼、海狗、鲸鱼、鲨鱼的油脂，把涂过油的原皮放入转鼓中转动，原皮里含有的水分被油分取代。经过油性鞣制的皮革含有很多油分，十分柔软，在常温下泼水性和防水性很好。

내파 가죽 nappa--

자연 모공 무늬가 있는, 얇고 부드러운 가죽. 가장 일반적인 형태의 가죽으로 돼지, 말, 소, 양, 염소 따위의 원피로 만든다. 가먼트 가죽, 드럼 다이드 내파(drum dyed nappa), 엠시 내파(MC[motorcycle] nappa) 따위가 있다.

☞ 383쪽, 가죽의 가공에 따른 분류

EN nappa a type of thin and soft leather with natural pores. It is the most common type of leather and it is made from the hides of a pig, horse, cow, sheep, or goat (e.g. garment leather, drum dyed nappa, motorcycle nappa).

VI da nappa, da thuộc mềm da mỏng và mềm mại, có hoa văn tự nhiên. Là loại da có hình thái cơ bản nhất, được làm từ da nguyên thủy chưa qua gia công của heo, ngựa, bò, cừu, dê. Có các loại như da mềm làm trang phục, da nappa ngâm thuốc nhuộm trong một cái thùng ống quay, da MC nappa.

IN nappa kulit sapi yang sangat lembut dan tipis dengan pori-pori alami. Bentuk umum dari kulit ini biasanya terbuat dari kulit babi, sapi dan juga kambing. Kulit ini terdiri dari MC nappa dan kulit garmen.

CH nappa皮, 软皮, 纳帕皮 有自然毛孔纹理的薄而柔软的皮。作为最普遍形态的皮革，用猪、马、牛、绵羊或山羊的原皮制作。分为薄片皮、薄软皮、机车皮等。

누벅 가죽 nubuck--

은면을 갈아서 잔털을 일으킨(기모를 낸) 가죽.

EN nubuck a type of leather that has been sanded or buffed on the surface to create a nap of short protein fibers.

VI da nubuck loại da mà lớp da ở tầng trên được mài để tạo ra một lớp da nạm lông.

IN nubuck, kulit nubuck kulit yang diamplas bagian permukaannya untuk menghasilkan serat bulu yang pendek.

CH 磨砂皮, 磨绒面皮 透明层打磨拉绒后的皮子。

☞ 383쪽, 가죽의 가공에 따른 분류

다리 가죽

동물의 다리 부분을 감싸고 있던 가죽. 힘줄이 많고 섬유 조직이 엉성하며 가죽의 두께가 일정하지 않아 제품을 제작하는 데에 거의 사용하지 않는다.

☞ 382쪽, 소가죽의 부위별 명칭

EN shank part, leg part a type of leather that used to wrap the legs of an animal. It is rarely used in manufacturing products because of its tendency to have a lot of tendons, poor tissue quality, and inconsistency in thickness.

VI da ở phần chân da bọc ở phần chân động vật. Có nhiều gân, kết cấu sợi da thưa thớt và độ dày của da không đồng nhất nên hầu như không được sử dụng trong việc sản xuất sản phẩm.

IN kulit bagian kaki kulit yang digunakan untuk membungkus kaki hewan. Bagian ini jarang digunakan untuk memproduksi suatu produk karena kecenderungannya memiliki banyak jaringan berserat longgar dan ketebalan yang tidak konsisten.

CH 腿部, 腿部 包裹动物腿部的皮子。筋纹多，纤维组织疏松，皮革厚度不均匀，几乎不用于产品的制作。

다림질

가죽을 압축 다리미(압축 아이론기)의 롤러 사이로 통과시켜 매끈하게 다리는 일. 가죽 표면의 품질을 향상하여 준다.

☞ 384쪽, 가죽 공정

EN ironing to smoothen and flatten the leather by passing it through the rollers of a pressurized ironing machine in order to enhance the quality of the leather surface.

VI ủi da việc ủi cho da mịn màng bằng cách cho da đi qua giữa trục lăn của máy ủi nén. Giúp nâng cao chất lượng bề mặt da.

IN menyetrika proses untuk menghaluskan dan meratakan kulit melalui tekanan roll mesin setrika.

CH 烫熨, 烫光 把皮革通过烫皮机的滚轴之间熨烫平滑的工序。可以提高皮革表面的品质。

다코타 가죽 dakota--

식물성 무두질(베지터블 태닝)을 거친 것으로, 가죽 고유의 주름이나 무늬가 그대로 드러나는 소가죽. 가죽 흠이 적은 좋은 원피를 사용해야 한다.

☞ 383쪽, 가죽의 가공에 따른 분류

EN dakota a vegetable tanned cow leather with natural wrinkles and patterns on the surface. A raw hide with little to no defect should be used.

VI da có nhiều vết nhăn tự nhiên da bò được thuộc da thực vật, nổi lên nhiều hoa văn hoặc vết nhăn đặc trưng của da. Phải sử dụng loại da nguyên thùy chưa qua gia công có chất lượng tốt, ít da hư.

IN kulit dakota kulit sapi yang sudah dijemur hingga kecoklatan sehingga muncul kerut dan goresan alami di bagian luar kulit. Harus menggunakan kulit berkualitas bagus yang tidak memiliki cacat.

CH 植鞣皮革 经过植物性鞣制、保留着皮革原有的皱纹或纹理的牛皮。应使用皮革缺陷少的优质原皮制作。

더블 버트 double butt

가죽을 세 부분으로 구분했을 때, 어깨와 배를 제외한, 등과 엉덩이 부분의 가죽. 질이 매우 좋다.

☞ 382쪽, 소가죽의 부위별 명칭

EN double butt the back and hip part of a leather within a larger leather piece that has been divided into three parts - shoulder part, belly part, and double butt part. It is considered to be a high quality leather.

VI da hai bên mông khi chia da làm ba phần thì ngoại trừ phần da vai và da bụng, đây là phần bao gồm cả phần da lưng và da mông. Phần này có chất lượng rất tốt.

IN double butt bagian belakang dan pinggul dari kulit pada potongan kulit yang besar yang dibagi menjadi tiga bagian, bagian bahu, bagian perut, dan bagian double butt. Kulit ini dianggap sebagai kulit berkualitas tinggi.

CH 背部顶级皮 皮子分成三部分的时候，除肩和腹部以外的背臀部皮子。品质非常优良。

데어리 카우 dairy cow

젖소의 가죽. 부드럽고 잘 늘어난다.

동 젖소 가죽

☞ 381쪽, 가죽의 종류

EN dairy cow leather a type of soft and stretchy leather made from the skin of a dairy cow.

VI da bò sữa da bò sữa. Mềm mại và co giãn tốt.

IN kulit sapi perah kulit sapi perah. Kulitnya lembut dan juga elastis.

CH 奶牛皮 奶牛的皮。柔软，易拉长。

도마뱀 가죽

도마뱀의 가죽. 은면의 무늬가 섬세하고 아름다우며, 내구성이 뛰어나다. 크기가 작아서 지갑, 벨트와 같은 소품을 만들 때 주로 사용한다.

관 특수 가죽

☞ 381쪽, 가죽의 종류

EN lizard leather a type of leather made from the skin of a lizard. It has a durable grain layer with delicate and beautiful patterns. It is often used to manufacture small products like wallets and belts due to its small size.

VI da thằn lằn da thằn lằn. Hoa văn của lớp da ở tầng trên tinh tế và đẹp, có độ bền vượt trội. Có kích thước nhỏ nên chủ yếu được dùng để làm những sản phẩm nhỏ như ví hoặc thắt lưng.

IN kulit kadal kulit kadal. Kulit ini memiliki pola butiran yang halus dan indah, juga memiliki daya tahan yang kuat. Ukurannya yang kecil membuatnya sering digunakan untuk bahan pembuatan dompet maupun ikat pinggang.

CH 蜥蜴皮 蜥蜴的皮。透明层的花纹细小美丽，耐久性好。因面积小，主要用于制作钱包、腰带等小皮件。

도장 塗裝

염색이 끝난 가죽의 겉면을 투명하게 코팅하거나 겉면에 색상을 입히는 일. 수지(레진), 페이턴트, 폴리우레탄, 피브이시(PVC) 따위를 사용한다.

☞ 384쪽, 가죽 공정

EN pigment spray to clear coat or color the surface of a dyed leather with resin, patent, polyurethane, or PVC.

VI da nhuộm việc nhuộm màu lên bề mặt da hoặc phủ một lớp trong suốt lên bề mặt da sau khi kết thúc việc nhuộm màu. Sử dụng nhựa, da bóng, PU, PVC.

IN pigment spray proses melapisi bagian luar permukaan kulit atau melapisi warna pada bagian permukaan luarnya. Biasanya menggunakan resin, paten, poliuretan, dan juga PVC.

CH 喷墨涂层, 涂装 在染色过后的真皮表面上做透明封层或在表面上色的工艺。使用树脂、涂料、聚氨酯、PVC等制作。

돼지가죽

돼지의 가죽. 표면에 광택이 없고 소가죽에 비해 모공이 커서 표면이 거칠어 보이며 물리적 강도가 약하다. 가죽이 얇기 때문에 따로 분할하지 않고 뒷면(시타지)을 가공하여 안감(우라)으로 많이 사용한다.

동 돈피(豚皮)
관 특수 가죽

☞ 381쪽, 가죽의 종류

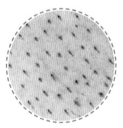

EN pigskin a type of leather made from the skin of a pig. It has large pores with no gloss on the surface. Pigskin is rough and weak compared to cow leather. Due to the thin quality of the leather, the whole leather is processed from the backside instead of splitting and processing the leather. The processed leather is often used as a lining.

VI da heo da heo. Bề mặt không bóng, so với da bò thì lỗ chân lông to hơn nên bề mặt trông thô ráp hơn và thuộc tính vật lý kém hơn. Vì da mỏng nên không tách riêng mà gia công mặt sau, sử dụng nhiều để làm lót.

IN kulit babi kulit yang terbuat dari kulit babi. Kulit ini tidak memiliki bagian mengkilap di permukaan kulitnya, dibandingkan dengan kulit sapi pori-porinya lebih besar sehingga terlihat lebih kasar dan lemah. Karena kulitnya yang tipis, kulit ini sering digunakan untuk lapisan kulit dengan mengolah bagian belakangnya tanpa memotongnya.

CH 猪皮 猪的皮，表面没有光泽，比牛皮毛孔大，表面看起来较粗糙，物理性强度弱。因为皮子较薄，所以不单独片皮而是加工皮革背面作为里布使用。

두께

가죽이나 원단(패브릭), 피브이시(PVC), 보강재(신) 따위의 두꺼운 정도.

EN thickness the thickness of a leather, fabric, PVC, or reinforcement.

VI độ dày độ dày của da, vải, PVC hoặc đệm gia cố.

IN tingkat ketebalan tingkat ketebalan pada kulit, kain, PVC, atau shim penguat.

CH 厚度 皮革、面料、PVC、补强材料等的厚度。

동 후도(厚度)

등가죽

동물의 등 부분을 감싸고 있던 가죽. 조직이 단단하고 잘 늘어나지 않기 때문에 질이 좋은 가죽으로 분류된다.

EN back part, bend part a type of leather that used to wrap the backside of an animal. It is considered a high quality leather due to its tight fibrous structure and its resistance to overstretching.

VI da ở phần lưng, da ở phần sườn da bọc ở phần lưng của động vật. Kết cấu chắc chắn và ít bị giãn nên được phân loại là khu vực da có chất lượng tốt.

IN kulit bagian punggung kulit yang digunakan untuk membungkus bagian punggung hewan. Termasuk dalam golongan kulit berkualitas tinggi karena teksturnya yang kuat dan tidak mudah meregang.

CH 背部 包裹动物背部的皮子。因该部位组织紧实不易拉伸，所以被分类为优质皮子。

동 벤드 파트(bend part)

☞ 382쪽, 소가죽의 부위별 명칭

레진 처리 resin 處理

가죽이나 원단(패브릭)의 뒷면(시타지)에 합성수지를 칠하거나 먹여 마감하는 일. 가죽이나 원단에 탄력이 생겨 쭈그러들거나 주름이 생기는 것을 막아 준다.

EN resin backing, resin finishing to finish by applying synthetic resin to

동 레진 피니싱
(resin finishing),
수지 가공(樹脂加工)

the backside of a leather or fabric. It provides elasticity and prevents the leather or fabric from wrinkling.

VI nhựa ở mặt sau da việc quét hoặc dán nhựa tổng hợp lên mặt sau của da hoặc vải. Da hoặc vải có độ đàn hồi nên giúp ngăn việc da bị nhăn nhúm hoặc xuất hiện vết nhăn.

IN resin finishing, pelapis resin proses finishing kulit atau bagian belakang kain dengan melapisi resin sintetis. Resin ini memberikan elastisitas dan mencegah kulit atau kain dari kerutan.

CH 涂层 在皮革或面料的里面涂树脂或使树脂渗透吸收来收尾的工序。可使皮革或面料产生弹性，避免出褶或产生皱痕。

말가죽

말의 가죽. 조직이 치밀하고 탄력이 있으며, 비교적 얇고 모공이 작아 표면이 아주 매끈하다.

EN horse leather a type of leather made from the skin of a horse. The tissues are dense and elastic. It has a smooth surface due to its relatively small pores.

VI da ngựa da ngựa. Có kết cấu chi tiết, có độ đàn hồi tốt, da tương đối mỏng, lỗ chân lông nhỏ nên bề mặt da mịn màng.

IN kulit kuda kulit kuda. Kulit ini memiliki jaringan yang padat dan elastis, namun berpori-pori kecil dan permukaannya halus.

CH 马皮 马的皮。组织细密，有弹力，相对较薄，毛孔小，表面光滑。

관 코도반
☞ 381쪽, 가죽의 종류

메탈릭 가죽 metallic--

얇은 금속 포일을 덧대거나 도장 안료, 폴리우레탄 따위에 펄을 섞어 겉면에 뿌려서 금속처럼 광택을 살린 가죽.

EN metallic leather a leather with a metallic gloss made either by placing a thin layer of foil, by painting pigments, or by spraying polyurethane mixed in with glitter on the leather surface.

VI da kim tuyến da có màu sáng bóng kim loại được làm bằng cách đặt lên da một lớp nhũ kim loại mỏng hoặc phun lên bề mặt da một lớp bột màu, PU đã được trộn với kim tuyến.

동 메탈릭 레더
(metallic leather)
관 펄가죽

☞ 383쪽, 가죽의 가공에 따른 분류

IN kulit metalik kulit dengan lapisan gloss logam atau metalik yang dibuat dengan menempatkan lapisan tipis foil diatasnya atau dengan menyemprotkan poliuretan yang dicampur dengan glitter pada permukaan kulit.

CH 金属质感皮革, 金属皮革 贴附金属箔片或把珠光粉混合到涂层颜料、聚氨酯之类的材料中后喷洒到表面发出类似金属光泽的皮革。

면 뜸 현상 面–現象

가죽의 특정 부위 구성 조직이 느슨해지거나 부풀어서 생긴 흠. 은면을 안으로 하여 가죽을 구부렸을 때 주름이 만들어지면서 면이 뜨는 것은 플랭키(flanky)라고 한다.

🔁 가죽흠

EN loose grain, loosening phenomenon, loose, flanky a mark caused by the loosening or swelling of the leather tissues. It is called a 'flanky' when the leather is folded and wrinkled with the grain layer facing inwards, which causes the surface layer to lift away from the leather.

VI bề mặt da bị nhũng kết cấu một phần đặc biệt nào đó trên da trở nên lỏng lẻo hoặc bị phồng lên. Khi để lớp da ở tầng trên vào trong và bẻ cong da thì tạo thành vết nhăn và việc bề mặt bị nhũng gọi là flanky.

IN pelonggaran tanda yang muncul karena adanya pelonggaran atau pembengkakan pada jaringan kulit di daerah tertentu dari kulit. Proses saat kulit dilipat sehingga menimbulkan kerutan, dengan lapisan grain yang mengarah ke dalam dan lapisan permukaannya diangkat dari kulit disebut 'flanky'.

CH 面松现象, 凸起面现象, 突起面现象 皮革的特定位置上因组织变松弛或膨胀而产生的痕迹。透明层向内并弯折皮革时，产生皱褶，表面浮起的现象被称作flanky。

목 가죽

동물의 목 부분을 감싸고 있던 가죽. 엉덩이 가죽에 비해 얇고 주름이 많다.

☞ 382쪽, 소가죽의 부위별 명칭

EN neck part a type of leather that used to wrap the neck of an animal. The neck part is thin and wrinkly compared to the butt part.

VI da ở phần cổ da bọc ở phần cổ của động vật. So với da ở phần mông thì da ở phần cổ mỏng và có nhiều vết nhăn hơn.

IN kulit bagian leher kulit yang digunakan untuk membungkus bagian leher hewan. Bagian leher ini lebih tipis dan lebih mengkerut dibandingkan dengan kulit bagian pantat.

CH 颈部 位于动物颈部的皮子。比臀部皮子更薄，皱纹更多。

무두질

원피에서 불필요한 부분을 제거하고 유제(鞣劑)를 이용하여 원피의 단백질을 변성시켜서 사용하기 편리한 상태로 만드는 일. 무두질(태닝)하지 않은 동물의 가죽은 부패하기 쉽고, 물에 담그면 쉽게 팽창하며, 건조하면 딱딱해지기 때문에 가죽으로 사용하기 위하여 반드시 필요한 작업이다. 넓은 의미로는 원피를 가죽으로 상품화하는 전체 공정을 말하기도 한다.

동 유성 공정(鞣成工程), 태닝(tanning)

☞ 384쪽, 가죽 공정

☞ 385쪽, 무두질(태닝)의 종류

EN tanning to remove the unwanted parts from a raw hide and to let the raw hide absorb the tanning agent in order to transform the raw hide into an easy-to-use state. This is a necessary procedure because leather that has not been tanned is prone to decaying, swelling in water, and hardening when dried. In a broader sense, it also refers to the general process of commercializing leather.

VI thuộc da loại bỏ các phần không cần thiết trên da nguyên thủy chưa qua gia công và sử dụng chất thuộc da để làm biến chất da nguyên thủy chưa qua gia công, nhằm tạo ra trạng thái tiện lợi cho việc sử dụng. Da của động vật chưa thuộc da thì dễ bị mục nát, nếu ngâm da vào nước thì da dễ bị căng phồng lên, nếu sấy khô thì da bị cứng lại, vì vậy đây là công đoạn thật sự cần thiết để sử dụng da.Với ý nghĩa rộng hơn, cũng có nghĩa là toàn bộ công đoạn làm da nguyên thủy chưa qua gia công thành da thành phẩm.

IN penyamakan, tanning proses menghilangkan bagian yang tidak diinginkan dari kulit mentah dan membiarkan kulit menyerap emulsi agar kulit berubah ke dalam kondisi yang mudah digunakan. Proses ini meningkatkan daya tahan, tahan panas, dan kekuatan tarikan dari kulit. Proses ini adalah prosedur yang diperlukan karena kulit akan membusuk jika dibiarkan saja, membengkak dalam air, dan mengeras seperti papan kayu dalam keadaan kering.

CH 鞣制, 鞣皮 去除原皮上多余的部分，通过鞣剂将原皮的蛋白质变形并将其制成便于使用的形态的工序。因为未经鞣制的动物皮子易发霉、放在水里易膨胀、干燥后会发硬，所以这是为了使用皮革不可缺少的工序。广义上也把将原皮制成商品化的皮革的全部工序称为鞣制。

태닝이라는 말은 이렇게 유래되었어요 태닝이라는 말의 유래에는 두 가지 설이 있다. 인류가 원피를 가죽으로 만들 때 사용한 과실이나 나무줄기에서 채취한 즙이 타닌(tannin) 산을 함유했다고 하여 태닝이라고 한다는 설과 햇빛에 그을리는 것을 영어로 탠(tan)이라고 하는데 여기에서 유래했다는 설이 있다.

Origin of the word 'tanning' The origin of the word 'tanning' has two theories. One theory is that the word derived from tannin acids, which were acquired from the fruit and tree trunk extracts used in tanning raw hides to leather. The other theory is that the word derived from the English word tan, which means to become brown after exposure to the sunlight.

물 담그기

오염 물질이나 염분이 가죽에 엉겨 붙는 것을 막고 건조 과정에서 손실된 수분을 보충하기 위하여 원피를 깨끗한 물에 담그는 일. 가죽 제조 공정의 첫 단계이다.

圖 수적(水漬)
☞ 384쪽, 가죽 공정

EN soaking to remove debris and salt from a hide after the salting process and to compensate for lost moisture after the drying process by soaking it in clean water. This is the first step in the leather manufacturing process.

VI tẩy muối việc ngâm da nguyên thủy chưa qua gia công vào nước sạch để ngăn chặn chất bẩn và thành phần muối bị vón cục và dính vào da và để bổ sung hơi nước bị thiếu trong quá trình làm khô. Đây là bước đầu tiên của công đoạn chế tạo da.

IN perendaman menghilangkan kotoran dan garam dari kulit setelah proses penggaraman. Langkah ini merupakan langkah pertama dalam proses pembuatan kulit.

CH 浸洗, 浸水 为了防止污染物和盐分在皮子上凝固并补充干燥过程中流失的水分而将原皮浸泡在干净的水中的工艺。是皮革制作工序的第一步。

물 짜기

무두질(태닝)한 뒤 젖어 있는 가죽에서 물기를 제거하는 일. 무두질이 끝난 뒤에는 가죽에 수분이 너무 많아서 다음 공정인 할피(셰이빙)를 할 수 없으므로 기계를 이용하여 물을 짜낸다.

🔠 새밍(sammying)
☞ 384쪽, 가죽 공정

EN sammying to remove moisture from leather that is wet from the tanning process. The leather cannot move onto the next step, which is the shaving process, because there is too much moisture in the leather after the tanning process. So, a sammying machine is used to squeeze out the water.

VI vắt nước cho da việc loại bỏ hơi ẩm trên da còn ướt sau khi thuộc da. Sau khi thuộc da, trên da có nhiều hơi nước quá nên không thể thực hiện công đoạn tiếp theo là lạng da với độ dày cần thiết, vì vậy sử dụng máy để vắt nước.

IN samming proses menghilangkan air dari kulit yang basah akibat proses penyamakan. Setelah proses penyamakan selesai, biasanya kulit masih menyimpan banyak kandungan air sehingga proses pembuatan kulit ini tidak dapat dilanjutkan, maka digunakanlah mesin untuk menghilangkan air yang masih tersisa di kulit.

CH 脱水 鞣制处理后去除湿透的真皮上的水分的工艺。鞣制之后，因为皮革上水分过多会导致下一步工序片皮无法进行，所以使用机器将水分脱去。

물성 物性

가죽이나 원단(패브릭)의 표면이 부드럽거나 조직이 치밀한 정도. 소재를 만졌을 때 느껴지는 촉감 따위를 말한다.

EN property the characteristics of a material, which includes the softness of the surface and the denseness of the fibrous structure of the leather and fabric. It refers to the tactile sensation felt when the material is touched.

VI thuộc tính mức độ kết cấu chi tiết hoặc độ mềm mại trên bề mặt của vải hoặc da. Ý muốn nói đến cảm nhận khi ta sờ vào một vật liệu nào đó.

IN properti, sifat kulit karakteristik material yang meliputi kelembutan permukaan dan padatnya struktur organik pada kulit atau kain. Standar ini mengacu pada sensasi sentuhan pada saat material dipegang.

CH 物性 皮子或面料表面柔软度或组织的细密程度。也指触摸材料时的触感。

물소 가죽

물소의 가죽. 두껍고 잘 늘어나지 않으며 비교적 겉면이 거칠고, 자연스러운 주름이 있다. 아시아 물소의 가죽을 버펄로 가죽이라고 하는데 갈라지는 것 같은 거칠고 독특한 무늬가 있다.

EN buffalo leather, bison leather a type of leather made from the skin of a water buffalo. The leather is thick and resistant to stretching. The surface is relatively rough with naturally occurring wrinkles. Asian water buffalo leather, which is often referred to as 'buffalo leather,' have a unique splitting pattern.

VI da trâu da trâu. Dày, khó giãn, bề mặt da tương đối thô ráp, có những vết nhăn tự nhiên. Da trâu ở Châu Á được gọi là buffalo, có đặc trưng là có hoa văn thô ráp và độc đáo như những vết rạn.

IN kulit kerbau kulit kerbau. Kulit kerbau ini tebal namun tidak dapat meregang dengan baik. Kulit kerbau Asia biasanya disebut dengan buffalo, memiliki permukaan yang relatif kasar dan memiliki kerut yang terbentuk secara alami.

CH 水牛皮 水牛的皮。非常厚且不易拉长，表面相对较粗糙有自然的皱纹。亚洲水牛皮被称作buffalo， 具有像割裂纹一样的粗糙独特的纹理的特征。

관 버펄로 가죽
(buffalo－－)

☞ 381쪽, 가죽의 종류

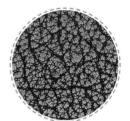

밀링 milling

가죽을 태고에 넣고 돌릴 때 생기는 마찰열을 이용하여 원하는 만큼 부드럽게 만드는 일. 가죽이 수축되기 때문에 슈렁큰과 같은 가죽은 무늬가 선명해진다.

EN milling to soften the leather to the desired softness by using the friction that results from being spun inside a drum. The leather shrinks during this process and the shrunken patterns become clear and visible.

VI phay, nhiệt ma sát, nhào bỏ da vào thùng sử dụng trong thuộc da và dùng nhiệt ma sát phát sinh khi quay để làm da được mềm mại như mong

동 유연 가공(柔軟加工),
유연 작업(柔軟作業)

muốn. Vì da bị thu nhỏ nên hoa văn của các loại da như da có hoa văn tròn nhỏ sẽ trở nên rõ nét hơn.

IN penggilingan proses melembutkan kulit hingga tingkat kelembutan yang diinginkan dengan menggunakan gesekan yang dihasilkan dari perputaran di dalam drum. Pola kerut menjadi jelas dan kelihatan karena kulit mengkerut selama proses ini.

CH 甩鼓 把皮革放入转鼓滚动，利用产生的摩擦热，使皮革达到所需的柔软度的工艺。因皮子会收缩，鹅卵石纹等皮革纹路也会变得鲜明。

밍크 mink

족제빗과에 속하는 담비, 수달, 오소리, 족제비 같은 동물의 털가죽.

EN mink the fur belonging to the family of mustelids like martens, otters, badgers and weasels.

VI da chồn bộ lông của động vật thuộc họ chồn như chồn mactet, rái cá, lửng, chồn.

IN cerpelai bulu milik keluarga hewan jenis mustelid seperti berang berang, cerpelai dan juga musang.

CH 貂皮 水獭、貂、獾、黄鼠狼等鼬科动物的皮毛。

관 특수 가죽
☞ 381쪽, 가죽의 종류

바이브레이션 vibration

가죽을 위아래로 가볍게 두드려서 부드러운 정도를 조절하는 일. 건조 과정에서 딱딱해진 가죽과 완성된 가죽을 대상으로 진행한다.

EN vibration to adjust the softness of a processed leather or a leather that has hardened during the drying process by lightly beating the leather up and down.

VI sự chuyển động rung việc điều chỉnh độ mềm mại của da bằng cách đánh nhẹ nhàng mặt trên và dưới. Tiến hành trên đối tượng là da bị cứng trong quá trình sấy khô và da thành phẩm.

IN getaran, vibration proses melembutkan kulit yang telah mengeras selama proses pengeringan dengan cara memukul kulit ke atas dan ke bawah secara halus.

CH 振软, 振动 把皮革上下轻轻敲打以调节柔软度的工序。以干燥过程中变硬的皮革和完成的皮革为对象来进行。

바인더 binder

염색약이 묻어나지 않게 하거나 가죽의 겉면을 매끄럽게 하기 위하여 가죽에 뿌리는 반투명한 접착제. 가죽 공정의 마지막 단계에서 사용하며, 건성유(乾性油), 바니시(varnish), 수지 따위가 이에 속한다.

EN binder a semi-transparent chemical (e.g. drying oil, varnish, resin) applied on the leather to prevent the dye from migrating and to smoothen the surface of the leather. It is used in the final stages of manufacturing leathers.

VI chất kết dính keo dính không màu dùng phun lên da để thuốc nhuộm không bị lem màu hoặc làm cho bề mặt của da bóng láng hơn. Được dùng vào công đoạn cuối cùng trong quá trình chế tạo da, có các loại như dầu khô, vecni, mỡ.

IN binder lem transparan yang diaplikasikan pada kulit untuk mencegah pewarna agar tidak luntur dan menghaluskan permukaan kulit. Digunakan pada tahap akhir dari produksi kulit dengan menggunakan minyak pengering, varnish atau resin.

CH 粘着剂 使染料不易移染或让皮革表面光滑而在皮革上喷涂的半透明粘贴剂。在制革工艺的最后一步使用，有干性油、清漆、树脂等。

바케타 가죽 vachetta--

식물성 무두질(베지터블 태닝)을 거쳐 겉면이 매끄러우며 튼튼하고 단단한 가죽. 주로 손잡이(핸들)나 벨트 따위를 만드는 데 사용한다. 염색이나 다른 가공을 하지 않은 상태에서 자외선에 노출되면 붉게 변한다.

☞ 383쪽. 가죽의 가공에 따른 분류

EN vachetta a durable and solid, vegetable tanned leather that has a smooth surface. It is often used to manufacture handles and belts. The leather, which has not been dyed or processed in any other way, turns red when exposed to ultraviolet light.

VI da thô chưa qua xử lý do quá trình thuộc da thực vật, bề mặt da trở nên bóng láng, cứng và chắc chắn hơn. Chủ yếu được dùng để làm quai xách hoặc thắt lưng. Trong trạng thái không gia công hoặc nhuộm màu, nếu tiếp xúc với tia tử ngoại thì trở nên đỏ hơn.

IN kulit vachetta kulit kuat yang terbuat dari proses samak nabati dan memiliki bagian permukaan yang halus dan juga kuat. Biasanya digunakan untuk membuat handle dan sabuk. Kulit ini akan berubah warnanya menjadi kemerahan ketika dicat atau dibiarkan begitu saja terkena pancaran sinar ultraviolet.

CH 原色小牛皮, 原色皮 经过植物性鞣制、表面光滑且结实的皮子。主要用于制作手把或腰带等部位。未经过色彩加工处理的状态下，在紫外线的照射下会变红。

백화 현상 白化現象

도장이 완료된 가죽의 겉면이 흰 가루를 뿌린 것처럼 되는 현상. 염분에 의한 현상과 지방에 의한 현상으로 나뉜다. 염분에 의한 현상은 가죽 공정 중 사용된 여러 가지 염분이 제대로 씻기지 않고 가죽에 남아 있다가 수분을 과하게 흡수한 뒤나 추운 겨울, 장마철에 가죽을 건조했을 때 나타난다. 지방에 의한 현상은 무두질(태닝)할 때 탈지 중 포화 지방산(飽和脂肪酸)이 충분히 제거되지 않고 남아 있다가 드러나거나, 건조 뒤 기름 먹이기(가지) 과정에서 투입한 포화 지방산, 히드록시산(hydroxy酸), 포화 유지 왁스류, 수지성 중합물 따위의 기름이 제대로 스며들지 않고 남아서 나타난다. 지방에 의한 현상은 고온의 열에 가죽을 노출한 뒤 겉면을 닦으면 원래 상태로 돌아간다.

동 스퓨 현상(spew現象)
관 가죽 흠

EN spew, spue a phenomenon in which the surface of an embossed leather generates a white powder-like substance. Spew occurs on two occasions. On one hand, spew can be caused by the saline that was used during the leather manufacturing process, which was not sufficiently removed and the saline that remained in the leather surfaced after the leather absorbed too much water. The saline can also surface if the leather was dried in the winter or during monsoon season. On the other hand, spew can be caused by the fat on the leather that was not sufficiently removed. The fatty acids in the leather can surface when the leather is degreased during the tanning process. Or the oil, like saturated fatty acids, hydroxy acids, saturated waxes, and resinous polymer, that was fed to the dried leather during the fatliquoring process can appear because it was not properly absorbed and remained on the leather surface. A leather with spew due to fat can return to its original state by exposing the surface of the leather to heat and then wiping it down.

VI bạc màu hiện tượng bề mặt da đã hoàn tất công đoạn nhuộm giống như bị rắc bột trắng. Được chia thành hiện tượng bạc màu do thành phần muối và hiện tượng bạc màu do chất béo. Hiện tượng bạc màu do thành phần muối xuất hiện khi làm khô da vào mùa đông hoặc mùa mưa dầm sau khi các thành phần muối sử dụng trong công đoạn gia công da không được rửa sạch hoàn toàn, còn đọng lại trên da và hấp thụ hơi ẩm quá mức. Hiện tượng bạc màu do chất béo xuất hiện khi chất béo bão hòa không được loại bỏ hoàn toàn trong quá trình loại bỏ chất béo khi thuộc da nên còn lại và lộ ra, hoặc chất béo bão hòa hấp thụ trong quá trình tẩm dầu sau khi làm khô, axit hydroxy, sáp dầu bão hòa, dầu của chất béo trung tính không được thấm hoàn toàn và còn đọng lại. Sau khi làm cho bề mặt da lộ ra do nhiệt độ cao, nếu lau sạch bề mặt thì da bị bạc màu do chất béo sẽ quay trở lại trạng thái ban đầu.

IN pemutihan permukaan kulit, spew fenomena yang terjadi saat bagian permukaan kulit yang sudah jadi mengeluarkan serbuk-serbuk putih. Fenomena ini bisa terjadi karena dua hal. Pertama fenomena pemutihan ini disebabkan oleh garam yang digunakan pada proses pembuatan kulit tidak dihapus bersih dan garam yang tersisa di kulit muncul setelah menyerap terlalu banyak air. Kedua fenomena ini juga disebabkan oleh lemak. Asam lemak jenuh yang tidak dibersihkan secara sempurna dapat muncul selama proses degreasing atau proses penyamakan. Minyak seperti asam lemak jenuh, asam hidroksi, lilin jenuh dan polimer resin yang dimasukkan ke kulit kering selama proses fatliquoring yang tidak benar-benar diserap dan tersisa di permukaan kulit juga bisa muncul. Kulit dengan fenomena pemutihan yang disebabkan oleh lemak dapat kembali ke keadaan semula setelah permukaan kulitnya dijemur di panas dan permukaannya dilap.

CH 白化现象 完成涂装后的皮革表面出现的白色粉状物的现象。分为盐分白化现象和油脂白化现象。盐分白化现象是制革工序中使用的各种盐分没有完全清洗掉而留在皮革上，过多吸收水分后或在寒冷的冬天或梅雨季节里皮革变干燥时出现的现象。油脂白化现象是鞣制过程中，脱脂阶段饱和脂肪酸没有被充分地去除而出现或干燥后加脂过程中加入的饱和脂肪酸、含氧酸、饱和有机蜡类、树脂聚合物之类的油脂没能充分地渗透而留在表面的情况。油脂白化现象的话，把皮革放置在高温下，经过擦除可以恢复原来的形态。

뱀 가죽

뱀의 가죽. 두께가 비교적 얇고 폭이 다소 좁으나 종류에 따라 길이가
수 미터에 이르기도 한다.

EN snakeskin a type of leather made from the skin of a snake. It is
relatively thin and narrow, but the length of the skin can extend several
meters depending on the breed of the snake.

VI da rắn da rắn. Độ dày tương đối mỏng và hơi hẹp nhưng tùy vào từng
loại rắn mà chiều dài có thể đạt tới khoảng vài mét.

IN kulit ular kulit ular. Kulit ini relatif tipis, sempit namun dapat
memanjang beberapa meter tergantung pada jenis ularnya.

CH 蛇皮 蛇的皮。厚度相对较薄，宽度比较窄，根据种类不同，长度可
达数米。

관 비단뱀 가죽
(파이선 스킨),
특수 가죽

☞ 381쪽, 가죽의 종류

뱀장어 가죽 –長魚––

뱀장어의 가죽. 크기가 작고 무척 얇으며 매우 부드럽다.

EN eel skin a type of leather made from the skin of an eel. It is small, thin,
and soft.

VI da cá chình da cá chình. Kích thước nhỏ, rất mỏng và rất mềm mại.

IN kulit belut kulit belut. Ukurannya kecil, tipis dan sangat halus.

CH 鳗鱼皮 鳗鱼的皮。尺寸小，非常薄，手感柔软。

관 특수 가죽

☞ 381쪽, 가죽의 종류

뱃가죽

동물의 배 부분을 감싸고 있던 가죽. 아래쪽으로 늘어져 있던 부분으로
조직이 엉성하기 때문에 제품을 만들 때 겉으로 드러나지 않는 부위에
주로 사용한다.

EN belly part a type of leather that used to wrap the belly of an animal. It
is used to create parts that are not visible from the exterior side of a product
due to the poor fibrous structure of the leather, which is caused by the
leather being stretched downward.

VI da ở phần bụng da bọc ở phần bụng của động vật. Là phần bị rũ xuống

☞ 382쪽, 소가죽의 부위별
명칭

phía dưới, kết cấu thưa thớt nên khi làm sản phẩm chủ yếu được sử dụng để làm những phần không lộ ra bên ngoài.

IN kulit bagian perut kulit yang digunakan untuk membungkus bagian perut hewan. Struktur organiknya yang longgar menjadikan kulit ini sering digunakan untuk membuat bagian-bagian dari produk yang tida terlihat dari luar.

CH 腹部 包裹动物腹部的皮子。因为是向下方下垂的部分，组织松散，所以主要用于制作产品不露在外面的部分。

벌레 자국

벌레로 인하여 생긴 흠.

관 가죽 흠

EN bug bite mark a mark left by a bug.

VI vết sẹo do côn trùng cắn vết sẹo do côn trùng cắn.

IN bekas gigitan serangga bekas yang ditinggalkan oleh serangga.

CH 虫咬痕迹, 虫印 皮革因虫咬产生的痕迹。

복스 box

① (한국식) 겉면을 매끄럽게 간 뒤 도장한 가죽. ② (유럽식) 가죽을 은면 쪽으로 접어 놓고 표면이 코르크로 된 나무판으로 상하좌우 방향으로 문질러서 자갈 무늬(모미)가 생기게 만든 가죽. 엠보싱으로 자갈 무늬를 찍어서 만들기도 한다.

☞ 383쪽. 가죽의 가공에 따른 분류

EN box leather, willow leather ① (Korean) a leather that has been sanded and painted on the exterior side. ② (European) a leather with pebble patterns made by folding the leather inwards at the grain layer and rubbing a wooden board made of cork on the surface of the leather in all four directions. Alternatively, the pebble patterns are made by embossing the pattern onto the leather.

VI da làm vỏ thùng ① (kiểu Hàn Quốc) da được nhuộm sau khi mài cho bề mặt bóng láng. ② (kiểu Châu Âu) da có vân da tự nhiên bằng cách gấp da vào hướng lớp da ở tầng trên, bề mặt bị chà xát theo hướng trên dưới trái phải bằng tấm bảng gỗ được làm từ vỏ gỗ bần. Cũng in vân da tự nhiên bằng cách in nổi.

IN kulit box ① (style Korea) kulit yang telah diampelas dan dicat bagian permukaan. ② (style Eropa) kulit dengan pola pebble yang dibuat dengan melipat kulit ke dalam lapisan grain dan menggosok papan kayu gabus dipermukaan kulit ke empat arah. Dapat juga dibuat dengan proses embossing.

CH 光滑皮, 光面皮 ① (韩国式) 表面打磨得非常光滑并做涂层处理的皮革。② (欧洲式) 把皮革朝着透明层折叠，在表面用软木板按上下左右方向摩擦制作出鹅卵石纹的皮革。也用压纹机压制鹅卵石纹路。

복스라는 말은 이렇게 유래되었어요 19세기 영국 런던 의회의 신발 담당이었던 조지프 복스(Joseph Box)가 가죽을 두 방향으로 교차하여 문질러 사각형 모양의 자갈 무늬(모미)를 만든 것에서 유래하였다. 덴마크나 독일에서는 윌로 레더(willow leather)라고도 부른다.

Origin of the word 'box' in 'box leather' the word 'box' in 'box leather' originated from Joseph Box, who was in charge of footwear for the London Assembly in 19th century England. He made square grain patterns by rubbing the leather bidirectionally. It is known as 'willow leather' in Denmark and Germany.

부패 자국 腐敗--

여러 가지 원인으로 가죽이 부패하여 정상적인 상태를 유지하지 못하고 그 흔적이 남아서 생긴 흠.

관 가죽 흠

EN putrefaction, decay mark a mark left on the leather as a result of deterioration caused by several possible factors.

VI vết sẹo do bị mục nát vì nhiều lý do nên da bị mục nát không còn giữ được trạng thái vốn có của da, do đó xuất hiện các dấu vết.

IN bekas busuk tanda atau bekas yang tersisa di kulit karena kulit rusak akibat beberapa faktor dan tidak dapat dikembalikan ke keadaan normal.

CH 腐烂痕迹 因各种原因导致的皮革腐烂、无法保持正常的形态而留下的痕迹。

분할 分割

원피를 은면 가죽(그레인 레더)과 스플릿 가죽(스플릿 레더)으로 분리

통 스플릿(split)

하는 일. 준비 공정 중간이나 무두질(태닝)한 뒤, 또는 염색이 끝난 상 ☞ 384쪽, 가죽 공정
태에서 진행한다.

EN splitting to separate the raw hide or skin into the grain layer and the split leather. The splitting process is carried out during the preparation process, after the tanning process, or after the dyeing process.

VI phần da tách việc tách ly da nguyên thủy chưa qua gia công thành lớp da tầng trên và lớp da bên dưới. Được tiến hành ở giữa giai đoạn chuẩn bị hoặc sau khi thuộc da, hoặc trong trạng thái kết thúc nhuộm màu.

IN pembelahan proses pemisahan kulit grain dan kulit belah. Proses ini dilakukan di tengah-tengah proses persiapan setelah penyamakan atau setelah proses pewarnaan selesai.

CH 分割 把原皮的头层皮和二层皮分离的工序。在准备工序的中间阶段或鞣制之后，或染色完成的状态下进行。

불 하이드 bull hide

생후 3년 이상 된, 거세하지 않은 수소의 가죽. 소가죽 중에서 가장 두껍 ☞ 381쪽, 가죽의 종류
고 튼튼하여 신발 밑창과 같은 단단한 제품을 만드는 데 주로 사용한다.

EN bull hide the hide of a non-castrated male bull that is at least three years of age. It is one of the thickest and sturdiest cow leather available, which is why it is used to manufacture hard products like shoe soles.

VI da bò da của những con bò đực trên 3 năm tuổi vẫn chưa bị thiến. Trong các loại da bò đây là loại da dày và cứng nhất nên chủ yếu được dùng để sản xuất các sản phẩm cứng như đế giày.

IN kulit banteng kulit banteng jantan non kebiri yang setidaknya berumur tiga tahun. Kulit ini adalah salah satu jenis kulit sapi tebal yang biasanya digunakan untuk memproduksi produk-produk keras seperti panel bagian bawah sepatu.

CH 三岁公牛皮 3岁以上未被阉割的公牛的皮。牛皮中最厚最结实的一种，常用于制作类似鞋底等坚硬的产品。

불도장 자국 −圖章−−

소유권을 표시하기 위하여 가죽에 찍은 불도장이 남아서 생긴 흠.

EN brand mark a trace of the brand left on the leather from a branded animal that was used to mark the property of the animal.

VI dấu in trên da vết sẹo do dấu in còn lại trên da để thể hiện quyền sở hữu.

IN brand mark, tanda merek jejak merek yang tersisa di kulit sapi bermerek yang digunakan untuk menandai ternak miliknya.

CH 火印痕迹, 火烙印 为标记所有权而在皮革上留下的火印的痕迹。

동 화인 자국(火印--)
관 가죽 흠

브러시 업 brush up

① 가죽의 겉면에 이중 도장을 한 뒤 윗색을 벗겨 내서 가죽에 두 가지 색을 내는 일. 표면이 울퉁불퉁해진다. ② 1차 도장을 한 가죽에 염료를 바르고 2차 도장을 하는 일.

☞ 383쪽, 가죽의 가공에 따른 분류

EN brush up ① to double paint the leather with two different colors and to partially scrape off the upper layer of paint to give the effect of having two colors. The surface becomes bumpy in the process. ② to apply a second layer of dye on a leather that has already been dyed once.

VI vuốt, chải ① việc tạo ra hai màu sắc trên da bằng cách nhuộm hai lớp lên bề mặt da, sau đó bỏ đi lớp màu sắc ở bên trên. Bề mặt trở nên gập ghềnh. ② việc bôi thuốc nhuộm và nhuộm đợt 2 lên da đã nhuộm đợt 1.

IN menyikat ① proses pengecatan kulit dua kali dengan dua warna yang berbeda untuk mengikis bagian dari lapisan atas cat sehingga memberikan efek dua warna dan menciptakan permukaan tidak rata pada kulit. ② mengaplikasikan warna kedua pada kulit yang telah dicat.

CH 擦色, 擦光 ① 皮革表面进行两次涂层处理后，擦掉表层颜色，使皮子呈现两种颜色的工艺。表面会变得凹凸不平。② 在一次涂层处理后的皮革上涂抹颜料进行二次涂层处理的工序。

비단뱀 가죽 緋緞---

비단뱀의 가죽. 파이선은, 중앙은 육각형, 양옆은 마름모 모양이 규칙적으로 배열되는 비단뱀의 무늬를 가리키기도 한다.

EN python skin a type of leather made from the skin of a python. It can also refer to a pattern that is hexagonal in the center with shapes of diamonds on the sides.

VI da trăn da của con trăn. Python là nói đến hoa văn của trăn được bố trí theo quy tắc hình lục giác ở chính giữa, hình kim cương ở hai bên.

IN kulit ular sawah kulit ular sawah. Memiliki pola dengan bentuk diagonal di bagian pusatnya, dan bentuk diamond di kedua sisinya yang terbentuk secara teratur.

CH 蟒蛇皮, 巨蟒皮 蟒蛇的皮。蟒蛇纹指中间是六角形，两侧呈钻石型规律排列的蟒蛇皮的花纹。

<table><tr><td>동</td><td>파이선 스킨
(python skin)</td></tr><tr><td>관</td><td>특수 가죽</td></tr></table>

☞ 381쪽, 가죽의 종류

사슴 가죽

사슴의 가죽. 부드럽고 두께가 일정하며 조직이 치밀하다. 무두질(태닝)한 사슴 가죽은 감촉과 유연성이 좋고 내수성이 강하여 핸드백, 장갑, 옷 따위를 만드는 데 사용한다. 수사슴의 가죽은 벅스킨(buckskin)이라고 부른다.

EN deerskin a type of leather made from the skin of a deer, which has tissues that are dense, soft and consistent in thickness. A tanned deerskin is used to make handbags, gloves, and apparels with respect to its softness, flexibility, and durability. The leather made from the skin of a male deer is known as buckskin.

VI da nai da nai. Mềm mại, độ dày đồng nhất, kết cấu da tỉ mỉ. Da nai thuộc da có cảm giác và tính mềm dẻo tốt, tính chống thấm cao nên được dùng trong sản xuất túi xách, găng tay, trang phục. Da của nai đực gọi là buckskin.

IN kulit rusa kulit rusa. Kulit ini memiliki jaringan yang padat, lembut dan juga ketebalan yang sama. Kulitnya yang lembut, fleksibel juga memiliki daya tahan yang kuat menjadikan kulit ini sebagai bahan pembuatan tas, sarung tangan, pakaian, dll. Kulit rusa ini disebut juga sebagai buckskin.

CH 鹿皮 鹿的皮。皮质柔软、厚度均匀，组织细密。经鞣制的鹿皮触感、柔韧度和防水性很好，用于制作手袋、钱包和服装等。雄鹿皮被称为buckskin。

<table><tr><td>동</td><td>디어스킨(deerskin)</td></tr><tr><td>관</td><td>수사슴 가죽(벅스킨)</td></tr></table>

☞ 381쪽, 가죽의 종류

사피아노 가죽 saffiano--

철조망 무늬의 가죽. 고압과 고열을 이용하여 가죽의 표면에 철조망 무늬를 찍어 내거나 스플릿 가죽(스플릿 레더) 위에 폴리우레탄을 입혀서 만든다.

☞ 383쪽, 가죽의 가공에 따른 분류

EN saffiano leather a leather with barbed wire patterns made by embossing the patterns on the leather surface with high pressure and high temperature embossing methods or by applying polyurethane on top of a split leather.

VI da saffiano da có hoa văn hình bờ rào lưới sắt. Sử dụng áp lực cao và nhiệt độ cao để in hoa văn hình bờ rào lưới sắt lên bề mặt của da, hoặc phủ một lớp PU lên lớp da bên dưới.

IN kulit saffiano kulit dengan pola kawat berduri. Kulit ini dibuat dengan metode embossing suhu tinggi pada bagian permukaannya atau dengan lapisan poliuretan di atas kulit belah.

CH 十字纹皮 有着铁丝网纹路的皮革。通过高压和高温在真皮表面印制铁丝网纹路或在二层皮上附着聚氨酯涂层来制作。

석회 처리 石灰處理

원피를 석회화 용액에 담가 원피에서 불필요한 단백질과 이물질을 제거하여 무두질(태닝)하기 좋은 상태로 만드는 일.

🗏 석회적(石灰漬)
☞ 384쪽, 가죽 공정

EN liming to prepare the raw hide for tanning by removing the unwanted protein and debris from the raw hide by soaking it in a calcifying solution.

VI vôi hóa ngâm da nguyên thủy chưa qua gia công vào dung dịch vôi đã tôi để loại bỏ phần thịt và phần mỡ không cần thiết ra khỏi da nguyên thủy chưa qua gia công và tạo thành trạng thái tốt nhất để thuộc da.

IN pengapuran mempersiapkan kulit untuk proses penyamakan dengan cara menghapus protein yang tidak diinginkan dan kotoran dari kulit dengan cara dicelupkan ke dalam kalsium hidroksida.

CH 石灰处理, 浸灰 把原皮浸入石灰水中去除原皮上多余的蛋白质和异物，使其达到良好的鞣制状态的工序。

소가죽

소의 가죽. 조직이 촘촘하고 단단하며 탄력이 있어 다양한 제품을 만드는 데 널리 사용한다.

🗏 우피(牛皮)

EN cowhide, cow leather, cattle leather
a type of leather made from the skin of
a cow. It is used to make various
products with respect to its tight,
hard, and elastic fibrous tissues.

VI da bò da bò. Kết cấu da chặt chẽ, cứng
và có độ đàn hồi nên được sử dụng rộng rãi để
sản xuất nhiều sản phẩm đa dạng.

IN kulit sapi kulit sapi. Kulit ini biasanya digunakan
untuk membuat berbagai macam produk berkat jaringannya yang padat,
strukturnya yang keras dan juga elastis.

☞ 381쪽, 가죽의 종류

CH 牛皮 牛的皮。组织紧密坚韧，有弹性，被广泛用于各种产品的制作。

송치

털을 제거하지 않고 살린 송아지의 가죽.

EN hair calf a type of leather made with the skin and hair of a young calf.

VI da bê da bê còn nguyên lông.

IN kulit lembu kulit yang terbuat dari kulit dan rambut anak lembu muda.
Rambut anak lembunya masih melekat pada kulit.

CH 幼牛皮, 小牛毛皮, 带毛小牛皮 不去除小牛犊的毛并予以保留的皮。

통 헤어 카프(hair calf)

☞ 381쪽, 가죽의 종류

수세 水洗

태고에 새 물을 넣고 가죽을 깨끗하게 빨아 주는 일. 약품이나 이물질
을 제거하기 위하여 가죽 제조 공정 사이사이에 자주 진행한다.

EN rinsing, washing, water-washing to place and rinse the leather with
fresh water in a drum. This process is frequently carried out in between the
leather manufacturing process to remove chemicals and debris.

VI rửa bằng nước việc bỏ nước mới vào thùng sử dụng trong thuộc da và
giúp giặt sạch da. Thường được tiến hành giữa các công đoạn sản xuất da
để nhằm loại bỏ hóa chất hoặc dị chất.

IN pembersihan proses memasukkan air ke dalam kulit kemudian
mencuci kulitnya hingga bersih. Proses ini sering dilakukan saat pembuatan

kulit untuk menghilangkan bahan kimia atau benda asing yang menempel.

CH 水洗 在转鼓中放入干净的水把皮革洗净的工序。为了去除药品或杂质，在制革工序之间经常进行。

수율 收率

가죽 한 장에서 실제 얻을 수 있을 것으로 기대하는 면적.

EN yield the amount of area that a piece of leather is expected to actually provide.

VI định mức diện tích mong muốn có thể đạt được thực tế trên một miếng da.

IN hasil produksi jumlah area pada kulit yang diharapkan dapat menghasilkan sesuatu.

CH 收率 一张皮子上实际可用面积的期待值。

슈렁큰 shrunken

겉면에 작고 동글동글한 무늬가 있는 가죽. 가죽을 당긴 뒤 태고에 넣으면 가죽이 수축하는 과정에서 저절로 무늬가 생기는 내추럴 슈렁큰과 인위적으로 무늬를 찍어서 만든 엠보 슈렁큰이 있다.

EN shrunken a type of leather with small circular pattern on the surface. There is the method of pulling the leather, placing it in a drum, and allowing the patterns to naturally form during the shrinkage process. Then, there is the artificial method of creating the patterns by embossing the patterns.

VI da có hoa văn tròn nhỏ da có các hoa văn tròn nhỏ trên bề mặt. Sau khi kéo da ra và cho vào thùng sử dụng trong thuộc da, trong quá trình da bị teo lại, có 2 loại là da có hoa văn tròn nhỏ tự nhiên mà hoa văn tự xuất hiện và da có hoa văn tròn nhỏ in nổi được làm bằng cách in hoa văn một cách nhân tạo nữa.

IN pengkerutan, penyusutan kulit sapi dengan pola lingkaran kecil di bagian permukaannya. Ada metode alami untuk menarik kulitnya, yaitu menempatkannya di dalam drum, dan membiarkan polanya terbentuk selama proses penyusutan, untuk selanjutnya dilakukan proses embossing.

관 내추럴 슈렁큰,
엠보 슈렁큰

☞ 383쪽, 가죽의 가공에
따른 분류

CH 鹅卵石纹皮, 荔枝纹皮 表面有小的圆圆的纹路的牛皮。一种是把皮子拉伸后放在转鼓里，真皮在收缩过程里产生自然的鹅卵石纹皮，另一种是人为制作出的压花鹅卵石纹皮。

스웨이드 suede

스플릿 가죽(스플릿 레더)의 겉면을 깎아 잔털을 일으킨(기모를 낸) 가죽.

☞ 383쪽, 가죽의 가공에 따른 분류

EN suede a leather that has been sanded or buffed on the surface of a split leather to create a nap of short protein fibers.

VI da lộn loại da mà lạng bề mặt của lớp da bên dưới và tạo thành lớp da nạm lông.

IN kulit lunak kulit yang telah diampelas atau digosok bagian luarnya untuk menghasilkan nap atau beludru.

CH 翻毛皮, 绒面革 打磨二层皮的表面使之起绒的皮革。

스킨 skin

① = 가죽. ② 한 장의 무게가 15 kg 이내인 작은 동물의 원피. 비교적 두께가 얇고 부드럽다.

관 하이드
☞ 381쪽, 가죽의 종류

EN skin ① = leather. ② a layer of thin and soft leather that weighs less than 15 kg. It is the raw hide or skin of a small animal.

VI da ① = da. ② da nguyên thủy chưa qua gia công của những động vật nhỏ có khối lượng của một tấm da trong khoảng 15 kg. Tương đối mỏng và mềm mại.

IN kulit ① = kulit. ② kulit hewan kecil yang satu potongan kulitnya memiliki berat 15 kg. Kulitnya tipis dan juga halus.

CH 皮 ① = 皮。② 一张来自于体重低于15kg的小型动物的原皮。厚度相对较薄且柔软。

스티어 하이드 steer hide

생후 2년 이상 된, 거세한 수소의 가죽. 제품을 만들기에 두께가 적당하

☞ 381쪽, 가죽의 종류

며 탄력이 좋아 다양한 용도로 사용한다.

EN steer hide the hide of a castrated male bull that is at least two years of age. It is used to manufacture various products due to its moderate thickness and elasticity.

VI da bò đực da của những con bò đực trên 2 năm tuổi và đã bị thiến. Độ dày da thích hợp để sản xuất sản phẩm và độ đàn hồi tốt nên được sử dụng rộng rãi trong nhiều lĩnh vực.

IN kulit lembu jantan kulit lembu jantan dikebiri yang setidaknya berumur dua tahun. Kulit ini bagus digunakan untuk membuat berbagai macam produk karena ketebalan dan elastisitasnya.

CH 两岁不到三岁的公牛皮 两岁以上被阉割的公牛皮。在产品制作上由于厚度适中弹性佳，用途广泛。

스플릿 가죽 split--

원피를 분할했을 때 은면을 포함한 윗부분을 제외하고 남은 아랫부분을 가공한 가죽.

EN split leather the processed lower layer, which excludes the upper layer and the grain layer, of a split raw hide.

VI lớp da bên dưới khi phân tầng da nguyên thủy chưa qua gia công, ngoài phần bên trên bao gồm lớp da ở tầng trên, da còn được gia công phần bên dưới.

IN kulit belah bagian bawah lapisan kulit yang telah diproduksi dan telah dibelah.

CH 二层皮 在分割原皮时，去掉包括透明层的上层皮后，剩下的部分加工成的皮革。

톨 상피(上皮), 속가죽, 스플릿 레더
(split leather)

☞ 383쪽, 가죽의 가공에 따른 분류

식물성 무두질 植物性---

화학 약품을 사용하지 않고 미모사잎 같은 식물에서 추출한 타닌 성분을 이용한 무두질(태닝). 100% 식물 성분으로만 하는 무두질은 거의 없으며, 최근에는 '신탄'이라는 약물로 식물 추출 타닌 성분을 대체하고 있다. 외부 충격에 강하고 잘 늘어나지 않으며 흡습성이 좋고 조직이

톨 베지터블 태닝
(vegetable tanning)

☞ 385쪽, 무두질(태닝)의 종류

치밀한 가죽을 얻을 수 있다.

EN vegetable tanning to tan using tannins extracted from mimosa leaves without using any chemical substances. It is rare to use 100% plant-based ingredients to tan leather. The recent trend has been to replace tannin with 'syntan.' It is used to obtain leather that is strong against external impact, resistant to stretching, and hygroscopic with dense tissue structures.

VI thuộc da thực vật thuộc da không sử dụng hóa chất mà sử dụng chất tiết từ vỏ cây để thuộc da được chiết xuất từ các loại thực vật như lá cây xấu hổ. Hầu như không có trường hợp thuộc da bằng 100% thành phần thực vật. Gần đây phương pháp thuộc da này đang được thay thế bằng một loại nước sơn gọi là 'syntan'. Có thể thu được loại da mạnh mẽ với va chạm bên ngoài và không bị giãn, có tính hút ẩm tốt và kết cấu chi tiết.

IN penyamakan nabati, tanning nabati proses penyamakan menggunakan tanin yang diekstrak dari daun mimosa tanpa menggunakan bahan kimia apapun. Hampir tidak ada yang tanning menggunakan 100% ekstrak tumbuhan, akan tetapi akhir-akhir ini tanning dilakukan dengan ekstrak obat yang disebut 'sintan'. Bahan ini kuat terhadap gangguan dari luar namun tidak memiliki daya elastisitas yang baik.

CH 植物性鞣制, 植物制剂鞣革 不使用化学药品，利用含羞草的叶子之类的植物中提取的单宁酸成分进行的鞣制。几乎没有使用100%植物成分的鞣剂进行鞣制的情况，最近多用合成鞣剂来代替植物鞣剂。可以制作出能抵抗外部冲击、不易变形、吸湿性强且组织细密的皮革。

악어가죽 鱷魚--

악어의 가죽. 두께가 일정하지 않고 딱딱한 각질의 독특한 무늬가 있다. 악어는 등, 배, 옆구리 세 부위의 가죽을 사용할 수 있는데, 등 부분은 딱딱한 각질 때문에 일반 가죽 제품을 만들기 어렵고, 옆구리 부분은 비늘이 자잘하다는 특징이 있으며, 가죽 제품을 만드는 데 주로 사용하는 배 부분은 네모 모양의 독특한 비늘이 가지런히 배열되어 있다. 악어가죽은 크로커다일(crocodile), 앨리게이터(alligator), 카이만(caiman)으로 나뉘는데 크로커다일은 무늬가 규칙적이고 가죽에 탄력이 있어 최고급 가죽 제품의 자재로 사용된다.

관 앨리게이터, 카이만, 크로커다일, 특수 가죽

☞ 381쪽, 가죽의 종류

EN crocodile skin a high quality leather with unique patterns made from the hard skin of a crocodile. It is inconsistent in thickness. Three parts of the crocodile skin can be used - back, belly, and sides. The back part is hard and calloused, which makes it difficult to manufacture regular leather products. The side parts are characterized by its small scales. The belly part, which is characterized by its arrangement of square-shaped scales, is commonly used to make leather goods. Crocodile leathers are categorized as crocodile leather, alligator leather, or caiman leather. Crocodile leather has consistent patterns and elasticity, which makes it the highest quality material for manufacturing leather products.

VI da cá sấu da cá sấu. Có hoa văn độc đáo của chất sừng cứng có độ dày không đồng nhất. Da cá sấu được sử dụng là da ở ba bộ phận lưng, bụng, hông. Phần lưng có chất sừng cứng nên khó để làm những sản phẩm da thông thường, phần hông có đặc trưng là vảy nhỏ li ti, phần bụng thường được dùng để sản xuất các sản phẩm da có vảy hình tứ giác được sắp xếp gọn gàng. Da cá sấu được chia thành cá sấu Châu Phi, cá sấu Mỹ, cá sấu caiman. Cá sấu Châu Phi có hoa văn theo qui tắc và trên da có độ đàn hồi nên được sử dụng như là nguyên liệu của sản phẩm da cao cấp nhất.

IN kulit buaya kulit buaya. Memiliki pola unik yang terbuat dari bahan keratin keras yang ketebalannya tidak konstan. Bagian yang dapat dipakai dari kulit buaya ini ada tiga bagian, bagian punggung, perut dan samping. Bagian punggung tidak cocok digunakan untuk membuat barang-barang yang terbuat dari kulit karena kulitnya terlalu keras, kulit bagian samping memiliki khas ukurannya yang kecil, sedangkan bagian yang sering dipakai untuk membuat barang-barang dari kulit adalah kulit bagian perut yang memiliki skala yang sesuai. Kulit buaya sendiri terbagi menjadi beberapa bagian yaitu kulit crocodile, kulit alligator dan kulit cayman. Kulit crocodile memiliki pola yang teratur dan elastisitas yang bagus sehingga dipilih sebagai bahan produk kulit yang paling berkualitas.

CH 鳄鱼皮 鳄鱼的皮。皮革表面有厚度不一坚硬的独特纹路。鳄鱼的背、腹部、侧腰三个部位的皮革可以使用，背部由于角质坚硬所以较难制作一般的皮革制品，侧腰部位具有鳞片细小的特点，而被广泛用于皮革制品制作的腹部上有四角形的鳞片整齐分布排列。鳄鱼皮可分为鳄鱼皮(crocodile)、短吻鳄皮(alligator)、凯门鳄皮(caiman)，鳄鱼皮由于纹路规则皮革弹性好被用于制作最高级的皮革制品。

압축 가죽 壓縮--

가죽을 분쇄하여 작은 조각이나 가루로 만든 뒤 접착제를 섞고 가죽 모양으로 눌러 만든 것.

EN leather board, bonded leather, composite an artificial leather made by shredding leather scraps into tiny little pieces or powders and then, mixing in adhesives to compress the substance into a leather-like shape.

VI da nén sau khi nghiền nát da và tạo thành những mảnh nhỏ hoặc bột, trộn keo dính và ép tạo thành hình dạng da.

IN kompresi kulit kulit dihancurkan dan dibuat menjadi potongan kecil atau bubuk, kemudian dicampur dengan lem, dipress kembali di bawah tekanan hingga menjadi seperti kulit.

CH 压缩皮革 把皮革粉碎成小碎块或粉末后，与粘贴剂混合或加压将其压制成皮革形状的材料。

통 레더 보드
(leather board),
콤퍼짓(composite)

☞ 384쪽, 가죽 공정

☞ 383쪽, 가죽의 가공에
따른 분류

애니멀 엠보 스킨 animal embo skin

가공한 가죽을 누름기(프레스기)에 넣어 악어가죽, 뱀 가죽, 비단뱀 가죽(파이선 스킨), 타조 가죽 따위의 무늬를 인위적으로 찍어 낸 가죽.

EN animal pattern embossed leather, animal embo skin a leather that has artificial patterns of a crocodile, snake, python, or ostrich made by placing processed leather in a press machine.

VI da có vân nổi đặc trưng của động vật đặt da đã gia công vào máy dập, in hoa văn của da cá sấu, da rắn, da trăn, da đà điểu một cách nhân tạo.

IN kulit embossed dengan motif binatang kulit yang memiliki pola buatan seperti kulit buaya, kulit ular, kulit ular sawah, dan kulit burung unta. Pola ini dibuat dengan cara menempatkan kulit yang akan diproses dalam mesin press.

CH 动物纹皮, 印花皮 将加工完成的皮放入压花机，制作出模仿鳄鱼、蛇、蟒蛇或鸵鸟等动物皮革的人造纹路的皮革。

야구 글러브 가죽 野球glove--

도장을 거의 하지 않고 연마만 하는 방법으로 겉면 가공을 최소화하여 자연미가 있는 소가죽. 두껍고 탄력이 있으며 뻣뻣하지 않고 촉감이 부

통 비비지
(BBG[baseball gloves])

드럽다. 야구 글러브를 만들 때 주로 사용한다.

☞ 383쪽, 가죽의 가공에 따른 분류

EN baseball gloves(BBG) a type of thick, elastic, and soft cow leather that maintained its natural leather look by minimizing the surface manufacturing process. The leather is polished, but barely pigmented. It is often used to make baseball gloves.

VI da BBG(baseball gloves) da bò được giảm thiểu tối đa việc gia công bề mặt và giữ được vẻ đẹp tự nhiên bằng phương pháp hầu như không nhuộm mà chỉ mài. Da dày và có độ đàn hồi, không cứng mà cảm giác mềm mại. Chủ yếu được dùng để làm găng tay bóng chày.

IN BBG(baseball gloves), sarung tangan baseball kulit sapi dengan tampilan alami yang dibuat dengan meminimalisir proses produksi pada bagian permukaannya. Kulitnya tebal, elastis dan juga halus. Kulit ini biasa digunakan untuk membuat sarung tangan baseball.

CH 棒球手套用皮, 制作棒球手套用皮, BBG 基本不做涂层处理而只用研磨的方法对表面进行最小化的加工，具有自然美的牛皮。厚且有弹性，不僵硬而触感柔软。主要用于制作棒球手套。

양가죽 羊--

양의 가죽. 생후 6개월 미만의 어린 양의 가죽을 털과 함께 가공한 토스카나(toscana), 생후 1년 미만의 새끼 면양의 가죽으로 작고 부드러우며 강도가 약한 램스킨(lambskin), 생후 1년 이상 된 어미 양의 가죽인 시프스킨(sheepskin)이 있다.

판 램스킨, 시프스킨, 토스카나

☞ 381쪽, 가죽의 종류

EN sheepskin, lambskin a type of leather made from the skin of a sheep. This includes toscana, lambskin, and sheepskin. Toscana is made by manufacturing the raw hide of a lamb that is of 6 months or younger in age with the hair still attached. Lambskin is a small and soft leather that is made from the skin of a lamb that is of 1 year or younger in age. Sheepskin is made from the skin of a mother sheep that is of 1 year or older in age.

VI da cừu da cừu. Da cừu non là da của cừu con dưới 6 tháng tuổi được gia công cùng với lông. Da cừu là da của những con cừu tơ dưới một năm tuổi, nhỏ, mềm mại và có độ bền yếu. Da cừu trưởng thành là da của những con cừu mẹ hơn 1 tuổi.

IN kulit domba kulit domba. Terdapat beberapa jenis yaitu, toscana merupakan kulit yang diproses menggunakan kulit anak domba yang berumur kurang dari 6 bulan, kemudian kulit domba yang kecil juga lembut namun tidak terlalu kuat yang terbuat dari kulit anak domba berumur kurang dari satu tahun, dan juga kulit domba yang terbuat dari domba berusia lebih dari 1 tahun.

CH 羊皮 羊的皮。分为用未满六个月的羔羊皮制作的带毛的幼毛皮，以及不到一岁的小绵羊皮制作的小且柔软强度较低的绵羊皮，和一岁以上的母羊皮制作的羊皮等。

어깨 가죽

① 동물의 어깨 부분을 감싸고 있던 가죽. 상처나 주름이 많아 제품을 만들기에 적합하지 않다. ② 가죽을 세 부분으로 구분할 때, 배와 더블 버트를 제외한 위쪽 부분. 주로 통벨트를 만들 때 사용한다.

통 숄더 파트 (shoulder part)

☞ 382쪽, 소가죽의 부위별 명칭

EN shoulder part ① a type of leather that used to wrap the shoulders of an animal. It is inadequate for manufacturing products because of its tendency to have a lot of scratches and wrinkles. ② the upper part of a leather piece that has been divided into three parts - shoulder part, belly part, and double butt part. It is often used to make whole and non-layered belts.

VI da ở phần vai ① da bọc ở phần vai của động vật. Có nhiều vết sẹo hoặc vết nhăn nên không thích hợp để sản xuất sản phẩm. ② khi phân loại da ra ba phần thì ngoại trừ phần da bụng và da hai bên mông, đây là da phần trên. Chủ yếu được sử dụng khi làm dây đai.

IN kulit bagian pundak ① kulit yang membungkus bagian pundak hewan. Bahannya tidak terlalu sesuai untuk digunakan membuat sebuah produk karena kecenderungannya memiliki banyak goresan dan garis kerutan. ② bagian atas kulit yang dibagi menjadi 3 bagian, bagian bahu, bagian perut, dan bagian pantat.

CH 肩部 ① 包裹动物肩部的皮子。伤痕和皱纹很多，不适合制作产品。② 把皮革分为三部分时，指除腹部和背臀部之外的上端部分。常用于制作整条皮带。

엉덩이 가죽

동물의 엉덩이 부분을 감싸고 있던 가죽. 조직이 단단하고 잘 늘어나지 않아 질이 좋은 가죽으로 분류된다.

통 버트 파트(butt part)

☞ 382쪽, 소가죽의 부위별 명칭

EN butt part, middling part a type of leather that used to wrap the hips of an animal. It is considered a high quality leather due to its tight fibrous structure and its resistance to overstretching.

VI da ở phần mông, da ở phần hông da bọc ở phần mông của động vật. Kết cấu chắc chắn và không bị giãn nên được phân loại là khu vực da có chất lượng tốt.

IN kulit bagian pantat kulit yang digunakan untuk membungkus bagian pantat hewan. Termasuk dalam spesifikasi kulit berkualitas tinggi karena struktur organiknya yang kuat dan tidak mudah meregang.

CH 臀部 包裹动物臀部的皮子，因组织紧实，不容易变松弛所以被分类为优质皮子。

엠보 스킨 embo skin

가죽 겉면에 크고 작은 모공이나 타조 무늬같이 올록볼록하고 다양한 무늬를 기계로 눌러 찍어 만든 가죽. 나쁜 가죽일수록 크고 두껍게 엠보싱을 한다. 무늬의 종류에 따라 동물 무늬의 애니멀 엠보(animal embo), 조약돌 무늬의 페블 엠보(pebble embo), 철조망 무늬의 사피아노 엠보(saffiano embo) 따위가 있다.

판 사피아노 엠보, 애니멀 엠보, 페블 엠보

☞ 383쪽, 가죽의 가공에 따른 분류

EN embossed leather, embo skin a leather with artificial patterns created by placing processed leather in a press (e.g. animal embo, pebble embo, saffiano embo). The patterns can vary from small and big pores to the bumps on an ostrich leather. The embossment has to be bigger and thicker for bad leather.

VI da in nổi da được in dập từ máy để tạo ra những hoa văn đa dạng và dập nổi như hoa văn da đà điểu hoặc tạo lỗ chân lông to và nhỏ trên bề mặt da. Càng là loại da xấu thì in nổi to và dày. Tùy theo loại hoa văn, có các loại như in vân nổi đặc trưng của động vật, in nổi hoa văn đá cuội, in nổi saffiano của hoa văn bờ rào lưới sắt.

IN kulit cetak kulit dengan pola buatan yang dibuat dengan menempatkan kulit untuk diproses dengan mesin press. Semakin buruk kualitas kulitnya, semakin tebal dan lebar juga cetakannya. Tergantung pada jenis polanya, jenis kulit ini terdiri dari cetak hewan, cetak pebble, dan juga cetak saffiano.

CH 压纹皮 在表面用机器压制出大小毛孔或类似鸵鸟皮纹的凸起花纹的皮革。越是品质差的皮革越要把压纹做得又大又深。根据花纹种类可分为动物纹、鹅卵石的卵石纹、铁丝网纹理的十字纹等。

엠보싱 embossing

누름기(프레스기)나 롤러로 가죽의 겉면에 특정 모양의 무늬를 찍어 넣는 일.

☞ 384쪽, 가죽 공정

EN embossing to embed a particular shape or pattern on the leather surface using a press or a roller.

VI in nổi việc in hoa văn có hình dạng đặc trưng lên bề mặt của da bằng máy dập hoặc trục lăn.

IN embossing proses melekatkan bentuk tertentu pada permukaan kulit menggunakan presser bertekanan tinggi atau roller.

CH 压纹, 压花 用压花机或管筒在皮革表面压制特定花纹的工艺。

연어 가죽 鰱魚––

연어의 가죽. 비늘이 살아 있는 듯한 모양의 자연 무늬가 있으며, 다소 작지만 부드럽고 튼튼하다.

관 특수 가죽
☞ 381쪽, 가죽의 종류

EN salmon skin a type of leather made from the skin of a salmon. It is small, soft, and sturdy with natural scale patterns.

VI da cá hồi da của cá hồi. Da có hoa văn tự nhiên còn giữ nguyên hình dạng vảy của cá, đa số nhỏ nhưng mềm mại và chắc chắn.

IN kulit salmon jenis kulit yang terbuat dari kulit salmon. Kulitnya kecil, lembut dan kokoh dengan pola skala alami.

CH 三文鱼皮, 鲑鱼皮 鲑鱼(或称三文鱼)的皮。有着生动的自然鱼鳞纹路，尺寸虽小但柔软结实。

염색 染色

가죽을 색소로 물들이는 일.

동 다잉(dyeing)
☞ 384쪽, 가죽 공정

EN dyeing to add color or change the color of a leather with a dye.

VI nhuộm màu việc nhuộm da bằng sắc tố.

IN pencelupan, pewarnaan proses mewarnai kulit dengan merendamnya dalam bahan pewarna.

CH 染色 给真皮上色的工艺。

염소 가죽

염소의 가죽. 크기가 작고 조직이 치밀하며, 주로 구두와 핸드백을 만드는 데 사용한다.

통 고트스킨(goatskin)

☞ 381쪽, 가죽의 종류

EN goatskin a type of leather made from the skin of a goat. It is small in size with dense fibrous tissues. It is often used to make shoes and handbags.

VI da dê da dê. Kích thước nhỏ, kết cấu da tỉ mỉ, chủ yếu sử dụng để sản xuất giày và túi xách.

IN kulit kambing kulit kambing. Kulit ini berukuran kecil dan memiliki jaringan yang padat, biasanya sering digunakan untuk membuat sepatu dan juga tas.

CH 山羊皮 山羊的皮。尺寸小，组织细密，主要用于制作皮鞋和手袋。

오일 레더 oil leather

기름 성분을 많이 포함한, 무두질(태닝)한 가죽. 내구성, 방수성이 좋고 유연하며 겉면의 색감이 고급스럽다. 기름 먹이기(가지) 공정 단계에서 기름을 투입하는 오일 타입(oil type)과 크러스트나 피니시 레더(finish leather) 상태에서 기름을 뿌리는 왁시 타입(waxy type)이 있다.

통 기름 가죽

관 오일 타입, 왁시 타입, 피니시 레더

☞ 383쪽, 가죽의 가공에 따른 분류

EN oiled leather a type of leather that has gone through the tanning process, which involves a lot of oil components. There is the oil type, which penetrates oil into the leather during the fatliquoring process. Then, there is the waxy type, which sprays oil to the finished leather.

VI da dầu độ được thuộc, chứa nhiều thành phần dầu. Có độ bền, tính chống thấm tốt và mềm dẻo, màu sắc bề mặt da cao cấp. Có loại dầu mà hấp thụ dầu trong công đoạn tẩm dầu và loại xáp phun dầu ở trạng thái da thuộc hoặc da thành phẩm.

IN kulit minyak kulit yang telah melalui proses penyamakan, yang mengandung banyak komponen minyak. Kulit ini tahan air, fleksibel, tahan lama, dan permukaan kulitnya memiliki warna relatif mewah. Pada tahap pelapisan minyak terdapat tipe oil yang berfungsi untuk menginjeksi minyak dan tipe waxy yang berfungsi untuk menyebarkan minyak pada kulit finishing.

CH 打蜡皮, 油皮革 油分含量高，经鞣制处理过的皮革，耐久性、防水性好，柔软且表面色泽高级。在加脂工序阶段，有投入油脂的打油式和在制革完成状态下喷洒油脂的打蜡式。

원피 原皮

염장 처리한 동물의 가죽. 털이 붙어 있는 상태의 가죽으로, 수입 원피인 외자피와 국내산 원피인 한피가 있다.

☞ 384쪽, 가죽 공정

EN raw hide a salted hide or skin of an animal with the hairs still intact.

VI da nguyên thủy chưa qua gia công da động vật đã được thuộc muối. Là loại da ở trạng thái vẫn còn lông, có các loại như da nhập khẩu và da nội địa.

IN kulit mentah kulit hewan dengan bulu yang masih menempel yang sudah melalui proses pengasinan.

CH 原皮 盐渍处理过的动物皮，是带毛状态的皮，分为进口的外国皮和国产的韩皮。

웨트 블루 wet blue

크롬 무두질(크롬 태닝)을 한 뒤 젖어 있는 푸른 빛깔의 가죽.

☞ 384쪽, 가죽 공정

EN wet blue a bluish leather that is still wet from the chrome tanning process.

VI da thuộc crom da có màu xanh vẫn còn ướt sau khi thuộc da bằng dung dịch crom.

IN wet blue kulit kebiruan yang masih basah akibat proses penyamakan chrome.

CH 蓝湿皮 经铬鞣制后的潮湿的发蓝色光泽的皮。

유제 鞣劑

가죽을 무두질(태닝)하기 위하여 사용하는 물질. 가죽의 단백질 분자 사이에 결합을 형성하여 분자 구조를 안정하게 해 준다.

EN tanning agent a substance that is used to tan leather. It stabilizes the molecular structure of the leather by forming a bond with the protein molecules in the leather.

VI chất thuộc da vật chất được sử dụng để thuộc da. Giúp hình thành sự kết hợp giữa các phân tử thịt của da và giúp cấu trúc phân tử ổn định.

IN agen penyamakan, bahan tanning zat yang digunakan untuk proses penyamakan kulit. Zat ini menstabilkan struktur molekul kulit dengan membentuk ikatan dengan molekul protein pada kulit.

CH 鞣剂, 制软皮用皮油 为了鞣制皮革使用的材料。使皮子的蛋白质分子形成交联，提高分子结构稳定性。

통 무두질제(———劑), 태닝 에이전트 (tanning agent)
관 타닌, 합성 타닌(신탄)

은면 銀面

① 털을 제거한 가죽의 가장 윗부분. ② 원피 중 털이 붙어 있는 부분을 가공하여 만든 가죽. 매끈매끈하다.

EN grain side ① the top part of a depilated leather. ② a smooth leather made by processing the part of a raw hide with the hairs still attached.

VI lớp da ở tầng trên ① phần trên cùng của da sau khi loại bỏ hết lông. ② da được làm bằng cách gia công phần còn dính lông trong da nguyên thủy chưa qua gia công. Bóng láng.

IN bagian atas ① bagian paling atas dari kulit dengan bulu yang telah dihilangkan. ② kulit halus yang dibuat dengan mengolah kulit mentah dengan rambut yang masih menempel.

CH 透明层, 银面 ① 去毛后真皮的最上层部分。② 加工原皮中带毛的部分制成皮革。质感光滑。

☞ 383쪽, 가죽의 가공에 따른 분류

은면 가죽 銀面――

원피를 분할했을 때 은면을 포함한 윗부분을 가공한 가죽.

EN grain leather the processed upper layer, which includes the grain layer, of a split raw hide.

VI da ở tầng trên là phần da gia công phần trên bao gồm lớp da ở tầng

통 그레인 레더 (grain leather)
관 풀 그레인

☞ 383쪽, 가죽의 가공에 따른 분류

trên khi phân tầng da nguyên thủy chưa qua gia công.

IN kulit bagian atas atasan kulit, termasuk lapisan atas atau grain dari belahan kulit mentah.

CH 透明层皮革, 头层皮 分皮后，用包括透明层的上部分加工成的皮革。

자갈 무늬

슈렁큰 가죽 표면에 보이는 불규칙적이고 동글동글한 무늬.

EN grain pattern, pebble pattern the irregular circular patterns on the surface of a shrunken leather.

VI vân da tự nhiên những hoa văn vòng tròn không tuân theo một quy tắc nào trên bề mặt da có hoa văn tròn nhỏ.

IN pola kerikil, pola pebble pola yang tidak beraturan pada permukaan kulit kerut.

CH 鹅卵石纹, 荔枝纹, 圆纹 鹅卵石纹皮表面上的不规则圆形纹路。

동 모미(もみ[揉み])

> **자갈 무늬(모미)는 이렇게 유래되었어요** 자갈 무늬(모미)는 예전에 '유러피언 복스'나 '압축 가죽(레더 보드)'에서 볼 수 있던 무늬로, 크러스트 상태의 가죽을 은면이 맞닿게 접은 뒤 나무판 따위의 기구로 뒷면(시타지)을 두 방향으로 문지르며 접힌 가죽을 밀고 당겨 만들었다. 근래에는 가죽을 태고에 넣어 불규칙하고 동글동글한 무늬를 만들어 내는데 이를 자갈 무늬(모미)라고 부른다.
>
> **Origin of grain patterns** in the past, grain patterns were only seen on 'European box leather' and 'boarded leather.' It was made by bidirectionally rubbing the backside of a folded crusted leather with a wooden board. The grain layer of the folded crusted leather would have to be folded inwards, so that it is touching each other. In recent years, grain patterns refer to the irregular and circular patterns that result from spinning the leather in a drum.

잔털

가죽의 표면을 깎거나 원단(패브릭)의 표면을 긁었을 때 일어나는 몹시 가는 털.

동 기모(きもう[起毛]), 보풀

EN nap, fluff the thin fibers that arise from shaving the surface of a leather or scraping the surface of a fabric.

VI da nạm lông phần lông nhô lên sau khi cắt bề mặt da hoặc cào bề mặt của vải.

IN bulu halus serat tipis yang muncul akibat proses mencukur permukaan kulit atau potongan kulit.

CH 起毛 削真皮表面或划过面料表面时出现的细毛。

재유성 再油性

염색 단계에서, 가죽에 약산성의 수분을 침투시켜 크롬의 불균형을 잡아 주어 가죽의 조직을 촘촘하게 만드는 일.

同 리태닝(retanning)
☞ 384쪽, 가죽 공정

EN retanning to tighten the fibrous structure of the leather during the dyeing process by penetrating the leather with weak acids that moisturize the leather and balance the chromium in the leather.

VI thuộc da lại trong công đoạn nhuộm màu da, làm cho da ngấm hơi nước có tính axit yếu, giúp nắm giữ sự bất cân bằng của crom nên làm cho kết cấu của da chặt chẽ hơn.

IN retanning mengencangkan jaringan kulit dengan cara penetrasi kulit menggunakan asam dengan kadar yang rendah untuk melembabkan kulit dan menyeimbangkan kromium dalam kulit.

CH 再鞣制, 再油性 在皮革染色阶段，使浸入弱酸性的水分渗透到皮革中，均衡铬的分布，使皮革更紧实的工序。

쟁

가죽 제조 공정에서 건조된 가죽을 늘리거나 당겨 평평하게 고정하는 집게 모양의 기구.

관 쟁치기

EN toggler a pincer-like tool that stretches and flattens dried leathers during the leather manufacturing process.

VI sấy da toggle dụng cụ có hình dạng giống cái kìm giúp làm tăng thêm hoặc kéo cố định để da bị khô trong công đoạn chế tạo trở nên phẳng hơn.

IN toggle mesin penjepit yang membentangkan dan meratakan kulit kering selama proses pengolahan kulit.

CH 钳型工具 制革工艺中将干燥的皮革拉伸或平展固定的钳子模样的工具。

쟁치기

가죽을 당겨서, 제조 과정에서 가죽에 생긴 주름이나 구김을 펴 주는 일. 수율을 높이기 위해서 진행하기도 한다.

권 쟁

EN toggling to flatten and straighten the wrinkles or creases, which formed on the leather during the manufacturing process by pulling the leather. The toggling process can be carried out to increase the yield.

VI kéo da cho thẳng việc kéo da ra và là những vết nhăn hoặc nếp gấp xuất hiện trên da trong quá trình sản xuất. Cũng tiến hành để nâng cao định mức.

IN toggling meratakan dan meluruskan kerutan atau lipatan yang terbentuk pada kulit selama proses produksi dengan cara menarik kulit. Digunakan juga untuk meningkatkan hasil menjadi lebih baik.

CH 拉皮, 拉伸作业 将制作过程中皮面上产生的皱痕展平的工序。为了提高收率也进行这项工作。

접힌 자국

관리 부주의로 원피가 접혀서 생긴 흠.

권 가죽 흠

EN fold mark a mark made by folding the raw hide as a result of careless management.

VI vết gấp, vết nhăn vết sẹo xuất hiện khi da nguyên thủy chưa qua gia công bị gấp lại do không chú ý khi quản lý.

IN bekas lipatan tanda lipatan yang disebabkan oleh kecerobohan dalam proses pengolahan.

CH 折痕, 折印 由于管理上的不注意，原皮因折叠而产生的痕迹。

제육 除肉

원피의 뒷면(시타지)에 붙어 있는 기름기나 살점 같은 불필요한 부분을

☞ 384쪽, 가죽 공정

긁어서 제거하는 일.

EN fleshing to scrape and remove the unwanted oil and flesh from the backside of a hide.

VI loại bỏ phần thịt ở da ra việc cào và loại bỏ những phần không cần thiết như lớp dầu mỡ hoặc lát thịt dính ở mặt sau của da nguyên thùy chưa qua gia công.

IN fleshing menghilangkan minyak yang tidak diinginkan pada bagian yang ada di belakang kulit.

CH 去肉 刮掉原皮背面附着的油渍和肉点等多余部分的工艺。

조습 燥濕

건조 과정에서 과도하게 마른 가죽에 가습 기계로 수분을 침투시켜 가죽의 조직을 이완시키는 일.

EN conditioning to ease the tissues of the leather by infiltrating moisture to the leather that has been excessively dried during the drying process using a humidifying machine.

VI điều hòa làm cho phần da bị khô quá mức trong quá trình làm khô da thẩm thấu hơi ẩm bằng máy điều hòa độ ẩm, giúp làm mềm kết cấu da.

IN pelembaban, conditioning proses infiltrasi air ke jaringan kulit yang telah dikeringkan selama proses pengeringan menggunakan mesin pelembab.

CH 潮湿 利用加湿机把干燥过程中的过于干燥的皮子浸透水分，使其组织松弛的工艺。

주름 자국

자연적으로 발생한 소의 주름이 남아서 생긴 흠.

관 가죽 흠

EN wrinkle mark a mark made by the natural wrinkles of a cow.

VI vết nhăn vết nhăn tự nhiên trên da bò.

IN bekas kerutan bekas kerutan alami yang ditinggalkan oleh hewan ternak.

CH 皱纹痕迹, 皱纹印 牛身上自然产生的皱纹保留产生的痕迹。

중화 中和

염색이 골고루 잘 되도록 산성을 띠는 가죽의 크롬 성분을 약화하는 일.

EN neutralizing to weaken the acidic chromium component in the leather to evenly dye the leather.

VI sự trung hòa việc làm yếu đi thành phần crom có nồng độ axit của da để màu nhuộm được đồng đều.

IN menetralisir proses melemahkan komponen asam kromium pada kulit untuk meratakan warna kulit.

CH 中和 为了染色均匀，使皮子带酸性的铬成分弱化的工序。

진공 건조 眞空乾燥

유압 진공 방식으로 진공 상태에서 가죽의 수분을 빠르게 없애는 일. 가죽의 조직을 더욱 조밀하게 해 준다.

동 배큐엄 드라잉 (vacuum drying)

EN vacuum drying to rapidly remove moisture from a leather using the oil pressured vacuuming method. It densifies the fibrous structure of the leather.

VI sấy chân không bằng phương pháp áp suất chân không, loại bỏ nhanh chóng hơi nước của da ở trạng thái chân không. Giúp kết cấu da chặt chẽ hơn.

IN pengeringan vakum, vacuum drying proses cepat untuk menghilangkan kelembaban dari kulit dengan menggunakan metode oil pressured vacuuming. Proses ini membuat tekstur kulit menjadi lebih kuat.

CH 真空干燥 使用油压真空方式，在真空状态下快速地去除真皮上水分的工艺，使真皮组织更为细密。

침산 浸酸

무두질(태닝)을 할 때 유제가 원피에 골고루 잘 침투되도록 알칼리 성분의 원피를 약산성으로 만드는 일.

☞ 384쪽, 가죽 공정

EN pickling to weaken the acidic qualities of the alkali component in a raw hide for the tanning agent to penetrate and evenly distribute into the raw hide during the tanning process.

VI tẩy da việc làm da nguyên thủy chưa qua gia công có tính kiềm thành tính axit khi thuộc da để cho chất thuộc da được thẩm thấu đồng đều vào da.

IN pengasaman melemahkan kualitas asam dari komponen alkali pada kulit selama proses penyamakan agar emulsinya dapat melakukan penetrasi secara merata hingga ke dalam bagian yang tersembunyi.

CH 酸洗, 浸酸 鞣制时，为了使鞣剂均匀浸透在原皮上，使原皮的碱性变成弱酸性的工艺。

카우하이드 cowhide

생후 2년 정도 된, 성장한 소의 가죽. 주로 암소의 가죽을 이르지만 소 가죽을 통틀어 이르기도 한다.

☞ 381쪽, 가죽의 종류

EN cowhide a type of leather made from the skin of a mature cow that is about 2 years of age. It commonly refers to leather that is made from the skin of a female cow, but it also refers to cow leather in general.

VI da bò da của bò trưởng thành, khoảng 2 năm tuổi. Chủ yếu là nói đến da của bò cái nhưng cũng dùng để gọi chung cho da bò.

IN kulit sapi kulit yang didapat dari sapi berumur kira-kira 2 tahun. Biasanya dibuat dari kulit sapi betina tapi bisa juga menggunakan kulit sapi lainnya.

CH cowhide, 母牛皮 两岁以上的成年牛的皮。虽然主要使用母牛皮制作，但也通指牛皮。

카프스킨 calfskin

생후 6개월 미만인 송아지의 가죽. 은면의 모공이 미세하여 촉감이 부드럽고 표면이 매끄러워 고급 가죽으로 분류된다.

☞ 381쪽, 가죽의 종류

EN calfskin a type of leather made from the skin of a calf that is of 6 months or younger in age. It is categorized as a high quality leather due to the microscopic pores on the grain layer of the leather that creates a smooth surface, which is soft to touch.

VI da bê da của bê con dưới 6 tháng tuổi. Vì lỗ chân lông của lớp da ở tầng trên rất nhỏ nên cảm giác mềm mại và bề mặt bóng láng, được phân loại là loại da cao cấp.

IN kulit anak sapi kulit yang terbuat dari kulit anak sapi yang berumur 6 bulan atau lebih muda. Kulit ini adalah kulit berkualitas tinggi yang lembut saat disentuh dan memiliki permukaan yang halus.

CH 幼牛皮, 小牛皮 出生未满六个月的小牛犊的皮。透明层的毛孔细小，因触感柔软、表面光滑被分类为高级皮革。

코도반 cordovan

말의 엉덩이 부분을 무두질(태닝)한 가죽. 섬유가 치밀하고 단단하며 가죽의 모공이 매우 미세하여 방수가 잘된다.

EN cordovan a type of leather made by tanning the butt part of a horse leather. The fibers are dense and durable. The leather is resistant to water due to its small pores.

VI da thuộc ở mông ngựa da ở phần mông của con ngựa được thuộc da. Sợi chi tiết và rắn chắc, lỗ chân lông của da rất nhỏ nên chống thấm tốt.

IN cordovan kulit yang dibuat melalui proses penjemuran atau penyamakan bagian pantat dari kulit kuda. Memiliki serat yang padat dan keras, tahan air, dan memiiki pori-pori yang sangat halus.

CH 马臀皮 经过鞣制的马臀部皮。纤维细密结实，皮革毛孔非常细小防水性好。

관 말가죽
☞ 381쪽, 가죽의 종류

크러스트 crust

무두질(태닝)과 염색 공정이 끝난 가죽.

EN crust a leather that has been tanned and dyed.

VI da thuộc da được gia công xong công đoạn thuộc da và nhuộm màu.

IN kulit kering kulit yang telah selesai disamak dan diwarnai.

CH 坯革 已完成鞣制和染色工序的皮革。

☞ 383쪽, 가죽의 가공에 따른 분류

크롬 무두질 chrome---

가죽을 크롬 용액에 넣어 무두질(태닝)하는 일.

EN chrome tanning to tan leather by placing it in a solution of chromic acid.

동 크롬 태닝 (chrome tanning)

VI thuộc da bằng dung dịch crom việc bỏ da vào dung dịch crom để thuộc da.

IN khrom tanning, penyamakan khrome proses penyamakan kulit dengan mencelupkan kulit ke dalam larutan asam kromat.

CH 铬鞣制, 铬鞣 把真皮放进铬溶液里鞣制的工序。

☞ 385쪽. 무두질(태닝)의 종류

키드스킨 kidskin

생후 1년 미만의 새끼 염소 가죽. 감촉이 부드러워 아동용이나 여성용 신발, 장갑, 핸드백을 만드는 데 주로 사용한다.

☞ 381쪽. 가죽의 종류

EN kidskin a type of leather made from the skin of a goat under the age of 1. It is often used to make children's or women's shoes, gloves, and handbags due to the softness of the leather.

VI da non da dê con dưới 1 năm tuổi. Cảm giác mềm mại nên chủ yếu được sử dụng khi làm túi xách, găng tay, giày cho trẻ em hoặc phụ nữ.

IN kulit anak kambing kulit anak kambing yang berusia di bawah satu tahun. Teksturnya yang lembut menjadikan kulit ini sering dipakai untuk membuat sepatu wanita atau anak-anak, dompet, dan juga tas.

CH 幼皮, 小山羊皮, 幼崽皮 未满1岁的小羊的皮。触感柔软主要用于制作儿童或女性的皮鞋、手套或包等。

킵 스킨 kip skin

생후 6개월에서 2년 미만 송아지의 가죽. 성장한 소의 가죽에 비해 조직이 부드럽고 가죽 표면이 매끄럽다.

☞ 381쪽. 가죽의 종류

EN kip skin a type of leather made from the skin of a calf between the ages of 6 months and 2 years. The tissues are soft and the surface of the leather is smooth compared to the leather made from a fully grown cow.

VI da bê da của bê con có độ tuổi từ 6 tháng đến dưới 2 năm tuổi. So với da bò trưởng thành thì kết cấu da bê mềm mại và bề mặt bóng láng.

IN kulit sapi muda kulit yang terbuat dari kulit anak sapi antara usia 6 bulan dan 2 tahun. Jaringan kulitnya lunak dan permukaan kulitnya lebih halus dibandingkan dengan kulit yang dibuat dari sapi dewasa.

CH 牛皮, 小牛皮 6个月至2岁以下的小牛的皮。比成年牛的皮更柔软表面更光滑。

타닌 tannin

원피의 단백질을 변성시키는 성질이 있는 식물성 원료. 식물성 무두질 (베지터블 태닝)에 사용한다. 밤나무, 오크, 감나무 따위에서 추출하는 백색이나 담갈색의 물질로, 물에 잘 녹는다.

관 유제, 합성 타닌(신탄)

EN tannin a plant-based raw material that has the properties to transform the proteins in the raw hide and skin. It is used in vegetable tanning. It is a water-soluble substance that is white or light brown in color and extracted from chestnut trees, oak trees and persimmons.

VI chất tiết từ vỏ cây để thuộc da nguyên liệu thực vật có tính chất làm biến chất phần thịt của da nguyên thủy chưa qua gia công. Sử dụng trong quá trình thuộc da thực vật. Là chất có màu trắng hoặc màu nâu nhạt, được chiết xuất từ cây dẻ, cây sồi, cây hồng, dễ tan trong nước.

IN tannin bahan baku nabati yang memiliki sifat untuk mengubah protein dari kulit mentah. Zat larut airnya diambil dari pohon berangan, pohon ek dan kesemek berwarna putih atau coklat terang. Digunakan dalam proses penyamakan nabati.

CH 单宁酸, 鞣酸 具有使原皮的蛋白质变性的性质的植物性原料。在植物性鞣制工序中使用。从栗子树、橡树、柿子等植物中提炼，是一种白色或浅褐色的物质，易溶于水。

타조 가죽 駝鳥––

타조의 가죽. 깃털 구멍에 돌기가 있어 도드라져 보이며, 튼튼하고 탄력이 좋아 최고급 가죽으로 분류된다.

EN ostrich leather a leather made from the skin of an ostrich with distinctive patterns from the vacant quill follicles. It is classified as a high quality leather due to its durability and resilience.

VI da chim đà điểu da của chim đà điểu. Bề mặt da có thể nhìn thấy sự nhô lên của lỗ chân lông đà điểu, da cứng và độ đàn hồi tốt nên được phân loại là loại da cao cấp nhất.

IN kulit unta kulit burung unta. Kulit ini merupakan kulit berkualitas tinggi, yang tahan lama dan memiliki pola khas dari folikel bulu.

CH 鸵鸟皮 鸵鸟的皮。毛孔凸起，结实弹性好，被分类为最高级的皮革。

권 특수 가죽

☞ 381쪽, 가죽의 종류

탈지 脫脂

비누나 중성 세제, 공업용 가솔린 따위로 지방을 녹여 가죽에서 제거하는 일. 이후 단계에서 지방 불순물이 형성되는 것을 막아 준다. 주로 돼지가죽이나 양가죽을 가공할 때 진행한다.

동 지방 녹이기(脂肪---)

☞ 384쪽, 가죽 공정

EN degreasing to melt and remove the fat from leather with soap, detergent, or industrial gasoline. This prevents the formation of fat impurities in the later stages. It is often carried out in the process of manufacturing pig skin and sheepskin.

VI loại bỏ mỡ việc làm tan chảy và loại bỏ phần mỡ ra khỏi da bằng xà phòng, chất tẩy rửa trung tính hoặc xăng công nghiệp. Giúp ngăn chặn việc hình thành các tạp chất chất béo ở giai đoạn sau. Chủ yếu được tiến hành khi gia công da heo hoặc da cừu.

IN degreasing menghilangkan lemak dari sabun, deterjen netral, bensin industri dan sejenisnya. Tujuannya agar mencegah adanya tumpukan lemak yang dapat mengganggu pada tahapan selanjutnya. Proses ini biasanya dilakukan saat mengolah kulit babi atau kulit kambing.

CH 脱脂 用肥皂、中性洗剂或工业用汽油之类溶解去除真皮上脂肪的工艺。防止在后续阶段中脂肪杂质的形成。主要在加工猪皮或羊皮时进行。

탈회 脫灰

석회 처리와 탈모 공정 뒤에 가죽에 흡착된 불필요한 석회질을 제거하고 원피의 조직을 부풀게 하는 일.

동 석회질 제거
(石灰質除去)

☞ 384쪽, 가죽 공정

EN deliming to remove the unnecessary lime that was absorbed by the leather during the liming and depilation process, then to inflate the tissues of the raw hide or skin.

VI tẩy vôi việc loại bỏ phần vôi không cần thiết bám trên bề mặt da và làm cho kết cấu da nguyên thủy chưa qua gia công được phồng hơn sau công đoạn vôi hóa và tẩy lông.

IN deliming proses menghapus kapur atau kalsium yang tidak perlu diserap selama proses pengapuran dan depilasi.

CH 脱灰 浸灰和脱毛后，去除真皮上附着的多余石灰质。并使原皮组织膨胀的工艺。

태고 太鼓

무두질(태닝), 염색, 밀링 따위의 작업을 할 때, 가죽과 약품이 잘 섞이도록 가죽과 약품을 함께 넣고 돌려 주는 통.

EN drum a cylindrical container that spins leather with chemicals to evenly distribute the chemicals into the leather during the tanning, dyeing, or milling process.

VI thùng sử dụng trong thuộc da thùng bỏ da và hóa chất vào rồi quay để da và hóa chất được trộn đều khi làm các công đoạn như thuộc da, nhuộm màu, phay.

IN drum wadah silinder yang memutar kulit dengan bahan kimia tertentu untuk meratakan bahan kimia pada kulit selama proses penyamakan, pewarnaan, atau proses penggilingan.

CH 转鼓 使用在鞣制、染色、甩鼓作业中，使真皮和药品充分接触混合，将真皮和药品放置其中并转动的桶。

태고 염색 太鼓染色

태고에 가죽과 염료를 넣고 돌려 염색하는 일.

EN drum dyeing to dye leather by placing the leather and dye in a drum and spinning the drum.

VI thùng nhuộm màu việc bỏ da và thuốc nhuộm vào thùng sử dụng trong thuộc da rồi quay và nhuộm màu.

IN drum dyed proses pewarnaan dengan memasukkan pewarna dan juga kulit yang sudah lapuk ke dalam drum yang diputar.

CH 转鼓染色 把皮革和颜料放入转鼓中并转动进行染色的工艺。

동 드럼 다잉 (drum dyeing), 드럼 염색(drum染色)

태고 염색 가죽 太鼓染色--

태고에 넣어 염색한, 두께가 얇고 감촉이 부드러운 가죽. 무늬나 색이 자연스럽고 고급스러우며, 표면의 도장 처리를 최소화하였기 때문에 물이 쉽게 스며든다.

동 드럼 다이(drum dye)

EN drum dyed leather a leather that has been placed in a drum and dyed. It has a thin and soft texture with a natural and luxurious look. The leather is water absorbent because of the minimized coating on the leather.

VI da nhuộm bằng thùng loại da mỏng và mềm mại, bỏ vào thùng sử dụng trong thuộc da để nhuộm. Hoa văn hoặc màu sắc tự nhiên và cao cấp, giảm thiểu tối đa việc nhuộm lên bề mặt nên dễ bị thấm nước.

IN kulit drum dyed, drum dyed leather jenis kulit yang tipis dan memiliki tekstur yang lembut, yang sudah dicelupkan dan diwarnai. Kulitnya terlihat alami dan juga mewah. Kulit cepat menyerap air karena meminimalkan lapisan pada kulit.

CH 薄软皮 放入转鼓中染色的厚度薄，触感柔软的皮子。纹理或颜色自然质感高级，由于皮子表面做了最小化的涂色处理，故水容易沾湿皮面。

털가죽

털이 붙어 있는, 토끼나 여우, 밍크, 스컹크 따위의 가죽. 제품으로 만들었을 때 매우 고급스러워 보인다.

동 모피(毛皮)

EN fur leather a leather with the hairs of an animal (e.g. rabbit, fox, mink, skunk) still attached. It has a luxurious look when made into a product.

VI da lông thú da còn lông nguyên thủy, ví dụ như da thỏ, cáo, chồn hoặc chồn hôi. Khi làm thành sản phẩm trông rất cao cấp.

IN kulit bulu kulit dengan bulu hewan yang masih menempel seperti bulu kelinci, rubah, skunk dll. Saat dibuat menjadi sebuah produk terlihat mewah.

CH 毛皮 兔子、狐狸、貂、臭鼬等带毛的皮。制成产品看起来十分高档。

특수 가죽 特殊--

야생에서 서식하거나 특정한 목적으로 사육되는 동물의 가죽. 대부분 구하기가 쉽지 않아 가격이 비싸다. 가오리, 뱀, 타조, 악어 따위의 가죽을 이른다.

EN exotic leather the genuine leather of a wild or farmed animal, like a stingray, snake, ostrich, or crocodile, that is expensive and difficult to obtain.

VI da đặc biệt da của những động vật hoang dã hoặc động vật được nuôi với mục đích đặc biệt. Phần lớn da này khó mua và giá thành cao, ví dụ như da cá đuối, da rắn, da đà điểu, da cá sấu.

IN kulit eksotis kulit asli dari hewan liar atau hewan ternak. Sebagian besar sulit didapat dan harganya relatif mahal. Contohnya seperti kulit ikan pari, kulit ular, kulit burung unta, dan kulit buaya.

CH 特殊真皮, 特殊皮革 野生栖息或因特定目的饲养的动物的皮。大部分不易购买，价格高昂。有鳐鱼皮、蛇皮、鸵鸟皮，鳄鱼皮等。

웹 가오리 가죽,
도마뱀 가죽, 돼지가죽,
밍크, 뱀 가죽,
뱀장어 가죽,
비단뱀 가죽
(파이선 스킨),
악어가죽,
연어 가죽, 타조 가죽

☞ 381쪽, 가죽의 종류

패스팅 건조 pasting乾燥

온도가 설정되어 있는 스테인리스 판에 크러스트 가죽을 붙여 건조하는 일.

EN pasting dry to dry crust leather by placing the leather onto a stainless plate with specific temperature settings.

VI sấy khô da dán da thuộc lên bàn điều chỉnh nhiệt độ để sấy khô da.

IN pengeringan tempel mengeringkan kulit dengan cara menempatkan kulit ke piring stainless dengan pengaturan suhu tertentu.

CH 传导干燥, 粘贴干燥 在设定好温度的不锈钢网板上放上坯革干燥的工艺。

펄 가죽 pearl--

겉면에 펄을 칠하여 반짝거리게 만든 가죽. 메탈릭 가죽(메탈릭 레더)

의 일종이다.

EN glittered leather a type of metallic leather that has been painted with glitter on the exterior side.

VI da sơn nhũ bạc da được phủ một lớp nhũ bạc lấp lánh lên bề mặt. Là một loại của dạng da kim tuyến.

IN kulit glitter, kulit berkilau jenis kulit metalik yang bersinar di permukaan dengan glitter.

CH 珠光皮 表面上涂珍珠粉闪闪发光的皮革。属于金属质感皮革的一种。

관 메탈릭 가죽
(메탈릭 레더)

☞ 383쪽, 가죽의 가공에
따른 분류

페블 엠보 pebble embo

슈렁큰 무늬를 흉내 내기 위하여 인위적으로 찍어 낸 엠보 가죽. 무늬의 모양이 작은 모로코 그레인(morocco grain)과 무늬의 모양이 큰 스카치 그레인(scotch grain) 따위가 있다.

EN pebble pattern embossed leather, pebble embo a leather that has been embossed with small circular patterns on the surface to replicate the circular patterns of a shrunken leather (e.g. morocco grain, scotch grain).

VI da vân đá cuội da được in nổi một cách nhân tạo để mô phỏng hoa văn của da có hoa văn tròn nhỏ. Có 2 loại là morocco grain có hoa văn hình dạng nhỏ và scotch grain có hình dạng hoa văn lớn.

IN kulit embossed dengan motif pebble kulit yang telah dicetak dengan pola melingkar kecil di permukaannya mengikuti pola melingkar tidak beraturan pada permukaan kulit yang kerut. Terdapat jenis morocco grain dan juga scotch grain.

CH 鹅卵石纹皮, 荔枝纹皮 人工压制出鹅卵石纹的皮革。纹理样式分为小的摩洛哥鹅卵石纹和大的苏格兰鹅卵石纹。

관 모로코 그레인,
스카치 그레인

☞ 383쪽, 가죽의 가공에
따른 분류

페이턴트 patent

표면에 투명한 합성수지를 씌워서 광을 낸 가죽. 여러 차례 도장을 하거나 필름을 부착하여 만들기 때문에 합성수지를 씌운 층이 유연하고

동 에나멜(enamel)

방수가 잘된다. 이전에는 끓인 아마씨유로 몇 겹 코팅하여 오븐에 말린 안료로 가죽 표면에 광택을 만들었다.

☞ 383쪽, 가죽의 가공에 따른 분류

EN patent a leather with a layer of synthetic resin on the surface for gloss. It is flexible and waterproof due to the several layers of paint or film that was coated on the leather. In the past, boiled linseed oil and oven-dried pigments were used to coat and gloss a fine grain layer of leather.

VI da bóng loại da bóng loáng vì bề mặt da được phủ bởi một lớp nhựa tổng hợp trong suốt. Vì nhuộm nhiều lớp hoặc dán nhũ để làm nên các tầng được phủ lớp nhựa tổng hợp mềm mại và tính chống thấm tốt. Trước đây người ta phủ mấy lớp dầu hạt lanh được đun sôi và làm sáng bề mặt da bằng bột màu được sấy khô trong lò.

IN patent kulit dengan lapisan resin sintetik transparan yang menutupi bagian permukaan. Kulit ini fleksibel dan juga tahan air karena dicat berkali-kali kemudian dilapisi dengan flm. Kulit ini berasal dari minyak biji rami yang dilapisi beberapa kali untuk menghasilkan efek mengkilap.

CH 漆皮 表面涂有透明合成树脂涂层有光泽的皮革。因为做多次涂层处理或粘贴薄膜制作，所以涂有合成树脂的层很软且防水性很好。起源是在优质头层皮上使用烧开的亚麻籽油和烤箱干燥的颜料多次涂抹做涂层处理后，给皮革表面做上光泽的做法。

평방 피트 平方feet

가죽의 면적을 나타내는 단위. 가로와 세로가 각각 30.48 ㎝이면 1평방 피트이며, 1 sf라고 표기한다.

🔁 스퀘어 피트 (sf, spuare feet), 평(坪)

EN square foot(feet) a measuring unit that measures the area of leather. A square foot, which abbreviates to 1 sf, amounts to 30.48 cm in width and in length.

VI feet vuông đơn vị đo diện tích của da. Nếu chiều dài và chiều rộng là 30,48 cm thì diện tích của nó là 1 feet vuông, ký hiệu là 1 sf.

IN kaki persegi unit pengukuran yang mewakili luas area kulit. Jika lebar dan tingginya masing-masing 30.48 cm maka dihitung sebagai 1 kaki persegi, dilambangkan dengan 1 sf.

CH 平方英尺 标示真皮面积的单位。长和宽都是30.48cm，即为1平方英尺，用1sf标记。

포일 foil

① 아주 얇게 만든 금속을 원하는 모양으로 문신하듯이 원단(패브릭)에 입히는 일. ② 가죽이나 원단에 붙이는 얇은 금속.

EN foil ① to plate a thin film of metal onto a fabric in the desired shape like a tattoo. ② a thin metal film attached to a leather or fabric.

VI giấy nhũ in ① việc phủ lớp kim loại được làm rất mỏng vào vải giống như xăm hình theo hình dạng mong muốn. ② kim loại mỏng dán vào da hoặc vải.

IN kertas timah ① proses melekatkan logam film tipis ke dalam bentuk yang diinginkan pada kain seperti halnya tato. ② film logam tipis yang melekat pada kulit atau kain.

CH 金属纸, 箔 ① 把超薄金属片按需要的样式像纹身一样印在面料上的工艺。② 在皮革或面料上粘贴的金属薄片。

포일식 foil式

가죽이나 원단(패브릭)의 겉면에 필름을 입힌 방식.

EN foil type a method of covering the leather or fabric with a layer of foil on the surface.

VI đánh nhũ phương thức phủ nhũ lên bề mặt da hoặc vải.

IN tipe foil proses membalut permukaan kulit atau kain dengan film.

CH 转印式 在皮革或面料表面粘贴薄膜的工艺。

동 포일 타입(foil type)

풀 그레인 full grain

① 할피한 은면층의 윗부분. ② 연마를 하지 않고 은면을 그대로 보존하여 자연 모공을 살린 소가죽. 가장 일반적인 가죽으로 두께가 적당하고 탄력이 우수하다.

EN full grain ① the upper part of a depilated grain layer of leather. ② a leather with visibly natural pores, which results from not grinding the leather and preserving the grain layer. It is the most common type of leather and it is adequate in thickness with excellent elasticity.

VI lớp da thượng bì ① phần bên trên của lớp da ở tầng trên được lạng da

동 에프지(FG[full grain])
관 은면 가죽(그레인 레더)

☞ 383쪽, 가죽의 가공에 따른 분류

với độ dày cần thiết. ② da bò không mài mà giữ nguyên lớp da ở tầng trên để lỗ chân lông tự nhiên. Đây là loại da phổ biến nhất, có độ dày thích hợp và độ đàn hồi vượt trội.

IN kulit full grain ① bagian atas lapisan pori-pori yang masih alami. ② kulit sapi dengan pori-pori alami yang terlihat. Kulit ini adalah jenis kulit yang paling umum, kulitnya tergolong cukup tebal dan memiliki elastisitas yang sangat baik.

CH 粒面皮 ① 分皮的粒面层的上部。② 未经打磨的透明层完好且保留自然毛孔的牛皮。作为最常见的皮革，厚度适中弹性良好。

풀업 pull up

꺾거나 당겼을 때 색이 밝게 보이는 특성이 있는 소가죽. 오일 타입의 가죽으로, 파라핀과 오일을 첨가하여 가공한다.

☞ 383쪽, 가죽의 가공에 따른 분류

EN pull up a cow leather with colors that look brighter when bent or pulled. It is an oil type leather that was processed by adding paraffin and oil.

VI da nhuộm aniline, da pull up loại da bò có đặc trưng là khi gập lại hoặc kéo căng lớp da ra thì màu sắc trông sáng sủa. Là loại da dầu, cần cho thêm dầu paraffin và dầu hỏa vào khi gia công.

IN tipe pull up kulit sapi dengan warna yang terlihat lebih terang saat dibengkokkan atau ditarik. Karena merupakan jenis kulit berminyak, kulit ini diproses dengan menambahkan parafin.

CH 变色皮, 光胶皮 弯折或拉伸的时候革面颜色变浅的一种牛皮。作为打油式皮革的一种，通过添加石蜡油制作。

하이드 hide

말이나 소 따위의 큰 동물의 가죽. 비교적 두껍다.

관 스킨
☞ 381쪽, 가죽의 종류

EN hide a type of thick leather made from the skin of a large animal like a horse or a cow.

VI da động vật lớn da của động vật lớn như ngựa hoặc bò. Da tương đối dày.

IN hide kulit dari hewan yang besar seperti sapi atau kuda. Jika dibandingkan dengan kulit lain, kulit ini cenderung lebih tebal.

CH 兽皮 马或牛等大型动物的皮。相对较厚。

할피

염색 공정 전에 완성된 제품에 요구되는 두께(후도)를 고려하여 가죽을 깎는 일.

EN shaving to consider the required thickness of leather for manufacturing the final product and to skive off the leather accordingly before the dyeing process.

VI lạng da với độ dày cần thiết việc lạng da chú ý tới độ dày yêu cầu của thành phẩm trước công đoạn nhuộm.

IN cukur proses penipisan lapisan kulit pada produk jadi dengan mempertimbangkan ketebalan yang diperlukan sebelum dilakukan tahap pencelupan atau pewarnaan.

CH 片皮 染色工序之前，把皮子削切到所需要的厚度的工序。

세이빙(shaving)

☞ 384쪽, 가죽 공정

합성 무두질 合成---

두 가지 이상의 무두질(태닝) 방식을 혼합하여 가죽이 적당한 부드러움을 유지할 수 있도록 하는 일. 주로 식물성 무두질(베지터블 태닝)과 크롬 무두질(크롬 태닝)을 함께 사용한다.

EN combination tanning to maintain the softness of leather during the tanning process by combining two or more different tanning methods together. It is common to combine the vegetable tanning method and the chrome tanning method together.

VI thuộc da tổng hợp phối hợp từ hai phương pháp thuộc da khác nhau trở lên nhằm giúp da duy trì được độ mềm mại thích hợp. Chủ yếu kết hợp phương pháp thuộc da thực vật và thuộc da bằng dung dịch crom.

IN kombinasi tanning, kombinasi penyamakan menjaga kelembutan kulit dalam proses penyamakan dengan menggabungkan setidaknya dua metode penyamakan yang berbeda secara bersamaan. Metode tanning yang paling sering dikombinasikan adalah metode penyamakan nabati dan metode penyamakan chrome.

CH 混合鞣制 使用两种以上的鞣制方式使皮子维持合适的柔软度的工

콤비 태닝
(combi[combination] tanning),
합성 태닝
(合成tanning)

☞ 385쪽, 무두질(태닝)의 종류

艺。通常同时使用植物性鞣制和铬鞣制。

합성 타닌 合成tannin

유기 합성 타닌 물질. 식물성 유제(타닌)를 대체하기 위해 개발되었다. 최근에는 크롬 무두질(크롬 태닝)의 재유성(리태닝)에 사용하여 가죽을 채워 주고 무두질(태닝) 시간을 단축하고 가죽을 표백하는 데 사용한다.

동 신탄
(syntan[synthetic tannin])
관 유제, 타닌

EN syntan, synthetic tannin a synthesized organic substance that was developed to replace plant-based tannins. In recent years, it has been used to retan chrome tanned leather, to shorten the tanning time, and to bleach leather.

VI chất tiết từ vỏ cây để thuộc da tổng hợp chất tiết từ vỏ cây để thuộc da tổng hợp hữu cơ. Được phát triển để thay thế cho chất tiết từ vỏ cây để thuộc da thực vật. Gần đây sử dụng trong thuộc da lại của thuộc da bằng dung dịch crom để lắp đầy vào da và giúp giảm bớt thời gian thuộc da, sử dụng trong việc tẩy trắng da.

IN tanin sintesis bahan tanning sintetis yang organik. Material ini dikembangkan untuk menggantikan tanning tanaman. Beberapa tahun terakhir, tanning ini telah digunakan untuk proses retanning chrome, pengisian kulit, memperpendek waktu tanning, dan memutihkan permukaan kulit.

CH 合成单宁酸, 合成鞣酸 有机合成鞣酸物质。为了替代植物性鞣酸而被研发出来。最近在铬鞣制的再鞣制过程中使用，把皮革填满缩短鞣制时间和皮革漂白时使用。

혈관 자국 血管－－

가죽의 겉면에 보이는, 혈관이 지나간 자리. 일반적인 혈관 자국(베인 자국)은 강줄기나 그물 모양으로 혈관 흔적이 보이는데 흠이 되는 혈관 자국은 가죽의 혈관에서 피가 빠져나가지 못하고 부패한 것이 흔적으로 남아 움푹 꺼져 보인다.

동 베인 자국(vein－－)
관 가죽 흠

EN vein mark a mark left on the exterior side of a leather surface, which results from a blood vessel that passed through the leather. Normally, vein marks resemble a river or a net. However, defected vein marks, which are caused by blood that was trapped and unable to exit the veins and decayed in the body, appear hollow.

VI vết sẹo tĩnh mạch vị trí mạch máu đi ngang qua, có thể thấy trên bề mặt của da. Vết sẹo tĩnh mạch thông thường có hình dòng nước hoặc hình lưới, những vết sẹo tĩnh mạch hư hại gây ra bởi máu không thể thoát ra khỏi tĩnh mạch được, làm mục nát phần thân và tạo ra dấu vết trông bị lõm vào.

IN tanda vena, tanda pembuluh darah tempat di mana terlihatnya pembuluh darah dari permukaan luar kulit. Tanda vena pada pembuluh darah umumnya berbentuk aliran sungai atau net. Tanda pembuluh darah ini tidak dapat hilang dari kulit.

CH 血管疤痕 皮革表面上可见的血管分布的位置。一般的血管痕迹呈河流或网状，可被看做是血管痕迹，形成疤痕的血管疤痕是皮革血管里的血没有被放净腐烂后留下的痕迹，向下凹陷可见。

효해 酵解

가죽에서 불필요한 단백질을 제거하고 조직을 이완시켜 가죽을 부드럽게 만드는 일.

EN bating to ease and soften the tissues of a leather by removing the unwanted protein from the leather.

VI loại bỏ thịt loại bỏ những phần thịt không cần thiết ra khỏi da, làm lỏng kết cấu, giúp cho da mềm mại.

IN bating proses menghaluskan dan melunakkan jaringan kulit dengan menghapus protein yang tidak diperlukan dari kulit.

CH 酵解 去除真皮上不需要的蛋白质，使组织松弛皮革变软的工艺。

가죽의 종류 Types of leathers

1 소가죽 cowhide
- 스킨(skin) : 송치(hair calf), 카프스킨(calfskin), 킵 스킨(kip skin)
- 하이드(hide) : 데어리 카우(dairy cow leather), 물소 가죽(buffalo leather), 버펄로 가죽(buffalo leather), 불 하이드(bull hide), 스티어 하이드(steer hide), 카우하이드(cowhide)

2 양가죽 sheepskin
램스킨(lambskin), 시프스킨(sheepskin), 토스카나(toscana)

3 사슴 가죽 deerskin
디어스킨(deerskin), 벅스킨(buckskin)

4 염소 가죽 goatskin
고트스킨(goatskin), 키드스킨(kidskin)

5 말가죽 horse leather
코도반(cordovan)

6 뱀 가죽 snakeskin
비단뱀 가죽(파이선 스킨, python skin)

7 악어가죽 crocodile skin
앨리게이터(alligator), 카이만(caiman), 크로커다일(crocodile)

8 특수 가죽 exotic leather
- 야생에서 서식하거나 특정한 목적으로 사육되는 동물의 가죽(the genuine leather of a wild or farmed animal).
- 가오리 가죽(stingray skin), 도마뱀 가죽(lizard leather), 돼지가죽(돈피, pigskin), 밍크(mink), 뱀장어 가죽(eel skin), 연어 가죽(salmon skin), 타조 가죽(ostrich leather)

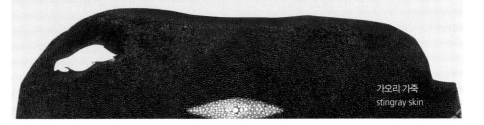

가오리 가죽
stingray skin

소가죽의 부위별 명칭 Subclassification of a cowhide

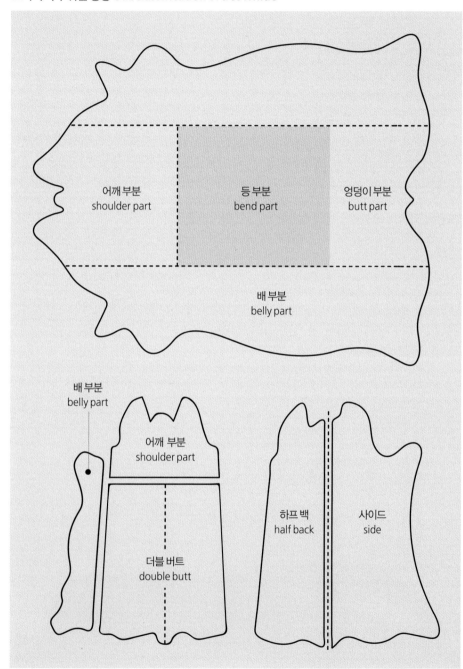

어깨 부분
shoulder part

등 부분
bend part

엉덩이 부분
butt part

배 부분
belly part

배 부분
belly part

어깨 부분
shoulder part

더블 버트
double butt

하프 백
half back

사이드
side

가죽의 가공에 따른 분류 Classification by the processing of leather

1 은면을 살린 가죽 leather with a grain side

① 풀 그레인 **full grain** 가먼트 가죽(garment leather), 내파 가죽(nappa), 야구 글러브 가죽(비비지, baseball gloves), 슈렁큰(shrunken), 유러피언 복스(European box leather)

② 은면 가공 가죽 **grain layer processed leather** 누벅 가죽(nubuck), 브러시 업(brush up), 사피아노 가죽(saffiano leather), 엠보 스킨(embossed leather), 페블 엠보(pebble pattern embossed leather), 한국식 복스(Korean box leather)

2 스플릿 가죽 split leather

① 염색 **dye** 스웨이드(suede)

② 도장 **pigment spray**

③ 필름 **film** 래미네이티드 스플릿(laminated split), 메탈릭 가죽(metallic leather), 사피아노 가죽(saffiano leather), 펄 가죽(glittered leather), 페이턴트(patent), 피브이시 레더(PVC leather), 피유 스플릿(PU split), 포일식(foil type)

3 압축 가죽(레더 보드, 콤퍼짓) leather board, composite

4 오일 레더 oiled leather

① 오일 타입 **oil type** 기름 먹이기(가지) 공정에서 기름을 투입한 타입(oil penetrates the leather during the fatliquoring process), 풀업(pull up)

② 왁시 타입 **waxy type** 크러스트에 기름을 뿌린 타입(oil is sprayed on a crust leather)

5 식물성 무두질(베지터블 태닝) vegetable tanning

다코타 가죽(dakota leather), 바케타 가죽(vachetta leather)

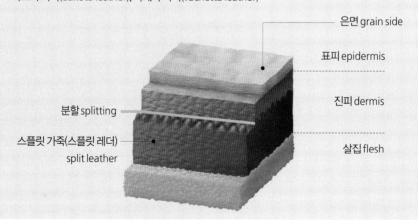

은면 grain side

표피 epidermis

진피 dermis

살집 flesh

분할 splitting

스플릿 가죽(스플릿 레더) split leather

가죽 공정 Leather manufacturing process

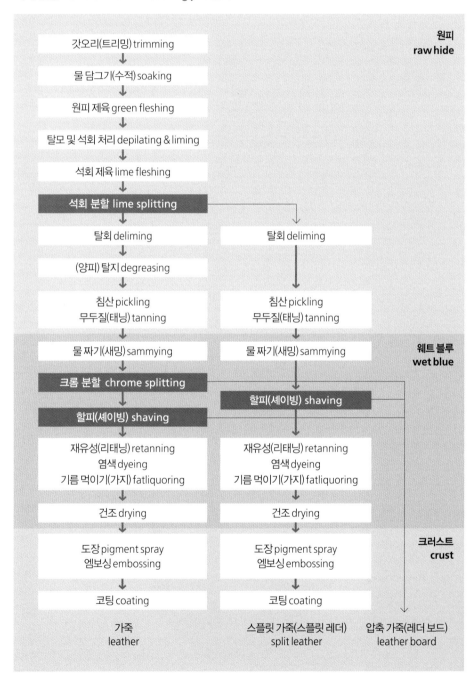

무두질(태닝)의 종류 Types of tanning

1 식물성 무두질(베지터블 태닝) vegetable tanning

미모사 무두질(mimosa tanning), 체스트넛 무두질(chestnut tanning),
케브라초 무두질(quebracho tanning)

2 광물성 무두질 mineral tanning

알루미늄 무두질(aluminum tanning), 은 무두질(silver tanning),
지르코늄 무두질(zirconium tanning), 크롬 무두질(chrome tanning),
티타늄 무두질(titanium tanning),

3 알데하이드 무두질 aldehyde tanning

글루타알데히드 무두질(glutaraldehyde tanning), 포르말린 무두질(formalin tanning)

4 폴리산 무두질 poly acid tanning

규산 무두질(silicic acid tanning), 몰리브덴산 무두질(molybdic acid tanning),
인산 무두질(phosphoric acid tanning), 텅스텐산 무두질(tungstic acid tanning)

5 합성 무두질 synthetic tanning

나프탈렌계 무두질(naphthalene tanning), 레진계 무두질(resin tanning),
페놀계 무두질(phenolic tanning)

6 기타 other
- 기름 무두질(오일 태닝, oil tanning), 유황 무두질(sulfur tanning),
천연수지류 무두질(natural resin tanning)
- 합성 무두질(콤비 태닝, combination tanning): 2개 이상의 무두질을
섞는 것(combination of two or more tanning methods).

원단/피브이시 Fabric/PVC

개버딘 gabardine/gaberdine

소모사(梳毛絲)나 면실(면사)을 사용하여 날실을 씨실보다 두 배 정도 촘촘하게 능직(綾織)으로 짠 직물.

☞ 415쪽, 원단(패브릭)의 종류

EN gabardine/gaberdine a twill weave woven with worsted or cotton threads. It is made by using a weave in which the warp thread is twice as dense as the weft thread.

VI vải sợi cotton được dệt chặt loại vải dệt mà sử dụng sợi len chải kỹ hoặc chi cotton rồi dệt sợi dọc thành họa tiết trên vải chặt gấp hai lần so với sợi ngang.

IN gabardin kain tekstil yang dibuat dengan memutar benang lungsin dua kali lebih banyak daripada benang pakan menggunakan benang wol atau benang kapas.

CH 华达呢 使用精纺毛纱和棉纱用经线比纬线多两倍左右的密实的斜织纹路制成的纺织品。

건식 피유 乾式PU(polyurethane)

폴리우레탄을 원단(패브릭)에 붙여 만든 합성 가죽. 디엠에프(DMF, dimethyl formamide) 용액을 사용하지 않고 만든다.

동 건식 폴리우레탄 (乾式polyurethane), 드라이 피유 (dry PU [polyurethane])

관 습식 피유(웨트 피유)

EN dry polyurethane(PU) a synthetic leather made by attaching polyurethane to a fabric. It is made without using any dimethyl formamide (DMF) solutions.

VI nhựa PU cứng da tổng hợp được làm bằng cách dán PU lên vải. Không sử dụng dung dịch DMF(Dimethyl Formamide) để làm.

IN PU(poliuretan) tipe kering kain sintesis yang dibuat dengan menempelkan poliuretan ke kain. Dibuat tanpa larutan DMF(Dimethyl Formamide).

CH 干式聚氨酯, 干式PU 把聚氨酯贴在面料上制作的合成皮革。不使用二甲基甲酰胺(DMF)溶液制作。

네오프렌 neoprene

스펀지를 가운데 두고 위아래에 니트를 접착한 원단(패브릭). 노트북 케이스같이 충격 흡수가 필요한 제품을 만들 때 많이 사용한다.

EN neoprene a fabric made by gluing knitted fabric on both sides of a sponge. It is used to make shock absorbent products like laptop cases.

VI cao su tổng hợp neoprene loại vải mà đặt miếng xốp vào giữa và dán vải dệt kim vào hai mặt vải. Sử dụng nhiều khi làm các sản phẩm cần chống va chạm như túi đựng laptop.

IN neoprene kain yang dibuat dengan menempelkan kain rajutan di kedua sisi spons atas dan bawah. Kain ini banyak digunakan untuk membuat produk yang membutuhkan anti goncangan seperti tas laptop.

CH 氯丁橡胶 中间放置海绵上下粘合针织物的面料。在制作电脑保护套等需要吸收冲击力的产品时经常使用。

니트 knit

실로 뜨개질한 것처럼 짠 원단(패브릭). 신축성이 좋다.

EN knitted fabric an elastic fabric that results from knitting.

VI đan, vải dệt kim vải dệt như các sợi chỉ đan vào nhau. Độ co giãn tốt.

IN kain rajutan kain tenun yang terlihat seperti dirajut benang. Memiliki elastisitas yang baik.

CH 针织面料 类似用线编织而成的面料，伸缩性好。

동 편물(編物),
편성물(編成物),
편직물(編織物)

☞ 415쪽, 원단(패브릭)의
종류

데니어 denier

실의 굵기를 나타내는 단위. 1데니어는 길이 450 m인 실의 무게가 0.05 g 일 때의 굵기로, 무게가 두 배이면 2데니어, 열 배이면 10데니어이다.

EN denier a unit that measures the fineness of a thread. 1 denier defines a thread that is 450 m long and weighs 0.05 g. The weight doubles for 2 denier and multiplies by ten for 10 denier.

관 수

VI denier, đơn vị đo độ dày của sợi dệt đơn vị biểu thị cho độ dày của sợi dệt. 1 denier là độ dày của sợi dệt có chiều dài 450 m và khối lượng là 0,05 g, nếu khối lượng tăng gấp đôi thì là 2 denier, nếu gấp 10 là 10 denier.

IN denier unit untuk mengukur tingkat kehalusan benang. 1 denier untuk benang dengan ukuran panjang 450 m dan berat 0.05 g, jika bobotnya dua kali lipat maka satuannya menjadi 2 denier, jika 10 kali lipat maka menjadi 10 denier.

CH 旦(单位) 线的粗度单位。1旦指长度为450米重量为0.05g的线的粗度，如果重量是其两倍，则为2旦，如果是十倍，则为10旦。

데님 denim

염색한 두꺼운 면실(면사)을 사선 모양으로 짠 직물. 인디고 염료가 산소를 만나면 산소를 흡수하여 청색으로 변하는 성질을 이용하여 인위적 탈색이 가능하다. 질기고 튼튼하여 주로 청바지의 원단으로 사용한다.

☞ 415쪽. 원단(패브릭)의 종류

EN denim a diagonally woven fabric made with thick dyed cotton threads. The threads can be artificially bleached using the properties of indigo dye, which turns blue when it comes into contact with oxygen. It is mainly used to make jeans due to its toughness and durability.

VI vải denim vải dệt được dệt theo hình dạng chéo từ chỉ cotton dày đã được nhuộm. Nếu thuốc nhuộm chàm tiếp xúc với oxy thì hấp thụ oxy và sử dụng tính chất đổi thành màu xanh dương nên có khả năng bạc màu một cách nhân tạo. Dai và bền nên chủ yếu sử dụng làm vải quần Jean.

IN denim kain tenun diagonal yang dibuat menggunakan benang kapas tebal yang telah dicelup pewarna. Jika pewarna indigo bertemu dengan oksigen, oksigen tersebut akan diserap dan merubah warna kain menjadi biru. Kain ini biasa digunakan sebagai bahan untuk membuat jeans karena daya tahannya yang kuat.

CH 牛仔布 用染好色的粗棉线按斜线纹路织成的织物。利用靛蓝染料遇氧后吸收氧气变成青色的特性，可人为脱色。因粗糙结实常被作为生产牛仔裤的面料。

도비 dobby

자카르에 비해 간단하고 규칙적인 무늬로 짠 직물. 직기의 도비 장치를 사용하여 짠다.

☞ 415쪽, 원단(패브릭)의
종류

EN dobby a woven fabric with patterns that are similar to, but simpler than a jacquard. It is made using a dobby on a loom.

VI vải dệt dobby vải dệt được dệt với hoa văn đơn giản và quy tắc hơn so với vải dệt hoa văn. Được dệt bằng cách sử dụng thiết bị của máy dệt dobby.

IN dobby kain tenun dengan pola yang lebih sederhana dan teratur dibandingkan jacquard. Kain tenun ini dibuat dengan menggunakan alat tenun dobby.

CH 小提花织物, 小花纹织物 比提花布简单用规则花纹织成的纺织品。使用织布机的多臂装置编织。

도비라는 말은 이렇게 유래되었어요 도비(dobby) 장치란 간단한 기하무늬를 제직할 수 있게 날실을 위아래로 여닫는 장치이다. 자유롭게 변화를 줄 수 있기 때문에 간단한 작은 무늬까지 제직할 수 있다. 이렇게 제직된 직물을 도비 또는 도비직이라고 하며 작은 무늬가 연속적으로 반복된 것을 도비 무늬라고 부른다.

Origin of 'dobby' A dobby is a device that opens and closes the warp, so that simple geometric patterns can be woven into the fabric. Small patterns can be woven into the fabric because the dobby device is free to move around. The woven fabric is referred to as 'dobby' or 'dobby fabric' and the small patterns are referred to as 'dobby patterns'.

드릴 drill

두꺼운 실을 사용하여 사선 모양으로 촘촘하게 짠 직물. 내구성이 좋아 교복이나 군복과 같은 단체복을 만드는 데 많이 사용한다.

☞ 415쪽, 원단(패브릭)의
종류

EN drill a tightly woven fabric that uses thick threads to diagonally weave the fabric. It is often used to make uniforms, like school uniforms and military uniforms, due to its durability.

VI vải dệt đan vải dệt được dệt dày đặc theo hình dạng chéo bằng cách sử dụng sợi chỉ dày. Độ bền tốt nên được sử dụng nhiều để làm đồng phục như đồng phục học sinh, quân phục.

IN drill kain yang ditenun erat menggunakan benang tebal dengan proses menenun diagonal. Karena daya tahannya yang kuat, kain ini banyak digunakan untuk membuat seragam, seperti seragam sekolah dan seragam militer.

CH 斜纹织物, 斜纹布 使用粗线以斜线样式密密地织成的纺织品。由于耐久性好多用于校服或军服等集体服装的制作。

래미네이팅 laminating

원단(패브릭) 위에 피브이시(PVC), 폴리우레탄(PU), 또 다른 원단 따위를 올려 전체 면을 붙이는 일.

EN laminating to overlay and glue PVC, polyurethane(PU), or fabric onto the entire surface of another fabric.

VI dán vải việc đặt PVC, PU hoặc miếng vải khác lên trên vải và dán toàn bộ các mặt lại với nhau.

IN laminating proses untuk overlay dan mengelem PVC, poliuretan, kain, dll ke seluruh bagian belakang atau permukaan kain.

CH 压层 在胚布表面放上PVC、PU或其他胚布等整面粘贴的工序。

레이스 lace

면실(면사)이나 명주실 따위로 구멍이 뚫린 여러 가지 무늬를 내서 만든 편물. 주로 가죽 위에 덧대서 꾸미는 데 사용한다.

EN lace a knitted fabric with holes and patterns made using cotton or silk threads. It is often fixed on leather for decorative purposes.

VI ren vải dệt kim được làm bằng cách đục lỗ tạo thành nhiều hoa văn bằng chỉ cotton hoặc sợi tơ tằm. Chủ yếu sử dụng khi gắn thêm lên trên da để trang trí.

IN renda-renda kain dengan lubang dan pola yang dibuat dengan kapas atau benang sutra. Kain ini ditempelkan di bagian atas kulit sebagai dekorasi.

CH 蕾丝 用棉线或丝线做成镂空的具有多种花纹的织物。加在真皮上用作装饰。

☞ 415쪽, 원단(패브릭)의 종류

면 綿

면실(면사)로 짠 천. 튼튼하고 세탁하기 편하며 보온성이 좋아 대량으로 생산하며, 다양한 용도로 사용한다.

EN cotton a fabric woven with cotton threads. It is produced in large quantities and used for various purposes because it is strong, thermal, and easy to wash.

VI cotton vải được dệt bằng chỉ cotton. Chắc và dễ giặt, có tính giữ nhiệt tốt nên được sản xuất với số lượng lớn và được sử dụng với nhiều mục đích đa dạng.

IN kapas, katun kain yang dibuat dengan benang katun atau kapas. Kain ini tahan lama dan juga mudah dicuci sehingga sering digunakan untuk berbagai keperluan dan biasanya diproduksi dalam jumlah yang besar.

CH 棉 棉线织成的布。结实，易洗涤，保温性强且大量生产，用途广泛。

동 무명, 코튼(cotton)

☞ 415쪽, 원단(패브릭)의 종류

바이어스 테이프 bias tape

너비가 2 ㎝쯤 되게 올의 방향에 대하여 비스듬히 자른 천으로 만든 테이프. 올이 풀리지 않도록 원단(패브릭) 따위를 자른 단면(기리메)을 감싸 덧대는 데 사용한다. 안감(우라)과 같은 소재, 비닐, 보강재(신), 웨빙 따위를 사용한다.

EN bias tape an approximately 2 ㎝ wide tape made by obliquely cutting across the grain of a fabric. It is used to bind the raw edges and prevent the plies from unraveling. The tape is made with materials like vinyl, reinforcement, webbing, or with a material that is similar to the lining of the product.

VI dây nẹp viền, băng nẹp viền dây được làm bằng vải cắt nghiêng theo hướng của sợi với độ dày khoảng 2 ㎝. Sử dụng khi bọc và gắn thêm vào cạnh sơn cắt vải để sợi không bị bung ra. Sử dụng vật liệu như lót, nylon, đệm gia cố, dây đai.

IN bias tape tape yang terbuat dari celah kain dengan lebar sekitar 2 ㎝. Tape ini digunakan untuk padding sehingga tidak teruraikan dengan baik. Biasanya menggunakan lapisan, vinil, penguat, dan anyaman.

CH 包边带, 包边条 用宽幅2㎝左右的与纺织走线的方向向倾斜裁剪出的

동 바이어스 ②

布制成的带子。用于包裹面料裁断面防止其开线。使用类似里布的材质
或塑料、补强衬、织带等。

바이오 워싱 bio washing

효소를 이용하여 원단(패브릭)의 잔 섬유질을 정리하는 방법으로 색을
의도적으로 바래 보이도록 하는 일. 부드러워지고 잔털(기모)이 잘 일
어나지 않게 된다.

同 효소 워싱
(酵素 washing)

EN bio washing to intentionally fade the color of a fabric by cleaning up
the pilling fibers of the fabric with enzymes. It becomes soft and lint-
resistant.

VI giặt sinh học bằng phương pháp dùng enzym để sắp xếp lại chất xơ bị
bẹp xuống của vải với hy vọng sẽ thấy được màu sắc như ý định. Trở nên
mềm mại và không làm mọc nhiều lông.

IN bio washing proses memudarkan warna kain secara sengaja dengan
membersihkan serat pilling pada kain menggunakan enzim. Kainnya
menjadi lebih lembut dan bulu halusnya hilang.

CH 洗水加工 利用酶处理面料的细小纤维，使之褪色的工艺。可使面料
柔软不易起毛。

발수 가공 撥水加工

가죽이나 원단(패브릭)에 물이 닿았을 때 물방울이 튕겨져 굴러다닐
수 있도록 가죽이나 원단의 겉면에 막을 형성하여 주는 일. 반영구적
이다.

EN water repellent finishing to apply a semi-permanent coat on the
surface of a leather or fabric, so that water droplets can roll and bounce off
the leather or fabric.

VI gia công không thấm nước việc tạo lớp màng ở mặt ngoài của da
hoặc vải để khi nước chạm vào da hoặc vải thì những giọt nước bắn ra và
lăn tròn. Có tính chất bán vĩnh cửu.

IN proses finishing water repellent proses mengaplikasikan lapisan
semi permanen pada kulit atau kain, sehingga tetesan air yang jatuh tidak
akan terserap ke dalam kulit atau kain.

CH 泼水加工 能使皮革和布料表面形成一层膜，使其接触水时，水滴在其表面像珠子一样反弹滚动的的工艺，是半永久性的。

방수 가공 防水加工

가죽이나 원단(패브릭)에 물이 스며들지 않도록 가죽이나 원단의 겉면에 막을 형성하여 주는 일. 영구적이다.

EN waterproof finishing to apply a permanent coat on the surface of a leather or fabric in order to make the leather or fabric impervious to water.

VI gia công chống thấm việc tạo lớp màng ở mặt ngoài của da hoặc vải để nước không thấm vào da hoặc vải. Có tính vĩnh cửu.

IN tahan air, waterproof finishing proses untuk membuat kulit atau kain tahan terhadap air secara permanen.

CH 防水加工 能使皮革和布料表面形成一层膜不被水渗透的工艺，是永久性的。

방오 가공 防汚加工

원단(패브릭)의 겉면에 특수 약품을 입혀서 오염이 덜 되게 하는 일.

관 정전기방지 가공

EN anti-soil finishing to apply a special coat on the surface of a fabric to reduce the amount of soil and stain that can catch onto the product.

VI gia công chống bẩn việc tráng một loại hóa chất đặc biệt lên bề mặt của vải để vải đỡ bị dính bẩn.

IN proses finishing anti kontaminasi lapisan khusus yang diterapkan pada permukaan kain untuk mengurangi jumlah tanah atau noda yang bisa menempel pada produk.

CH 防污加工 在面料表面附着特殊药品使之不易沾染污渍的工艺。

배킹 원단 backing原緞

원단(패브릭)의 물성을 바꾸기 위하여 원단의 뒷면(시타지)에 대는 또 다른 원단. 인터로크, 면 트윌 따위의 싸고 구하기 쉬운 것을 사용한다.

동 뒷대기 원단
(———原緞)

EN **backing fabric** a cheap and obtainable fabric, like interlock and cotton twill, that is placed on the backside of another fabric to change the physical properties of the fabric.

VI **vải mặt sau** một miếng vải khác gắn vào mặt sau của vải nhằm làm thay đổi thuộc tính của vải. Sử dụng những loại rẻ và dễ mua như vải interlock hoặc vải cotton dệt chéo.

IN **kain untuk lapisan belakang** kain murah yang mudah didapat seperti interlock atau kapas twills, yang ditempatkan di bagian belakang kain untuk mengubah bentuk fisik dari kain tersebut.

CH **底布** 为了改变面料的物性而在背面粘贴的其他面料。常使用贴底、棉斜纹布之类的又便宜及容易采购的面料。

벨루어 velour

벨벳에 비해 긴 섬유 털을 겉면에 촘촘하게 심은 파일 직물.

EN **velour** a type of tightly woven pile weave with long piles on the surface. The piles are longer than those of a velvet.

VI **vải giống nỉ** vải dệt cấy dày đặc những sợi lông dài hơn so với nhung lên trên bề mặt.

IN **velour** kain tenun dengan serat bulu yang lebih panjang di bagian permukaannya dibandingan beludru. Termasuk dalam salah satu jenis kain tenun tumpuk.

CH **丝绒** 把比天鹅绒还长的纤维毛密集地种在表面的绒头织物。

☞ 415쪽, 원단(패브릭)의 종류

벨벳 velvet

짧은 섬유 털을 겉면에 촘촘하게 심은 파일 직물.

EN **velvet** a type of tightly woven pile weave with short piles on the surface.

VI **vải nhung** vải dệt được cấy dày đặc những sợi lông ngắn trên bề mặt.

IN **velvet, beludru** kain tenun dengan serat bulu pendek di bagian permukaannya. Termasuk dalam salah satu jenis kain tenun tumpuk.

CH **天鹅绒** 把短的纤维毛密集地种在表面的绒头织物。

통 비로드(←veludo), 우단(羽緞)

☞ 415쪽, 원단(패브릭)의 종류

사행도 絲絎度

원단(패브릭)의 씨실과 날실이 교차한 각이 틀어진 정도.

EN skewness the angle in which the warp and weft threads of a fabric intersect.

VI độ nghiêng độ lệch góc giao nhau giữa sợi ngang và sợi dọc của vải.

IN tingkat lengkungan, kecondongan sudut di mana benang lungsin dan benang pakan saling silang.

CH 歪度 指面料的经线和纬线交叉形成的角度倾斜的程度。

새틴 satin

씨실과 날실의 조직점을 일정한 간격으로 배치하여 직물의 겉면에 씨실이나 날실이 많이 나타나게 짠 직물. 매끄럽고 광택이 좋으나 마찰에 약하다.

EN satin a woven fabric with the warp and weft threads predominating the surface of the fabric at consistent intervals. It is vulnerable to friction because it has a smooth and glossy surface.

VI satin vải dệt mà sắp xếp điểm đan chéo của sợi ngang và sợi dọc với khoảng cách nhất định và dệt làm sao cho xuất hiện nhiều sợi ngang hoặc sợi dọc trên bề mặt của vải dệt. Bóng láng và có độ bóng tốt nhưng độ ma sát kém.

IN satin kain tenun dengan benang lungsin dan benang pakan yang mendominasi permukaan luar kain dengan interval yang konsisten. Kain ini rentan terhadap gesekan karena memiliki permukaan yang halus dan juga mengkilap.

CH 色丁布 把经线和纬线的组织点按一定的间隔布置，使面料的表面上经线或纬线十分突出的织物。平滑且光泽好但摩擦力差。

동 수자직(繻子織)

☞ 415쪽, 원단(패브릭)의 종류

샌드 워싱 sand washing

원단(패브릭)의 겉면을 모래로 갈아서 의도적으로 바래 보이도록 하는 일.

EN sand washing to intentionally fade a fabric by sanding the surface of the fabric with sand.

🇻🇳 rửa cát việc mài bề mặt của vải bằng cát nhằm có được màu sắc mong muốn.

🇮🇩 cuci pasir proses memudarkan warna kain dengan mengamplas permukaan kain menggunakan pasir dengan disengaja.

🇨🇳 砂洗 利用沙子摩擦面料表面人为地制作出褪色效果的工艺。

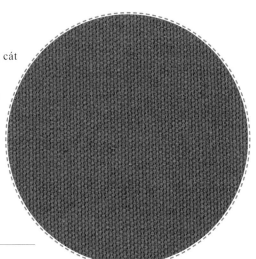

선염 스트라이프 先染stripe

실을 염색한 뒤 줄무늬가 생기게 짠 직물.

🇬🇧 yarn-dyed stripe a striped woven fabric made with pre-dyed yarn.

🇻🇳 vải sọc nhuộm trước loại vải dệt mà dệt thành hoa văn sọc sau khi nhuộm màu chỉ.

🇮🇩 strip benang celup kain tenun dengan garis yang dibuat menggunakan benang yang sudah dicelup warna.

🇨🇳 渲染条纹布料, 原液染色条纹布料 把线进行染色后，再编织成条纹的面料。

선염 자카르 先染jacquard

실을 염색한 뒤 여러 가지 색의 실로 불규칙하거나 복잡하게 무늬를 짜 만든 직물.

🇬🇧 yarn-dyed jacquard a woven fabric with irregular and complex patterns. The fabric is woven with several different pre-dyed yarns in various colors.

🇻🇳 vải nhuộm hoa văn vải dệt mà sau khi nhuộm màu chỉ thì dệt thành hoa văn một cách bất qui tắc hoặc phức tạp bằng chỉ nhiều màu sắc.

🇮🇩 jacquard benang celup kain tenun jacquard yang dibuat dengan beberapa benang yang telah diwarnai menggunakan berbagai warna.

🇨🇳 渲染提花布, 原液染色提花布 把线进行染色后，用多种颜色的线无规律或复杂地编织出花纹的织物。

수 数

무게를 기준으로 했을 때, 실의 굵기를 나타내는 단위. 1 g의 실을 1.7 m(단위 길이)로 끊었을 때 나오는 가닥의 수로, 숫자가 클수록 실이 가늘고 제직된 원단(패브릭)의 두께가 얇다. 840 야드가 1파운드일 때 1수라고 정의하며, 1 g의 실의 길이가 68 m이면 40수라고 한다.

관 데니어

EN count a measuring unit that measures the fineness of a thread based on weight. It is measured by counting the number of strands in a 1.7 meter long thread that weighs 1 gram. Therefore, higher counts signify finer threads. A thread that is 840 yards long and weighs 1 pound defines 1 count. A thread that is 68 meters long and weighs 1 gram defines 40 counts.

VI đơn vị đo chỉ đơn vị thể hiện độ dày của chỉ khi lấy khối lượng làm tiêu chuẩn. Là số đoạn chỉ khi cắt 1 g chỉ thành đoạn có chiều dài 1,7 m, số đoạn càng lớn thì sợi chỉ càng mỏng và độ dày của vải được dệt cũng mỏng. Khi 840 yard là 1 pound thì được gọi là 1 su, nếu chiều dài 1 g chỉ là 68 m thì gọi là 40 su.

IN hitungan('s) unit pengukuran yang mengukur kualitas benang berdasarkan beratnya. Sebagai contoh jumlah helai yang keluar saat 1g benang dipotong 1.7 meter, semakin besar angkanya, semakin tipis benangnya, semakin tipis juga kainnya. Sebuah benang yang panjangnya 840 yard dan beratnya 1 pon didefinisikan sebagai 1 hitungan (1's), sebuah benang yang panjangnya 68 meter dan beratnya 1 gram didefinisikan sebagai 40 hitungan (40's).

CH 数, 英支(S) 重量为基准时表示线的粗度的单位，1g线按1.7m为单位裁出的根数，数字越大线越细面料越薄，840码为1磅时 定义为1英支，1g线的长度为68m的话为40英支。

스톤 워싱 stone washing

원단(패브릭)의 겉면을 돌로 갈아 의도적으로 바래 보이도록 하는 일.

EN stone washing to intentionally fade a fabric by sanding the surface of the fabric with pebbles or stones.

VI mài bằng đá việc mài bề mặt vải bằng đá nhằm có được màu sắc theo ý định.

IN pencucian dengan batu proses memudarkan warna kain dengan cara mengamplas permukaan kain menggunakan kerikil atau batu secara disengaja.

CH **石洗加工** 用石子摩擦使面料的表面人为地制作褪色效果的工艺。

습식 피유 濕式PU(polyurethane)

원단(패브릭)을 폴리우레탄 레진으로 코팅을 한 뒤 디엠에프(DMF, dimethyl formamide) 용액에 담가서 만든 합성 가죽. 우레탄의 특성이 유지되어 탄력이 좋고 방수성이 뛰어나다. 건식 피유가 겉모습만 가죽과 비슷하게 만든 것이라면, 습식 피유는 원단 전체의 물성을 가죽과 비슷하게 만든 것이다.

동 습식 폴리우레탄
(濕式polyurethane),
웨트 피유
(wet PU
[polyurethane])

관 건식 피유(드라이 피유)

EN wet polyurethane(PU) a synthetic leather made by coating polyurethane resin on a fabric and immersing it in DMF(dimethyl formamide) solution. The characteristics of urethane, like elasticity and water repellency, remains in the PU. Dry PU externally resembles leather. Wet PU, on the other hand, resembles all the properties of leather.

VI nhựa PU mềm da tổng hợp được làm bằng cách dùng nhựa PU phủ lên vải, sau đó ngâm vải vào dung dịch DMF(Dimethyl Formamide). Vì đặc tính của urethane được duy trì nên tính đàn hồi tốt và tính chống thấm vượt trội. Nếu nhựa PU cứng là vật mà chỉ bề ngoài được làm tương tự như da thì nhựa PU mềm là vật mà làm cho thuộc tính của toàn bộ vải tương tự như da.

IN PU(poliuretan) tipe basah kulit sintetis yang dibuat dengan melapisi kain dengan resin poliuretan dan mencelupkan kain ke dalam larutan DMF (Dimethyl Formamide). Fungsionalitas dari uretan seperti elastisitas dan ketahanannya akan air tetap bertahan pada kulit sintetis ini. Jika PU yang kering hanya bagian luarnya saja yang mirip dengan kulit, PU yang basah seluruh bagiannya dibuat menyerupai kulit.

CH **湿式聚氨酯, 湿式PU** 在面料上做聚氨酯树脂的涂层处理后把面料浸入二甲基甲酰胺(DMF)溶液后制成的合成皮革。保留聚氨酯的特点，弹性好防水性强。如果说干式聚氨酯只是模仿皮革的外表制成的话，湿式聚氨酯则是面料物性整体模仿皮革制成。

실크 프린트 silk print

제판을 이용한 인쇄 방식. 천을 고정한 뒤 인쇄하지 않을 부분에 종이나 아교, 고무액을 입혀 잉크가 통과하지 못하도록 하고 잉크를 부어 롤러로 밀어 막히지 않은 부분에 잉크를 통과시키면서 인쇄한다. 잉크가 많이 묻기 때문에 색이 선명하다.

동 실크 스크린 프린트 (silk screen print)

EN silk print, silk screen print a method of printing with a printing plate. The fabric is fixed under a screen and a piece of paper, glue, or rubber coat is placed on parts of the fabric that should not come into contact with the ink. This blocks the ink from passing through and onto the fabric. Then, the ink is spread across the screen using a roller to transfer the ink onto the parts that are not blocked off. A sufficient amount of ink is transferred onto the fabric, which makes the colors vivid and clear.

VI in lụa phương thức in sử dụng bản in. Sau khi cố định vải, phủ giấy, keo dán hoặc nhựa cao su lên những phần chưa được in khiến cho mực không lọt qua được. Sau đó rót mực và đẩy bằng trục lăn để cho mực chảy xuống những phần không bị chặn rồi in ra. Mực dính nhiều nên màu sắc đậm và rõ nét hơn.

IN sutra cetak, sutra skrin sablon metode mencetak pola yang diinginkan dengan menggunakan cetakan plat. Prosesnya selembar kertas, lem, atau lapisan karet ditempatkan pada bagian kain yang tidak boleh dicetak untuk menghalangi tinta agar tidak bersentuhan dengan kain. Langkah selanjutnya tinta diaplikasikan di layar menggunakan roller untuk menyebarkan tintanya ke bagian-bagian yang tidak diblokir. Jika warnanya terlihat nyata dan jelas, hal itu disebabkan karena banyaknya tinta yang menyerap ke dalam kain.

CH 丝印 利用制版的印刷方式。先把布固定后，把不印刷的部分用纸、胶或橡胶液挡住使墨水不能通过，再倒上墨水并用滚筒推压，使墨水通过没有盖住的部分进行印刷。因墨水粘得很多，所以颜色深且鲜艳。

아세테이트 섬유 acetate 纖維

목재, 펄프 같은 천연 고분자 물질을 화학 약품으로 분해한 뒤 셀룰로스 초산 유도체로 서로 엉겨 붙게 하여 만든 반합성 섬유. 면에 비해 가볍고 수분을 적게 흡수하며 부드럽다. 광택과 감촉이 실크와 비슷하고 탄력성과 보온성이 좋으나 열에 약하다.

☞ 415쪽, 원단(패브릭)의 종류

EN acetate fiber a semi-synthetic fiber made by decomposing natural polymers, such as wood and pulp, into chemicals and coagulating it with cellulose acetic acid derivatives. It is lighter, less moisture absorbent, and softer than cotton. The gloss and texture are similar to those of silk. It has good resilience and insulation, but it is vulnerable to heat.

VI sợi acetate sợi bán tổng hợp được làm bằng cách vón cục rồi dán lại bằng chất dẫn xuất cellulose acetate sau khi phân giải chất cao phân tử thiên nhiên như gỗ, bột giấy bằng hóa chất. Nhẹ và thấm nước ít hơn so với cotton nên mềm mại. Độ bóng và cảm giác tương tự như lụa, tính đàn hồi và tính giữ nhiệt tốt nhưng chịu nhiệt kém.

IN serat asetat serat semi sintetis yang dibuat dengan cara membusukkan polimer alami seperti kayu dan pulp menjadi bahan kimia dan menggumpalkannya dengan turunan asam asetat selulosa. Serat ini lebih ringan, kurang menyerap kelembaban, dan lebih lembut daripada kapas. Tekstur dan permukaan mengkilapnya mirip dengan sutera, meskipun memiliki daya tahan yang kuat namun lemah terhadap panas.

CH 醋酸纤维 用化学药品把木材、纸浆等天然高分子物质分解后，用纤维素醋酸衍生物相互凝结制作的半合成纤维。比棉轻，吸水性差且柔软。光泽与触感与丝绸相似，弹性和保暖性好但不耐热。

아크릴 섬유 acryl纖維

아크릴로나이트릴의 중합체를 녹여 실을 뽑은 합성 섬유를 통틀어 이르는 말. 가볍고 부드러우며 보온성이 좋아 울 대용으로 사용한다.

☞ 415쪽, 원단(패브릭)의 종류

EN acrylic fiber a general term for synthetic fibers made by dissolving acrylonitrile polymers. It is used as a substitute for wool because it is light, soft, and thermal.

VI sợi Acrylic tên gọi chung của sợi tổng hợp bằng cách làm tan chảy chất trùng hợp của acrylonitrile rồi kéo thành sợi. Nhẹ và mềm mại, tính giữ nhiệt tốt nên được dùng thay thế cho len.

IN serat akrilik istilah umum untuk serat sintetis yang dibuat dengan melarutkan polimer akrilonitril. Serat ini digunakan sebagai pengganti wol karena ringan, lembut dan juga hangat.

CH 合成纤维, 树脂亚克力 使丙烯腈的聚合物融化制成线的合成纤维的统称。轻薄柔软，保温性好，可以代替羊毛使用。

아크릴 코팅 acryl coating

원단(패브릭)의 올이 풀리지 않도록 아크릴을 묽게 만들어 원단 뒷면

(시타지)을 코팅하는 일.

EN acrylic coating to dilute acrylic paint and to apply it on the backside of a fabric to prevent the fabric plies from unraveling.

VI phủ Acrylic việc làm loãng Acrylic rồi phủ lên mặt sau của vải để cho sợi vải không bị bung ra.

IN pelapisan akrilik proses mencairkan akrilik dan mengaplikasikannya di bagian belakang kain untuk mencegah wol pada kain agar tidak longgar.

CH 涂层处理 防止面料开线，把亚克力稀释后涂在面料背面做涂层处理的工艺。

안료 顔料

색채가 있고 물이나 기름에 녹지 않는 미세한 분말. 첨가제와 함께 물이나 기름, 잉크, 고무, 플라스틱 따위에 섞어서 사용한다.

EN pigment a fine powder with color that is not soluble in neither water nor oil. It is used by mixing additives with water, oil, ink, rubber, and plastic.

VI bột màu bột rất nhỏ, có màu sắc và không tan trong nước hoặc dầu. Trộn cùng với chất phụ gia vào nước, dầu, mực, cao su hoặc nhựa để dùng.

IN zat pewarna serbuk halus dengan warna dan tidak larut dalam air atau minyak. Serbuk ini harus dicampur dengan air, minyak, tinta, karet, plastik dan aditif saat akan digunakan.

CH 顔料 有颜色且不溶于水或油的细小粉末。与添加剂一起混合在水、油、墨水、橡胶或塑料中使用。

 관 안료 프린트

안료 프린트 顔料print

원단(패브릭)의 겉면에 안료를 올려서 프린트하는 방식. 색이 원단 깊숙이 침투되지 않으며, 접착제를 이용하여 색을 고착시킨 뒤 제거하지 않으므로 접착제의 성질에 따라 원단의 물성이 변한다.

관 안료

EN pigment printing a method of printing by placing pigments on the surface of a fabric. The colors do not penetrate the fabric, so the colors are fixed using adhesives. The adhesives remain on the fabric and alter the physical properties of the fabric.

VI in bột màu phương pháp in bằng cách đặt bột màu lên bề mặt vải. Màu không thấm sâu vào bên trong vải, vì không loại bỏ sau khi dính chặt màu bằng keo dính nên thuộc tính của vải thay đổi tùy theo tính chất của keo dính.

IN cetakan zat warna metode pencetakan dengan menempatkan pewarna pada permukaan luar kain. Warnanya tidak dapat menembus kain terlalu dalam, sehingga harus menggunakan lem untuk mengaplikasikan warna pada kain, namun jika tidak dibersihkan maka fisik kain akan berubah tergantung pada jenis lemnya.

CH 颜料印花 把颜料放在面料表面上印刷的方式。颜色不会渗透渗透到面料深层，利用粘合剂固定颜色后不再去掉，所以根据粘合剂的不同面料的物性也会改变。

염료 染料

물에 녹여 옷감이나 종이에 침투시켜 물들이는 데 사용하는 물질.

EN dye a substance that dissolves in water, penetrates and adds color to a cloth or paper.

VI thuốc nhuộm vật chất sử dụng khi nhuộm màu bằng cách làm tan chảy trong nước rồi ngâm vào vải hoặc giấy.

IN bahan pencelup zat yang digunakan untuk menambahkan warna dengan melarutkannya dalam air sehingga dapat diserap oleh kain atau kertas.

CH 染料 溶于水的，将布料或纸浸入染色时用的物质。

관 염료 프린트

염료 프린트 染料print

원단(패브릭)에 염료를 침투시켜 무늬를 찍는 방식. 염료에 풀을 섞어 무늬를 찍은 뒤 깨끗이 빨아서 풀을 완전히 제거하여 건조하므로 원단의 물성이 변하지 않으며, 견뢰도가 높다.

동 본염 프린트(本染print)
관 염료

EN dye printing to print out patterns by penetrating the dye into a fabric.

The process is carried out by mixing glue into the dye, printing out the pattern, washing out the glue completely, and drying the fabric. It dyes the fabric without changing its properties, like the color fastness.

VI in thuốc nhuộm phương pháp in hoa văn bằng cách ngâm thuốc nhuộm màu vào vải. Trộn hồ dán vào thuốc nhuộm rồi in hoa văn, sau đó rửa sạch sẽ để loại bỏ hoàn toàn hồ dán rồi sấy khô nên thuộc tính của vải không thay đổi, tính bền màu cao.

IN cetakan pencelup metode print yang diambil dengan mengpenetrasi kain. Bahan pencelup dicampur dengan rumput kemudian polanya diambil. Agar sifat fisik kain tidak berubah dan memiliki daya kering yang tinggi maka kanji yang tersisa harus dicuci bersih dengan air.

CH 印刷, 织物印花 使染料渗透面料印出纹路的方式。在染料里添加胶水印刷纹路后, 因为通过彻底洗净把胶水完全去除再干燥处理, 所以面料材料的物性不会变, 坚牢度提高。

옥스퍼드 oxford

굵고 두꺼운 실로 짠 평직물. 두껍고 질기기 때문에 쉽게 처지지 않는다.

☞ 415쪽, 원단(패브릭)의 종류

EN oxford a plain weave made with thick threads. It does not easily sag because it is thick and tough.

VI vải oxford vải dệt trơn được dệt bằng sợi chỉ to và dày. Vì dày và dai nên không dễ bị giãn ra.

IN oxford kain polos yang ditenun dengan benang tebal. Kain ini tidak mudah kendur karena bahannya yang tebal dan berkualitas kuat.

CH 牛津 用粗实的线织成的平纹织物。因其厚重结实, 所以不易变形。

울 wool

양이나 낙타류의 털을 깎아 만든, 곱슬한 섬유. 보온성과 흡습성이 강하며, 모직물의 원료가 된다.

☞ 415쪽, 원단(패브릭)의 종류

EN wool a curly fiber obtained from the furs of a sheep or a camel. It is thermal and moisture absorbent. Wool is the raw material of woolen fabrics.

VI len sợi xoắn được làm từ lông cừu hoặc lạc đà được cắt. Có tính giữ nhiệt và tính hút ẩm mạnh, trở thành nguyên liệu của hàng len.

IN wol serat yang terbuat dari bulu domba atau unta. Seratnya keriting, hangat dan juga memiliki kemampuan menyerap air sehingga menjadi bahan baku untuk wol.

CH 羊毛 剪下羊或驼类的毛制成的弯曲的纤维。保温性和吸湿性强。是毛织物的原料。

워싱 washing

원단(패브릭)을 물에 빨아서 의도적으로 바래 보이도록 하는 일.

EN washing to intentionally fade the color of a fabric by washing the fabric in water.

VI giặt việc giặt vải trong nước cho đến khi đạt được màu theo ý định.

IN pencucian proses memudarkan warna kain secara sengaja dengan mencuci kain di dalam air.

CH 漂白, 水洗 面料水洗后，特意制作出褪色效果的工艺。

동 색 바램 가공
(———加工),
워셔 가공
(washer加工)

권 바이오 워싱,
샌드 워싱,
스톤 워싱

원단 原緞

제품의 재료가 되는 천.

EN fabric a cloth that becomes the raw material of a product.

VI vải vải trở thành nguyên liệu của sản phẩm.

IN kain kain yang menjadi bahan baku sebuah produk.

CH 面料, 胚布 用作产品材料的布。

동 패브릭(fabric)

☞ 415쪽. 원단(패브릭)의
종류

인터로크 interlock

폴리에스테르로 짠 얇은 니트 조직. 가격이 저렴하여 배킹 원단으로 많이 사용한다.

EN interlock a thin knitted fabric woven with polyester. It is often used as a backing fabric due to its low cost.

VI vải interlock 벌 dệt kim mỏng được dệt bằng Polyester. Giá rẻ nên được dùng nhiều như vải mặt sau.

IN interlock, kain rajut tipis kain rajutan tipis yang ditenun dengan poliester. Karena harganya yang murah, biasa digunakan untuk kain untuk lapisan belakang.

CH 贴底 用聚酯纤维织成的薄的织物组织。价格低廉多作为贴在材料背面的面料使用。

자카르 Jacquard

불규칙하거나 복잡하게 무늬를 짜 만든 직물.

☞ 415쪽, 원단(패브릭)의 종류

※ 자카르(jacquard)는 프랑스에서 온 말로 '자카드, 자가드'로 잘못 사용하고 있으나 외래어 표기법에 맞추어 '자카르'로 표기해야 한다.

EN jacquard a woven fabric with irregular and complex patterns.

關 선염 자카르

VI vải dệt hoa văn vải dệt được dệt với hoa văn không theo quy tắc hoặc phức tạp.

IN jacquard kain tenun dengan pola yang tidak teratur atau kompleks.

CH 提花布 用不规则或复杂的纹路编织成的织物。

전사 프린트 轉寫print

원단(패브릭)에 판박이하여 무늬를 찍는 방식. 포일과 같은 필름에 1차로 무늬를 찍은 뒤 이를 원단 위에 올려 고열과 고압으로 필름의 무늬를 원단에 옮긴다.

EN transfer printing a method of printing by printing a pattern onto a foil or a film, placing the foil or film onto a fabric, and transferring the printed pattern onto the fabric by applying high temperature and pressure.

VI in sao chép phương pháp in hoa văn lên vải bằng cách làm bảng in mẫu. In hoa văn lần thứ nhất vào tấm màng giống như nhũ, sau đó đặt nó lên trên vải rồi chuyển hoa văn của tấm màng lên vải bằng nhiệt độ cao và áp suất cao.

IN cetak transfer, transfer printing metode pencetakan dengan mencetak pola ke dalam foil atau film terlebih dahulu, kemudian mentransfer pola

cetakan ke kain dengan menempatkan foil atau film tadi pada kain dengan cara ditekan menggunakan suhu yang tinggi.

CH 电子印刷 在面料上用刻板印刷出纹路的方式。在金属箔等薄膜上先压出纹路，再把箔纸放在面料上，通过高温和高压把薄膜的纹路转移到面料上。

정전기 방지 가공 正電氣防止加工

원단(패브릭)을 코팅하여 정전기의 발생을 방지하는 일. 정전기 때문에 제품에 먼지 따위가 들러붙는 것을 막는다.

EN anti-static finishing a coat applied on a fabric to prevent static. It prevents the static charge from attracting dust onto the product.

VI vải chống tĩnh điện việc phủ lên vải để phòng ngừa phát sinh tĩnh điện. Vì tĩnh điện nên ngăn việc bụi bám vào sản phẩm.

IN anti-static finishing proses melapisi pelindung pada kain untuk mencegah adanya muatan listrik statis. Proses ini mencegah debu agar tidak menempel pada produk karena adanya listrik statis.

CH 防静电加工 在面料表层做涂层处理以防止静电现象的工艺。能避免因静电因素导致吸附灰尘。

동 대전 방지 가공 (帶電防止加工)
관 방오 가공

직물 織物

씨실과 날실을 직기에 걸어 짠 원단(패브릭).

EN woven fabric a fabric that was made by hanging and weaving weft and warp threads on a loom.

VI vải dệt vải dệt bằng cách mắc sợi ngang và sợi dọc vào máy dệt rồi dệt.

IN kain tenun kain yang dibuat dengan menggantung dan menenun benang pakan dan benang lungsin pada alat tenun.

CH 纺织品 把经线和纬线缠在织机上织出的面料。

☞ 415쪽, 원단(패브릭)의 종류

캐시미어 cashmere

산양의 털로 짠 고급 모직물. 부드럽고 윤기가 있으며 보온성이 좋다.

EN cashmere a fine soft wool made from the furs of a goat. It is smooth, shiny, and thermal.

VI len cashmere hàng len cao cấp được dệt bằng lông của sơn dương. Mềm mại và có nét sáng bóng, tính giữ nhiệt tốt.

IN kasmir wol halus yang terbuat dari bulu kambing gunung. Bahannya lembut dan mengkilap dan juga memiliki daya kehangatan yang baik.

CH 羊绒 用山羊的毛织成的高级毛织物。柔软又有润泽，保温性好。

☞ 415쪽, 원단(패브릭)의 종류

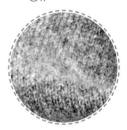

캐시밀론 cashmilon

아크릴로나이트릴을 주원료로 하는 아크릴 계통의 합성 섬유로 만든 솜. 가볍고 울처럼 촉감이 부드러우며, 보온성과 탄력성이 좋아 퀼팅을 할 때 충전재로 많이 사용한다.

☞ 415쪽, 원단(패브릭)의 종류

EN cashmilon an acrylic-based cotton made from synthetic fibers that uses acrylonitrile as its main ingredient. It is often used as a filling in quilting because it is smooth, light, thermal, and resilient like wool.

VI casimilon bông được làm bằng sợi tổng hợp của hệ thống Acrylic làm bằng nguyên liệu chính là Acrylonitrile. Nhẹ, có cảm giác mềm mại như len, có tính giữ nhiệt và tính đàn hồi tốt nên được sử dụng nhiều như là chất liệu xung điện khi may chần.

IN kasmilon kapas berbasik akrilik yang terbuat dari serat sintetis yang menggunakan akrilonitril sebagai bahan utamanya. Kapas ini banyak digunakan sebagai bahan pengisi pada proses quilting karena bahannya yang ringan dan juga halus seperti wol, selain itu kapas ini juga memiliki tingkat kehangatan dan elastisitas yang baik.

CH 丝绵 以丙烯腈为主原料的一种亚克力系列的合成纤维制成的棉花。轻，跟羊毛一样触感柔软，保温性和弹性强，一般常用于刺绣填充物使用。

캔버스 canvas

굵은 실을 평직으로 짠 직물. 에코백을 만들 때 주로 사용한다.

EN canvas a plain weave made with thick threads. It is mainly used to make eco-bags.

VI vải bố vải dệt trơn với sợi chỉ dày. Chủ yếu được dùng để làm túi sinh thái.

IN kanvas kain tenun polos yang dibuat dengan benang tebal. Sering digunakan untuk membuat eco bag.

CH 帆布 用粗线平织法织成的织物，常用于制作环保购物袋。

통 캔버스 천(canvas-)

☞ 415쪽, 원단(패브릭)의 종류

캘린더 피브이시 calender PVC(polyvinyl chloride)

미세한 가루의 피브이시(PVC) 원료를 반죽한 뒤 롤러 사이를 통과시켜 만든 판 모양의 피브이시. 캘린더는 여러 개의 가열 롤러를 배열한 압연 기계이다.

EN calender polyvinyl chloride(PVC) a PVC board made by kneading fine powdered PVC and passing it through a calender. A calender is a machine with multiple heated rollers.

VI nhựa không mùi dạng rắn PVC dạng tấm được tạo thành bằng cách nhào nặn bột PVC nhỏ xíu, sau đó cho chạy qua giữa con lăn hình trụ. Calender là máy cán bố trí nhiều con lăn gia nhiệt.

IN calendar PVC(polivinil klorida) papan PVC yang dibuat dengan menguleni bubuk halus PVC dan melewatinya melalui rol silinder. Kalender PVC ini adalah mesin bergulir dimana beberapa rol pemanas dapat diatur.

CH 压延PVC片材 把细小粉状的PVC原料搅拌后通过圆筒滚轮之间制作的平板形PVC材料。压延机是安装有数个滚轮的压延机器。

코듀로이 corduroy

섬유 털의 길이를 다르게 하여 골이 지게 짠 파일 직물.

EN corduroy a pile weave that was woven with piles of various lengths.

VI vải nhung kẻ, vải corduroy vải được dệt thành khung từ những sợi lông có chiều dài khác nhau.

IN korduroi, beludru berlapis kain yang ditenun menggunakan serat bulu dengan pengaturan panjang yang berbeda beda.

☞ 415쪽, 원단(패브릭)의 종류

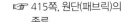
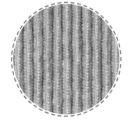

CH 灯芯绒 纤维绒的长度不等形成绒条的绒头织物。

트윌 twill

사선 모양으로 짠 직물을 통틀어 이르는 말. 데님, 드릴, 개버딘 따위가 있다.

EN twill weave a general term for diagonally woven fabrics (e.g. denim, drill, and gabardine).

VI vải dệt chéo là tên gọi chung của vải dệt được dệt với hình dạng chéo. Có các loại như vải denim, vải dệt đan, vải sợi cotton được dệt chặt.

IN tenunan twill, kepar istilah umum untuk kain tenun yang berserat diagonal. Denim, bor, dan gabardin termasuk dalam kategori ini.

CH 斜纹布 斜线形状编织的织物的总称，有牛仔布、斜纹布、华达呢等。

통 사선 무늬 직물
(斜線――斜線),
능직(綾織)

☞ 415쪽, 원단(패브릭)의
종류

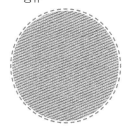

파유 faille

실크나 인조 섬유의 필라멘트사로 짠 가로 골이 있는 평직물. 촉감이 산뜻하고 부드러워 드레스나 블라우스 같은 여성복이나 핸드백의 안감(우라)으로 주로 사용한다.

EN faille a horizontally ribbed plain weave that was woven with filament threads made of silk or synthetic fibers. It is mainly used as a lining for handbags and women's clothing, like dresses and blouses, due to its softness.

VI vải sợi vải dệt trơn có khung theo chiều ngang được đan bằng sợi nhỏ của lụa hoặc sợi nhân tạo. Cảm giác dễ chịu và mềm mại nên chủ yếu được sử dụng để làm trang phục nữ như váy hoặc áo sơ mi nữ hoặc làm lót của túi xách.

IN faille tenunan polos dengan pola horizontal yang ditenun dengan benang filamen dari serat sutra atau serat buatan manusia. Bahannya lembut dan halus, biasanya digunakan sebagai lapisan untuk pakaian wanita seperti gaun dan blouse juga untuk lapisan tas tangan.

CH 罗缎 用真丝或人造纤维的复丝纱织成的横向纹路的平织物。触感清爽柔软，常用作裙子、上衣等女装或包的里布。

☞ 415쪽, 원단(패브릭)의
종류

잘못 알고 있어요 파유(faille)는 평직물이고 파일직(pile織)은 겉면에 섬유 털을 심은 직물을 통틀어 이르는 말로 가리키는 대상이 서로 다르다. 그런데 '파유(faille)'를 '파일(file)'로 잘못 발음하고 이것이 굳어지면서 파유를 파일직이라고 잘못 사용하고 있다. 이 둘은 완전히 다른 대상을 가리키는 것이므로 반드시 구분하여 사용해야 한다.

Misconception of 'faille' a faille is a plain weave and a pile weave is a general term for a fabric with planted piles on the surface. 'Faille' is often mispronounced and misused as 'pile.' The two words refer to completely different objects and must be properly distinguished.

- -

이렇게 달라요 Differences between the items

파유 faille
실크나 인조 섬유의 필라멘트사로 짠 가로 골이 있는 평직물.
a horizontally ribbed plain weave that was woven with filament threads made of silk or synthetic fibers.

파일직 pile weave
원단(패브릭)의 겉면에 섬유 털을 심은 직물을 통틀어 이르는 말.
a general term for a fabric with planted piles on the surface.

파일직 pile織

원단(패브릭)의 겉면에 섬유 털을 심은 직물을 통틀어 이르는 말. 벨벳, 벨루어, 코듀로이, 융단 따위가 있다.

EN pile weave a general term for a fabric with planted piles on the surface (e.g. velvet, velour, corduroy, carpet).

VI vải pile tên gọi chung của những loại vải dệt cấy sợi lông ở bề mặt của

동 첨모 직물(添毛織物), 파일 직물(pile織物)

☞ 415쪽, 원단(패브릭)의 종류

vải. Có các loại như vải nhung, vải giống ni, vải nhung kẻ, thảm.

IN tenunan pile jenis kain dengan serat rambut yang ditanam pada permukaan kain. Karpet, corduroy, beludru, dan velour termasuk dalam kategori ini.

CH 起绒布 面料表面种植纤维毛的织物的通称。有天鹅绒、丝绒、灯芯绒、绒毯 等。

페이즐리 문양 paisley文樣

깃털이 휘어진 문양과 비슷한, 작고 굽은 구슬 모양의 무늬.

EN paisley pattern a small curved pattern that resembles a curled feather or a curved teardrop.

VI họa tiết pajully hoa văn như hình của giọt nước cong và nhỏ, giống hình dáng của chiếc lông chim uốn cong.

IN pola paisley pola berbentuk manik kecil dan juga melengkung yang mirip dengan pola melengkung pada bulu.

CH 佩斯利花纹 与弯曲的羽毛图案相似的、有着微小弯曲和旋涡的花纹。

페이턴트 피유 patent PU(polyurethane)

겉면에 투명한 합성수지를 씌워서 광을 내 만든 폴리우레탄 합성 가죽.

EN patent polyurethane(PU) a polyurethane synthetic leather made with a glossy coat of synthetic resin on the surface.

VI PU chống thấm da tổng hợp PU được làm bằng cách phủ nhựa tổng hợp trong suốt lên bề mặt rồi đánh bóng.

IN patent PU(poliuretan) kulit sintetis poliuretan dengan resin sintetis transparan yang menutupi bagian permukaannya.

CH 光胶聚氨酯, 光胶PU, 镜面PU 表面涂有透明的合成树脂做出光泽的聚氨酯合成皮革。

동 에나멜(enamel), 풀업 폴리우레탄 (pull up polyurethane)

펠트 felt

양털이나 그 밖의 짐승의 털을 적당히 배열하여 습기, 열, 압력을 주어 만든 두께감이 있는 부직포. 울 대용으로 사용한다.

☞ 415쪽, 원단(패브릭)의 종류

EN felt a non-woven fabric made by arranging, moisturizing, heating, and pressing wool or fur of another animal. It is often used as a substitute for wool.

VI dạ, ni loại vải không dệt có độ dày được làm bằng cách sắp xếp lông cừu hoặc lông của những con thú khác một cách hợp lý rồi tác động độ ẩm, nhiệt, áp suất. Được sử dụng thay thế cho len.

IN lakan, felt kain non tenun yang tingkat ketebalannya dibuat dengan mengatur wol atau bulu dari binatang lain yang sesuai dengan memberikan kelembapan, panas dan juga tekanan. Digunakan sebagai pengganti wol.

CH 毛织布, 毛毡 把羊毛或其它兽毛适当排列，通过加湿、加热、加压制成的有厚度的无纺布。可代替羊毛使用。

펠트는 이렇게 유래되었어요 펠트는 그리스어의 '결합시키다'라는 뜻의 '풀젠(fulzen)'에서 유래된 말로, '양털이나 그 밖의 짐승의 털을 적당히 배열하여 습기, 열, 압력을 주어 만든 두께감이 있는 부직포(不織布, non woven fabric).'라는 뜻풀이에서도 알 수 있듯이 직물 이전의 천을 의미한다. 펠트는 그 유래가 매우 오래되었고 양모가 풍부한 아시아의 초원 지대에 사는 유목민 사이에서 시작된 것으로 추정되며, 구약성서에 나오는 '노아의 방주' 안에 깔았던 양털이 함께 지냈던 가축들의 온기와 마찰 때문에 펠트로 변했다는 설, 순례를 떠난 수도사가 발의 통증을 막기 위해 샌들에 양털을 끼우고 목적지에 도착해 확인했더니 압축되어 변모된 모섬유가 펠트라는 설, 이외에도 나라나 학자에 따라 기원이나 정의가 다양하다. 유럽에서는 18세기 중엽 기계를 이용하여 정교한 펠트를 생산할 수 있게 되었고, 오늘날에는 의류나 깔개뿐만 아니라 다양한 곳에 보강재(신)로도 널리 이용하고 있다.

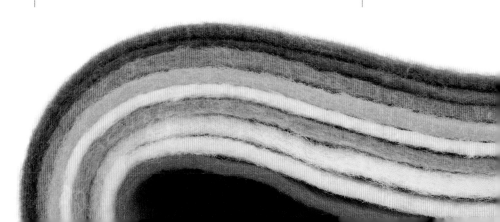

Origin of 'felt' 'Felt' derives from the word 'fulzen,' which means 'to unite' in Greek. As it is made obvious by its definition, 'a non-woven fabric made by arranging, moisturizing, heating, and pressing wool or fur of another animal,' felts are primarily defined as a cloth and secondarily defined as a fabric. The origin and definition of felt differs by country and by scholar. There is the theory that felt is believed to have originated among nomads living in Asia's very old and wool-rich grasslands; the theory that fleece turned into felt because of the warmth and friction of the livestock in Noah's Ark from the Old Testament; and the theory that a monk who left his pilgrimage put fleece on his sandals to prevent the pain in his feet and identified that the compressed fiber was felt at his destination. In Europe, it became possible to produce felt using the mid-18th century machines. Today, it is widely used as a reinforcing material in various areas as well as clothing and rugs.

평직 平織

씨실과 날실을 한 올씩 교차하여 짠 직물을 통틀어 이르는 말. 광목, 모시 따위가 있다.

EN plain weave a general term for a fabric made with a plain weave, which is a style of weave in which the weft thread crosses over and under the warp thread (e.g. cotton fabric, ramie fabric).

VI vải dệt trơn tên gọi chung của những loại vải dệt được dệt bằng cách cho sợi ngang và sợi dọc giao nhau theo từng sợi. Có các loại như vải cotton khổ rộng, vải gai.

IN tenunan polos jenis kain yang dibuat dengan tenunan polos. Kain katun dan kain rami termasuk dalam kategori ini.

CH 平纹织物, 平纹布 经线与纬线各一根交叉编织的织物，有棉布、苎麻布等。

동 플레인 조직(plain組織)
☞ 415쪽, 원단(패브릭)의 종류

풀업 피유 pull up PU(polyurethane)

꺾거나 당겼을 때 색이 밝게 보이도록 만든 폴리우레탄 합성 가죽.

EN pull up polyurethane(PU) a polyurethane synthetic leather that looks

동 풀업 폴리우레탄 (pull up polyurethane)

brighter when bent or pulled.

VI da PU da tổng hợp PU trở nên sáng hơn khi kéo ra hay gập vào.

IN pull up PU(poliuretan) kulit sintetis poliuretan yang warnanya terlihat lebih cerah saat dilipat atau ditarik.

CH 变色皮革, 普拉普革 弯折或拉伸时颜色能变亮的聚氨酯合成皮革。

피유 코팅 PU(polyurethane) coating

원단(패브릭)의 올이 풀리지 않도록 폴리우레탄을 이용하여 원단 뒷면 (시타지)을 코팅하는 일. 아크릴 코팅보다 비싸다.

동 폴리우레탄 코팅 (polyurethane coating)

EN polyurethane(PU) coating to coat the backside of a fabric with polyurethane to prevent the plies of fabric from unraveling. It is more expensive than acrylic coating.

VI phủ PU việc phủ mặt sau của vải bằng cách sử dụng PU sao cho sợi vải không bị giãn. Đắt hơn so với phủ Acrylic.

IN pelapisan PU(poliuretan), PU coating proses melapisi bagian belakang kain menggunakan poliuretan untuk mencegah kain agar tidak longgar. Proses pelapisan ini lebih mahal dibandingkan pelapisan menggunakan akrilik.

CH 聚氨酯涂层, PU涂层 为避免面料上的线条散开，利用聚氨酯在面料 背面涂层的工艺，比亚克力涂层贵。

하이 파일 high pile

원단(패브릭) 겉면에 심은 섬유 털의 길이가 긴 직물.

EN high pile weave a woven fabric with long piles planted on the surface.

VI vải có lông dài vải dệt có sợi lông dài cấy ở mặt ngoài của vải.

IN high pile jenis kain yang memiliki naps panjang di bagian permukaan kainnya.

CH 拉毛织物 面料表面上种的纤维绒较长的织物。

헤링본 herringbone

청어 뼈 모양과 같은 'V' 자 모양이 물결처럼 연속된 무늬.

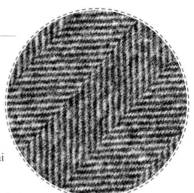

EN herringbone pattern a pattern that resembles the bones of a fish, such as a herring.

VI họa tiết xương cá trích hoa văn hình chữ V giống như hình xương cá trích tiếp nối liên tục như làn sóng.

IN pola herringbone pola berbentuk 'V' yang menyerupai bentuk tulang ikan.

CH 人字印 类似鲱鱼骨状的V字型像波浪一样的连续排列的花纹。

원단(패브릭)의 종류 Types of fabric

1 만드는 방법에 따라 by the method of the weave

① 직물(織物) woven fabric

- 평직(平織) plain weave
  씨실과 날실을 한 올씩 엇바꾸어 짠 원단. 질기고 실용적이다. 면, 옥스퍼드, 캔버스 등.
  a fabric woven by alternating the weft and warp threads. It is commonly used due to its toughness and practicality. cotton, oxford, canvas.

- 트윌(능직, 綾織) twill weave
  씨실과 날실을 둘이나 그 이상으로 건너뛰어 무늬가 비스듬한 방향으로 도드라지게 짠 원단. 개버딘, 데님, 드릴 등.
  a fabric obliquely woven by interlacing two or more weft threads with two or more warp threads. gabardine, denim, drill.

- 새틴(수자직, 繻子織) satin weave
  씨실과 날실을 서로 얽혀 짜지 않고 일정하게 몇 올을 떼어서 짠 천. 표면이 매끄럽고 윤이 난다.
  a fabric woven by interlacing the weft and warp threads, but with the weft thread floating over the warp thread and vice versa at fixed intervals. The surface is smooth and glossy.

- 파일직(pile織) pile weave
  한쪽 또는 양쪽에 파일이 있는 원단. 벨루어, 벨벳, 코듀로이, 융단 등.
  a fabric with pile on one side or both sides. velour, velvet, corduroy, carpet.

- 문직(紋織) brocade
  여러 가지 직기로 문양을 제직한 직물. 도비, 자카르 등.

a fabric with patterns that was woven using various looms.

② 니트(편물, 編物) knitted fabric
실로 뜨개질한 것처럼 짠 원단. 레이스, 인터로크 등.
a fabric woven like a knit. lace, interlock.

③ 부직포(不織布) non-woven fabric
직기로 짜지 않고 섬유를 적당히 배열한 뒤 접합한 시트 모양의 천. 펠트 등.
a non-woven sheet-like fabric with fibers that were arranged and bonded instead of woven on a loom. felt.

2 원료에 따라 by the raw material

① 견직물(絹織物) silk fabric
명주실로 짠 원단.
a fabric woven with silk threads.

② 모직물(毛織物) woolen fabric
털실로 짠 것. 울, 캐시미어 등.
a fabric woven with wool. wool, cashmere.

③ 마직물(麻織物) hemp fabric
삼실이나 아마실 따위로 짠 원단.
a fabric woven with hemp threads or linen threads.

④ 면직물(綿織物) cotton fabric
목화솜으로 만든 실로 짠 원단.
a fabric woven with threads made of cotton.

⑤ 합성 섬유(合成纖維) synthetic fiber
석유, 석탄, 천연가스 따위를 원료로 하여 화학적으로 합성한 섬유. 나일론, 아세테이트, 아크릴 섬유, 캐시밀론 등.
a chemically synthesized fiber made using oil, coal, and natural gas as its raw material. nylon, acetate, acrylic fiber, cashmilon.

장식 Hardware

가락지 장식 ---裝飾

가방에 손잡이(핸들)를 연결하거나 고정해 주는 금속 장식.

EN loop hardware a metal hardware that connects and holds the body of the bag and the handle together.

VI nhẫn trang trí vật trang trí kim loại giúp kết nối hoặc cố định quai xách trên túi xách.

IN cincin aksesoris, cincin dekorasi hiasan logam yang menghubungkan bagian handle dengan body tas.

CH 拱桥, 金属戒指扣 将手把连接在包身或固定住的金属五金。

가락지 핀 ---pin

가락지의 양쪽 끝 이음 부분을 고정해 주는 핀. 스테이플러 심과 모양이 같다.

EN loop fixing pin a pin that fixes the ends of a ring. It is in the shape of a stapler pin.

VI kim bấm nhẫn ghim bằng kim loại giúp cố định phần nối cuối hai đầu nhẫn. Hình dạng giống kim bấm.

IN pin lingkaran pin yang berfungsi untuk mengunci kedua ujung cincin. Bentuknya sama seperti stapler.

CH 销钉 在戒指扣两端末尾相连处起固定作用的钉。与订书钉形状相似。

가락지 핀
loop fixing pin

가시발

장식의 아랫부분에 뾰족하게 나온 발. 일반적으로 2~4개가 달려 있으며, 장식이 가죽이나 원단(패브릭)에 잘 고정되도록 도와준다. 주로 콩찌나 지퍼 막음쇠(지퍼 도메) 따위의 아랫부분에 달려 있다.

EN prong, claw the pointy feet or claws on the bottom-side of a hardware. Generally, there are 2~4 prongs on a hardware that helps the hardware latch onto a leather or fabric. It is often on the bottom-side of a stud or a zipper stopper.

VI đinh tán gai chân nhọn ở phía dưới của đồ trang trí. Thông thường gắn 2~4 cái, giúp cho đồ trang trí cố định vào da hoặc vải. Chủ yếu gắn vào phần dưới của nút stud hoặc chặn đầu kéo kim loại.

IN rivet pengunci hiasan kecil pada bagian bawah tas. Biasanya ada 2~4 buah, fungsinya untuk membantu memperkuat hiasan pada kulit atau bahan. Rivet jenis ini biasanya terletak di bagian bawah stopper risleting.

CH 尖牙 五金上部突出的尖锐牙齿。一般有2~4个，在皮革或面料上固定五金使用。主要安装在爪钉或拉链头尾钉的下方。

개고리

가방에 부속품을 자유자재로 탈착할 수 있도록 해 주는 고리 모양의 장식. 주로 어깨끈(숄더 스트랩)을 가방에 연결할 때 사용한다.

동 도그 리시(dog leash), 도그 클립(dog clip)

EN dog clip, dog hook, dog leash a hardware in the shape of a hook that can freely attach and detach itself from a bag. It is mainly used to connect a shoulder strap onto a bag.

VI móc chó là một cái móc có thể gập mở dễ dàng vào túi. Chủ yếu sử dụng khi kết nối quai đeo với túi xách.

IN dog leash pengait yang dapat dengan bebas ditempel dan dilepas dari tas. Digunakan untuk menghubungkan tali bahu ke tas.

CH 钩扣 使配件能自如地从包上装卸的钩形五金。主要用于背带与包的连接。

건식 도금 乾式鍍金

용액을 사용하지 않고 금속막을 입히는 일. 용융 도금, 이온 도금, 진공 도금 따위가 있다.

관 습식 도금, 용융 도금, 이온 도금, 진공 도금

EN dry-plating to apply a layer of metal coat without using a solution (e.g. hot-dip galvanizing, vacuum plating, ion plating).

VI mạ khô việc phủ lớp màng kim loại mà không sử dụng dung dịch. Có các loại như mạ nung chảy, mạ ion, mạ chân không.

IN pelapisan kering melapisi sebuah film logam tanpa menggunakan pelarut kimia. Contoh hot dip galvanizing, pelapisan vakum, dan pelapisan ion.

CH 干式电镀 不使用溶液镀金属膜的工艺。有熔融电镀、离子电镀、真空电镀等。

걸이식 전기 도금 ––式電氣鍍金

여러 개의 금속 장식을 특정한 구조의 걸이에 걸어 놓고 전기 분해 원리로 금속의 표면에 얇은 금속막을 입히는 일. 사람의 손이 많이 가지만 금속에 손상을 주지 않고 도금할 수 있으며, 고르고 뛰어난 광택을 얻을 수 있다.

관 배럴식 전기 도금

EN rack plating to coat a metal hardware with a layer of another metal by using the principles of electrolysis. Several metal hardwares are hung on a rack and electroplated at once. Although it is a lot of work, the coat can be applied evenly with an outstanding gloss and without damaging the metal hardware.

VI mạ điện vòng đeo việc treo nhiều vật trang trí kim loại vào phần móc có cấu tạo đặc biệt rồi phủ một màng kim loại mỏng lên bề mặt kim loại bằng nguyên lý điện phân. Dù người sử dụng có dùng nhiều thì cũng không gây tổn hại cho kim loại và có thể mạ được, có thể tạo được sự bóng láng đều và nổi trội.

IN pelapisan rak pelapisan aksesoris logam dengan logam lain, menggunakan prinsip elektrolisis. Beberapa hiasan logam digantung di rak dan dilapisi sekaligus. Metode pelapisan ini membutuhkan banyak proses, tetapi dapat menghasilkan pelapisan yang halus dan merata tanpa merusak hiasan logam.

CH 挂镀, 挂电 将多个金属五金挂在特定结构的挂具上，利用电子分离原理，在五金表面上附着金属膜的工艺。虽然历经多道手工工艺，但不会损伤金属且能顺利进行镀金工序，还能使五金获得均匀又出色的光泽度。

고무 장식 ––裝飾

고무로 만든 장식.

☞ 457쪽, 장식의 종류

EN rubber hardware a hardware made of rubber.

VI vật trang trí cao su vật trang trí làm bằng cao su.

IN hiasan karet hiasan yang terbuat dari karet.

CH 橡胶五金 用橡胶制成的五金装饰。

구리도금 --鍍金

도금 공정의 첫 번째 단계로, 금속의 표면에 붉은빛의 구리층을 입히는 일. 시안화(cyaan化) 구리를 입히는 청화동 단계와 황산구리를 입히는 유산동 단계로 나뉜다. 도금한 뒤 표면이 매끄러워지고 다음 단계의 도금을 할 때 밀착성이 좋아진다.

동 동도금(銅鍍金)
관 유산동 도금,
   청화동 도금,
   하지 도금

☞ 460쪽, 도금 공정

EN copper plating to coat a layer of reddish copper on a metal hardware as the first step of the plating process. The process is divided into the copper cyanide plating process and the copper sulfate plating process. The surface becomes smoother and the adhesiveness enhances after the plating process.

VI mạ đồng việc phủ một lớp đồng ánh màu đỏ lên bề mặt kim loại, đây là bước đầu tiên trong công đoạn mạ. Được chia thành giai đoạn đồng được phủ xi-a-nua và giai đoạn phủ lớp đồng sunfat. Sau khi mạ, bề mặt trở nên bóng láng và khi mạ ở giai đoạn sau thì độ bám dính cũng trở nên tốt hơn.

IN pelapisan tembaga melapisi lapisan tembaga pada hiasan logam, sebagai tahap pertama dari proses pelapisan hiasan logam. Proses ini terdiri atas pelapisan tembaga sianida dan pelapisan tembaga sulfat. Setelah melalui proses ini permukaan logam akan menjadi lebih halus dan kekuatan rekat dengan cat akan menjadi lebih baik.

CH 铜电镀 电镀过程中的第一阶段，在金属表面上的附着红色铜层的工艺。分为镀氢化铜阶段和镀硫酸铜的阶段。电镀后表面变得光滑，下一阶段电镀时附着力会更好。

금도금 金鍍金

목적 도금의 하나로, 금속의 표면에 얇은 금층을 입히는 일. 금 함유량에 따른 노란빛의 차이로 9k, 12k, 14k, 18k, 24k 등으로 분류된다. 실제 금은 비싸므로 금속의 표면에 구리나 아연 따위를 입혀 금 효과를 낸다.

관 목적 도금

EN gold plating a final plating process in which a thin layer of gold is coated on the surface of a metal object. The shade of gold varies by the purity level - 9k, 12k, 14k, 18k, 24k. Copper or zinc can be used in place of gold to replicate the appearance of gold due to the costliness of gold.

VI mạ vàng việc phủ lớp vàng mỏng lên bề mặt kim loại, đây là một kiểu xi mạ trang trí. Do sự khác biệt của ánh vàng tùy theo hàm lượng vàng mà phân loại thành vàng 9k, 12k, 14k, 18k, 24k. Trong thực tế vì vàng đắt nên phủ đồng hoặc kẽm lên bề mặt của kim loại để tạo hiệu ứng mạ vàng.

IN pelapisan emas melapisi lapisan emas tipis pada logam. Proses ini adalah salah satu proses akhir. Gradasi warna keemasan dibagi menjadi 9k, 12k, 14k, 24k. Tembaga dan besi dapat digunakan sebagai dasar pelapisan emas untuk mengurangi biaya emas yang terlalu mahal.

CH 电镀金 目标电镀的一种，在金属表面附着薄的金层工艺，根据黄金含量不同形成的黄色的色差分成 9K、12K、14K、18K、24K等。但实际上因为金价较贵，所以在金属表面镀铜或锌来做出金的效果。

금속 장식 金屬裝飾

금속으로 만든 장식.

EN metal hardware a hardware made of metal.

VI vật trang trí kim loại vật trang trí được làm bằng kim loại.

IN hiasan logam, barang besi hiasan yang terbuat dari logam.

CH 金属五金, 金属装饰 用金属制成的五金装饰。

통 금속 부자재
(金屬副資材),
메탈 장식
(metal裝飾)

☞ 457쪽, 장식의 종류

금속 지퍼 풀러 金屬zipper puller

금속으로 만든, 지퍼의 손잡이.

EN metal zipper puller a zipper puller made of metal.

VI tép đầu kéo kim loại tép đầu kéo, được làm bằng kim loại.

IN logam penarik pegangan risleting yang terbuat dari logam.

CH 金属拉链拉片, 金属拉链拉牌, 金属拉链拉手 金属制作的拉链拉头。

통 메탈 지퍼 풀러
(metal zipper puller),
메탈 풀러(metal puller)

깎음 가공 --加工

금속을 깎아서 원하는 모양의 장식을 만드는 일.

EN lathe carving, spun carving to carve metal and manufacture a hardware in the desired shape.

VI chạm thủ công việc cắt gọt kim loại và làm thành vật trang trí có hình dạng mong muốn.

IN mesin ukir bubut untuk mengukir logam dan menciptakan bentuk hiasan logam yang diinginkan.

CH 车床 把金属切割成需要的形状的五金的工艺。

동 로쿠로(ろくろ[轆轤]), 절삭 가공(切削加工)

깎음 리벳 --rivet

몸통이 봉 모양인 금속의 옆면을 깎아서 만든 리벳. 금속을 눕히고 회전시킨 상태에서 칼을 금속의 옆면에 대고 연필을 깎듯이 금속을 깎아 만든다.

EN spun carved rivet, lathe rivet a rivet made by carving the sides of a cylindrical metal piece using a spinning lathe. The blade rests on the side of the metal piece, which is positioned and spun horizontally. The metal piece is carved like the way a pencil is sharpened.

VI đinh tán nhọn đinh tán được làm bằng cách cắt gọt mặt bên của kim loại có dạng thỏi. Đặt kim loại nằm ngang rồi đặt dao lên mặt bên cạnh của kim loại ở trạng thái làm thay đổi hướng và gọt kim loại giống như kiểu gọt bút chì.

IN rivet ukir bubut rivet keling yang dibuat dengan mengukir sisi sebuah silinder tembaga menggunakan mesin bubut berputar. Saat silinder logam berputar pisau mendekati sisi logam silinder dan memulai memotong ke samping seolah sedang meraut pensil.

CH 铜撞钉, 铆钉 削切柱形金属的侧面制作的铆钉。在金属弯折并旋转的状态下把刀放在侧面像削铅笔一样切割金属的侧面。

동 깎음 버섯못, 로쿠로 리벳 (ろくろ[轆轤]rivet)

☞ 459쪽, 장식 공정

나무 장식 --裝飾

나무로 만든 장식.

EN wooden hardware a hardware made of wood.

동 우드 장식(wood裝飾)

☞ 457쪽, 장식의 종류

VI vật trang trí gỗ vật trang trí được làm bằng gỗ.

IN hiasan kayu hiasan yang terbuat dari kayu.

CH 木头五金, 木质装饰 用木头制作的装饰。

니켈 도금 nickel鍍金

하지 도금의 하나로, 구리도금(동도금)을 한 뒤 금속의 표면에 은백색
의 니켈층을 입히는 일.

EN nickel plating a base plating process in which a layer of silvery white
nickel is coated on the surface of a copper plated metal.

VI mạ niken là một kiểu mạ nền, phủ một lớp niken màu trắng bạc lên bề
mặt kim loại sau khi đã mạ đồng.

IN pelapisan nikel jenis dasar pelapisan dengan melapisi lapisan nikel
putih keperakan pada lapisan luar sebuah logam tembaga.

CH 镀镍 打底电镀的一种，电完铜后金属表面上附着银白色镍层的工艺。

로듐 도금, 무광 도금,
크롬 도금, 하지 도금

☞ 460쪽, 도금 공정

다이 캐스팅 die casting

주로 아연과 같은 금속을 녹인 뒤 압력을 이용하여 거푸집에 주입하고
원하는 형태로 굳히는 일.

EN die casting to shape metal, often zinc, into the desired shape by
melting and pouring molten metal into a mold cavity under high pressure.

VI đúc việc làm tan chảy kim loại giống như kẽm rồi sử dụng áp suất đổ
vào khuôn, sau đó làm cho cứng lại thành hình mong muốn.

IN pengecoran cetakan untuk membentuk logam menjadi bentuk yang
diinginkan dengan cara mencairkan dan menuangkan logam cair di bawah
tekanan tinggi ke dalam rongga cetakan.

CH 压铸加工 一般是将锌等金属融化，利用压力注入磨具，按所需形状
凝固成型的工艺。

주조 가공
(鑄造加工),
캐스팅(casting),
캐스팅 금형
(casting金型)

☞ 459쪽, 장식 공정

단조 가공 鍛造加工

특정 도구나 기계로 금속을 두들기거나 눌러서 원하는 모양으로 찍어

내는 일. 소량 생산을 할 때 이용하는 방법이다.

EN drop forging to hammer or press a metal object into the desired shape with a special tool or a machine. It is a method used when manufacturing products in small quantities.

VI gia công rèn việc gõ mạnh hoặc ép kim loại bằng máy hoặc công cụ đặc biệt để in thành hình dạng mong muốn. Đây là phương pháp tiến hành khi sản xuất số lượng ít.

IN penempaan proses pembentukan logam menjadi bentuk yang diinginkan dengan menggunakan gaya tekan dan pemukulan secara berulang-ulang.

CH 锻造加工 利用特定的工具或机械，通过加压或敲打金属使其按所需形状成型的工艺。是少量生产时使用的方法。

동 프레스 가공
(press加工)
☞ 459쪽, 장식 공정

도금 鍍金

금속이나 비금속 물질의 표면에 금속을 얇게 입히는 일. 내식성, 내마모성 따위를 높여 품질을 향상하고, 다양한 색깔과 광택을 표현하기 위하여 진행한다. 흡착 원리에 따라 습식 도금과 건식 도금으로 나뉘며, 종류, 소재, 목적 따위에 따라 용융 도금, 이온 도금, 전기 도금, 진공 도금, 화학 도금 따위로 나뉜다.

EN plating to apply a layer of metal coat over a metal or a non-metal object. It enhances the quality of the object by enhancing its corrosive and wear resistant properties. It also adds color and gloss to the object. By the principles of absorption, plating methods are categorized into the wet-plating method and the dry-plating method. Plating can be categorized according to the type, material, and purpose of plating (e.g. hot-dip galvanizing, ion plating, electroplating, vacuum plating, chemical plating).

VI mạ việc phủ một lớp mỏng kim loại lên bề mặt kim loại hoặc vật không phải là kim loại. Tiến hành để nâng cao tính chống ăn mòn, tính chịu mài mòn và nâng cao chất lượng sản phẩm, để biểu hiện màu sắc đa dạng và sự bóng láng. Tùy theo nguyên lý hấp thụ được chia thành mạ ướt và mạ khô. Tùy theo chủng loại, nguyên liệu, mục đích thì chia thành mạ nung chảy, mạ ion, mạ điện, mạ chân không, mạ hóa học.

IN plating, pelapisan proses melapisi lapisan luar sebuah logam dari logam jenis lain, agar lebih tahan terhadap korosi dan memberikan

☞ 460쪽, 도금 공정
☞ 459쪽, 장식 공정

berbagai macam warna. Berdasarkan prinsip penyerapan atau absorbsi pelapisan terdiri atas pelapisan kering dan pelapisan basah. Pelapisan juga dapat dikategorikan berdasarkan jenis, bahan dan tujuan pelapisan. Contoh hot dip galvanizing, pelapisan vakum, pelapisan ion, dan pelapisan kimia.

CH 电镀 在金属或非金属物质的表面附着薄的金属层的工艺。目的是提高耐蚀性、耐磨性，并能表现多样的色彩和光泽。根据吸附原理分为湿式电镀和干式电镀，根据电镀的种类、材料、目的可分为熔融电镀、离子电镀、普通电镀、真空电镀、化学电镀等。

도료 塗料

장식의 표면에 칠하여 장식이 부식되는 것을 막고 아름다워 보이게 해 주는 재료. 바니시(varnish), 페인트, 옻 따위가 있다.

EN paint a material that is painted on the surface of a hardware to embellish the hardware and to prevent the hardware from corroding (e.g. varnish, paint, lacquer).

VI sơn nguyên liệu quét vào bề mặt của đồ trang trí giúp ngăn đồ trang trí không bị gi sét và giúp đồ trang trí trông đẹp hơn. Có các loại như véc ni, sơn, sơn dầu.

IN cat material yang digunakan untuk mewarnai permukaan sebuah benda untuk mencegahnya berkarat dan membuatnya terlihat cantik.

CH 涂料 涂在物体表面防止物体腐蚀，并起到美观效果的材料。有清漆、油漆、漆等。

들치기록 ---lock

돌출되어 있는 잠금 부분을 덮개(후타)의 구멍 부분에 끼운 뒤 돌출된 판을 아래로 굽혀서 잠그는 방식의 잠금 장치.

EN flip lock a locking device that locks by placing a flat metal bar that protrudes through a hole on the flap of a product and bending it downwards to lock it.

VI khóa bật thiết bị khóa với phương thức khóa như sau: sau khi lắp phần khóa bị lồi ra vào phần lỗ của nắp thì nhấn và khóa lại.

IN pengunci flip alat pengunci yang mengunci dengan cara menekuk bar

logam datar yang menonjol setelah ditempatkan melalui lubang lipatan
pada suatu produk.

CH 合页锁 使凸起的锁头部分穿过盖头的孔位后，向下弯折凸起的锁头
进行关闭的装置。

딥 코팅 dip coating

망사 보자기에 코팅할 장식을 적당량 넣고 코팅액에 담가 장식에 막을
입히는 일.

통 담금식 코팅
(――式coating)

☞ 460쪽, 도금 공정

EN dip coating to coat hardwares by placing them in a mesh cloth and
dipping them into a tub of coating solution.

VI phủ nhún cho một lượng vật trang trí phù hợp phủ lên tấm lưới vải bọc
rồi ngâm vào dung dịch phủ và phủ lớp màng lên vật trang trí.

IN dip coating proses melapisi benda dengan menempatkannya pada
kain mesh dan mencelupkannya ke dalam cairan coating.

CH 浸渍涂层 把适量的五金放入网纱包袱内，浸入涂层液在产品上附着
薄膜的过程。

라운드 프레임 round frame

가방 입구(구치)의 외형을 잡아 주는 반원 모양의 프레임. 두 개가 한
세트로 앞판과 뒤판 입구 테두리에 각각 부착하며, 가방을 활짝 열었을
때 두 개의 틀이 원 모양을 이룬다.

EN round frame a semicircle frame that shapes the opening of a bag. Two
round frames, which complete a set, are placed on the top edges of the front
panel and the back panel of a bag. The two frames form a circle when the
bag is fully opened.

VI khung tròn khung hình bán nguyệt tạo ra hình dáng bên ngoài của
miệng túi. Hai cái tạo thành một bộ, dán từng cái vào nẹp miệng của thân
trước và thân sau, khi mở túi rộng hết cỡ thì hai khung sẽ tạo thành hình
tròn.

IN bingkai melingkar bingkai setengah lingkaran yang membentuk
bagian pembuka tas. Dua bingkai bulat yang ada di tepi atas panel depan
dan panel belakang membuat satu set. Dua bingkai membentuk lingkaran

saat tas dibuka.

CH 弧形铁夹 固定包口外形的半圆形框。两个一套，在前后板上部周围各自补贴，包敞开时，两个框成为圆形。

러버 캐스팅 rubber casting

금속을 녹여 고무로 만든 거푸집에 부은 뒤 원하는 형태로 굳히는 일. 다이 캐스팅보다 제작비가 저렴하지만 품질이 많이 떨어져 주로 샘플을 만들 때 이용하는 방법이다.

동 고무틀 주조 가공 (−−−鑄造加工)

EN rubber casting to melt metal, pour it in a rubber mold, and solidify it into the desired shape. The production cost is cheaper than die casting, but it is often only used to make samples due to its low quality.

VI đúc cao su việc làm tan chảy kim loại rồi đổ vào khuôn được làm bằng cao su, sau đó làm cho cứng lại thành hình mong muốn. So với đúc khuôn thì chi phí sản xuất rẻ hơn nhưng chất lượng thấp hơn nhiều nên là phương pháp chủ yếu được dùng để làm mẫu.

IN pencetakan karet untuk melelehkan logam, menempatkannya ke dalam cetakan yang terbuat dari karet, dan membentuknya ke dalam bentuk yang diinginkan. Biaya produksi lebih murah dibandingkan pencetakan logam, namun karena kualitasnya lebih rendah, sering kali digunakan untuk membuat sampel.

CH 橡胶铸造 金属熔化后，铸入橡胶制成的模具里，使其凝固成所需形态的工序。比起压铸加工，制造费用虽然相对低廉，但品质较差，一般用于样品制作。

레진 resin

유기 화합물의 합성으로 만들어진 수지 모양의 고분자 화합물을 통틀어 이르는 말.

동 합성수지(合成樹脂)

EN synthetic resin, resin a general term for high molecular compounds similar to natural resins made by synthesizing organic compounds.

VI nhựa thông tên gọi chung của hợp chất cao phân tử ở dạng nhựa được chế tạo bằng thành phần hợp chất hữu cơ.

IN resin sintesis senyawa molekul tinggi yang mirip dengan resin alami yang dibuat oleh senyawa sintesis organik.

CH 树脂 有机化学物合成制成的树脂形状的高分子化学物的统称。

로고 logo

둘 이상의 문자를 짜 맞추어 특별하게 디자인한 모양. 보통 회사나 상품의 이름을 이용하여 디자인한다.

EN logo a unique design made with two or more letters, like a company name or a product label.

VI logo hình dạng được thiết kế đặc biệt bằng việc đan khớp hai chữ trở lên với nhau. Thông thường sử dụng tên của công ty hoặc sản phẩm để thiết kế.

IN logo desain khusus yang dibuat dengan dua atau lebih huruf, seperti nama perusahaan atau label produk.

CH logo, 商标 用两个字母以上组合并设计出的特别的形状。多见于公司的名称或产品的名称。

통 로고타이프(logotype)
☞ 457쪽, 장식의 종류

로듐 도금 rhodium鍍金

하지 도금의 하나로, 금속의 표면에 은백색의 로듐층을 입히는 일. 니켈에서 인체에 유해한 물질이 나온다는 것이 알려진 뒤로는 니켈 도금을 대체하였다. 니켈 도금보다 부식에 강하며, 액세서리 제작에 많이 사용한다. 실제 백금은 비싸므로 로듐층을 입혀 백금 효과를 낸다.

EN rhodium plating a base plating process in which a layer of white gold colored rhodium is coated on the surface of a metal object. Rhodium began substituting nickel when it was discovered that nickel was harmful to the human body. It is often used to plate metal objects like accessories because of its strong corrosive resistance, which is stronger than the corrosive resistance of a nickel plated object. Rhodium can be used in place of white gold to replicate the appearance of white gold due to the costliness of white gold.

VI mạ rhodium là một kiểu mạ nền, phủ một lớp rhodium có màu trắng

통 백금 도금(白金鍍金)
관 니켈 도금,
　　하지 도금

☞ 460쪽, 도금 공정

bạc lên bề mặt kim loại. Sau khi biết rằng vật chất có hại cho cơ thể con người có từ niken thì người ta sử dụng mạ rhodium thay thế cho mạ niken. So với mạ niken thì khả năng chống ăn mòn mạnh hơn và được dùng nhiều để sản xuất đồ trang sức. Trong thực tế vì bạch kim đắt nên người ta phủ lớp rhodium lên để tăng hiệu quả bạch kim.

IN pelapisan rhodium proses pelapisan dasar yaitu melapisi lapisan emas putih berwarna rhodium pada permukaan logam. Daya tahan terhadap korosi lebih kuat dibandingkan pelapisan nikel, oleh karena itu pelapisan jenis ini lebih sering digunakan untuk proses pelapisan benda-benda logam seperti aksesoris.

CH 白钢电镀, 镀铑层 打底电镀的一种，在金属表面上附着白金色铑层的工艺。在认识到镍对人体有害之后替代了镀镍工艺。比镀镍的耐腐蚀性强，一般用于首饰制作。实际上白金价位较高，通常用镀铑层来表现白金的效果。

로즈 골드 도금 rose gold鍍金

목적 도금의 하나로, 구릿빛과 은은하고 엷은 금빛 광채가 혼합된 듯한 색깔의 금층을 입히는 일.

관 목적 도금

EN rose gold plating a final plating process in which a coppery gold colored layer is coated on the surface of a metal object.

VI mạ vàng hồng là một kiểu xi mạ trang trí, phủ một lớp vàng có màu được phối hợp màu từ màu nâu đỏ của đồng và màu vàng nhạt sáng chói của vàng.

IN pelapisan rose gold jenis proses pelapisan dasar yaitu melapisi permukaan suatu logam dengan lapisan tembaga yang berwarna keemasan.

CH 玫瑰金电镀 目的电镀的一种，是做出混合铜色和隐隐的淡金色的电镀层的工艺。

록 lock

제품의 잠금 장치. 여는 방식에 따라 들치기 록과 빵빵이 록 따위가 있다.

EN lock a device for locking products (e.g. flip lock, turn lock).

VI thiết bị khóa thiết bị khóa của sản phẩm. Tùy theo phương thức mở,

동 잠금 장치(--裝置)

관 들치기 록, 빵빵이 록

☞ 457쪽, 장식의 종류

có khóa bật và khóa vặn.

IN gembok, kunci perangkat untuk mengunci produk. Contoh flip lock atau gembok lipat, turn lock atau gembok putar.

CH 锁 产品锁定装置，按开关方式分为合页锁和转锁等。

롤러 버클 roller buckle

어깨끈(숄더 스트랩) 따위의 길이를 조절할 때 금속 부분과의 마찰 때문에 가죽이 상하지 않도록 한쪽에 롤러를 단 버클.

EN roller buckle a buckle with a roller where the belt tip meets the buckle. The roller prevents friction burns to the leather when adjusting the length of an object like a shoulder strap.

VI khóa cài con lăn khóa cài mà lắp con lăn về một bên để cho da không bị hỏng do ma sát với phần kim loại khi điều chỉnh độ dài của quai đeo.

IN gesper putar sebuah gesper dengan pemutar yang berfungsi untuk mencegah kerusakan pada tali kulit, pada saat mengatur panjang pendek gesper.

CH 铜管针扣 在调节肩带长度时，因会与金属部件产生摩擦为了不损伤皮革而在一侧加了管筒的针扣。

롤러
roller

리벳 rivet

머리 부분이 둥글고 두툼한 버섯 모양의 장식. 두 개가 한 묶음이다. 깎음 리벳(로쿠로 리벳), 캐스팅 리벳, 티아르 리벳 따위가 있다.

EN rivet a mushroom-shaped hardware with a thick and rounded head (e.g. spun carved rivet, casted rivet, TR rivet). Two rivets complete a set.

VI đinh tán đồ trang trí hình dạng cây nấm có phần đầu tròn và dày. Hai cái làm thành một cặp, có các loại như đinh tán nhọn, đinh tán đúc, đinh tán hình ống tròn.

IN rivet, paku keling barang dekoratif, seperti pin logam, baut, yang memegang dua atau lebih kain atau kulit secara bersamaan.

CH 撞钉 顶部是圆形厚厚的蘑菇形状的五金。两个一组，有铜撞钉、压铸撞钉、开花钉等。

동 가시메(かしめ), 버섯못
관 깎음 리벳(로쿠로 리벳),
캐스팅 리벳,
티아르 리벳

☞ 457쪽, 장식의 종류

링 ring

한 부분이 뚫려 있는 금속 장식. 모양에 따라 디(D) 링, 오(O) 링, 사각 링, 타원 링 따위가 있다.

☞ 457쪽, 장식의 종류

EN ring a metal hardware with a hole. Rings are categorized by the shape of the hole (e.g. D-ring, O-ring, square ring, oval ring).

VI vòng vật trang trí kim loại mà có một phần bị đục lỗ. Tùy theo hình dạng, có vòng chữ D, vòng chữ O, vòng hình chữ nhật, vòng hình bầu dục.

IN cincin ornamen logam yang berlubang di bagian tengah. Dikategorikan sebagai cincin D, cincin O, cincin persegi panjang dan cincin oval.

CH 扣 部分钻孔的金属五金。根据形状分为D扣、O扣、方扣、椭圆扣等。

링 스냅 ring snap

암단추 가장자리의 볼록한 테두리와 내부의 홈 부분에 수단추가 들어가 걸려 채워지는 방식의 개폐 장치.

EN ring snap a device that has a pair of female and male counterparts that interlock when a part of the male counterpart is placed inside the convex edges and inner grooves of the female counterpart.

VI nút tròn thiết bị đóng mở theo phương thức nút dương đi vào rồi lắp đầy đường rãnh bên trong và đường viền lồi ra của mép nút âm.

IN kancing cincin sepasang perangkat yang memiliki bagian perempuan dan laki-laki yang dapat mengunci ketika dipasangkan dan ditekan.

CH 圆四合扣 每扣四周凸起，中间凹陷，凹陷部分可按入公扣的开关装置。

안수놈
internal male
snap fastener

겉수놈
external male
snap fastener

안암놈
internal female
snap fastener

겉암놈
external female
snap fastener

마그네틱 스냅 magnetic snap

자석을 이용한 방식의 개폐 장치.

동 자석 스냅(磁石snap)

EN magnetic snap a device that uses the magnetic force of two magnets for the opening and closing function of a product.

VI nút hít nam châm, nút từ tính, nút hít, cục hí thiết bị đóng mở theo phương thức sử dụng đá nam châm.

IN kancing magnet perangkat yang menggunakan gaya magnet dari dua sisi magnet untuk menutup bagian pembuka tas.

CH 磁铁四合扣, 磁力四合扣 使用磁铁制作的开关装置。

목적 도금 目的鍍金

도금 공정의 마지막 단계로, 장식에 원하는 색깔을 입히는 일. 금도금, 로즈 골드 도금, 브라스 도금(신추 도금), 새틴 도금, 은도금, 흑 니켈 도금 따위가 있다.

EN final plating the final step of the plating process in which a coat of the desired color is applied on a hardware (e.g. gold plating, rose gold plating, brass plating, satin plating, silver plating, black nickel plating).

VI xi mạ trang trí việc phủ màu sắc mong muốn lên vật trang trí, đây là giai đoạn cuối cùng của công đoạn mạ. Gồm có mạ vàng, mạ vàng hồng, mạ đồng thau, mạ satin, mạ bạc, mạ niken đen.

IN pelapisan akhir proses melapisi ornamen menjadi warna yang diinginkan sebagai langkah akhir dalam proses pelapisan.

CH 目的电镀 电镀工序的最后一步,给五金镀上需要的颜色进行装饰。有金电镀、玫瑰金电镀、铜电镀、扫电镀、镀银、镀黑镍等。

통 색상 도금

관 금도금, 로즈 골드 도금, 브라스 도금(신추 도금), 새틴 도금, 앤티크 가공, 은도금, 흑 니켈 도금

☞ 460쪽, 도금 공정

무광 도금 無光鍍金

니켈 도금 단계에서, 광택을 억제하는 용액으로 탁한 듯하면서 은은한 느낌의 광택을 주는 금속막을 입히는 일.

EN matt plating to coat a layer of gloss reducing solution to suppress the gloss and to give a dull and flat, but soft appearance on a metal object during the nickel plating process.

VI làm mờ trong giai đoạn mạ niken, phủ lớp màng kim loại tạo sự bóng láng có cảm giác vừa hơi đục vừa lờ mờ bằng dung dịch làm giảm sự bóng láng.

관 니켈 도금

☞ 460쪽, 도금 공정

IN pelapisan warna matte proses melapisi lapisan gloss untuk memberikan penampilan yang kusam tapi lembut pada ornamen logam selama proses pelapisan nikel.

CH 哑光电镀 在镀镍阶段，用抑制光泽的溶液做出光泽变暗并发出隐约光泽的镀层工艺。

바닥발 장식 –––裝飾

가방의 바닥판(소코)을 보호하기 위한 바닥발(소코발)로 사용하는 장식.

EN bottom feet a hardware that is used as the feet of a bag to protect the bottom side of the bag.

VI nút đáy đồ trang trí sử dụng như nút đáy để bảo vệ đáy túi.

IN hiasan kaki bawah komponen yang digunakan untuk kaki bawah.

CH 底围钉, 底钉五金 为保护包的底板作为底钉使用的五金。

통 소코발 장식
(そこ[底]–裝飾)

배럴식 barrel式

커다란 통 안에 여러 개의 장식을 넣고 돌려서 작업하는 방식. 장식에 도금을 할 때나 장식의 표면을 가는 작업을 할 때 이용하는 방식이다.

EN barrel method a method of placing and spinning several hardwares into a large cylindrical container to plate and buff the surface of hardwares.

VI phương pháp barrel phương thức làm việc bằng cách bỏ nhiều vật trang trí vào trong chiếc thùng lớn và quay. Là phương thức sử dụng khi mạ lên vật trang trí hoặc mài bề mặt của vật trang trí.

IN metode barrel metode menempatkan dan memutar beberapa ornamen ke dalam wadah silinder besar. Bisa digunakan untuk proses pelapisan maupun penggosokan.

CH 滚式, 溜式 把多个的装饰件放入大桶里滚动制作的工艺。是五金的镀金和抛光阶段都使用的工艺。

통 통돌이식(–––式)

배럴식 연마 barrel式研磨

마찰 원리를 이용한 기계 설비를 갖춘 커다란 통 안에 형체를 갖춘 장식들을 연마석들과 함께 넣고 통을 돌려서 장식의 표면을 갈아 내는 일.

EN tumble finishing, barrel finishing to sand the surface of a hardware by placing configured hardwares and grinding stones into a large barrel that spins and polishes the hardwares using the principles of friction.

VI mài kiểu barrel việc mài bề mặt của vật trang trí bằng cách bỏ những viên đá mài và những vật trang trí có hình dạng vào trong thùng lớn mang thiết bị máy sử dụng nguyên lý ma sát rồi cho quay thùng.

IN pemolesan tipe barrel proses untuk menghaluskan permukaan kasar pada hiasan dengan menempatkan hiasan yang dikonfigurasi dan menggiling batu di dalam wadah besar yang berputar untuk kemudian dipoleskan pada hiasan.

CH 滚筒抛光 把结构完整的五金和研磨石一起放入装有摩擦设备的大桶里，转动大桶打磨五金表面的工艺。

통 통돌이식 연마
(———式研磨)
관 버핑식 연마

배럴식 전기 도금 barrel式電氣鍍金

커다란 통 안에 여러 개의 장식을 넣고 돌려서 금속의 표면에 금속막을 입히는 일. 적은 인력으로 생산성을 크게 높일 수 있지만 걸이식 전기 도금에 비해 도금한 뒤 표면이 고르지 못하다.

EN barrel plating to apply a coat on hardwares with a layer of another metal by placing them into a large barrel and spinning it. Although, less labor is required and the productivity increases compared to the electroplating method, the coat is not as evenly distributed with the barrel plating method.

VI mạ điện kiểu barrel việc phủ lớp màng kim loại lên bề mặt kim loại bằng cách bỏ nhiều vật trang trí vào trong thùng lớn rồi quay. Tuy có thể nâng cao sản lượng với nhân lực ít nhưng so với kiểu mạ điện vòng đeo thì bề mặt sau khi mạ không được đều.

IN pelapisan menggunakan tong melapisi beberapa ornamen logam dengan lapisan logam lain dengan cara menempatkannya ke dalam tong besar yang berputar. Meskipun intensitas tenaga kerja menurun dan tingkat produksi meningkat dibandingkan dengan metode pelapisan secara elektrolisis, pelapisan yang dilakukan menggunakan tong ini tidak merata.

CH 滚电, 桶电镀 把数个五金放入大桶里滚动，使五金表面镀膜的工艺。可以以较少的人力投入极大地提高生产力，但不如挂镀的五金表面平整。

통 통돌이식 전기 도금
(———式電氣鍍金)
관 걸이식 전기 도금

버클 buckle

띠 따위를 죄어 고정하는 장치가 있는 장식. 버클에 부착된 버클 핀을
띠의 구멍에 끼워서 원하는 길이로 조절하여 고정한다.

EN buckle a hardware with a device for fastening belts and straps. It is
used to adjust the length of a belt or a strap by placing a buckle pin into a
buckle hole.

VI khóa cài vật trang trí có thiết bị siết chặt và cố định dây. Đưa chốt cài
khóa cài đã được gắn trên khóa cài vào lỗ của dây rồi điều chỉnh theo độ dài
mong muốn và cố định lại.

IN gesper hiasan dengan perangkat untuk mengencangkan
tali. Perangkat ini digunakan untuk mengatur panjang tali
dengan menempatkan pin gesper ke dalam lubang gesper
yang ada diujung tali.

CH 针扣 具有能调节并固定背带的装置的五金。利用针
扣上的针插入背带上的孔来调节所需要的长度并固定。

동 비조(びじょう[尾錠])
☞ 457쪽. 장식의 종류

버클 핀
buckle pin

버핑식 연마 buffing式研磨

강한 회전 운동을 하는 사포 원반에 장식물을 가져다 대서 장식의 표면
을 갈아 내는 일.

EN buffing to smoothen the surface of a hardware by sanding the
hardware with an orbital sander, which is a power tool that spins sandpaper
on a sanding disc.

VI mài bóng việc mài mặt ngoài của vật trang trí bằng cách đưa vật trang
trí tiếp xúc với đĩa nhám tròn đang quay mạnh.

IN penggosokan untuk menghaluskan permukaan hiasan dengan
membuat ornamen bersentuhan dengan orbital sander, yang merupakan
alat untuk memutar amplas pada disk pengamplasan.

CH 轮抛光 把五金件放到高速旋转的纱布圆盘上打磨表面的工艺。

동 사포 연마
(沙布研磨)
관 배럴식 연마

브라스 brass

황금빛을 띠는 구리와 아연의 합금. 가공하기 쉽고 잘 변색되지 않으

며, 전도성이 뛰어나서 장식용 자재로 적합하다.

EN brass an alloy of copper and zinc that has a golden color. It is often used to make hardwares because it is easy to manufacture, not easily discolored, and great for electrical conductivity.

VI đồng thau hợp kim giữa đồng và kẽm có sắc hoàng kim. Dễ gia công, bền màu, độ dẫn điện nổi trội, do đó thích hợp làm nguyên liệu cho đồ trang trí.

IN kuningan paduan tembaga dan seng yang memiliki warna emas. Sering digunakan untuk membuat ornamen karena mudah untuk diproduksi, tidak mudah berubah warna, dan cocok dengan konduktivitas listrik.

CH 铜 金黄色的铜锌合金。容易加工，不宜变色，传导性卓越，是适合作为五金的材料。

동 신추
(しんちゅう[真鍮]),
황동(黃銅)

브라스 도금 brass 鍍金

목적 도금의 하나로, 누런빛이 도는 구릿빛의 황동 고유의 색상을 입히는 일. 자연스럽고 거친 느낌이 난다.

EN brass plating a final plating process in which a brass colored coat is applied an object. It has a natural, but rough look.

VI mạ đồng thau việc phủ màu đồng thau đặc trưng của ánh đồng có màu vàng, đây là một trong những kiểu xi mạ trang trí. Nhìn tự nhiên và thô.

IN pelapisan kuningan proses menerapkan warna asli kuningan. Bahannya alami namun kasar.

CH 镀黄铜, 黄铜电镀 目的电镀的一种，镀黄铜色的工艺。可以表现自然粗犷的感觉。

동 신추 도금
(しんちゅう
[真鍮]鍍金),
황동 도금(黃銅鍍金)
관 목적 도금

뺑뺑이 록 ---lock

돌출되어 있는 잠금 부분을 덮개(후타)의 구멍 부분에 끼운 뒤 돌려서 잠그는 방식의 잠금 장식.

EN turn lock a locking device that locks by placing the protruding part of the lock through a hole on a flap and turning it.

VI khóa vặn thiết bị khóa với phương pháp khóa bằng cách lắp phần khóa bị lồi ra vào phần lỗ của nắp, sau đó quay rồi khóa lại.

IN gembok alat pengunci yang mengunci dengan menempatkan bagian yang menonjol dari kunci melalui lubang lipatan.

CH 转锁 把公面突出的部分放入盖头孔位后拧动关闭的锁定装置。

새틴 도금 satin 鍍金

목적 도금의 하나로, 니켈 도금을 한 뒤 반짝거리는 표면을 엷게 긁어 미세한 줄무늬를 만들고 은은한 광택을 내는 일.

EN satin plating a final plating process in which a light gloss and microscopic stripes are made on the shiny surface of a metal after the nickel plating process by scratching fine and thin lines onto the surface.

VI mạ satin là một trong những kiểu xi mạ trang trí, sau khi mạ niken, cào mỏng bề mặt lấp lánh rồi tạo ra hoa văn kẻ sọc cực nhỏ và sự bóng láng mờ nhạt.

IN pelapisan satin untuk membuat gloss cahaya dan garis-garis tipis pada permukaan mengkilap dari logam setelah proses pelapisan nikel dengan menggores garis-garis halus tipis agar terlihat ke permukaan. Proses ini adalah salah satu proses pelapisan akhir.

CH 扫电镀, 拉丝电镀 目的电镀的一种，镀镍后，将光亮的表面处理出细微的条纹发出淡淡的光泽的工艺。

관 목적 도금
☞ 460쪽, 도금 공정

수세 水洗

전기 도금의 공정 과정 중 하나로, 도금조에서 도금액이 묻어 있는 도금물을 꺼내 순수한 물에 씻어 내는 일. 니켈 도금, 유산동 도금, 청화동 도금 따위의 공정이 끝날 때마다 진행한다.

EN washing to retrieve a plated object from the plating solution and to rinse it in purified water as part of the manufacturing process during the electroplating process. It is a necessary step after the nickel plating process, copper sulfate plating process, and copper cyanide plating process.

VI rửa nước là một trong những quá trình của công đoạn mạ điện, lấy đối tượng mạ đang dính dung dịch mạ ra khỏi bể mạ và rửa trong nước thuần khiết. Được thực hiện mỗi khi các công đoạn như mạ niken, mạ sunfat

동 세척(洗滌)
☞ 460쪽, 도금 공정

đồng, mạ đồng kết thúc.

IN pembersihan untuk menarik objek berlapis dari larutan pelapisan dan membilasnya di air jernih sebagai bagian dari proses manufaktur dalam proses elektroplating. Langkah ini adalah langkah penting setelah proses pelapisan tembaga sianida, pelapisan tembaga sulfat, dan pelapisan nikel.

CH 水洗 普通电镀工艺中的一个步骤，把电镀槽里粘有电镀液的物品拿出放入纯净水里清洗的工艺。镍镀、镀硫酸铜、镀氢化铜等工艺收尾时都要进行水洗。

스냅 snap

수단추를 암단추에 눌러 맞추어 채우는 방식의 잠금 장치. 수단추는 겉수놈과 안수놈으로, 암단추는 겉암놈과 안암놈으로 이루어진다. 수단추와 암단추가 채워지는 방식에 따라 링 스냅, 스프링 스냅이 있으며, 자석을 이용한 마그네틱 스냅도 있다.

동 돗토(ドット[dot]),
똑딱이

EN snap fastener a locking device with an interlocking male and female counterpart. The male counterpart has a post in the center and the female counterpart has internal grooves. Snap fasteners are categorized into ring snaps and spring snaps according to the way it interlocks. There is also the magnetic snap, which uses magnets.

VI nút snap, snap thiết bị khóa với phương pháp ấn nút dương khớp vào lấp đầy nút âm. Nút dương được làm thành dương ngoài và dương trong, nút âm được làm thành âm ngoài và âm trong. Theo cách khóa nút dương và nút âm thì chia ra thành nút tròn, nút lò xo và có cả nút hít sử dụng nam châm.

IN pengikat kancing sebuah perangkat pengunci yang saling terkait antara counterpart laki-laki dan perempuan. Counterpart laki-laki memiliki bagian di pusatnya dan counterpart perempuan mempunyai alur internal. Pengikat kancing ini dikategorikan menjadi ring snap dan spring snap tergantung dari cara mengaitkannya.

CH 四合扣, 按扣 公扣与母扣对压后相互扣住的锁定装置。公扣分为外公扣和里公扣，母扣分为外母扣和里母扣。公扣与母扣组合方式不同分为圆四合扣与弹簧四合扣，也有使用磁铁的磁铁四合扣。

스프레이 코팅 spray coating

부식을 방지하기 위하여 에어건으로 장식의 표면에 수지를 뿌려서 막을 입히는 일.

☞ 460쪽, 도금 공정

EN spray coating to prevent corrosion by applying a layer of coat on the surface of a product with an air gun that sprays resin.

VI phun việc phủ lớp màng bằng cách dùng súng hơi phun nhựa lên bề mặt của đồ trang trí để phòng tránh gi sét.

IN penyemprotan lapisan proses menerapkan lapisan mantel pada produk dengan cara menyemprotkan resin dari produk yang menggunakan pendingin udara untuk mencegah korosi.

CH 喷叻架, 喷涂 为了防止腐蚀，利用空气管把树脂喷在五金表面做涂层的工艺。

스프링 스냅 spring snap

암단추 안쪽에 스프링이 있어 수단추를 끼워 넣으면 스프링 사이에 걸려 채워지는 방식의 잠금 장치.

EN spring snap a locking device that has a spring bolt inside the female counterpart, which the male counterpart locks itself into.

VI nút lò xo thiết bị khóa mà có lò xo bên trong nút âm, nếu gắn nút dương vào giữa lò xo thì nó tự khóa lại.

IN kancing pengait alat pengunci yang memiliki baut kancing pengait di bagian counterpart perempuan.

CH 弹簧四合扣 母扣内部装有弹簧，按入公扣后弹簧之间相互勾连，以此方式进行开关的锁定装置。

안암놈
internal female snap fastener

안수놈
internal male snap fastener

겉암놈
external female snap fastener

겉수놈
external male snap fastener

습식 도금 濕式鍍金

금속이 녹아 있는 이온 용액에 도금할 금속을 담가 표면에 금속막을 입히는 일. 전기 도금 따위가 있다.

☜ 건식 도금, 전기 도금

EN wet-plating to apply a layer of metal coat by dipping the metal object, which is to be plated, in a solution of metal ion (e.g. electroplating).

VI mạ ướt việc phủ một lớp màng kim loại lên bề mặt bằng cách ngâm kim loại sẽ mạ vào dung dịch ion mà kim loại đang tan chảy. Ví dụ như mạ điện.

IN pelapisan basah proses mencelupkan logam yang akan dilapisi ke dalam larutan ionik di mana logam dilarutkan untuk melapisi film logam yang ada di permukaannya. Disebut sebagai pelapisan secara elektrolisis.

CH 湿式电镀 把要电镀的金属放入融化有金属的离子融液中，在其表面附着金属膜的工艺。普通电镀即为此类。

아연 亞鉛

질이 무르고 광택이 나는 청색을 띤 흰색의 금속 원소. 금속의 산화를 방지하여 부식을 막아 주고 가벼워서 도금이나 장식을 할 때 많이 사용하며, 다이 캐스팅 가공, 프레스 가공에도 사용한다.

EN zinc a bluish silvery-white metal element that is glossy with soft qualities. It is often used in plating or to make hardwares because it is lightweight and it prevents corrosion by preventing oxidation. It is used in dye casting and press casting.

VI kẽm nguyên tố kim loại màu trắng có ánh xanh bóng láng và chất lượng mềm nhũn. Chống oxy hóa kim loại, giúp ngăn rỉ sét và nhẹ nên được dùng nhiều khi mạ hoặc làm đồ trang trí. Được dùng nhiều trong gia công đúc, gia công ép.

IN seng unsur logam kebiruan dan juga putih keperakan yang mengkilap dengan kualitas lembut. Sering digunakan dalam proses pelapisan atau pembuatan ornamen karena ringan dan dapat mencegah korosi dengan mencegah oksidasi. Digunakan pada pencetakan warna dan pencetakan tekan.

CH 锌 材质软，有光泽，发青白色的金属元素。可防止金属的氧化、抗腐蚀、质轻，常在电镀或五金上使用，也在压铸加工、冲压加工等使用。

아일릿 eyelet

가죽이나 원단(패브릭)에 구멍을 뚫었을 때 구멍의 가장자리를 감싸는 금속 장식. 두 개가 한 묶음이다.

EN eyelet a metal hardware that outlines the hole on a leather or fabric. Two eyelets complete a set.

VI eyelet vật trang trí kim loại bọc mép lỗ khi đục lỗ ở da hoặc vải. Hai cái thành một cặp.

IN lubang tali cincin logam yang membungkus bagian tepi lubang pada sepotong kulit atau kain. Dua lubang tali membentuk satu set.

CH 鸡眼扣, 金属扣眼, 眼孔 面料或真皮上冲孔后，把孔的边缘包住的五金。两个一组。

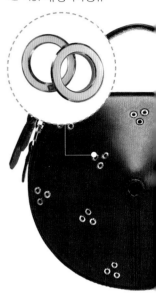

동 눈구멍 장식(———裝飾),
하도메((はどめ[歯止め]))

☞ 457쪽, 장식의 종류

알루미늄 aluminum

가볍고 부드러운 은백색의 쇠붙이. 인체에 무해하여 가정용 제품을 만들 때나 건축, 화학 분야 따위에서 널리 사용한다.

EN aluminum a silvery-white metal that is light and soft. It is often used to make household items and widely used in various fields, like architecture and chemistry, because it is harmless to the human body.

VI nhôm kim loại màu trắng bạc, nhẹ và mềm mại. Không có hại cho con người nên được sử dụng rộng rãi khi chế tạo đồ gia dụng hoặc dùng trong lĩnh vực kiến trúc, hóa học.

IN alumunium unsur logam ringan yang berwarna putih keperakan yang tidak berbahaya bagi tubuh manusia. Oleh karena itu sering digunakan untuk membuat barang-barang rumah tangga dan banyak digunakan di berbagai bidang seperti arsitektur dan kimia.

CH 铝 轻软的银白色的金属。对人体无害，所以在制作家用产品或建筑、化学等领域广泛使用。

앤티크 가공 antique加工

특정한 색상으로 도금을 한 뒤 그 위에 흑색을 씌워 연마석과 함께 배럴에 넣고 갈아 내는 일. 가공 뒤에는 표면에 산발적으로 검은색이 보이며 고전적인 느낌이 난다. 니켈 도금과 브라스 도금을 한 뒤에 진행하며 금도금을 한 뒤에는 진행할 수 없다.

동 앤티크 도금
(antique鍍金)
관 목적 도금

☞ 460쪽, 도금 공정

 antique plating to sand an object by placing and spinning it in a barrel with grinding stones after applying a layer of black colored coat on a plated metal of a particular color. The plated metal will sporadically have blackened areas after the process, which gives it a classic quintessence. This plating technique can be used after the nickel plating process and the brass plating process, but it cannot be used after the gold plating process.

VI gia công cổ điển việc mài một vật bằng cách đặt nó vào thùng và quay với đá mài sau khi mạ thành màu đặc biệt và phủ màu đen lên đó. Vật cần mạ sẽ xuất hiện những đốm đen tạo ra một tính chất cổ điển. Có thể tiến hành sau khi mạ niken và mạ đồng thau, không thể tiến hành sau khi mạ vàng.

IN pemolesan antik proses menggiling benda logam dengan menempatkan dan memutarnya di dalam tong menggunakan batu gerinda setelah menerapkan lapisan mantel berwarna coklat pada logam berlapis dari warna tertentu. Akan muncul bintik-bintik hitam pada logam setelah proses ini selesai. Teknik pemolesan ini dapat digunakan dalam proses pelapisan nikel dan proses pelapisan kuningan, tetapi tidak dapat digunakan dalam proses pelapisan emas.

CH 溜电处理, 仿古处理 以特定的颜色电镀之后，涂上黑色与研磨石一起放入滚筒里打磨的工艺。加工后可以看到零星的黑印，有仿古的效果。可以在镀镍和铜电镀上使用，但不能在金电镀上使用。

에폭시 epoxy

장식에 홈을 판 뒤 색이 있는 아크릴을 홈에 채워 넣는 일. 금속 장식에 다양한 색으로 포인트를 주어 꾸미기 위한 방법이다.

EN epoxy coating to make a groove in a hardware and to fill the groove with colored acrylic for decorative purposes.

VI nhựa epoxy việc tạo đường rãnh trên vật trang trí, sau đó lấp đầy đường rãnh bằng chất Acrylic có màu sắc. Đây là phương pháp để trang trí tạo điểm nhấn bằng màu sắc đa dạng lên vật trang trí kim loại.

IN coating epoksi proses membuat alur pada hiasan dan mengisi alurnya dengan akrilik yang berwarna. Proses ini adalah cara untuk menghias hiasan logam dengan berbagai warna.

CH 抹油 在五金上做槽位, 把有颜色的亚克力填充进去的工艺。是一种用颜色增加五金的装饰效果的方法。

연마 研磨

장식 가공의 한 단계로, 장식의 거친 표면을 매끄럽고 깨끗하게 갈아 내는 일. 배럴식 연마와 버핑식 연마가 있다.

EN polishing to smoothen and clean up the rough surfaces of a hardware (e.g. barrel method, buffing method).

VI đánh bóng việc mài cho bề mặt thô của vật trang trí trở nên bóng láng và sạch sẽ, đây là một công đoạn của gia công vật trang trí. Có hai cách đó là mài kiểu barrel và mài bóng.

IN pemolesan proses memperhalus dan membersihkan permukaan kasar hiasan dengan cara menggosok bagian permukaannya. Terdapat dua metode, metode barel dan metode buffing.

CH 磨光, 抛光 作为五金加工的一个步骤，把五金的粗糙表面打磨得光滑、干净的工艺。有滚筒抛光和轮抛光的方式。

관 배럴식 연마, 버핑식 연마

☞ 459쪽, 장식 공정

열쇠 지갑 고리 −−紙匣−−

열쇠 지갑(키 케이스) 안에 여러 개의 열쇠를 달 수 있도록 부착한 고리. 하나의 열쇠 지갑 안에는 여러 개의 고리가 달려 있다.

EN key case ring, key wallet ring the ring inside a key case for hanging keys. There are several key rings inside a key case.

VI móc gắn chìa khóa móc dán để có thể treo nhiều chìa khóa vào trong ví đựng chìa khóa. Trong một cái ví đựng chìa khóa có treo nhiều cái móc.

IN tempat kunci tempat kunci yang menempel di dalam dompet yang dapat digunakan untuk menggantungkan beberapa kunci di dalamnya. Dalam satu dompet biasanya terdapat banyak cincin.

CH 钥匙排 安装在钥匙包里的可挂多个的钥匙的钩环。一个钥匙包里有多个的钥匙钩。

동 키고리(key−−)
관 열쇠 지갑

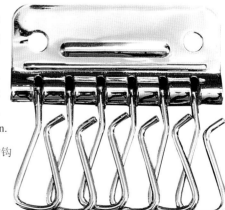

열쇠고리

열쇠나 장식을 끼워 가방에 탈착하는 데 쓰는 고리.

EN key ring a ring that can be attached and detached from a bag. Keys and other hardwares are threaded onto the ring.

VI móc khóa móc sử dụng khi gắn và tháo khỏi túi xách để treo chìa khóa hoặc đồ trang trí.

IN gantungan kunci cincin yang menempel di dalam tas untuk menggantung kunci atau hiasan.

CH 钥匙扣 可挂钥匙或五金并能在包上装卸的环扣。

통 키링(key ring)

오뚝이 장식 ---裝飾

가죽의 표면에 수직으로 솟아 있어 구멍에 끼워 위치를 고정해 주는 장식. 주로 버클이나 스냅처럼 어깨끈(숄더 스트랩) 따위에서 길이를 조절한 뒤 고정하기 위하여 사용한다.

EN collar pin, button stud a hardware that sticks out vertically on the surface of a leather, which is then passed through a hole to fix the position of the leather. Like buckles and snaps, it is often used to adjust and secure the length of a shoulder strap.

VI cái ghim của khóa cài vật trang trí mà nhô lên thẳng đứng trên bề mặt của da, được gắn vào lỗ giúp cố định vị trí. Được sử dụng để cố định sau khi điều chỉnh độ dài của quai đeo như khóa cài hoặc snap.

IN knob paku keling hiasan yang menempel secara vertikal pada permukaan kulit yang kemudian ditempatkan melalui lubang untuk memperbaiki posisi kulit. Hiasan ini digunakan untuk mengatur dan menjaga panjang tali bahu.

CH 蘑菇钉 竖立在真皮表面，通过扣入孔洞进行固定的五金装饰。类似搭扣或四合纽，用于调节肩带等部位的长度并固定。

통 솔트레지
(soltrage)

와셔 washer

수나사와 암나사로 물건을 죌 때, 암나사 밑에 끼우는 고리 모양의 얇은 쇠붙이. 마그네틱 스냅의 발 부분에 달아 두면 발에 가해지는 압력이 분

통 나사받이(螺絲--)

산되어 가죽이나 원단(패브릭)이 상하는 것을 막아 준다.

EN washer a thin disc-shaped plate placed under the internal screw thread when screwing something in with an external and internal screw thread. If you place a washer under a magnetic snap, it prevents damages to the leather and fabric by dispersing the pressure applied to the magnetic snap.

VI vòng đệm, long đền kim loại mỏng hình nhẫn gắn vào phần dưới của đai ốc khi vặn chặt đồ vật bằng bu lông và đai ốc. Nếu gắn vào phần chân của nút hít thì áp suất đè lên chân bị phân tán nên giúp ngăn việc da hoặc vải bị hư.

IN washer hardware berbentuk cakram tipis yang ditempatkan di bawah ulir sekrup internal. Jika diletakkan pada bagian kaki snap magnetis, tekanan yang diberikan pada kaki akan terdispersi, sehingga mencegah kulit atau kain agar tidak rusak.

CH 底片, 垫片 用螺丝和螺帽固定物品时，垫在螺帽下的环形金属薄片。垫在磁铁四合扣脚下面用来分散压力，可防止损伤皮革或面料。

나사의 와셔
washer for a screw thread

마그네틱 스냅의 와셔
washer for a magnetic snap

용접 鎔接

장식 가공의 한 단계로, 서로 다른 금속의 한쪽 면을 녹인 상태에서 이어 붙이는 일.

EN welding to join different types of metals by melting and pressing the metals together as part of the hardware manufacturing process.

VI sự hàn là một công đoạn của việc gia công vật trang trí, nối và dán trong trạng thái làm tan chảy một mặt của những kim loại khác nhau.

IN pengelasan proses menggabungkan berbagai jenis logam dengan cara melelehkan dan menekan logam secara bersamaan.

CH 焊接, 烧焊 作为五金加工的一个阶段，把不同的金属在单面融化的状态下相互对接的工艺。

🔗 전기용접
☞ 459쪽, 장식 공정

유산동 도금 硫酸銅鍍金

하지 도금의 하나로, 금속에 청화동을 올린 뒤 금속막을 입히는 일. 도금한 뒤 표면이 매끄러워지고 광택도 좋아진다.

EN copper sulfate plating a base plating process in which a layer of copper sulfate is coated on a metal object, after the copper cyanide plating process. The surface of a copper sulfate plated object is smooth and glossy.

VI mạ sunfat đồng là kiểu mạ nền, phủ lớp màng kim loại sau khi đặt đồng sunfat lên kim loại. Sau khi mạ, bề mặt trở nên trơn tru và độ bóng láng cũng trở nên tốt hơn.

IN pelapisan tembaga sulfat proses plating dasar yang melapisi lapisan tembaga sulfat pada benda logam setelah proses pelapisan tembaga sianida dilakukan. Permukaan benda logam menjadi halus dan mengkilap setelah proses pelapisan ini.

CH 硫酸铜电镀 打底电镀的一种，氢化铜电镀后附着金属薄膜的工艺。电镀后表面变得光滑，光泽度也有所提升。

> **동** 황산동 도금
> (黃酸銅鍍金)
>
> **관** 구리 도금,
> 하지 도금
>
> ☞ 460쪽, 도금 공정

은도금 銀鍍金

목적 도금의 하나로, 금속의 표면에 하얀색 화학 은을 입히는 일.

EN silver plating a final plating process in which a layer of silver is coated on the surface of a metal.

VI mạ bạc là một trong những kiểu xi mạ trang trí, phủ một lớp bạc hóa học màu trắng lên bề mặt kim loại.

IN pelapisan perak proses melapisi lapisan perak pada permukaan logam. Proses ini adalah salah satu proses pelapisan akhir.

CH 银电镀 目的电镀的一种，在五金表面附着白色化学银的工艺。

> **관** 목적 도금

자석 磁石

자기를 띠는 물체. 제품의 개폐 장치에 사용한다.

EN magnet an object with magnetism. It is often used as a device to open and close products.

VI đá nam châm vật thể có từ tính của đá nam châm. Sử dụng trong thiết bị đóng mở của túi xách.

IN magnet objek dengan daya magnet yang sering digunakan sebagai perangkat untuk membuka dan menutup tas.

CH **磁铁, 磁钢** 有磁性的物体。被用作产品的开关装置。

장식 裝飾

멋을 내거나 기능을 높이기 위하여, 다양한 소재를 여러 가지 모양으로
만들어 가방에 다는 데 쓰는 물건.

☞ 457쪽, 장식의 종류

EN hardware an object made with various materials that is hung on a bag
for decorative purposes or to enhance a function on a bag.

VI đồ trang trí, vật trang trí vật làm thành nhiều hình dạng từ những
nguyên liệu đa dạng rồi gắn vào túi xách để tạo vẻ đẹp hoặc nâng cao chức
năng.

IN hiasan, aksesoris obyek yang dibuat dengan berbagai bentuk yang
ditempel untuk memperindah tas atau untuk meningkatkan fungsi tas itu
sendiri.

CH **五金, 装饰** 为了提高包的时尚度或增加功能，利用多种材质制作的
各种形状的在包上使用的物件。

전기 도금 電氣鍍金

습식 도금의 하나로, 전기 분해 원리를 이용하여 금속의 표면에 얇은
금속막을 입히는 일. 방법에 따라 걸이식과 배럴식이 있다.

관 걸이식 전기 도금,
배럴식 전기 도금,
습식 도금

EN electroplating a type of wet-plating method in which the principles of
electrolysis is used to apply a thin metal coat on the surface of a metal
object. There are two general methods of electroplating - rack plating and
barrel plating.

VI mạ điện là một kiểu mạ ướt, phủ một lớp kim loại mỏng lên bề mặt kim
loại bằng cách dùng nguyên lý phân tán điện. Tùy theo phương pháp được
chia thành kiểu vòng đeo và kiểu barrel.

IN electroplating proses pelapisan basah yang menggunakan prinsip-
prinsip elektrolis untuk melapisi lapisan film logam yang tipis pada
permukaan benda logam. Ada dua metode umum pelapisan secara
elektrolis, yaitu metode pelapisan rak dan metode pelapisan tong.

CH **普通电镀** 湿式电镀之一，利用电子分离的原理，使五金表面附着金
属膜的工艺，按方法可分为挂电和滚电。

전기 용접 電氣鎔接

양극의 전기를 충돌시켜 두 물체를 접합하는 일.

EN spot welding to bond two objects by colliding the positive and negative charges of electricity.

VI hàn điện việc liên kết hai vật thể với nhau bằng cách cho hai cực dòng điện va chạm nhau.

IN titik pengelasan proses menyatukan dua objek dengan cara menempelkan kutub listrik positif dan negatif.

CH 电焊 使电极两端馈电，将两个物体焊接在一起的工艺。

동 스폿 용접(spot鎔接)

전착 코팅 電着coating

수조에 수성 코팅액과 장식을 넣은 뒤 전기 분해의 원리를 이용하여 코팅할 물체의 표면에 얇은 막을 입히는 일.

EN electrodeposit, electrocoating to apply a thin coat on the surface of a metal object using the principles of electrolysis in a water tank with diluted water-based coating solutions.

VI sơn mạ điện việc bỏ dung dịch phủ và đồ trang trí vào thùng nước, sau đó ứng dụng nguyên lý phân tán điện, phủ một lớp màng mỏng lên bề mặt của vật cần phủ.

IN elektrodeposit proses melapisi lapisan tipis pada permukaan benda logam menggunakan prinsip-prinsip elektrolisis di dalam tangki air dengan larutan pelapis berbahan air.

CH 电泳叻架, 电泳涂层 在水槽里放入水性涂层液，利用电子分离原理，在电镀产品表面形成薄膜的工艺。

☞ 460쪽, 도금 공정

전처리 前處理

도금 전에 장식의 표면에 묻은 이물질이나 화학물 따위를 염산 같은 약품으로 제거하여 도금액의 밀착력을 높이는 일.

EN pre-processing to remove debris or compounds deposited on the surface of a hardware using hydrochloric acid to increase its adhesive properties prior to the plating process.

VI tiền xử lý trước khi tiến hành mạ, sử dụng hóa chất như axit clohydric để loại bỏ dị chất hoặc chất hóa học dính trên bề mặt của đồ trang trí, giúp nâng cao lực kết dính.

IN pre-processing proses menghilangkan puing-puing atau senyawa yang diendapkan pada permukaan benda logam menggunakan asam klorida untuk meningkatkan sifat perekat dari logam sebelum proses pelapisan.

CH 前处理 电镀前把加工件表面上的异物或化合物用盐酸等药品去除，使其附着力提高的工序。

주물 가공 鑄物加工

동을 녹인 뒤 몰드에 넣고 굳혀서 원하는 모양을 만드는 일.

☞ 459쪽, 장식 공정

EN copper casting to shape copper into the desired shape by melting and pouring molten copper into a mold.

VI đúc khuôn việc bỏ dung dịch đồng nóng chảy vào khuôn rồi làm cứng lại để đúc ra những hình dáng mong muốn.

IN pengecoran tembaga proses membentuk tembaga ke dalam bentuk yang diinginkan dengan cara mencairkan dan menuangkan tembaga ke dalam cetakan.

CH 注模 把铜融化后放入磨具里凝固成型的工艺。

줄이개 장식 ---裝飾

끈을 끼운 뒤 당겨서 길이를 조절할 수 있는 가로왈(日) 자 모양의 장식. 주로 멜빵에 끼워 멜빵의 길이를 조절할 때 사용한다.

동 왈자(日字)

EN slide adjuster, strap slider, strap adjuster a device for adjusting the length of a strap by placing the strap through the device. It is mainly seen on suspenders.

VI con tăng đơ đồ trang trí có hình chữ 'nhật' (ngày), được gắn vào sợi dây và có thể kéo để điều chỉnh độ dài. Chủ yếu gắn vào quai đeo để sử dụng khi điều chỉnh độ dài của quai đeo.

IN slider, pengatur strap hiasan yang digunakan untuk mengatur panjang pendek tali saat talinya ditempatkan di hiasan tersebut. Sering terlihat pada tali bahu.

CH 日字扣 穿上绳子后通过拉动来调节长度的日字形五金。常穿在背带上，用于调节其长度。

직선기 작업 直線機作業

기계를 이용하여 직선 모양의 철선이나 구리선 따위를 원하는 모양으로 구부리거나 감는 일. 링 장식의 모양을 만드는 방법이다.

☞ 459쪽, 장식 공정

EN banding to bend or wind a straight wire or a copper wire to the desired shape using a machine. This method is used to make hardware rings.

VI công việc uốn cong việc sử dụng máy để uốn cong hoặc quấn dây sắt hoặc dây đồng có hình dạng thẳng thành hình dạng mong muốn. Là phương pháp làm hình dạng của vòng trang trí.

IN pelengkungan proses menekuk atau memutar kawat tembaga ke dalam bentuk yang diinginkan menggunakan mesin. Proses ini dilakukan saat membuat hiasan berbentuk cincin.

CH 直线机 利用机器把直线形态的铁线或铜线按所需形状弯折或缠绕的工艺。在制作环扣五金时使用。

참장식 charm裝飾

여러 가지 모형이나 제품의 로고 따위를 가방에 걸어서 다는 장식.

🔗 행어(hanger)

EN charm, charm hardware a small hardware, which is in the shape of a logo or various miniatures, made and hung on a bag.

VI charm trang trí vật trang trí mà treo lên túi xách ví dụ như những mô hình hoặc logo của sản phẩm.

IN hiasan charm hiasan kecil, berbentuk logo atau berbagai miniatur yang dibuat dan digantung pada produk.

CH 吊牌 各种挂在包上的小模型或产品logo等装饰。

청화동 도금 靑化銅鍍金

하지 도금의 하나로, 금속막을 입히는 첫 단계의 일.

🔗 구리 도금, 하지 도금

☞ 460쪽, 도금 공정

EN copper cyanide plating a base plating process in which a layer of metal coat is applied on an object as the first step.

VI mạ đồng là một kiểu mạ nền, là công đoạn đầu tiên trong việc phủ lớp màng kim loại.

IN pelapisan tembaga sianida proses melapisi lapisan film logam pada benda, sebagai langkah pertama dari proses dasar pelapisan.

CH 氢化铜电镀 打底电镀之一，附着金属薄膜的第一道工序。

체인 chain

고리를 여러 개 이어서 만든 장식. 소재에 따라 레진 핸들 체인, 알루미늄 체인, 철 체인 따위가 있고, 용도에 따라 손잡이 체인(핸들 체인), 군번줄 체인 따위가 있다.

동 사슬

☞ 457쪽, 장식의 종류

EN chain a hardware created by connecting a sequence of rings. Chains can be categorized by the material (e.g. resin handle chain, aluminum chain, iron chain) and by its usage (e.g. handle chain, dog tag chain).

VI dây, chuỗi, hạt đồ trang trí được làm từ nhiều nhẫn kết nối lại. Tùy theo nguyên liệu mà có dây quai xách bằng nhựa tổng hợp, dây nhôm, dây sắt. Tùy vào mục đích sử dụng, có dây quai xách hoặc dây thẻ bài.

IN rantai hiasan yang dibuat dengan cara menghubungkan serangkaian cincin hingga membentuk garis. Rantai dapat dikategorikan ke dalam rantai handle resin, rantai aluminium, rantai besi sesuai dengan materialnya dan dikategorikan sebagai rantai handle, rantai tag anjing sesuai penggunaannya.

CH 链条 将多个环连接形成的五金。根据材料可分为合成树脂手把链条、铝链、铁链等，根据用途可分为手把链条、军牌链等。

캐스팅 리벳 casting rivet

아연을 녹인 뒤 높은 압력을 이용하여 몰드에 쏘아 채우고 굳혀서 만든 리벳.

EN casted rivet a rivet made by pouring and hardening molten zinc into a mold under high pressure.

VI đinh tán đúc đinh tán được làm bằng cách dùng áp suất cao để bắn và lấp đầy dung dịch kẽm nóng chảy vào khuôn rồi làm cứng lại.

IN rivet cetak, paku keling cetak rivet yang dibuat dengan menuang dan menekan besi cair ke dalam cetakan logam menggunakan tekanan tinggi.

CH 锌合金撞钉 把锌金属融化用高压注入磨具并凝固成型的撞钉。

동 주조 버섯못
(鑄造———)

코팅 coating

도금의 마지막 단계로, 장식의 표면을 보호하기 위하여 장식에 아크릴 계열의 약품으로 반영구 보호막을 입히는 일. 딥 코팅, 스프레이 코팅, 전착 코팅 따위가 있다.

EN coating to apply a protective layer of acrylic-based semi-permanent coat over the surface of a product, as the final step of the plating process, to protect and maintain the surface of the product (e.g. dip coating, spray coating, electrodeposit).

VI phủ keo là công đoạn cuối cùng của mạ, phủ lớp màng bảo vệ bán vĩnh cửu bằng hóa chất thuộc dòng Acrylic lên đồ trang trí để bảo vệ bề mặt của đồ trang trí. Có các loại như phủ nhún, phun, sơn mạ điện.

IN pelapisan proses melapisi lapisan film pelindung semi permanen berbasis akrilik di atas sebuah produk, sebagai bagian dari tahap terakhir dari proses pelapisan untuk melindungi dan menjaga permukaan produk. Contoh pelapisan spray, pelapisan celup, dan pelapisan listrik.

CH 叻架, 涂层 电镀的最后一道工序，为了保护和维持产品的表面用亚克力的系列药品附着形成半永久保护膜的工艺。有浸渍涂层、喷涂，电泳涂层等。

관 딥 코팅,
스프레이 코팅,
전착 코팅

☞ 460쪽, 도금 공정
☞ 459쪽, 장식 공정

콩찌

입체적 장식을 위하여, 가시발을 이용하여 가죽이나 원단(패브릭)에 고정하여 부착하는 장식.

EN stud a protruding hardware with claws, which are used to attach and fix itself onto a leather or fabric for decorative purposes.

VI nút stud vật trang trí dùng đinh tán gai để gắn cố định vào vải hoặc da.

동 스터드(stud)

IN kancing hiasan yang muncul di bagian permukaan untuk tujuan dekoratif. Hiasan ini memiliki cakar yang digunakan untuk menahan hiasan pada kulit atau kain.

CH 爪钉, 饰钉 为了立体的装饰, 使用金属牙固定在皮革或面料上的五金。

탈지 脫脂

장식 공정 중에 발생한 불순물이나 기름 따위를 닦아 내는 일.

☞ 460쪽, 도금 공정

EN degreasing to remove the impurities or oil that formed on the hardware during the manufacturing process.

VI tẩy dầu mỡ việc lau sạch tạp chất hoặc dầu phát sinh trong công đoạn trang trí.

IN degreasing proses menghilangkan lemak atau minyak dari permukaan material atau bagian yang diproduksi.

CH 脱油 去除五金加工中出现的污渍或油污等的工序。

티아르 리벳 TR(tubular) rivet

원통 모양의 두꺼운 리벳. 원통을 망치로 내리쳤을 때 원통의 아랫부분이 몇 갈래로 갈라져 가죽에 고정되며, 원판과 손잡이(핸들)가 연결되는 부분처럼 힘을 강하게 받는 곳에 사용한다.

통 원통 버섯못
(圓筒---)

EN tubular(TR) rivet a thick cylindrical rivet that splits into several leg parts, which latches onto the leather, when struck with a hammer. It is used to connect and hold things that require strength, like the handle and the body of a bag.

VI đinh tán hình ống tròn đinh tán dày, có hình ống tròn. Khi dùng búa đóng mạnh xuống ống tròn thì phần dưới của ống tròn bị tách ra thành nhiều nhánh và cố định trên da. Sử dụng ở nơi nhận nhiều lực tác động mạnh như phần nối giữa thân túi và quai xách.

IN tubular paku keling rivet tebal yang berbentuk silinder. Saat silinder dipukul dengan palu, bagian bawah silinder terbagi menjadi beberapa bagian dan menempel pada kulit. Digunakan untuk menghubungkan dan menahan benda-benda yang membutuhkan kekuatan, seperti pegangan dan bodi tas.

CH 开花钉, TR铆钉 圆筒形厚撞钉。使用锤子垂直敲打圆筒使之开花散成几部分从而固定在皮革上，一般使用在受力强的原板与手把的连接部分。

팁 장식 tip裝飾

가죽으로 만든 띠나 끈의 끝부분에 다는 장식.

EN tip hardware a hardware attached to the ends of a leather strap.

VI nẹp trang trí đồ trang trí gắn ở phần cuối của dây hay nẹp được làm bằng da.

IN hiasan tip hiasan yang digunakan di bagian ujung pegangan atau produk yang terbuat dari kulit.

CH 夹子, 堵头装饰 安装在手把或皮革制作的部位的末端上的五金。

동 끝부분 장식
(-部分裝飾)

프레스 가공 press加工

누름기(프레스기) 안에 원하는 모양의 몰드를 넣고 몰드의 모양대로 따내어 장식을 만드는 일.

EN press casting to shape a hardware into the desired shape by placing the hardware in a press machine and casting it in a mold.

VI gia công ép việc bỏ khuôn có hình dạng mong muốn vào trong máy dập và làm đồ trang trí theo hình dạng của khuôn.

IN pencetakan dengan tekanan proses membuat hiasan dengan memasukkan bentuk cetakan yang diinginkan ke dalam mesin press kemudian mentransmisikannya sesuai dengan bentuk cetakan.

CH 冲模加工 在压力机里放入需要的模具，按照模具的形状压制五金的工艺。

동 압축 가공(壓縮加工)

프레임 frame

제품의 외형을 잡아 주면서 입구(구치) 역할을 하는 장식. 모양에 따라 라운드 프레임, 헛다리 프레임 따위가 있으며, 가죽으로 프레임을 싼 것은 싸개 프레임이라고 한다.

동 틀

EN frame a rigid structure that surrounds and shapes the opening of a product. It is categorized as a round frame or a phantom leg frame according to its shape. And a frame wrapped in leather is known as a wrapped frame.

VI khung đồ trang trí vừa giúp giữ hình dáng bên ngoài của sản phẩm vừa đóng vai trò miệng túi. Tùy theo hình dạng có khung tròn, khung hình cái lều, cái bọc khung bằng da được gọi là khung vỏ bọc.

IN bingkai struktur kaku yang mengelilingi bagian pembuka tas dan membentuk produk. Dapat dikategorikan sebagai bingkai bulat atau kaki bingkai semu sesuai dengan bentuknya. Bingkai yang dibalut dengan kulit disebut sebagai bingkai bungkus.

CH 铁夹 用于固定产品外形的开关装置。根据形状可分为圆形铁夹和拱桥形铁夹，用真皮包裹的铁夹叫做包边铁夹。

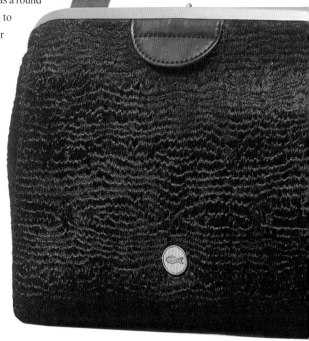

관 라운드 프레임,
싸개 프레임, 헛다리 프레임

☞ 457쪽, 장식의 종류

플라스틱 손잡이 plastic---

플라스틱으로 만든 손잡이(핸들).

EN plastic handle a handle made of plastic.

VI quai nhựa quai xách được làm bằng nhựa.

IN pegangan plastik pegangan yang terbuat dari plastik.

CH 塑料手把 用塑料制作的手把。

동 플라스틱 핸들
(plastic handle)

하지 도금 下地鍍金

목적 도금 전에 장식의 부식을 막고 도금액의 밀착성을 높이기 위하여 진행하는, 밑바탕이 되는 도금. 구리도금(동도금)과 니켈 도금 따위가 있다.

EN base plating to apply a layer of coat that becomes the founding layer of an object. It enhances the corrosive resistance and the adhesive strength of the object before the final plating process (e.g. copper plating, nickel plating).

VI mạ nền mạ một lớp làm nền tảng để ngăn gỉ sét và nâng cao tính kết dính của dung dịch mạ trước công đoạn xi mạ trang trí. Có mạ đồng và mạ niken.

IN pelapisan dasar proses penerapan lapisan mantel yang menjadi lapisan penopang, yang dapat meningkatkan ketahanan terhadap karat dan merekatkan objek sebelum proses pelapisan akhir.

CH 打底电镀 目的电镀前为了防止腐蚀和附着力而进行的打底电镀。分为镀铜和镀镍。

관 구리도금(동도금),
니켈 도금, 유산동 도금,
청화동 도금

☞ 460쪽, 도금 공정

헛다리 프레임 ---frame

가방 입구(구치)의 외형을 잡아 주는, 왼쪽과 오른쪽 모서리가 직각 모양인 프레임. 두 개가 한 세트로 앞판과 뒤판 입구 테두리에 각각 부착하며, 가방을 활짝 열었을 때 두 개의 틀이 네모 모양을 이룬다.

EN phantom leg frame a type of frame with perpendicular corners (left and right corners) that shape the opening of a bag. Two phantom leg frames, which complete a set, are placed on the top edges of the front panel and the back panel of a bag. The two frames form a rectangle when the bag is fully opened.

VI khung hình cái lều khung giúp giữ hình dáng bên ngoài của miệng túi, các góc bên trái và bên phải vuông góc với nhau. Hai cái khung làm thành một cặp, gắn từng cái vào đường viền miệng thân trước và thân sau, khi mở rộng túi xách hết cỡ thì hai cái khung tạo ra hình vuông.

IN kaki bingkai semu jenis bingkai dengan sudut tegak lurus yang mengelilingi bagian pembuka pada produk. Dua bingkai, ditempatkan di tepi atas dari panel depan dan panel belakang, membuat satu set. Dua bingkai ini membentuk persegi panjang ketika tas terbuka lebar.

CH 拱桥形铁夹 使手袋袋口成型的左侧角和右侧角是直角形状的框架。两个一组，分别安装在前板和后板的入口边围，手袋敞开时，两个框架形成一个四方形。

흑 니켈 도금 黑nickel鍍金

목적 도금의 하나로, 니켈 도금을 한 뒤 그 위에 검은색을 입히는 일.

EN black nickel plating a final plating process in which an object is nickel plated and coated in black.

VI mạ niken đen là một kiểu xi mạ trang trí, sau khi mạ niken thì phủ màu đen lên trên đó.

IN pelapisan nikel hitam melapisi nikel yang berlapis benda logam agar permukaannya dapat berubah warna menjadi hitam. Proses ini adalah salah satu proses pelapisan akhir.

CH 黑镍电镀 目的电镀的一种，在镀镍后在表面附着一层黑色的工艺。

동 건메탈 도금
(gunmetal鍍金)
관 목적 도금

장식의 종류 Types of hardwares

1 소재에 따른 종류 by material
① 고무 장식 rubber hardware
② 금속 장식 metal hardware
③ 나무 장식 wooden hardware
④ 플라스틱 장식 plastic hardware

2 용도에 따른 종류 by usage
① 리벳 rivet
머리 부분이 둥글고 두툼한 버섯 모양의 장식. 깎음 리벳, 캐스팅 리벳, 티아르 리벳.
a mushroom-shaped hardware with a thick and rounded head (e.g. spun carved rivet, casted rivet, TR rivet).
② 아일릿 eyelet
가죽이나 원단(패브릭)에 구멍을 뚫었을 때 구멍의 가장자리를 감싸는 장식.
a metal hardware that outlines the hole on a leather or fabric.
③ 링 ring
한 부분이 뚫려 있는 장식. 디(D) 링, 오(O) 링, 사각 링, 타원 링.
a hardware with a hole (e.g. D-ring, O-ring, square ring, oval ring).
④ 버클 buckle
띠 따위를 죄어 고정하는 장치가 있는 장식. 롤러 버클.
a hardware with a device for adjusting and fixing straps (e.g. roller buckle).

⑤ 체인 chain
고리를 여러 개 이어서 만든 장식.
a hardware created by connecting a sequence of rings.

⑥ 프레임 frame
제품의 외형을 잡아 주면서 입구(구치) 역할을 하는 장식. 라운드 프레임, 싸개 프레임, 헛다리 프레임.
a rigid structure that surrounds and shapes the opening of a product (e.g. round frame, wrapped frame, phantom leg frame).

⑦ 록 lock
제품의 잠금 장치. 들치기 록, 뺑뺑이 록.
a device for locking products (e.g. flip lock, turn lock).

⑧ 개고리 dog clip
가방에 부속품을 자유자재로 탈착할 수 있도록 해 주는 고리 모양의 장식.
a hardware in the shape of a hook that can freely attach and detach itself from a bag.

⑨ 줄이개 장식 slide adjuster
끈을 끼운 뒤 당겨서 길이를 조절할 수 있는 가로왈(曰) 자 모양의 장식.
a device for adjusting the length of a strap by placing the strap through the device. It is mainly seen on suspenders.

⑩ 참장식 charm
여러 가지 모형이나 제품의 로고 따위를 가방에 걸어서 다는 장식.
a small hardware, which is in the shape of a logo or various miniatures, made and hung on a bag.

⑪ 콩찌 stud
가방을 꾸미기 위하여 가방에 달아 고정하는 입체적인 장식.
a protruding hardware placed on bags for decorative purposes.

장식 공정 Hardware manufacturing process

1 몰드 공정 molding
틀을 만드는 일. to make a mold.

2 성형 공정 shaping process
① 다이 캐스팅 가공 die casting
아연과 같은 금속을 녹인 뒤 압력을 이용하여 거푸집에 주입하고 원하는 형태로 굳히는 일.
to shape metal, often zinc, into the desired shape by melting and pouring molten metal into a mold cavity under high pressure.
② 단조 가공 drop forging
도구나 기계로 누르거나 두들기거나 눌러서 원하는 모양으로 찍어 내는 일.
to hammer or press a metal object into the desired shape with a special tool or a machine.
③ 직선기 작업 banding
기계로 직선의 철선이나 구리선 따위를 원하는 모양으로 구부리는 일.
to bend or wind a straight wire or a copper wire to the desired shape using a machine.
④ 깎음 가공 lathe carving
금속을 깎아서 원하는 모양의 장식을 만드는 일.
to carve metal and manufacture a hardware in the desired shape.
⑤ 주물 가공 copper casting
동을 녹인 뒤 몰드에 넣어 굳혀 원하는 모양을 만드는 일.
to shape copper into the desired shape by melting and pouring molten copper into a mold.

3 가공 공정 manufacturing process
① 연마 polishing 장식의 거친 표면을 매끄럽고 깨끗하게 갈아 내는 일.
to smoothen and clean up the rough surface of a hardware.
② 용접 welding 서로 다른 금속의 한쪽 면을 녹인 상태에서 이어 붙이는 일.
to join different types of metals by melting and pressing the metals together.
③ 탭 screw thread tap 나사선을 만드는 일.
to make screw threads.
④ 조립 assembling 2개 이상의 부품으로 된 장식을 하나의 완제품으로 완성하는 일.
to complete the production of a hardware by constructing two or more parts together.

4 도금 plating
장식의 표면에 금속을 얇게 입히는 일.
to apply a thin metal coat on the surface of a hardware.

5 코팅 coating
장식의 표면에 아크릴 계열의 약품으로 반영구 보호막을 입히는 일.
to apply a protective layer of acrylic-based semi-permanent coat over the surface of a hardware.

도금 공정 Plating process

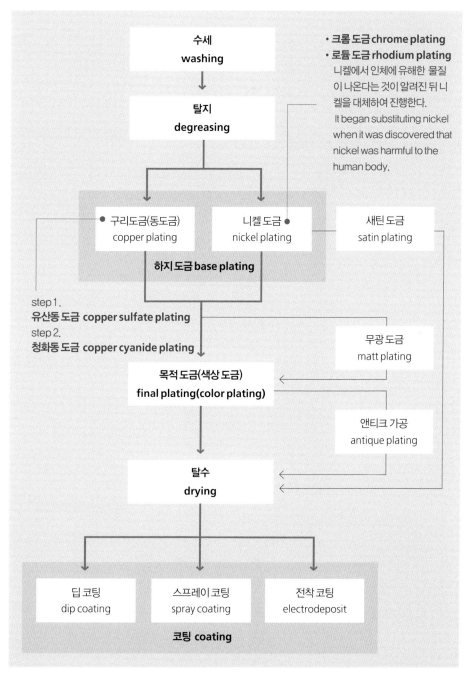

수세
washing

탈지
degreasing

• 크롬 도금 chrome plating
• 로듐 도금 rhodium plating
니켈에서 인체에 유해한 물질이 나온다는 것이 알려진 뒤 니켈을 대체하여 진행한다.
It began substituting nickel when it was discovered that nickel was harmful to the human body.

구리도금(동도금)
copper plating

니켈 도금
nickel plating

새틴 도금
satin plating

하지 도금 base plating

step 1.
유산동 도금 copper sulfate plating
step 2.
청화동 도금 copper cyanide plating

무광 도금
matt plating

목적 도금(색상 도금)
final plating(color plating)

앤티크 가공
antique plating

탈수
drying

딥 코팅
dip coating

스프레이 코팅
spray coating

전착 코팅
electrodeposit

코팅 coating

경화제 硬化劑

약물(에지 페인트)이 마른 뒤에도 눌리거나 끈적거릴 것에 대비하여 약물에 섞어서 발라 약물의 표면 강도를 높여 주는 액체. 약물에 문제가 없다면 사용하지 않아도 무방하다.

EN hardener a liquid substance that increases the surface strength of edge paint. The hardener is mixed into the edge paint to prevent the edge paint from pressing or sticking on after it has been dried. There is no need for a hardener if there is no problem with the edge paint.

VI chất làm cứng nhanh chất lỏng trộn vào nước sơn, bôi vào giúp nâng cao độ bền bề mặt của nước sơn để đối phó với việc nước sơn bị nén xuống hoặc bị bết dính ngay cả sau khi sấy khô. Nếu nước sơn không có vấn đề thì dù không sử dụng cũng không có ảnh hưởng gì.

IN pengeras cairan yang meningkatkan kekuatan permukaan cat tepian dengan cara mencampurnya dengan obat agar cat tepiannya tidak lengket. Jika tidak ada masalah dengan cat tepiannya, maka tidak perlu melakukan proses ini.

CH 硬化剂 为防止边油干燥后仍旧被压到或被粘到，混合在边油里增强边油表面强度的液体。如果边油没有问题也可以不用。

고무 볼록이

볼록하게 보여야 하는 부분의 안쪽에 넣는, 고무 스펀지(러버 스펀지)로 만든 보강재(신).

EN rubber bombay, rubber bombe a reinforcement made with a rubber sponge that is to be placed in a convex area.

VI đệm cao su đệm gia cố được làm bằng xốp cao su, bỏ vào bên trong của phần cần phải nhô lên.

IN karet cembungan, karet penguat penguat yang terbuat dari karet

동 러버 모리
(rubberもり[盛り])

☞ 514쪽, 보강재(신)의 종류

spons untuk ditempatkan di dalam bagian yang cembung.

CH 橡胶凸起, 橡胶海绵凸起 放置在需要凸起的部位的用橡胶海绵制成的补强衬。

고무 스펀지 --sponge

고무와 에틸렌을 합성하여 만든 스펀지. 부드럽고 충격에 강하며 내열성이 좋아 주로 배낭(백팩) 어깨 받침(어깨 패드) 따위의 보강재(신)로 사용한다.

EN rubber sponge a sponge made by synthesizing rubber and ethylene. It is often used as a reinforcing material for shoulder pads on backpacks due to its smoothness, ability to take impact, and resistance to heat.

VI xốp cao su miếng xốp được làm tổng hợp từ cao su và ethylene. Mềm mại, chịu được va chạm, tính chịu nhiệt tốt, chủ yếu được sử dụng làm đệm gia cố như đệm quai đeo ba lô.

IN karet spons spons yang terbuat dari gabungan karet sintesis dan etilena. Spons ini memiliki tekstur yang halus, kuat dan tahan terhadap panas. Biasanya digunakan sebagai bahan penguat seperti pad bahu pada tas ransel.

CH 橡胶海绵, 海绵橡胶 橡胶和乙烯合成的海绵，柔软抗冲击，耐热性好，被作为背包肩垫的保强材料使用。

통 러버 스펀지
(rubber sponge)
관 에바 스펀지
☞ 514쪽, 보강재(신)의
종류

고무 호스 --hose

고무로 만든 호스. 모양이 쉽게 변하지만 탄성이 있어 복원력이 좋다. 주로 소창식 손잡이(소창 핸들)에 넣어 손잡이(핸들)의 모양을 유지하는 보강재(신)로 사용한다.

EN rubber hose, rubber cord a hose made of rubber that is malleable, but resilient due to its elasticity. It is often used to reinforce the inside of a tubular handle to maintain its shape.

VI ống cao su ống được làm từ cao su. Hình dáng có thể biến đổi dễ dàng nhưng vì có tính đàn hồi nên khả năng phục hồi tốt. Chủ yếu dùng để lót vào quai ống, được sử dụng như đệm gia cố duy trì hình dáng của quai xách.

☞ 514쪽, 보강재(신)의
종류

IN selang karet, kabel karet selang yang terbuat dari karet. Bentuknya dapat berubah-rubah, tetapi elastis dan juga memiliki daya tahan yang kuat. Selang ini sering digunakan untuk mengisi bagian dalam pada pegangan tubular untuk mempertahankan bentuknya.

CH 橡胶管 橡胶做的软管。易变形但因为有弹性所以复原性好。主要置于胶管手把内，作为定型用的保强材料使用。

고무풀

천연고무를 용제에 녹여 만든, 엷은 미색의 풀. 첨가제가 들어 있지 않고, 휘발성이 강해서 건조가 빠르지만 접착력이 비교적 약하다. 주로 가죽의 한 면 전체를 붙일 때 사용한다.

EN mucilage, natural rubber glue a creamy and watery glue made by dissolving natural rubber in a solvent. It does not contain any additives and the glue dries fast because of its volatility, but its adhesive strength is relatively weak. It is often used to glue the entire surface of a leather panel.

VI hồ dán cao su hồ dán làm từ dung môi tan chảy của cao su tự nhiên, màu vàng nhạt. Không có chất phụ gia, tính bay hơi mạnh nên thời gian khô nhanh nhưng độ kết dính tương đối yếu. Chủ yếu sử dụng khi dán toàn bộ một mặt của miếng da với nhau.

IN lem karet natural lem yang terbuat dari karet alami yang dilarutkan di dalam pelarut. Lem ini tidak mengandung zat aditif dan cenderung mengering lebih cepat, namun kekuatan perekatnya relatif lemah. Lem ini sering digunakan untuk merekatkan seluruh permukaan panel kulit.

CH 生胶, 胶水 将天然橡胶溶化在溶剂里制成的浅色胶，无添加剂，挥性很强，速干，但粘合力相对较弱。主要用于粘贴整个皮面。

고밀도 부직포 高密度不織布

섬유소의 밀도를 최대한 높이고 압착하여 만든 부직포. 결이 없기 때문에 탄력성과 복원성이 좋고, 습기와 열에 강하며, 잘 꺾이지 않는 특성이 있다. 주로 부드러운 가방의 보강재(신)로 사용한다. 예전에 주로 홍콩을 통하여 수입했기 때문에 '홍콩 신'이라고 부르기도 한다.

EN high density non-woven reinforcement a high density non-woven

홍 홍콩 신
(Hong Kongしん[芯])

fabric. It has strong elastic and resilient properties due to its lack of grain direction. It is also durable and strong against moisture and heat. It is mainly used as a reinforcing material for soft bags. It is also known as 'Hong Kong reinforcement' because it was imported mainly through Hong Kong in the past.

VI vải không dệt vải không dệt được làm bằng cách nâng cao tối đa mật độ của xen lu lô và nén lại. Vì không có sớ nên tính đàn hồi và tính phục hồi tốt, chịu được độ ẩm và nhiệt, có đặc tính là không dễ bị cong. Chủ yếu sử dụng như đệm gia cố của túi xách mềm mại. Trước đây vì chủ yếu được nhập khẩu thông qua Hồng Kông nên còn được gọi là 'đệm Hồng Kông'.

IN kain penguat tanpa tenun kain non-tenun yang memiliki tingkat kepadatan serat yang tinggi. Kain ini memiliki kemampuan untuk mengembalikan dirinya ke bentuk semula berkat tingkat ketahanannya yang kuat, juga tahan terhadap kelembapan dan panas. Biasanya digunakan sebagai bahan penguat dari tas yang berbahan lembut. Biasa disebut sebagai 'penguat Hong Kong' karena dulu barangnya banyak diimpor dari Hong Kong.

CH 高密度无纺布, 高密度不织布 最大限度地提高纤维素的密度压制而成的无纺布。因为没有纹理，所以弹性和复原性很好，耐湿和耐热性较高，具有不易弯折的特点。主要用作软包的补强衬。从前主要通过香港进口，所以也被称为'香港衬'。

광폭 지퍼 廣幅zipper

지퍼 테이프의 폭이 일반 지퍼에 비해 넓은 지퍼.

☞ 495쪽. 지퍼

EN wide zipper a zipper with a zipper tape that is relatively wide in width.

VI dây kéo khổ rộng dây kéo có bề ngang của bản dây kéo rộng hơn so với dây kéo thông thường.

IN risleting pita lebar risleting dengan pita yang relatif lebih lebar dibandingkan risleting pada umumnya.

CH 宽幅拉链 拉链边上的织带比一般拉链宽的拉链。

광폭 지퍼
wide zipper

지퍼
zipper

그로그랭 gros-grain

올이 조밀하고, 뚜렷한 가로무늬 골이 있는 얇은 평직물. 폴리 실(폴리사), 나일론 실(나일론사)로 띠나 넓은 면의 형태로 짜 만든다. 튼튼하고 팽팽하여 주로 안쪽 바인딩(랏파), 링 고리, 손잡이(핸들), 패치의 보강재(신)로 사용하며, 포장(패킹)이나 안감(우라)의 시접을 감싸는 데도 사용한다.

※ 그로그램(gros-grain)은 프랑스에서 온 말로 '그로스그레인'과 같이 잘못 사용하고 있으나 외래어 표기법에 맞추어 '그로그램'이라고 표기해야 한다.

통 가로골천
관 파유

EN gros-grain a thin and flat fabric with dense grains that is vertically ribbed. It is often made by weaving polyester threads or nylon threads in the shape of a strap or a wide panel. Gros-grains are often used to reinforce interior bindings, rings, handles, and patches due to its tightness and durability. It is also used for packing and binding the inseams of a lining.

VI vải sọc ngang vải dệt trơn mỏng có sợi dày và khung hoa văn ngang nổi bật. Sử dụng chỉ poly, chỉ nylon kết thành dây hoặc hình dạng vải bông rộng. Chắc và căng nên chủ yếu sử dụng như viền trong, móc khoen, quai xách, đệm gia cố của miếng patch, cũng được sử dụng để đóng gói hoặc quấn đường biên may của lót.

IN gros-grain kain tipis dan datar dengan butiran padat yang memiliki garis vertikal. Sering dibuat dalam bentuk tape atau panel lebar dan dibuat dengan benang tenun poliester, benang nilon, dll. Sering digunakan sebagai kain penguat untuk binding dan penunjang jahitan maupun untuk packing dan lining, dikarenakan daya tahannya yang kuat.

CH 横纹布, 罗缎 纹路细腻，有明显平纹的薄平织物。使用丝线或者尼龙线织成织带或宽幅布。因材质密实，多用作包边埋袋、环、手把或耳仔的补强衬使用，在包装或里布包边时也使用。

금속 지퍼 金屬zipper

지퍼 이빨을 금속으로 만든 지퍼. 발라 지퍼, 브라스 지퍼, 하이폴리시 지퍼가 있다.

통 메탈 지퍼(metal zipper)
관 발라 지퍼, 브라스 지퍼, 하이폴리시 지퍼

☞ 495쪽, 지퍼

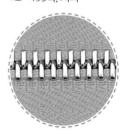

EN metal zipper a zipper with metal teeth (e.g. bala zipper, brass zipper, highly polished zipper).

VI dây kéo kim loại dây kéo mà răng dây kéo được làm bằng kim loại. Có các loại dây kéo như dây kéo balla, dây kéo đồng thau, dây kéo có độ bóng cao.

IN risleting logam risleting dengan gigi logam. Contoh risleting kuningan, risleting alumunium dan risleting kualitas tinggi.

CH **金属拉链** 由金属制成拉链牙的一种拉链。常见的有：bala拉链、黄铜拉链、H/P拉链。

나사 본드 螺絲bond

나사가 분리되지 않도록 고정할 때 사용하는 접착체. 록타이트 (Loctite) 277, 263 제품을 주로 사용한다.

통 레지본드(ねじ bond)
관 록타이트

EN threadlocker, thread-locking fluid an adhesive applied on fasteners, such as screws and bolts, to prevent the fasteners from loosening up. Loctite threadlocker 277 and 263 are the most commonly used products.

VI đinh vít keo, keo đỏ keo dính sử dụng khi cố định để đinh vít không bị tách rời. Chủ yếu sử dụng cho các sản phẩm Loctite 277, 263.

IN lem baut lem yang ditempelkan pada pengencang, seperti sekrup dan baut, untuk mencegah pengencang agar tidak longgar. Sering digunakan pada produk The Loctite 277, 263.

CH **螺丝胶水** 用于固定螺丝使用的粘贴剂。主要使用Loctite277、263。

나일론 nylon

폴리아마이드 계열의 합성 섬유. 가늘고 가벼우며, 마찰에 강하다. 나일론 트윌을 많이 사용한다.

EN nylon a type of synthesized polyamide fiber. It is thin, light, and resistant to friction. Nylon is often used to make nylon twills.

VI nylon sợi tổng hợp của dòng polyamide. Mỏng và nhẹ, chịu ma sát cao. Sử dụng nhiều nylon dệt chéo.

IN nilon serat sintetis berbasis poliamida. Serat ini tipis, ringan dan juga tahan terhadap gesekan.

CH **尼龙** 聚酰胺系列合成纤维，细长轻便且摩擦力强。尼龙斜纹布使用广泛。

나일론 바이어스 nylon bias

나일론으로 만든 바이어스 테이프.

EN nylon bias a bias tape made of nylon.

VI nylon dệt nghiêng dây nẹp viền được làm từ nylon.

IN bias nilon pita bias yang terbuat dari benang nilon.

CH 尼龙包边带 用尼龙制成的包边带。

나일론 본딩사 nylon bonding絲

본드를 먹여 강도를 높인 나일론 실(나일론사). 실에 본드를 먹여 실 자 체의 보푸라기를 없애고 실의 꼬임이 풀어지는 것을 방지한다. N/ bonded라고 표기한다.

⑧ 나일론 풀 실(nylon--)

☞ 513쪽, 실의 종류

EN bonded nylon thread a nylon thread coated with a bonding agent, which gives extra strength to the thread, makes the thread lint-free, and prevents the twisted thread from unraveling. It abbreviates to 'N/bonded.'

VI chi nylon có keo chi nylon bôi thêm keo vào để nâng cao sự chắc chắn. Bôi keo vào chỉ, loại bỏ các sợi bám trên chỉ, ngăn ngừa phần xoắn của chỉ bị bong ra. Được ký hiệu là N/bonded.

IN benang nilon yang terikat benang nilon dengan bonding agent yang memberikan kekuatan ekstra untuk benang dan mencegah butir benang dari kelonggaran. Dilambangkan dengan 'N/bonded'.

CH 尼龙过胶线 因过胶而提高强度的尼龙线。过胶后的线没有毛刺，能 防止线的松散。用N/bonded标记。

나일론 실 nylon-

나일론으로 만든 재봉실(재봉사). 가볍고 탄력이 있으며, 핸드백 제작 에 가장 많이 사용한다.

⑧ 나일론사(nylon絲)

☞ 513쪽, 실의 종류

EN nylon thread a sewing thread made of nylon. It is the most commonly used thread in handbag production due to its light weight and elasticity.

VI chi nylon chỉ may được làm từ nylon. Nhẹ và có tính đàn hồi, được sử dụng nhiều nhất trong việc sản xuất túi xách.

IN benang nilon benang jahit yang terbuat dari nilon. Benang ini ringan namun kuat, dan merupakan jenis benang yang paling sering digunakan untuk produksi tas.

CH 尼龙线 尼龙制成的缝纫线，轻且富有弹性，在制包中最为常用。

나일론 옥스퍼드 nylon oxford

나일론으로 만든 격자무늬 원단(패브릭). 매우 얇고 강하다. 원판과 손잡이(핸들)를 연결하는 부분에 보강재(신)로 사용하거나 배낭(백팩)을 만들 때 사용한다. N/oxford라고 표기한다.

EN nylon oxford a thin, but strong, nylon fabric with a basket-like weave. It is often used to make backpacks and used as a reinforcing material for connecting the handle and the body of a bag together. It abbreviates to 'N/oxford.'

VI vải lót keo vải có hoa văn caro được làm bằng nylon. Rất mỏng và chắc. Sử dụng làm đệm gia cố ở phần gắn kết giữa thân túi và quai xách hoặc được sử dụng khi làm ba lô. Được ký hiệu là N/oxford.

IN nilon oxford kain motif kotak-kotak yang terbuat dari bahan nilon. Kain ini tipis namun kuat. Sering digunakan untuk membuat ransel dan sebagai bahan penguat untuk menghubungkan pegangan dan tubuh tas. Dilambangkan dengan 'N/oxford'.

CH 尼龙牛津布 用尼龙制成的格子纹面料。薄且结实。被用作原板和手把连接部分的补强衬或制作背包时使用。用N/oxford标记。

나일론 지퍼 nylon zipper

지퍼 이빨을 나일론으로 만든 지퍼. 색이 다양하며 다른 소재의 지퍼에 비해 저렴하다.

☞ 495쪽, 지퍼

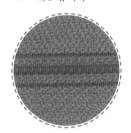

EN nylon zipper a zipper with nylon teeth. It comes in various colors and it is relatively cheap compared to other zippers.

VI dây kéo nylon dây kéo mà răng dây kéo được làm bằng nylon. Màu sắc đa dạng và rẻ hơn so với các loại dây kéo làm bằng nguyên liệu khác.

IN risleting nilon risleting yang terbuat dari nilon dengan gigi risleting. Harganya relatif lebih murah dibandingkan dengan risleting lain dan memiliki warna yang bervariasi.

CH 尼龙拉链 一种用尼龙制成拉链牙的拉链。色彩多样，相比其他材质的拉链价格低廉。

낚싯줄 피피선 ---PP(polypropylene)線

폴리프로필렌 섬유로 만든 투명하고 가느다란 선. 일반 피피선에 비해 강도가 높고 파이핑 합봉(피피 마토메)이나 팔팔(88) 파이핑을 할 때 보강재(신)로 사용한다.

EN polypropylene fishing line a thin transparent piping cord made with polypropylene fibers that is stronger than a regular piping cord. It is used as a reinforcing material when constructing by piping around and binding by piping around.

VI dây cước câu cá, dây trong suốt sợi dây trong suốt và mảnh, được làm bằng sợi polypropylene. Chắc hơn dây PP thông thường, sử dụng làm đệm gia cố khi ráp may viền gân hoặc khi làm viền gân số 88.

IN tali pancing kabel pipa transparan dan tipis yang terbuat dari serat polipropilena. Kabel jenis ini lebih kuat dibandingkan kabel pipa biasa. Sering digunakan sebagai bahan penguat ketika membangun atau membungkus menggunakan teknik piping.

CH PP鱼线 聚丙烯纤维制成的透明细线，比普通的pp线强度更高，常被用作piping合缝或88piping的补强衬。

関 피피선
☞ 514쪽, 보강재(신)의 종류

녹 방지제 綠防止劑

녹이 스는 것을 방지하기 위하여 금속 장식의 표면에 칠하는 약품.

EN anti-rust additive, anti-corrosion additive a coat applied on the surface of metal hardwares to prevent it from rusting.

VI chất chống rì sét hóa chất để sơn bên ngoài của vật trang trí kim loại để chống rì sét.

IN anti karat, anti korosi aditif produk kimia yang dilapisi di atas permukaan hiasan logam untuk mencegah karat.

CH 防锈剂 为防锈而在金属装饰表面涂抹的一种药品.

통 방청제(防錆▽劑)

라벨 label

상품명이나 상표 따위를 종이나 천에 인쇄하여 제품에 붙여 놓은 조각. 분류 번호, 취급 시 주의 사항, 제품의 크기 따위를 함께 써 넣기도 한다.

EN label a piece of paper or fabric attached to a product with the name or trademark of the product. The classification number, handling precautions, and product size can also be written on the label.

VI mác, nhãn, label mảnh in ấn tên sản phẩm hoặc nhãn hiệu lên giấy hay vải rồi dán vào sản phẩm. Số phân loại, những điều cần lưu ý khi mua sản phẩm, kích thước sản phẩm cũng được viết vào đó.

IN label selembar kertas atau kain dengan nama produk atau merk dagang yang ditempelkan pada suatu produk. Nomor klasifikasi, ukuran, dan harga produk juga dapat ditulis pada label.

CH 布标, 标签 在纸或布上印有商品名或商标后附着在商品上的小贴片。通常标有分类号码、注意事项、产品尺寸等信息。

관 성분비 라벨, 시오 라벨, 우븐 라벨(직조 라벨), 큐아르 라벨

라텍스 latex

고무 또는 수지의 보드라운 알갱이들을 물속에 분산시켜 인공적으로 만든, 건조하면 끈적끈적해지는 액체 상태의 접착제. 합성 고무로 만든 라텍스는 천연 고무풀이나 유성 본드에 비해 저렴하지만 유성 본드에 비해 묽고 접착력이 떨어진다. '라텍스'는 라틴어로 액체라는 뜻으로 본래 고무나무에서 분비되는 액체를 의미한다.

EN latex a liquid adhesive that becomes sticky when dried. It is artificially made by dispersing rubber or resin balls in water. Latex made with synthetic rubber is cheaper than organic rubber adhesives and oil-based adhesives. However, it is watery and its adhesive strength is weaker than oil-based adhesives. 'Latex,' which means 'liquid' in Latin, refers to the liquid released by rubber trees.

VI latex, nhựa cao su keo dính ở trạng thái chất lỏng càng trở nên bám dính nếu sấy khô, được làm một cách nhân tạo bằng cách làm phân tán những hạt mềm của cao su hoặc nhựa ở trong nước. Latex được làm bằng cao su tổng hợp rẻ hơn so với keo cao su tự nhiên hoặc keo dầu nhưng so với keo dầu thì nhão hơn và lực kết dính cũng kém hơn. 'Latex' là chữ Latinh có nghĩa là chất lỏng, nghĩa là chất lỏng được tiết ra từ cây cao su.

IN getah perekat cair yang dibuat dengan mendispersikan butiran air pada karet atau resin di dalam air secara artifisial sehingga menjadi lengket ketika kering. Lateks yang terbuat dari karet sintetis lebih murah daripada bulu karet alami atau lem yang berbasis minyak. Selain itu, perekat ini tipis dan memiliki daya menempel yang tidak terlalu baik dibandingkan lem yang terbuat dari minyak. 'Latex' dalam bahasa latin berarti cairan, yang berarti cairan yang dilepaskan dari pohon karet.

CH 乳胶 将橡胶或树脂的细小粒子在水中分解后用人工制作的干燥后变粘的液体形态的粘合剂。合成橡胶制作的乳胶比天然橡胶或油性胶价格便宜但比油性胶稀且粘贴力不足。latex是拉丁语液体的意思，意味橡胶树分泌的液体。

로프 rope

면이나 혼방 소재를 꼬아 만든 둥근 줄. 주로 손잡이(핸들)의 모양을 잡아 주는 보강재(신)로 사용한다.

☞ 514쪽, 보강재(신)의 종류

EN rope a cord made by twisting cotton or mixed materials together. It is used as a reinforcing material that shapes the handle.

VI dây dây tròn được làm bằng cách bện cotton hoặc vật liệu pha sợi. Chủ yếu sử dụng làm đệm gia cố giúp giữ hình dáng quai xách.

IN tali tali yang dibuat dengan memutar kapas atau bahan campuran yang telah dicampur bersamaan. Digunakan sebagai bahan penguat untuk membentuk pegangan.

CH 绳 棉或混纺材料搓制而成的圆绳，通常用作手把定型的补强衬。

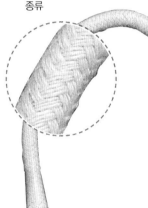

리넨 실 linen-

마섬유로 만든 실. 두껍기 때문에 강조할 곳이나 무늬를 내야 할 곳에 주로 사용한다.

동 리넨사(linen絲)

EN linen thread a thread made of hemp fiber. It is useful for elaborating or making patterns due to its thickness.

VI sợi chỉ lanh, sợi đay chỉ làm từ sợi cây lanh. Vì chỉ dày nên chủ yếu được sử dụng ở nơi cần nhấn mạnh hoặc nơi cần tạo hoa văn.

IN benang linen benang yang terbuat dari serat rami. Karena tingkat ketebalannya, membuat benang ini sering digunakan di tempat penguat atau press.

CH 亚麻线 麻纤维制成的线。因为较粗常被用在需强调的位置或需做出花纹的位置。

마일라 보강재 mylar補強材

열을 가하면 모양이 쉽게 변하고 차가운 곳에서는 쉽게 굳는 열가소성 필름. 투명하고 딱딱하며, 손잡이(핸들) 끝이나 원판의 테두리에 보강재(신)로 사용한다. '마일라'는 폴리에틸렌 테레프탈레이트(PET, polyethylene terephthalate)의 통칭이면서 상품명이다.

EN Mylar reinforcement, polyethylene terephthalate(PET) a thermoplastic film that solidifies in the cold, but is malleable in heat. It is a hard and translucent material that is often used to reinforce the handle ends and the panel edges of a bag body. 'Mylar' is the collective name and the product name of polyethylene terephthalate(PET).

VI Mylar màng phim có tính nhiệt dẻo, dễ dàng thay đổi hình dạng khi tăng nhiệt và dễ dàng cứng lại khi để ở nơi lạnh. Trong suốt và cứng, được dùng để làm đệm gia cố cho phần cuối quai xách hoặc viền thân túi. 'Mylar'vừa là tên gọi chung của polyethylene terephthalate(PET), vừa là tên sản phẩm.

IN Mylar, polietilena tereftalat(PET) lapisan termoplastik yang mudah membeku saat dingin tetapi mudah lunak saat panas. Bahannya yang keras dan tembus pandang membuat lapisan ini sering digunakan untuk memperkuat pegangan pada body tas atau pinggiran tas. 'Mylar' adalah nama produk terkenal dari polietilena tereftalat(PET).

CH Mylar, PET胶片 加热会变形，遇冷会硬化的热塑性薄片。质地透明坚硬，作为手把末端或原板边缘的补强衬使用。mylar是聚对苯二甲酸乙二醇酯(PET)的统称，也是商品名。

§ 마일라 신
(mylarしん[芯])
피이티
(PET[polyethylene
terephthalate])

☞ 514쪽. 보강재(신)의
종류

면 로프 綿rope

면을 꼬아 만든 둥근 줄. 주로 소창식 손잡이(소창 핸들)의 보강재(신)로 사용한다.

EN cotton rope a rope made by twisting cotton together. It is often used as a reinforcing material that shapes tubular handles.

VI dây cotton dây tròn được làm bằng cách bện cotton với nhau. Chủ yếu sử dụng làm đệm gia cố của quai ống.

IN tali kapas tali yang dibuat dari katun atau kapas yang diputar. Digunakan sebagai bahan penguat dari handle bagian bawah.

☞ 514쪽. 보강재(신)의
종류

CH 棉绳 用棉线搓制而成的圆绳，通常用作胶管式把手的补强衬。

면 바이어스 綿bias

면으로 만든 바이어스 테이프.

EN cotton bias a bias tape made of cotton.

VI viền xéo cotton dây nẹp viền được làm từ cotton.

IN bias katun pita bias yang terbuat dari katun.

CH 棉包边带 棉制的包边带。

면실 綿–

솜에서 뽑아내어 만든 실.

EN cotton thread, cotton yarn a thread made of cotton.

VI chỉ cotton chỉ được làm bằng cách kéo ra từ sợi bông.

IN benang kapas benang yang terbuat dari kapas.

CH 棉线 棉花制成的线。

동 면사(綿絲)

☞ 513쪽, 실의 종류

바이어스 bias

① 원단(패브릭)을 자르거나 박음질한 곳 따위가 직물의 올의 방향에 대하여 빗금으로 되어 있는 것. 또는 그렇게 자르는 일. ② 너비가 2 ㎝쯤 되게 올의 방향에 대하여 비스듬히 자른 천으로 만든 테이프. 안감(우라)과 같은 소재나 비닐, 보강재(신), 웨빙 따위를 잘라서 올이 잘 풀리지 않도록 덧대는 데 사용한다. ③ 가방 안쪽의 특정 부위를 좁은 폭으로 자른 가죽이나 원단(패브릭), 바이어스 테이프 따위로 감싸 덧대는 일. 합봉(마토메)한 뒤 가방의 형태를 유지하기 위하여 가방 안쪽의 시접을 감싸 처리하기도 한다.

EN bias ① a narrow strip of fabric cut obliquely or diagonally across the grain; the act of cutting a narrow strip of fabric obliquely or diagonally across the grain. ② an approximately 2 ㎝ wide tape cut obliquely or diagonally across the grain. The tape is made of a material that is similar to

동 ① 사선 재단(斜線裁斷),
② 바이어스 테이프
(bias tape),
③ 안쪽 바인딩
(– –binding)

☞ 179쪽, 안쪽 바인딩(랏파)

the lining, vinyl, reinforcement, or webbing. It is used to pad and prevent the plies from unraveling. ③ to wrap and cover a particular part inside a bag with a narrow strap of leather, fabric, or bias tape. Sometimes, it is used to wrap and cover the inseams inside a bag in order to maintain the shape of the bag after constructing it.

VI xéo, nghiêng ① nơi cắt hoặc may vải bị xiên theo hướng của sợi vải. Hoặc việc cắt như thế. ② dây được làm từ vải được cắt nghiêng theo hướng của sợi để độ rộng khoảng 2 ㎝. Cắt nylon, đệm gia cố, đai hoặc các vật liệu như lót rồi sử dụng khi gắn thêm vào để sợi không bị bung ra. ③ việc quấn rồi gắn thêm vào phần đặc biệt nào đó bên trong túi xách bằng dây nẹp viền, miếng da hoặc vải cắt với bề ngang hẹp. Cũng giúp quấn lấy đường biên may bên trong túi xách để nhằm duy trì hình dạng của túi sau khi ráp thành phẩm.

IN bias ① potongan atau jahitan kain yang ditetaskan atau dipotong sesuai dengan arah kain. ② pita yang terbuat dari celah kain dengan lebar sekitar 2 ㎝. Bahannya dipotong seperti lapisan, vinil dan dianyam bersamaan agar tidak longgar. ③ dibungkus dengan kulit atau kain, pita bias yang dipotong di area tertentu di dalam tas yang tidak terlalu lebar. Untuk mempertahankan bentuk tas setelah dibungkus, bagian dalam tas juga ikut dibungkus.

CH 包边带, 斜裁 ① 裁剪或缝纫面料的方向与织物纹理的走线相比呈斜线的情况。或这样剪裁的工艺。② 宽幅2㎝左右的与织物纹理走线相比呈斜线裁剪的布条。剪裁类似里布的材质或塑料、补强衬、织带等时为防止开线而包裹使用。③ 包内部特定位置用裁成窄条的皮革、面料、包边条等包边的工艺。合缝后为维持包的形态，也用来给包内部的边缘包边。

박엽지 薄葉紙

가죽이나 원단(패브릭) 사이에 넣는 얇은 종이. 가죽이나 원단이 서로 달라붙거나 이염되는 것을 막는 데 사용하거나 안감(우라)의 창틀 부분에 홈 변접음 보강재(홈 헤리 신)로 사용하기도 한다.

EN patronen paper a thin piece of paper that is placed in between leathers or fabrics to prevent it from touching each other and to prevent color migrations. It can also be used to reinforce the window part of a partially turned edge of a lining.

VI giấy nhồi túi giấy mỏng bỏ vào giữa da hoặc vải. Sử dụng để ngăn cho

동 하도롱지(← ハトロン [patroon]紙), 황지(黃紙)

☞ 514쪽, 보강재(신)의 종류

da hoặc vải bị dính chặt vào nhau hoặc bị lem màu, hoặc cũng sử dụng như đệm gấp mép một phần ở phần khung dây kéo của lót.

IN kertas patronen kertas tipis yang diletakkan di antara kulit dan kain. Berfungsi untuk mencegah kulit atau kain agar tidak menempel satu sama lain dan mencegah adanya perpindahan warna. Juga digunakan sebagai penguat lipatan sisi pada bagian jendela.

CH 蜡光纸, 黄隔纸 在皮革或面料之间放置的薄纸。用于防止皮革或面料相互接触粘连或染色，也用作里布的窗口的坑铲皮折边补强衬。

반달 볼록이

고무 스펀지(러버 스펀지)를 반달 모양으로 잘라 만든 것. 원판에 모양을 내거나 손잡이(핸들)를 볼록하게 보이게 하기 위하여 보강재(신)로 사용한다.

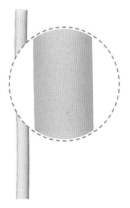

동 반달 모리
(－－もり[盛り])
☞ 514쪽, 보강재(신)의
종류

EN half circle sponge cord, D-shaped sponge cord a rubber sponge cord in the shape of a half-moon made by slicing a round rubber sponge cord in half down the center. It is used as a reinforcement that bulges the handle or shapes the body of a bag.

VI đệm nổi hình bán nguyệt việc cắt miếng xốp cao su thành hình bán nguyệt. Sử dụng làm đệm gia cố để nhằm tạo dáng cho thân túi hoặc làm quai xách trông lồi ra.

IN cembungan setengah lingkaran tali karet spons yang dipotong menjadi bentuk setengah lingkaran. Digunakan sebagai penguat bentuk dari panel atau membuat handle lebih berisi.

CH 半月凸起 将橡胶海绵切削而成的半月形凸起衬。通常用作原版成型或手把凸起定型的保强材料。

발라 지퍼 bala zipper

알루미늄 합금으로 만든 금속 지퍼(메탈 지퍼). 광택이 은은하여 고급스러우며 지퍼 이빨의 모서리 부분이 곡선이어서 금속 지퍼 중 여닫는 느낌이 가장 부드럽다.

동 엑셀라 지퍼
(excella zipper)
관 금속 지퍼(메탈 지퍼)
☞ 495쪽, 지퍼

EN bala zipper, excella zipper a metal zipper made of aluminum alloy that has a hint of gloss, which gives it a luxurious look. The edges of the zipper teeth are curved for a smooth opening and closing sensation.

VI dây kéo balla dây kéo kim loại được làm bằng hợp kim nhôm. Bóng láng, cao cấp, phần mép góc răng dây kéo là đường cong nên cảm giác khi đóng mở mềm mại nhất trong số các loại dây kéo kim loại.

IN risleting bala, risleting excella jenis risleting logam yang terbuat dari perpaduan alumunium. Memiliki lapisan gloss yang memberikan kesan tampilan mewah dan bagian tepi gigi risleting yang melengkung untuk mempermudah membuka dan menutup tas.

CH bala拉链, 铁拉链 用铝合金制成的金属拉链。亚光光泽非常高级，因其拉链牙边缘部分的曲线处理工艺，使得开合时的触感细腻柔顺。

벨크로 테이프 velcro tape

자유롭게 붙였다 떼었다 할 수 있는 찍찍이 방식의 테이프.

EN velcro tape a fastening tape with velcro that adheres when pressed together and separates when pulled apart.

VI băng khóa nhám băng dính theo kiểu có thể dán vào và tách ra một cách tự do.

IN pita velcro jenis pita pengencang dengan velcro yang melekat ketika ditekan bersamaan dan terpisah saat ditarik.

CH 魔术贴 一种能够自由贴合分离的粘贴型带子。

동 찍찍이 테이프
(———tape)

보강재 補強材

제품의 모양을 만들거나 유지하기 위하여 가죽, 원단(패브릭), 안감(우라)이나 또 다른 보강재(신)에 덧대는 것.

EN reinforcement/reenforcement, reinforcing material, filler a material attached to a leather, fabric, lining, or another reinforcing material to shape and maintain the product.

VI đệm gia cố, đệm vật gắn thêm vào da, vải, lót hoặc đệm gia cố khác để nhằm tạo hoặc duy trì hình dạng của sản phẩm.

IN material penguat material yang ditempelkan pada kulit, kain, lapisan atau penguat lainnya untuk membentuk atau mempertahankan bentuk produk. Terdapat jenis tali karet, kertas dan spons.

동 보강신(補強しん[芯]),
신(しん[芯])

☞ 514쪽, 보강재(신)의
종류

CH 补强衬, 保强衬 为了制作或维持产品的形状而贴在皮革、面料、里布或衬上的材料。有橡胶软管、纸、无纺布和海绵等。

보호 종이 保護--

접착테이프의 끈끈한 면을 보호하기 위하여 붙여 두는, 코팅된 종이. 양면테이프나 스티커, 티피유(TPU)에 사용한다.

동 박리지(剝離紙), 이형지(離型紙)
관 티피유
☞ 504쪽, 티피유

EN release paper a coated paper or a plastic-based film sheet that protects the sticky surface from prematurely adhering. It is used on double-sided tapes, stickers, and TPUs.

VI giấy ngăn keo giấy được dán và phủ một lớp ngoài để bảo vệ mặt dính keo của băng dính. Sử dụng cho băng keo hai mặt, nhãn dán hoặc TPU.

IN release paper lapisan kertas yang ditempel untuk melindungi sisi yang lengket pada pita perekat. Digunakan pada dua sisi pita, stiker atau TPU.

CH 离型纸 为保护胶带有粘性的一面而贴在其上的一种涂层纸。用于双面胶带、贴纸或TPU。

보호 테이프 保護tape

장식에 흠이 생기는 것을 막기 위하여 완제품에 달린 장식에 붙여 두는 투명한 테이프.

EN protection tape a translucent tape attached to the hardware of a finished product to prevent scratches.

VI băng dính bảo hộ băng dính trong suốt được dán vào vật trang trí gắn vào thành phẩm để ngăn vật trang trí không bị trầy.

IN pita pelindung pita transparan yang melekat pada hiasan produk yang sudah jadi untuk mencegah adanya goresan.

CH 保护带 为避免出现划痕而在成品包的五金件上贴的一层透明带子.

본드 bond

두 물체를 서로 붙이는 데 쓰는 물질. 수성 본드와 유성 본드가 있다.

관 수성본드, 유성본드

EN glue a substance for attaching two objects together. It can be water-based or oil-based.

VI keo chất sử dụng khi dán hai vật thể lại với nhau. Có keo nước và keo dầu.

IN lem perekat lem yang digunakan untuk menempelkan dua benda menjadi satu.

CH 胶水, 黄胶, 万年胶 粘贴两个物体时使用的物质。有水性胶和油性胶。

본드라는 말은 이렇게 유래되었어요 본드(bond)라는 말은 1952년 일본의 화학 전문 회사 '고니시(コニシ[konishi])'에서 '본도(ボンド[bond])'라는 이름으로 접착제를 출시한 데서 유래하였다. 본드는 놀라운 판매 실적을 올렸고 한 회사의 상품명에서 시작하여 접착제의 한 종류를 가리키는 일반 명사로 자리잡게 되었다.

Origin of the word 'bond' The term 'bond' comes from the 1952 Japanese chemical company Konishi, which released the adhesive under the name bond(ボンド). Bond achieved remarkable sale performance and the term 'bond' became a common noun that refers to a type of glue.

본딩사 bonding絲

본드를 먹인 실. 보통 나일론 실(나일론사)을 사용한다.

동 풀실

EN bonded thread a thread, usually nylon, coated with glue.

VI chỉ có keo chỉ được tẩm keo. Thông thường sử dụng chỉ nylon.

IN benang perekat benang nilon yang dilapisi lem perekat.

CH 胶线 经过过胶工艺处理的线。通常用尼龙线。

본텍스 보강재 Bontex補強材

두꺼운 종이를 압축해서 만든 판. 표면에 엠보싱 처리를 하여 접었을 때 종이의 꺾임이 덜하므로 구김이 잘 남지 않는다. 주로 딱딱함을 요구하는 가방의 보강재(신)로 사용한다.

EN Bontex board a board made by compressing thick papers that is embossed on the surface to prevents creases. It is often used to reinforce parts of a bag that requires a hard supporting material.

VI đệm Bontex tấm được làm bằng cách nén giấy cứng. Khi xử lý in nổi embossing lên bề mặt và gấp lại thì giấy ít bị cong nên không bị nhăn nhiều. Chủ yếu được dùng như đệm gia cố của loại túi yêu cầu độ cứng.

IN papan Bontex papan yang dibuat dengan mengompress kertas tebal yang timbul pada bagian atas untuk mencegah adanya lipatan. Biasanya digunakan untuk memperkuat bagian bawah tas, yang membutuhkan bahan pendukung keras.

CH 中底纸板衬 厚纸经过压缩制成的纸板。表面有压花处理，弯折时不易弯折，且不容易留下折痕。主要作为硬质包的补强衬使用。

동 본텍스 신
  (Bontexしん[芯])
관 택션
☞ 514쪽, 보강재(신)의
  종류

볼록이

볼록하게 보여야 하는 부분에 넣는 보강재(신).

EN bombay, bombe, trapunto a reinforcement that is placed inside an area that should bulge out.

VI đệm đệm gia cố gắn vào bên trong bộ phận cần lồi ra.

IN cembungan bahan penguat yang dimasukkan agar suatu bagian menjadi terlihat lebih cembung.

CH 凸起 放在需要看起来凸起的部位的补强衬。

동 모리(もり([盛り]),
  봄베(bombe),
  트라푼토(trapunto)
☞ 514쪽, 보강재(신)의
  종류

부직포 不織布

직기로 짜지 않고 섬유를 적당히 배열한 뒤 접착제나 섬유 자체의 밀착력이나 섬유들의 엉킴을 이용하여 서로 접합한 시트 모양의 천. 두께가 다양하며 유연하다. 주로 약하거나 부드러운 가죽의 보강재(신)로 사용한다.

EN non-woven fabric a sheet-like fabric that was

not woven with a loom, but made using the entanglement of the fibers to arrange and adhere the fibers with heat and chemicals. It is flexible and the thickness of the fabric varies. Non-woven fabrics are often used to reinforce weak or soft leathers.

☞ 514쪽, 보강재(신)의 종류

VI vải không dệt vải không được dệt bằng khung cửi mà sắp xếp các sợi một cách hợp lý, sau đó sử dụng keo dính hoặc lực kết dính của sợi, độ xoắn của sợi để tạo thành vải có hình khăn trải giường phù hợp với nhau. Chủ yếu sử dụng như đệm gia cố của da yếu hoặc mềm mại.

IN kain non-tenun kain non-tenun dengan serat yang diatur dengan menggunakan panas atau bahan kimia. Kain ini fleksibel dan memiliki ketebalan yang berbeda beda. Biasanya digunakan untuk memperkuat kulit yang halus dan lembut.

CH 不织布, 无纺布 不使用织机制造而是将纤维适当排列后，用粘贴剂或利用纤维本身的附着力和相互扭结制成的相互粘合的片状布。厚度多样，质地柔软。主要作为轻薄柔软的皮革补强衬使用。

불박 포일 −撲foil

포일 불박에 사용하는, 얇은 금속을 입힌 종이. 금박이나 은박 외에도 가죽의 색과 맞추어 사용할 수 있는 여러 가지 색이 있다. 가죽 위에 올려 놓고 불박기로 누르면 종이가 분리되고 불박 몰드의 무늬대로 포일만 가죽이나 원단(패브릭), 피브이시(PVC) 따위에 찍힌다.

관 포일불박

EN embossing foil a thin metal coated paper for embossing. In addition to gold and silver foils, there are other colors that can be used to match the color of leather. The embossing foil is placed and pressed using an embossing machine on top of a leather, fabric, or PVC. When the embossing foil is pressed on, the paper separates from the foil and leaves the foil in the shape of the embossed mold on the leather, fabric, or PVC.

VI ép nhũ giấy phủ kim loại mỏng, sử dụng trong in nhũ. Ngoài giấy vàng, giấy bạc còn có nhiều màu sắc để có thể sử dụng phù hợp với màu sắc của da. Đặt lên trên da và nếu ép bằng máy in embossing thì giấy được tách ra và chỉ mình nhũ được in lên da, vải hoặc PVC theo hoa văn của khuôn in embossing.

IN foil kertas dilapisi logam tipis yang digunakan untuk embossing foil. Selain emas dan perak, ada beberapa warna yang bisa digunakan untuk mencocokkan warna kulit. Caranya dengan menaruhnya di kulit, kemudian menekan dengan refraktor, dan kertas dipisahkan. Foil diletakkan pada kulit, kain dan PVC sesuai dengan pola cetakan yang terbentang.

CH 电压纸 在电压时使用的附有薄的金属的纸。除了金箔或银箔外还有搭配皮革颜色使用的各种颜色。放在皮革上面，用电压机压制的话，纸会分离，只有金属箔会根据电压模的花纹被压制在皮革、面料或PVC上。

브라스 지퍼 brass zipper

금속 지퍼(메탈 지퍼) 중 하나. 지퍼 이빨을 브라스(신추)로 만든 것으로, 지퍼 이빨에 도금하기도 한다. 지퍼 이빨 끝부분이 각져 있어 발라 지퍼나 하이폴리시 지퍼에 비해 여닫음이 거칠다.

EN brass zipper a metal zipper with brass teeth that can be plated. The sliding of the zipper is rough compared to a bala zipper or a highly polished zipper because the tips of the zipper teeth are at an angle.

VI dây kéo đồng thau một trong số các loại dây kéo kim loại. Răng dây kéo được làm từ đồng thau, cũng mạ lên răng dây kéo. Phần cuối răng dây kéo có góc cạnh nên việc đóng mở thô kệch hơn so với dây kéo balla hoặc dây kéo có độ bóng cao.

IN risleting kuningan salah satu jenis ritsleting logam. Gigi ritsletingnya terbuat dari kuningan, dan juga berlapis. Ujung gigi ritsleting dijahit, sehingga lebih ketat daripada risleting bala dan risleting dengan resolusi tinggi.

CH 黄铜拉链 金属拉链的一种。拉链牙是铜制的，有时也镀金。拉链牙末端有角，相比BALA拉链或H/P拉链开合不太顺滑。

동 놋쇠 지퍼(--zipper), 황동 지퍼(黃銅zipper)
관 금속 지퍼(메탈 지퍼)
☞ 495쪽, 지퍼

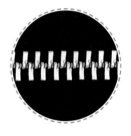

성분비 라벨 成分比label

제품 제작에 사용된 원자재들의 원재료 성분 구성비를 적은 조각.

EN content label, composition label a label with the list of raw ingredients that compose the materials used in the production of a product.

VI nhãn đính kèm nội dung mảnh ghi tỉ lệ thành phần nguyên liệu chính được dùng trong sản xuất sản phẩm.

IN label konten, label komposisi label dengan daftar bahan baku yang digunakan dalam produksi tas tangan.

CH 成分布标, 成分标签 标明了产品制作中使用的原材料的原料成分构成比例的小标签。

소창 小腸▽

소창식 손잡이(소창 핸들)처럼 긴 관 모양인 부위의 안쪽 공간을 채우는 보강재(신). 로프, 혼방 로프, 연탄 구멍 호스(연근 호스) 따위가 있다.

☞ 514쪽. 보강재(신)의 종류

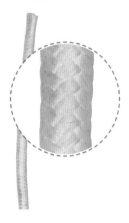

EN tubular reinforcement a reinforcement that fills the inner space of a long tubular object like a tubular handle (e.g. rope, multicanal hose, synthetic fiber rope).

VI ống đệm gia cố lấp đầy không gian bên trong của phần có hình ống giống như quai ống. Có các loại như dây, dây thừng tổng hợp, ống bông súng.

IN pengeras bahan penguat yang mengisi bagian dalam dari objek berbentuk pipa yang panjang seperti handle berbentuk tubular. Terdapat jenis tali, tali berbentuk akar lotus dan tali fiber sintesis.

CH 胶管 用于填充类似胶管形状的手把的长管型部位的内侧空间的补强衬。有绳、蜂窝孔管、混纺绳等。

속지 -紙

완성된 제품을 포장(패킹)할 때 제품의 외형을 살리기 위하여 제품 안쪽을 채우는 종이.

룡 스터핑지(stuffing紙)

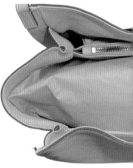

EN stuffing paper, stuffings the paper stuffed inside a product during the packing process. It helps maintain the appearance of the final product.

VI giấy nhồi túi giấy nhét ở bên trong sản phẩm để phục hồi hình dạng của sản phẩm khi đóng gói thành phẩm.

IN stuffings kertas yang dimasukkan ke dalam produk untuk menjaga bentuk akhir dari produk.

CH 填充纸 成品包装时，为保持产品外形而在内部填充的纸。

손잡이 포장지 ---包裝紙

포장(패킹)할 때 손잡이(핸들)를 모아서 감싸는 종이 포장지.

룡 핸들 테이프 (handle tape)

EN handle tape, handlebar tape a wrapping paper that collects and covers the handles during the packing process.

VI giấy quấn tay cầm giấy gói đồ quấn vào quai xách khi đóng gói.

IN pita pegangan　pita kertas pembungkus yang menutupi pegangan sebelum tas dikemas.

CH 纸胶带, 手把纸带　包装时，用来把手把绑在一起的包装纸带。

수성 본드 水性bond

유기 용제를 함유하지 않은 접착제. 마르는 데 비교적 긴 시간이 걸리지만 유성 본드에 비해 인체에 덜 해롭다. 열 건조기를 이용하여 건조하면 접착력이 좋아진다.

EN water-based adhesive, water-based glue　an adhesive that does not contain any organic solvents. It takes a relatively longer time to dry, but it is less harmful to the human body than an oil-based adhesive. The adhesive strength of the adhesive improves when dried using a dryer.

VI keo nước　keo dính không chứa dung môi hữu cơ. Thời gian khô tương đối lâu hơn nhưng ít gây hại cho cơ thể con người hơn so với keo dầu. Sử dụng băng chuyền nóng để sấy khô thì lực kết dính trở nên tốt hơn.

IN lem berbasis air　lem yang tidak mengandung pelarut organik. Lem ini mengering dalam waktu yang cukup lama tetapi tidak berbahaya bagi tubuh manusia dibandingkan dengan lem yang berbasis minyak. Proses pengeringan dengan pengering panas akan memperkuat lem.

CH 水性胶　一种不含有机溶剂的粘合剂。晾干时间相对较长，比油性胶对人体危害较小。使用热干燥机进行干燥的话，能提高粘贴力。

순간접착제 瞬間接着劑

두 물체가 붙는 데에 소요되는 시간이 매우 짧은 접착제. 실이 풀리지 않게 고정하거나 장식 따위가 가방에서 떨어지지 않게 고정할 때 사용한다.

동 강력 본드(强力bond)

EN instant adhesive, quick-drying glue　an adhesive that requires a very short amount of time to dry and to adhere two objects. It is used to prevent threads from unraveling and fix hardwares onto bags, so that it does not fall off.

VI keo dán sắt　keo dính có thời gian rất ngắn để dán hai vật thể với nhau. Sử dụng khi cố định để chỉ không bị bung ra hoặc cố định để đồ trang trí không bị rớt khỏi túi xách.

IN lem cepat kering lem yang dapat melekatkan dua objek dalam waktu yang sangat singkat. Lem ini digunakan untuk memperbaiki benang agar tidak lepas, atau untuk menempelkan hiasan sehingga tidak jatuh lepas dari kantong.

CH 瞬干胶粘剂 粘贴两个物体所用的时间非常短的粘合剂。在固定线使之不松散或固定五金在包上使之不掉落时使用。

스펀 실 spun-

폴리에스테르, 폴리우레탄 따위의 화학 성분으로 면실(면사)과 비슷하게 만든 실. 면실과 달리 탄성이 있다.

동 스펀사(spun絲)

EN spun thread a thread made of chemical compounds like polyester and polyurethane. It is made to resemble cotton threads. However, unlike cotton threads, it is elastic.

VI chỉ spun chỉ được làm giống như chỉ cotton bằng thành phần hóa học của polyester, PU. Có tính đàn hồi khác với chỉ cotton.

IN benang pintal benang yang dibuat menyerupai benang kapas menggunakan senyawa kimia seperti poliester dan poliuretan. Memiliki daya elastisitas tidak seperti benang kapas.

CH 人造棉纱 用聚酯、聚氨酯等化学成分制作成仿棉纱。与棉纱不同的是，人造棉纱具有弹性。

스펀지 sponge

합성수지의 섬유상 골격만 남겨서 만든 다공 물질. 폭신하고 복원력이 뛰어나서 퀼팅 따위에 보강재(신)로 사용한다.

관 고무 스펀지, 에바 스펀지, 토일론

☞ 514쪽, 보강재(신)의 종류

EN sponge a porous material made by leaving only the fibrous skeleton of synthetic resins. It is mainly used as a reinforcing material in quilting because of its softness and resilience.

VI xốp vật nhiều lỗ được làm bằng cách chừa lại khung chất xơ của nhựa tổng hợp. Mềm mại và có khả năng phục hồi cao nên sử dụng để làm đệm gia cố lên đồ may chần.

IN spons material berpori yang dibuat dengan hanya menyisakan kerangka berserat dari resin sintetis. Biasanya digunakan saat proses quilting dan digunakan sebagai filler karena kelembutan dan ketahanannya.

CH 海绵 一种采用合成树脂纤维制作的多孔材料。软绵绵的且回弹极好，在绗缝等工艺中作为补强衬使用。

시오 라벨 CO(country of origin) label

제조 연월과 원산지 정보를 적은 조각.

EN country of origin(CO) label, certificate of origin(CO) label a tag with the information indicating the country of origin and the manufactured date (month and year) of a product.

VI nhãn xuất xứ mảnh ghi thời gian sản xuất và thông tin nước sản xuất ra sản phẩm.

IN CO(certificate of origin) label potongan kecil label yang berisi informasi tentang tanggal (bulan dan tahun) manufaktur dan negara asal produksi.

CH 产地布标 标有制作年月和原产地信息的小标签。

통 원산지 라벨
(原産地label)

실리카 겔 silica gel

황산과 규산 나트륨의 반응으로 만들어진 튼튼한 그물 조직의 규산 입자. 물에 잘 녹지 않으며 조해성(고체가 대기에서 습기를 흡수하여 녹는 성질)이 없다. 물이나 알코올 따위의 액체를 매우 잘 흡수하여 주로 제습제로 사용한다.

EN silica gel the silica particles in a sturdy mesh structure made from the solution of sulfuric acid and sodium silicate. It does not dissolve well in water, but it is not harmful to the human body (it absorbs moisture from the atmosphere and de-solidifies). It is used as a dehumidifier because of its excellent ability to absorb water and alcohol.

VI gói hút ẩm phân tử axit silicic của lưới cứng được tạo ra từ phản ứng của axit sunfuric và natri silicat. Không dễ tan trong nước và không có tính chảy rữa (chất rắn hấp thụ độ ẩm trong không khí và tan chảy). Hấp thụ tốt nước hoặc cồn, sử dụng như chất khử ẩm.

IN gel silika partikel silika berjaring dan tahan lama yang dibuat dari reaksi asam sulfat dan natrium silikat. Gel ini tidak mudah tercampur di dalam air dan tidak merusak komponen di sekelilingnya. Gel ini digunakan sebagai dehumidifier karena kemampuannya untuk menyerap air dan alkohol dengan sangat baik.

CH 干燥剂 利用硫酸和硅酸钠的化学反应制作的结实的网状硅酸粒子。不易溶于水，无潮解性(固体吸收大气中的水分后溶解的性质)。能很好的吸收水分或酒精主要作为除湿剂使用。

실리콘 silicone

마감이나 보수에 사용하는, 규소를 원료로 하는 합성수지. 주로 박음질한 실의 끝부분이 풀리지 않게 실을 안쪽으로 뽑아 붙여 고정하는 데 사용한다.

관 실리콘 불박

EN silicone a synthetic resin used in finishes and repairs. It uses the chemical element silicon as its raw material. Silicone is mainly used to fix the ends of a sewn-on thread to one side to prevent the thread from unraveling.

VI silicon nhựa tổng hợp sử dụng khi kết thúc hoặc sửa chữa, lấy silicon làm nguyên liệu. Chủ yếu sử dụng khi kéo chỉ vào bên trong, dán và cố định lại để phần cuối của chỉ khâu không bị bung ra.

IN silikon resin sintetis yang digunakan untuk proses finishing dan perbaikan yang menggunakan silikon berbahan kimia sebagai bahan mentahnya. Biasanya digunakan untuk memperbaiki benang pada bagian pada ujung jahitan agar benangnya tidak longgar.

CH 硅胶 在收尾或修补阶段使用的硅为原料制作的合成树脂。主要在防止缝纫末端不开线而将线抽到内侧粘贴固定时使用。

아르에프아이디 행태그 RFID(radio frequency identification) hangtag

제품의 생산 이력을 담은 마이크로칩이 들어 있는 꼬리표.

EN radio frequency identification(RFID) hangtag, radio frequency identification(RFID) tag a tag with a microchip containing the traceability information of a product.

VI thè bài nhãn có microchip chứa lý lịch sản xuất của sản phẩm.

IN RFID(radio frequency identification) tag tag dengan microchip yang berisi informasi traceability dari produk.

CH 射频识别挂牌, RFID(radio frequency identification)挂牌 装有含产品生产全过程信息的芯片的挂牌。

압축 가죽판 壓縮--板

가죽을 갈아 압축하여 만든 판. 종이보다 질기며 재질이 부드럽고 복원력이 우수하다.

EN leather board(LB), bonded leather, composite a board made with compressed shredded leather. It is soft and resilient, and yet stronger than paper.

VI LB(leather board) tấm được chế tạo bằng cách mài da và nén lại. Dai hơn so với giấy, chất liệu mềm mại và khả năng phục hồi vượt trội.

IN papan kulit papan yang dibuat dengan menghaluskan kulit. Papan kulit ini lebih kuat dibandingkan kertas, berbahan lembut dan memiliki kualitas yang baik.

CH 皮康纸 将皮革剪碎压制成的板。比纸结实，材质柔软，回弹性好。

통 엘비신
(LB[leather board/bonded]しん[芯]),
살파(salpa)

약물 藥-

가죽의 단면(기리메)을 마감 처리하기 위하여 단면에 바르는, 투명하거나 색이 있는 액체. 주로 이탈리아에 본사를 둔 페니체사(Fenice社)나 중국에 본사를 둔 푸칭(Fuqing)이라는 회사에서 공급받는다. 과거에는 페니체 약물을 이태리 약물이라고 부르기도 하였다.

통 기리메 약물
(きりめ[切り]目]藥-),
마감액(--液),
에지 페인트
(edge paint)

| 단면(기리메)
raw edge | 투명 약칠 1회
coated with
a primer once | 투명 약칠 2회
coated with
a primer twice | 약물 바른 부분
edge painted area |

EN edge paint a colored or translucent liquid applied to the raw edges of a material as a finish. It is mainly supplied by Fenice, which is headquartered in Italy, and Fuqing, which is headquartered in China. In the past, Fenice edge paint was known as the 'Italian edge paint.'

VI nước sơn chất lỏng trong suốt hoặc có màu bôi lên cạnh sơn để kết thúc cạnh sơn của da. Chủ yếu nhận cung cấp từ công ty Fenice có trụ sở chính ở Ý hoặc công ty Fuqing có trụ sở chính ở Trung Quốc. Trong quá khứ người ta cũng gọi nước sơn Fenice là nước sơn Ý.

IN cat tepian cairan berwarna atau transparan yang diaplikasikan pada potongan pinggiran material sebagai proses finishing. Biasanya dipasok oleh Fenice, yang berkantor pusat di Itali, dan Fuqing yang berkantor pusat di China. Jaman dahulu, cat tepian Fenice disebut juga sebagai cat tepian Itali.

CH 边油 为了给皮革的断面进行收尾处理而在断面上涂的透明或有色颜料。主要由意大利的芬尼斯公司(Fenice)或中国的福清公司供给。过去也把边油称作意大利边油。

관 이태리 약물,
페니체 약물,
프랑스 약물

양면테이프 兩面tape

양쪽 면 모두 접착이 가능하도록 만든 테이프. 대상을 본드보다 쉽고 빠르게 붙일 수 있다.

EN double-sided tape a tape with adhesives on both sides. It sticks faster and easier than glue.

VI băng keo hai mặt băng keo được làm để cả hai mặt đều có khả năng kết dính. So với keo thì có thể dán đối tượng dễ và nhanh hơn.

IN tape dua sisi tape dengan perekat di kedua sisi. Tape ini lebih mudah dan lebih cepat menempel daripada lem biasa.

CH 双面胶 两面都能粘贴的胶带。与胶水相比, 粘合更容易且迅速。

에바 스펀지 EVA(ethylene vinyl acetate) sponge

고무와 에틸렌을 합성하여 만든 스펀지. 일반 스펀지보다 딱딱하지만 유연성이 좋으며 충격을 잘 흡수하여 보강재(신)로 사용한다.

EN ethylene vinyl acetate(EVA) sponge a sponge made by synthesizing

관 고무 스펀지

☞ 514쪽, 보강재(신)의
종류

rubber and ethylene. It is often used as a reinforcing material due to its tough, but flexible and shock absorbent properties.

VI xốp EVA(Etylen-Vinyl Axetat) xốp được làm tổng hợp từ cao su và etylen. Tuy cứng hơn so với xốp thông thường nhưng có tính mềm dẻo tốt và có khả năng tiếp nhận va chạm tốt nên được sử dụng làm đệm gia cố.

IN spons EVA(Ethylene Vinyl Acetate) spons yang terbuat dari gabungan karet sintesis dan etilena. Spons ini sering digunakan sebagai bahan penguat karena fleksibel dan memiliki daya serap yang kuat meskipun lebih keras daripada spons biasa.

CH EVA海绵 橡胶和乙烯合成的海绵，比普通的海绵硬，但柔软抗冲击，作为保强材料使用。

연질 호스 軟質hose

피브이시(PVC)로 만든 호스. 매우 부드러우며 가방 손잡이(핸들) 안에 넣어 보강재(신)로 사용한다.

☞ 514쪽, 보강재(신)의 종류

EN soft hose, soft cord a hose made of PVC that is soft to touch. It is used as a reinforcing material that is placed inside the handles of a bag.

VI ống nhựa mềm ống được làm từ PVC. Rất mềm mại, sử dụng làm đệm gia cố đặt trong quai xách.

IN selang halus selang halus yang terbuat dari PVC. Bahannya sangat lembut dan digunakan sebagai bahan penguat dengan cara diletakkan di dalam handle tas.

CH 軟管 用PVC制成的管，非常柔软，置于包的手把内部做补强衬使用。

연탄 구멍 호스 煉炭--hose

연탄 구멍처럼 구멍이 뚫린 피브이시(PVC)로 만든 호스. 모양이 쉽게 변하지 않고 복원력이 우수하다. 소창식 손잡이(소창 핸들) 안에 넣어 보강재(신)로 사용한다.

🔁 연근 호스(蓮根hose)
☞ 514쪽, 보강재(신)의 종류

EN multicanal hose, lotus root-shaped hose, beehive briquette-shaped hose a hose made of PVC that has several holes like a beehive briquette. It is resilient and not easily modifiable. It is often used to fill the inside of a tubular handle as a reinforcement.

VI ống bông súng ống được làm từ PVC, các lỗ được đục giống như lỗ than tổ ong. Hình dạng không dễ thay đổi và có khả năng phục hồi cao. Sử dụng làm đệm gia cố đặt trong quai ống.

IN selang berbentuk akar lotus selang yang terbuat dari PVC dan memiiki beberapa lubang berbentuk seperti briket sarang lebah. Selang ini kuat dan tidak mudah dimodifikasi, sering digunakan untuk mengisi bagian dalam handle tubular sebagai bahan penguat.

CH 蜂窝孔管 用聚氯乙烯(PVC)制成的形似蜂窝煤孔的软管。不易变形且回弹性好。通常置于胶管式手把内作补强材料。

오픈 지퍼 open zipper

지퍼 이빨의 양 끝이 완전히 분리되는 지퍼.

EN open zipper, open end zipper a zipper that can completely separate and open up on both ends.

VI dây kéo mở dây kéo mà ở cuối hai đầu răng dây kéo được tách biệt hoàn toàn.

IN risleting ujung terbuka risleting dengan stopper yang terpisah di kedua bagian ujungnya.

CH 开口拉链 拉链牙两侧完全分开的拉链。

동 점퍼 지퍼(jumper zipper)
☞ 495쪽, 지퍼

지퍼 박스
zipper box

옥변 玉邊

원통형 막대에 날개가 붙어 있는 플라스틱 보강재(신). 제품을 합봉(마토메)할 때 부위와 부위 사이에 끼워 준다. 주로 여행용 바퀴 가방(트롤리)의 파이핑에 사용한다.

☞ 514쪽, 보강재(신)의 종류

EN flanged piping cord a plastic reinforcing material that is in the shape of a cylindrical cord with flanges. It is placed in between parts when constructing a product. It is mainly used for piping suitcases.

VI ống dây có gờ đệm gia cố nhựa có cánh gắn vào que hình trụ. Giúp gắn vào phần giữa các bộ phận khi ráp sản phẩm. Chủ yếu sử dụng ở viền gân của vali kéo.

IN flanged piping cord selang yang kedua ujung giginya benar-benar terpisah. Sering digunakan sebagai bahan penguat untuk menguraikan bagian yang dijahit pada produk. Biasanya digunakan untuk piping travel bag.

CH 玉边 圆筒上贴有翅膀的塑料补强衬。在产品缝合时，插在缝合部位之间。主要在带轮旅行箱PP的时候使用。

왁스 코드 wax cord

왁스칠을 한 끈. 주로 가방을 꾸미는 데 사용한다.

EN wax cord, waxed cord a cord that has been waxed. It is mainly used to decorate bags.

VI dây sáp dây được phết sáp. Chủ yếu sử dụng khi trang trí túi xách.

IN wax cord, waxed cord kabel yang telah diwax. Biasanya digunakan untuk mendekorasi tas.

CH 蜡绳 表面涂蜡的绳子，用作包的装饰用途。

☞ 514쪽. 보강재(신)의 종류

우븐 라벨 woven label

상품명이나 상표 따위를 직기로 짜서 만든 조각.

EN woven label a label that was woven with a loom. It has the name or trademark of a product.

VI nhãn dệt mảnh được làm bằng cách dệt tên sản phẩm hoặc nhãn hiệu bằng khung cửi.

IN label katun label yang dibuat dengan mencantumkan nama produk atau trademark.

CH 布标 用织机织出商品名或商标的小块材料。

통 직조 라벨(織造label)

웨빙 webbing

가느다란 실을 원하는 폭으로 짜서 만든 띠. 나일론, 면, 아크릴, 폴리에스테르, 폴리프로필렌 따위를 원료로 하며, 주로 가방의 손잡이(핸들)를 만들거나 원판을 꾸미는 데 사용한다.

EN webbing a strap made by weaving thin nylon, cotton, acrylic, polyester, or polypropylene threads to the desired width. Webbings are often used to make handles or to decorate the panels of a bag.

VI dây đai dây được làm bằng cách dệt các sợi chỉ mảnh với chiều rộng theo ý muốn. Làm bằng các nguyên liệu như nylon, cotton, acrylic, polyester, polypropylene, chủ yếu sử dụng khi làm quai xách hoặc trang trí thân túi.

IN webbing tali yang dibuat dengan cara menenun benang menjadi bagian bagian tipis. Terdapat jenis nilon, katun, akrilik, poliester dan polipropilena, biasanya digunakan untuk mendekorasi handle dan panel dari tas.

CH 织带 用细线编织出所需宽幅的带子。以尼龙、棉、聚酯纤维、丙烯、聚丙烯等为原料，主要作为手袋的手把或原板的装饰使用。

유성 본드 油性bond

솔벤트와 같은 유기 용제를 함유한 접착제. 마르는 데 걸리는 시간이 비교적 짧으며, 수성 본드에 비해 접착력이 좋다.

EN oil-based adhesive, oil-based glue an adhesive that contains organic solvents, which is similar to regular solvents. It dries relatively quickly and it has strong adhesive strengths compared to water-based adhesives.

VI keo dầu keo dính có chứa các dung môi hữu cơ, ví dụ như dung môi. Thời gian khô tương đối ngắn và lực kết dính tốt hơn so với keo nước.

IN lem berbasis minyak jenis lem yang mengandung pelarut organik. Lem ini lebih menempel dibandingkan lem biasa dan membutuhkan waktu yang relatif singkat untuk kering.

CH 油性胶水 一种含有有机溶剂的粘合剂，晾干过程所需时间相对较短，相比水性胶粘贴力更强。

유피시 스티커 UPC(universal product code) sticker

제품의 생산 이력을 담은 막대 모양의 바코드가 찍혀 있는 스티커.　　　**동** 유피시 라벨(UPC label)

EN universal product code(UPC) sticker, universal product code(UPC) label a sticker stamped with a barcode containing the traceability information of a product.

VI nhãn dán UPC(universal product code) nhãn dán có in các mã vạch hình que chứa lý lịch sản xuất của sản phẩm.

IN stiker UPC(universal product code) stiker yang dicap
dengan barcode berisi informasi traceability dari produk.

CH UPC(universal product code)贴纸, 代码贴纸 印有包
含产品生产全过程信息的条形码贴纸。

인조 가죽 人造--

무명이나 화학 섬유 따위의 기본이 되는 원단(패브릭) 위에 플라스틱
층을 겹쳐서 천연 가죽과 비슷하게 만든 것. 주로 가방 바닥판(소코)의
보강재(신)로 사용한다.

동 에스엘 폴리염화비닐
(SL[synthetic leather]
poly塩化vinyl),
에스엘 피브이시(SL PVC),
에스엘 피브이시 신
(SL PVC しん[芯]),
인조 피브이시
(人造PVC),
합성 피브이시(合成PVC)

EN synthetic leather polyvinyl chloride(SL PVC) a man-made fabric made
by overlapping layers of plastic on a cotton cloth or a chemical fiber cloth that
is treated and dyed to resemble real leather. It is mainly used as a
reinforcement for the bottom of a bag.

VI da nhân tạo, nhựa PVC vật được chế tạo tương tự như da tự nhiên
bằng cách phủ lớp nhựa lên bề mặt vải có thành phần cơ bản là các sợi vải
bông hoặc sợi hóa học. Chủ yếu sử dụng làm đệm gia cố của đáy túi.

IN SL(synthetic leather), kulit sintesis kain buatan yang dibuat dengan
lapisan plastik yang ditumpang tindih pada kain dan serat kimia yang
diolah dan dicelupkan hingga menyerupai kulit asli. Sering digunakan
sebagai bahan penguat bagian bawah dari tas.

CH SL PVC, 人造革 一种在以棉或化纤为主材料的面料上覆盖塑料层的
与天然皮革类似的材料。主要用作包底的补强衬。

자수 실 刺繡-

박음질하여 무늬를 낼 때 사용하는 실. 폴리 실(폴리사)을 주로 사용하
며 매우 얇기 때문에 섬세한 표현을 하기에 좋다.

EN embroidery thread a thread, often made of polyester, that is used to
stitch patterns. It is good for delicate renders because it is so thin.

VI chỉ thêu chỉ dùng khi may và tạo hoa văn. Chủ yếu dùng chỉ poly, vì
chỉ rất mỏng nên thích hợp để làm những biểu hiện tinh xảo.

IN benang bordir benang yang digunakan untuk menjahit dan membuat

pola. Biasanya menggunakan benang dari bahan poliester karena bahannya tipis sehingga halus ketika dijahit.

CH 刺绣线 在缝纫花纹时使用的线。主要使用涤纶线，因为其线较细，可以表现小的细节。

통 자수사(刺繡絲)

☞ 514쪽, 보강재(신)의 종류

재봉실 裁縫-

재봉틀(미싱)에 끼워 사용하는 실. 주로 면실(면사), 나일론 실(나일론사), 본딩사, 폴리 실(폴리사)을 사용한다.

EN sewing thread a thread for sewing machines. The most commonly used sewing threads are cotton threads, polyester threads, nylon threads, and bonded threads.

VI chi may chỉ dùng để gắn vào máy may. Chủ yếu sử dụng chỉ cotton, chỉ poly, chỉ nylon, chỉ có keo.

IN benang jahit benang yang digunakan pada mesin jahit. Benang kapas, benang poliester, benang nilon, benang terikat biasanya digunakan pada mesin jahit.

CH 缝纫线 在缝纫机上使用的线。主要使用涤纶线、尼龙线、胶线。

통 재봉사(裁縫絲)

관 나일론 실(나일론사), 면실(면사), 본딩사, 폴리 실(폴리사)

☞ 513쪽, 실의 종류

접착제 接着劑

두 물체를 서로 붙이는 데 쓰는 물질. 유성 본드, 수성 본드, 순간접착제, 티피유(TPU), 나사 본드, 풀, 핫멜트 따위가 있다.

EN adhesive a substance for attaching two objects together(e.g. oil-based adhesive, water-based adhesive, instant adhesive, TPU, threadlocker, glue, hot melt).

VI keo dính chất dùng để dán hai vật thể lại với nhau. Có các loại như keo dầu, keo nước, chất kết dính, keo dẻo TPU, đinh vít keo, hồ dán, keo nóng chảy.

IN perekat zat perekat untuk menempelkan dua benda menjadi satu. Sebagai contoh lem berbasis minyak, lem berbasis air, lem instan, TPU, lem baut dan juga hot melt.

CH 粘合剂 粘合两个物体时使用的材料。主要有油性胶、水性胶、瞬干胶粘剂、TPU薄膜、螺丝胶水、热熔胶等。

관 나사 본드, 수성 본드, 순간접착제, 유성 본드, 티피유(TPU), 핫멜트

지퍼 zippers

1 지퍼의 구성 Composition of a zipper

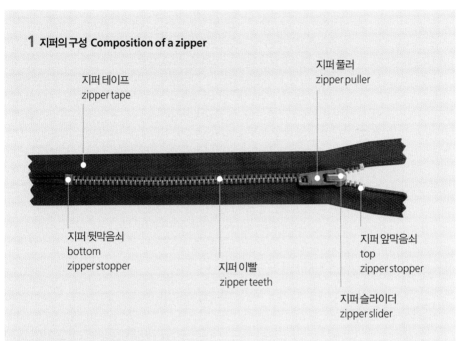

지퍼 테이프
zipper tape

지퍼 풀러
zipper puller

지퍼 뒷막음쇠
bottom
zipper stopper

지퍼 이빨
zipper teeth

지퍼 앞막음쇠
top
zipper stopper

지퍼 슬라이더
zipper slider

2 지퍼의 종류 Types of zippers

① 지퍼 이빨 zipper teeth
- 나일론 지퍼 nylon zipper
  코일 지퍼(coil zipper)
- 플라스틱 지퍼 plastic zipper
- 금속 지퍼 metal zipper
  발라 지퍼(bala zipper), 브라스 지퍼(brass zipper), 하이폴리시 지퍼(highly polished zipper)

② 지퍼 테이프의 폭 width of the zipper tape
  광폭 지퍼(wide zipper)

③ 지퍼 막음쇠의 모양 shape of the zipper stopper
  오픈 지퍼(open zipper)

지퍼 zipper

서로 이가 맞물리도록 금속이나 플라스틱 조각을 천에 나란히 박아서, 두 줄을 지퍼 슬라이더로 밀고 당겨 여닫을 수 있도록 만든 잠금 장치. 핸드백에서 가장 많이 사용하는 잠금 장치로, 지퍼 이빨의 자재에 따라 금속 지퍼(메탈 지퍼), 나일론 지퍼, 플라스틱 지퍼로 나뉜다.

EN zipper a device consisting of linearly aligned teeth attached on two flexible strips that interlock and unlock with a slider. It is the most commonly used device for closing handbags. Zippers are categorized as metal zippers, nylon zippers, or plastic zippers according to the material of the teeth.

VI dây kéo may song song mảnh kim loại hoặc nhựa lên vải để răng cưa ăn khớp với nhau, đẩy và kéo hai dây bằng đầu kéo, tạo thành khóa có thể đóng mở. Là loại khóa được sử dụng nhiều nhất trong túi xách, tùy theo vật liệu của răng dây kéo mà chia thành các loại như dây kéo kim loại, dây kéo nylon, dây kéo nhựa.

IN zipper, risleting perangkat yang terdiri dari gigi linear selaras dan melekat pada dua strip fleksibel yang saling interlock dan dapat dibuka dengan slidder. Perangkat ini adalah perangkat yang paling umum digunakan untuk menutup tas. Risleting dikategorikan sebagai risleting logam, risleting nilon, dan risleting plastik menurut bahan giginya.

CH 拉链 将金属或塑料的小块整齐钉在布上使之能相互咬合后，再安装拉链头使两条这样的布条能够开合的锁扣装置。是包上最常用的锁扣装置，根据拉链的牙齿的材质可分为金属拉链、尼龙拉链、塑料拉链等。

금속 지퍼(메탈 지퍼), 나일론 지퍼, 오픈 지퍼, 지퍼 뒷막음쇠 (지퍼 뒷도메), 지퍼 막음쇠(지퍼 도메), 지퍼 슬라이더, 지퍼 앞막음쇠 (지퍼 앞도메), 지퍼 이빨, 지퍼 테이프, 지퍼 풀러, 코일 지퍼, 플라스틱 지퍼

☞ 495쪽, 지퍼

지퍼 막음쇠 zipper---

지퍼 슬라이더가 빠지지 않도록 지퍼 양 끝을 막아 주는 자재. 지퍼 뒷막음쇠(지퍼 뒷도메)와 지퍼 앞막음쇠(지퍼 앞도메)가 있다. 지퍼 앞막음쇠는 지퍼 양 끝에 달아 주며, 지퍼 뒷막음쇠는 끝부분을 한번에 봉해 주는데 'X'자형과 가시발형이 있다.

EN zipper stopper a material on both ends of a zipper that prevents the zipper slider from falling out. There are two types of zipper stoppers - top zipper stopper and bottom zipper stopper. The top zipper stopper is on both sides of the zipper and the bottom zipper stopper conjoins the zipper ends

스토퍼(stopper), 지퍼 도메 (zipperとめ[止め])

지퍼 뒷막음쇠 (지퍼 뒷도메), 지퍼 앞막음쇠 (지퍼 앞도메)

☞ 495쪽, 지퍼

together. Bottom stop can be X-shaped or claw-shaped.

VI chặn đầu kéo kim loại vật liệu giúp chặn ở cuối hai đầu dây kéo để đầu kéo không bị rớt ra ngoài. Có chặn đầu kéo trước và chặn đầu kéo sau. Chặn đầu kéo trước giúp gắn hai bên dây kéo thành một cặp, chặn đầu kéo sau giúp đóng chặt phần cuối lại trong một lần, có loại chữ X và loại hình đinh tán gai.

IN zipper stopper, penyumbat material yang mencegah slider risleting agar tidak jatuh keluar. Terdapat 2 jenis zipper stoppers, yaitu top stop dan bottom stop. Top stop menempel pada kedua sisi risleting, dan bottom stop mempunyai tanda 'X' dan berputar untuk menutup bagian ujungnya.

CH 头尾钉, 拉链连接头 夹在拉链两端防止拉头掉落的部件。分为头钉（上止）和尾钉（下止）。头钉在拉链两端成对安装，尾钉在拉链尾部一次缝合，有X型和虾足型。

지퍼 박스 zipper box

오픈 지퍼의 끝부분에 달아 지퍼 풀러가 빠지지 않도록 막아 주는 자재.

EN zipper box, retainer box, pin box the material on the ends of an open zipper that prevents the slider from falling out.

VI khung kẹp dây kéo vật liệu gắn vào phần cuối cùng của dây kéo mở để cho tép đầu kéo không bị rớt ra.

IN box risleting material pada salah satu ujung open zipper yang mencegah slider agar tidak jatuh.

CH 拉链槽, 箱子 为防止拉链头掉出而安装在开口拉链末端的部件。

뜅 핀 박스(pin box)

☞ 490쪽, 오픈 지퍼

지퍼 슬라이더 zipper slider

지퍼 양쪽의 지퍼 이빨이 맞물리거나 풀리도록 하여 지퍼를 여닫는 데 사용하는 자재.

EN zipper slider a device that moves up and down the zipper chain and closes the zipper by interlocking the teeth or opens the zipper by separating the teeth.

VI đầu kéo vật liệu sử dụng khi đóng và mở dây kéo, để cho răng dây kéo của hai đầu dây kéo ăn khớp với nhau hoặc tách rời ra.

뜅 지퍼 여닫이 (zipper———)

☞ 490쪽, 지퍼

IN slider risleting perangkat yang bergerak ke atas dan ke bawah rantai risleting dan menutup risleting dengan cara silang gigi atau membuka risleting dengan memisahkan bagian gigi.

CH 拉链头 通过拉开和闭合拉链两边的牙使得拉链开合的部件。

지퍼 이빨 zipper--

지퍼가 서로 맞물려 잠길 수 있게 해 주는 이빨 모양으로 생긴 자재.

☞ 495쪽, 지퍼

EN zipper teeth the tooth-shaped part of a zipper that allows the zipper to interlock and close.

VI răng dây kéo vật liệu có hình dạng giống chiếc răng giúp cho dây kéo ăn khớp với nhau để có thể khóa lại được.

IN gigi risleting perangkat berbentuk gigi dari risleting yang memungkinkan risleting untuk saling mengunci.

CH 拉链牙, 拉链齿 能使拉链相互锁住的牙齿状的部件。

지퍼 테이프 zipper tape

지퍼 이빨을 물리거나 박음질하여 연결한 천 조각.

☞ 495쪽, 지퍼

EN zipper tape the fabric part of a zipper that is either attached or sewn onto the zipper teeth.

VI bản dây kéo mảnh vải kết nối bằng cách gắn răng dây kéo hoặc may lại.

IN pita risleting tape yang menghubungkan gigi pada ritsleting.

CH 拉链布 通过卡住或缝纫来连接拉链牙的布条。

지퍼 풀러 zipper puller

지퍼 슬라이더를 쉽게 이동시킬 수 있도록 지퍼 슬라이더에 매다는 풀러. 소재에 따라 금속 지퍼 풀러(메탈 풀러), 패치 지퍼 풀러(패치 풀러)가 있고, 모양에 따라 타이 모양 지퍼 풀러(타이식 풀러)와 술 모양 지퍼 풀러(태슬식 풀러)가 있다.

동 지퍼 손잡이 (zipper---)
관 금속 지퍼 풀러 (메탈 풀러), 패치 지퍼 풀러 (패치 풀러)

EN zipper puller a handle attached to a zipper slider to ease the grabbing and moving of the zipper slider. Depending on the material type and shape, zipper pullers are categorized as metal pullers, patch pullers, tie pullers, or tassel pullers.

☞ 495쪽, 지퍼

VI tép đầu kéo tép gắn trên đầu kéo để giúp đầu kéo chuyển động dễ dàng hơn. Tùy theo chất liệu có tép đầu kéo kim loại, tép đầu kéo da, tùy theo hình dạng có tép đầu kéo kiểu cà vạt và tép đầu kéo kiểu tua.

IN penarik risleting handle yang melekat pada slider risleting untuk membantu dengan mudah memegang dan memindahkan slider. Tergantung pada jenis bahan dan bentuknya, handle ini dapat dikategorikan sebagai handle logam, handle kulit, handle rumbai, dll.

CH 拉链结 为了能更方便地拉动拉链而在拉链头上加的把手。根据材质分为金属拉链结和耳仔拉链结。根据形状可分为领带形拉链结和吊穗形拉链结。

철띠 鐵-

띠 모양의 얇은 철판으로 만든 보강재(신). 주로 원판의 상단에 넣어 가방의 모양이 틀어지지 않도록 잡아 주며, 손잡이(핸들)가 달린 덮개(후타)와 같이 힘을 받아야 하는 곳에 넣어 보강하기도 한다.

䎬 철심(鐵心)
☞ 514쪽, 보강재(신)의
종류

EN iron band a thin band made of iron that is used as a reinforcing material for maintaining the shape of a bag and reinforcing parts that require strength, like the handle on the flap of a bag.

VI thanh sắt mỏng đệm gia cố được làm bằng tấm sắt mỏng có hình nẹp. Bỏ vào phần đỉnh thân túi, giúp giữ cho hình dạng của túi không bị lệch, cũng bỏ vào nơi phải chịu lực giống như nắp gắn vào quai xách để gia cố.

IN tali besi, gelang besi gelang atau tali tipis yang terbuat dari besi. Digunakan sebagai bahan penguat untuk mempertahankan bentuk tas dan memperkuat handle yang menggantung di penutup tas.

CH 铁片, 铁条 用条状的薄铁片制作的补强衬。主要放在原板的上端用来保持包的外形不变形，也用在安装有手把的盖头等承重处来补强。

케어 카드 care card

소비자들에게 필요한 제품의 정보나 주의 사항 따위를 적은 카드.

EN care card, care label a card with the necessary information regarding the product and warnings for the consumers.

VI thẻ thông tin sản phẩm thẻ ghi thông tin sản phẩm cần thiết hoặc những điều cần lưu ý cho người tiêu dùng.

IN care card, care label kartu dengan informasi yang diperlukan tentang produk dan peringatan bagi konsumen.

CH 说明书 标注有消费者需要了解的产品信息、注意事项等内容的卡片。

동 주의 사항 카드
(注意事項card)

HANDBAG & SMALL GOODS
Your handbag is made of beau
suede, tanned in traditional me
to maintain its natural beauty

Please keep your bag away fr
intense sunlight, water, heat, a
dyes.

Richly dyed items may trans
should be taken when wea
colored garments.

In the event your handbag get
dab the leather with a clear
suede, use a suede brush to g

The care with which you use
your bag will preserve its bea

코드 cord

물건을 매거나 꿰는 데 쓰는 가늘고 긴 끈. 주로 조임끈(드로스트링)으로 사용하며, 스티치와 같이 포인트를 주는 데 사용하기도 한다.

EN cord a long and thin flexible thread that is used to tie and thread objects. It is mainly used as drawstrings and sometimes used to elaborate certain parts of a bag, like a stitch.

VI dây sợi dây mỏng và dài sử dụng khi cột hoặc xâu đồ vật. Chủ yếu sử dụng như dây rút, cũng được sử dụng khi tạo điểm nhấn như mũi thêu.

IN tali kur tali panjang yang digunakan untuk mengikat atau menjahit suatu benda. Digunakan sebagai tali pengikat pada tas serut atau dijahit pada tas untuk menguraikan bagian-bagian tertentu dari tas.

CH 绳 用来挂物体或缝制时使用的细长的绳子。主要作为松紧绳使用，在手缝线等突出重点的地方也使用。

☞ 514쪽, 보강재(신)의 종류

코일 지퍼 coil zipper

지퍼 이빨이 맞물리는 모양이 코일과 비슷한 나일론 지퍼.

EN coil zipper a type of nylon zipper with spiral teeth that resemble a coil.

☞ 495쪽, 지퍼

VI dây kéo cuộn dây kéo nylon có các răng dây kéo khi khớp lại với nhau có hình dáng như cuộn dây.

IN coil zipper jenis ritsleting nilon dengan gigi spiral yang terlihat seperti sebuah coil.

CH 环扣拉链 拉链牙咬合的形状与线圈类似的尼龙拉链。

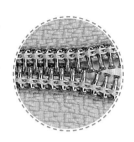

큐아르 라벨 QR(quick response) label

흑백의 격자무늬 그림으로 제품의 생산 이력을 나타내는 이차원 조각. 막대 모양 바코드로 된 유피시(UPC) 스티커보다 많은 양의 정보를 담을 수 있다.

EN quick response(QR) label a two-dimensional label consisting of an array of black and white squares that stores the traceability information of a product. It can hold more information than the pre-existing barcoded UPC stickers.

통 정보 무늬 라벨
(情報--label)

VI nhãn mã vạch, nhãn mã QR mảnh hai chiều thể hiện lý lịch sản xuất của sản phẩm bằng tranh hoa văn hình lưới đen trắng. Có thể chứa đựng nhiều lượng thông tin hơn so với nhãn dán UPC được làm bằng mã vạch hình que.

IN label quick response(QR) label dua dimensi yang mencantumkan detail produksi produk dalam gambar kotak-kotak hitam dan putih. Label ini lebih banyak menampilkan banyak informasi dibandingkan dengan stiker UPC yang memiliki barcode.

CH 产地布标, QR标 用黑白格子形状的图片读取产品的生产全过程信息的二次元小标签。比以往的条形码UPC贴纸能储存更多的信息。

킴론 보강재 kimlon補強材

엠보싱 가공을 한 부직포. 일반 부직포보다 질기며, 주로 원판의 보강재(신)로 사용한다.

EN kimlon reinforcement, kimlon reinforcing material an embossed non-woven fabric that is tougher than the standard non-woven fabric. It is commonly used to reinforce the body of a bag.

통 킴론신
(kimlonしん[芯])

☞ 514쪽, 보강재(신)의 종류

VI kimlon vải không dệt được in nổi embossing. Dai hơn vải không dệt thông thường, thường được dùng để làm đệm gia cố của thân túi.

IN penguat kimlon sebuah kain non-tenun timbul yang lebih keras dari kain non-tenun biasanya, kain ini digunakan untuk memperkuat tubuh tas.

CH 网型不织布 压印花纹的无纺布，比普通的无纺布结实耐用，是最常用的原板补强衬。

태그 tag

회사의 로고나 제품의 이력 사항 따위를 적은 꼬리표.

EN tag a tag with the company logo or product information.

VI thẻ treo nhãn có ghi logo của công ty hoặc thông tin lý lịch của sản phẩm.

IN penanda tag dengan logo perusahaan atau informasi tentang produk.

CH 挂牌 写有公司标志或产品生产事项的小标签。

동 꼬리표(--票)
관 아르에프아이디 행태그, 행태그

택션 taction

두꺼운 종이를 압축해서 만든 판. 본텍스 보강재(본텍스 신)에 비해 저렴하며, 접혔을 때 구김이 남는다.

EN taction pad a board made by compressing thick pieces of paper together. It is not wrinkle-free, but it is relatively cheap compared to a Bontex board.

VI taction tấm được làm bằng cách nén giấy cứng lại. Rẻ hơn so với đệm Bontex, để lại dấu nhãn khi gấp lại.

IN taction pad papan yang dibuat dengan mengompres potongan kertas yang tebal secara bersamaan. Papan ini relatif murah dibandingkan dengan papan Bontex namun akan muncul kerutan saat dilipat.

CH 中底纸板衬, 垫片 将厚纸压缩制成的板，价格比中底纸衬低廉，折叠时会有折痕。

관 본텍스 보강재 (본텍스 신)

☞ 514쪽, 보강재(신)의 종류

테이프 tape

① 접착용 필름. ② 원자재나 부자재를 꾸미는 데 사용하는 띠. 모양,

무늬, 색깔이 다양하다.

EN tape ① an adhesive film. ② a strap in various shape, pattern, and color for decorating raw materials and subsidiary materials.

VI băng keo, dây ① màng phim có chất kết dính. ② dây sử dụng trong khi trang trí nguyên vật liệu chính hoặc nguyên liệu thay thế. Hình dáng, hoa văn, màu sắc đa dạng.

IN selotip ① sebuah film perekat. ② tali dalam berbagai macam bentuk, pola, dan warna untuk dekorasi bahan baku atau bahan substitusi.

CH 胶带 ① 粘贴用的胶片。② 装饰原料或辅料时用的带子。有多种样式、纹路和颜色. 。

토일론 toilon

폴리에틸렌을 발포하여 만든 스펀지. 폭신하기 때문에 배낭(백팩)의 어깨끈(숄더 스트랩)에 보강재(신)로 사용하며, 아이패드 케이스나 휴대 전화 케이스에 넣어 충격 흡수용 보강재로도 사용한다. 스펀지보다 부드럽고 약해서 쉽게 찢어진다.

동 피이 스펀지
(PE[polyethylene] sponge)

☞ 514쪽, 보강재(신)의 종류

EN toilon, polyethylene(PE) sponge a sponge made with plasticized polyethylene. It is often used as a shock absorbent reinforcing material on backpack straps, iPad cases, and phone cases due to its softness. It is softer than a sponge, but it is easily torn due to its weak nature.

VI xốp bọt xốp được làm bằng cách sủi bọt polyethylene. Vì mềm mại nên được sử dụng như đệm gia cố ở quai đeo của ba lô, cũng được bỏ vào bao đựng iPad hoặc ốp lưng điện thoại để sử dụng như đệm gia cố giảm va chạm. Vì mềm mại và yếu hơn so với xốp nên dễ bị rách.

IN toilon spons yang dibuat dari polietilen. Spons ini digunakan sebagai bahan penguat untuk tali bahu tas ransel karena bahannya yang lembut, dan juga digunakan sebagai penguat untuk mencegah shock pada iPad atau case handphone. Bahannya lebih lembut dan lebih lemah dari spons biasanya juga lebih mudah robek.

CH 珍珠海绵 聚乙烯发泡加工的海绵。因为质地松软被用作背包肩带的补强衬，也被放入iPad壳或手机壳里作为缓解撞击的补强衬使用。比海绵更柔软脆弱，容易被撕裂。

투명 약물 透明藥–

가죽이나 피브이시(PVC)를 자른 단면(기리메)을 마감 처리하기 위하
여 바르는 투명한 약물(에지 페인트). 투명 약물 위에 색이 있는 약물을
덧칠한다.

EN primer a translucent edge paint for coating the raw edges of a leather,
fabric, or PVC. It is covered with a colored coat or paint on top.

VI nước sơn trong suốt nước sơn trong suốt bôi vào để kết thúc cạnh sơn
cắt da hoặc PVC. Quét thêm nước sơn có màu lên trên nước sơn trong suốt.

IN primer cat tepian transparan yang diaplikasikan untuk menyelesaikan
bagian potongan kulit atau PVC. Ditutup dengan cat tepian berwarna di
bagian atas cat tepian transparan.

CH 透明边油 为处理皮革或PVC的裁断面而涂抹的透明边油。可在其之
上涂抹带颜色的边油。

등 투명 마감액(透明––液)

투명 약물을 바르지
않은 부분
area where the primer
is not applied.

투명 약물을
바른 부분
area
where the primer
is applied.

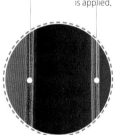

티피유 TPU(thermoplastic polyurethane)

열로 녹여 접착제로 사용하는 얇은 필름. 열에 강하여 한번 붙이면 잘
녹지 않는다. 보호 종이(이형지)와 혼동하여 사용하여 '이형지'라고 잘
못 불렀었다.

EN thermoplastic polyurethane(TPU) a thin film that is melted and used
as an adhesive. It is strong against heat and it does not melt once it sticks. In
the past, it was confused with and mistaken for a release paper.

VI TPU(thermoplastic polyurethane) màng phim mỏng sử dụng như keo
dính bằng cách làm tan chảy bằng nhiệt. Vì chịu nhiệt tốt nên nếu dán một lần
thì không dễ bị tan ra. Vì dùng lẫn lộn với giấy ngăn keo nên thường gọi sai là
'giấy ngăn keo'.

IN TPU(termoplastik poliuretan) flm tipis yang dilelehkan dengan panas
dan digunakan sebagai lem. Lem ini tahan terhadap panas dan tidak akan
leleh sekalinya menempel. Sering disalah sebutkan dengan 'kertas rilis'.

CH TPU薄膜 加热融化后作为粘合剂使用的薄片。加热后一次
粘合的话不会融化。常与保护纸(离型纸)混用，被误称为
'离型纸'，两者不同需要区分使用。

티피유
TPU

보호 종이(이형지)
release paper

평판 피브이시 平板PVC(polyvinyl chloride)

피브이시(PVC) 수지를 눌러 납작하게 만든 판. 딱딱하여 위치틀(지그)로 사용하거나 모양을 잡아야 하는 부분의 바닥판(소코)에 사용한다. 발포한 것은 유연하며, 발포하지 않은 것은 딱딱하고 매끈하다.

☞ 514쪽, 보강재(신)의 종류

EN polyvinyl chloride(PVC) board a flat board made by pressing and flattening PVC resin. It is often used as a jig or as a reinforcing material for holding the shape of the bag bottom. Plasticized PVC is flexible and unplasticized PVC is rigid.

VI nhựa PVC(polyvinyl chloride) tấm được làm phẳng bằng cách nén nhựa PVC. Cứng nên sử dụng như khung hoặc sử dụng ở đáy túi của phần phải giữ hình dạng. Cái sủi bọt thì mềm dẻo, cái không sủi bọt thì cứng và trơn.

IN papan PVC(polivinil klorida) papan datar yang dibuat dengan menekan dan meratakan resin PVC. Sering digunakan sebagai bahan penguat untuk menahan bentuk bagian bawah tas. PVC yang berbusa lebih fleksibel, sedangkan bagian yang tidak berbusa lebih keras dan licin.

CH PVC板 PVC树脂压制而成的板。质地坚硬通常用作电脑车模具或用于保持包底不变形。发泡材料比较柔软，非发泡材料坚硬平滑。

폴리 바이어스 poly bias

폴리에스테르로 만든 바이어스 테이프.

EN poly bias a bias tape made of polyester.

VI vải sợi hóa học dệt xiên dây nẹp viền được làm bằng polyester.

IN poli bias bias tape yang terbuat dari poliester.

CH 塑料包边带, 聚酯包边带 聚酯材料制作的包边条。

폴리 실 poly-

폴리에스테르로 만든 재봉실. 면실(면사)이나 나일론 실(나일론사)에 비해 가늘다.

⑤ 폴리사(poly絲)
☞ 513쪽, 실의 종류

EN polyester thread a sewing thread made of polyester. It is thinner than

cotton threads and nylon threads.

VI chỉ poly, sợi tổng hợp chỉ may được làm từ polyester. Mỏng manh hơn so với chỉ cotton hoặc chỉ nylon.

IN benang poliester benang jahit yang terbuat dari poliester. Lebih tipis jika dibandingkan dengan benang nilon.

CH 涤纶线, poly线 聚酯纤维制成的缝纫线。比起棉线或尼龙线要细。

폴리백 polybag

제품을 포장할 때 쓰는 투명한 비닐봉지.

EN polyester bag a translucent vinyl bag for packing products.

VI túi nilon, túi polyetylen túi nilon trong suốt dùng khi đóng gói sản phẩm.

IN tas poliester tas vinil transparan untuk mengemas produk.

CH 塑料袋 包装产品时使用的透明塑料袋。

폴리에스테르 polyester

다가(多價) 카복실산과 다가 알코올의 축합 중합으로 얻은 고분자 화합물의 통칭. 합성 섬유를 만드는 데 사용한다. 당겼을 때의 강도가 나일론 다음으로 높고, 물에 젖어도 강도에 변함이 없으며, 내구성, 내열성이 뛰어나지만, 정전기가 쉽게 발생하는 단점이 있다.

EN polyester a general term for polymeric compounds that were obtained through the condensation polymerization of polyvalent carboxylic acid and polyvalent alcohol. Polyester is the strongest polymer, next to nylon, and water does not affect its strength. It is thermal and wear resistant, but vulnerable to static electricity.

VI polyester là tên gọi chung của hợp chất cao phân tử có được từ phản ứng trùng ngưng của axit daca cacboxylic và daca alcohol. Sử dụng khi làm sợi tổng hợp. Cường độ chịu lực kéo cao sau nylon, dù có bị ướt nước thì độ bền cũng không thay đổi, độ bền và tính chịu nhiệt nổi trội nhưng có khuyết điểm là dễ phát sinh tĩnh điện.

IN poliester istilah umum untuk senyawa polimer yang diperoleh melalui polimerisasi kondensasi asam karboksilat polivalen dan alkohol polivalen. Kekuatan yang dimiliki oleh polister adalah yang terkuat. Bahan ini thermal dan tahan air, sehingga aman ketika dipakai untuk membuat serat sintetis. Bahan ini memiliki kekurangan yaitu mudah menghasilkan listrik statis.

CH 聚酯纤维 由有机二元酸和二元醇缩聚而成的高分子化合物的统称。被用于制作合成纤维。被抻拉时的强度仅次于尼龙，即使沾水强度也不变。耐久性、耐热性非常出色但缺点是容易产生静电。

폴리에틸렌 polyethylene

에틸렌을 중합하여 만드는 열가소성 수지. 방습성, 내한성, 가공성이 뛰어나다.

EN polyethylene a thermoplastic resin produced by polymerizing ethylene. It has proven excellence in processability and resistance to moisture and cold.

VI polyethylene, nhựa nhiệt dẻo nhựa dẻo nóng được làm bằng cách trùng hợp etylen. Có tính chống ẩm, tính chịu lạnh, khả năng gia công vượt trội.

IN polietilen resin termoplastik yang dihasilkan dari polimerisasi etilena. Resin ini sangat tahan air, tahan dingin dan mudah untuk diproses.

CH 聚乙烯 乙烯聚合制成的热塑性树脂。防水性、耐寒性、加工性出色。

폴리염화비닐 poly鹽化vinyl

염화비닐을 주성분으로 하는 고분자 화합물. 가죽, 의류, 필름과 같이 다양한 제품으로 가공한다.

EN polyvinyl chloride(PVC) a synthetic polymeric compound that uses vinyl chloride as its main component. It is used to manufacture a broad range of products like leather, apparel, and film.

VI poly clorua vinil hợp chất cao phân tử mà thành phần chính là clorua vinil. Được chế tạo thành sản phẩm một cách rộng rãi trong ngành da, y tế, phim.

同 염화비닐수지
(鹽化vinyl樹脂),
피브이시
(PVC[polyvinyl
chloride])

IN polivinil klorida(PVC) senyawa polimer sintesis yang menggunakan vinil klorida sebagai komponen utamanya. Digunakan untuk memproduksi berbagai macam produk seperti kulit, pakaian atau film.

CH PVC, 聚氯乙烯 氯乙烯为主要成分的高分子化合物。广泛用于皮革、服装、胶片等产品的加工。

폴리우레탄 polyurethane

우레탄 결합을 주요 구성 요소로 하는 사슬 모양의 고분자 화합물. 분자량에 상관 없이 우레탄기를 포함한 고분자 물질을 총칭한다. 탄성이 좋고 열에 잘 견디며 잘 마모되지 않는다. 탄성 섬유나 인조 가죽 따위의 원료로 사용한다.

同 피유
(PU[polyurethane])

EN polyurethane(PU) a synthetic polymeric compound with a chain-like structure that uses urethane as its main component. It is a general term for polymer substances containing urethane, regardless of the molecular weight. It is used as a raw material for elastic fibers and synthetic leathers because it is highly elastic, thermal and wear resistant.

VI PU(polyurethane) hợp chất cao phân tử dạng mắt xích lấy sự kết hợp urethane làm thành phần chủ yếu. Là tên gọi chung cho vật chất cao phân tử bao gồm cả urethane mà không liên quan đến số lượng phân tử. Tính đàn hồi tốt, chịu nhiệt tốt và không dễ bị mài mòn. Được sử dụng làm nguyên liệu của sợi đàn hồi hoặc da tổng hợp.

IN poliuretan senyawa polimer sintetis terstruktur berbentuk menyerupai rantai yang menggunakan uretan sebagai komponen utamanya. Bentuknya sangat elastis, termal dan tahan air, yang menjadikannya alasan mengapa bahan ini digunakan sebagai bahan baku untuk serat elastis dan kulit sintesis.

CH 聚氨酯 以氨酯键为主要组成部分的链状的高分子化合物。与分子量无关，是包括氨酯基的高分子物质的通称。弹性好，耐热且耐磨。被作为弹性纤维或合成革等的原料使用。

폴리프로필렌 polypropylene

프로필렌을 중합하여 얻은 열가소성 수지.

EN polypropylene a thermoplastic resin obtained by polymerizing propylene.

VI nhựa dẻo nhựa dẻo nóng được làm bằng cách trùng hợp propylene.

IN polipropilena resin termoplastik yang diperoleh dengan mempolimerisasi propilena.

CH 聚丙烯 丙烯聚合后获得的热塑性树脂。

플라스틱 지퍼 plastic zipper

지퍼 이빨을 플라스틱으로 만든 지퍼. 부식이 일어나지 않으며, 나일론 지퍼에 비해 튼튼하여 힘을 많이 받는 부분에 주로 사용한다.

☞ 495쪽, 지퍼

EN plastic zipper a zipper with plastic teeth that does not corrode. It is durable compared to a nylon zipper. Therefore, it is often used in areas that require strength.

VI dây kéo nhựa dây kéo có răng dây kéo làm bằng nhựa. Không bị ăn mòn, chắc hơn so với dây kéo nylon nên chủ yếu được dùng nhiều cho những phần chịu được lực.

IN risleting plastik ritsleting dengan gigi plastik yang tidak menimbulkan korosi. Risleting ini lebih kuat dibandingkan dengan ritsleting nilon dan digunakan untuk bagian tas yang membutuhkan penguat.

CH 塑料拉链 拉链齿是塑料制作的拉链。因不会腐蚀，比尼龙拉链要结实，常用在受力强度高的部位。

피피선 PP(piping/polypropylene)線

가늘고 단면이 동그란 선. 가죽으로 감싸 원판과 옆판(마치), 옆판과 바닥판(소코)과 같은 연결 부위에 덧대거나 가방을 꾸밀 때 사용한다.

EN piping cord, welting cord a thin round cord wrapped in leather that is used to elaborate a bag. It is attached to the part that connects the body, gusset, or bottom of a bag.

VI dây PP dây mỏng và cạnh sơn hình tròn. Quấn lại bằng da, gắn thêm vào phần liên kết như thân túi và hông túi, hông túi và đáy túi hoặc sử dụng khi trang trí túi xách.

IN tali piping tali tipis yang permukaan luarnya melingkar. Tali yang dibungkus kulit ini biasa digunakan sebagai dekorasi pada tas atau menghubungkan bagian panel samping dan panel bawah, juga bagian panel samping dan body tas.

CH PP线 横截面是圆形的细线，用真皮包裹后粘贴在在原板的侧面和底部的连接部分或做包的装饰使用。

관 낚싯줄 피피션 (———PP[piping/ polypropylene]線)

☞ 514쪽, 보강재(신)의 종류

하이폴리시 지퍼 high polish zipper

금속 지퍼(메탈 지퍼) 중 하나. 지퍼 이빨의 광택이 금속 지퍼 중 가장 좋으며 변색과 부식이 거의 없고 브라스 지퍼에 비해 여닫음이 부드럽다. H/P zipper라고 표기한다.

EN highly polished zipper, everbright zipper a type of metal zipper with glossy zipper teeth that rarely discolors and rusts. It slides smoother than a brass zipper. It abbreviates to 'H/P zipper.'

VI dây kéo có độ bóng cao một trong các loại dây kéo kim loại. Độ bóng của răng dây kéo tốt nhất trong số các loại dây kéo kim loại, hầu như không có sự biến đổi màu sắc và không bị ăn mòn, phần đóng mở mềm mại hơn so với dây kéo đồng thau. Được ký hiệu là H/P zipper.

IN risleting polish tinggi salah satu jenis risleting logam. Risleting ini dilapisi gloss yang jarang luntur dan slidernya relatif mudah untuk dibuka dibandingkan dengan slider ritsleting kuningan. Dilambangkan dengan 'H/ P zipper'.

CH H/P拉链, 铁拉链, 高抛光拉链 金属拉链的一种。拉链齿光泽度是金属拉链中最好的，几乎不会变色或腐蚀，与黄铜拉链相比滑动时更加细腻柔和。用H/P zipper标记。

통 에버브라이트 지퍼 (everbright zipper)

관 금속 지퍼(메탈 지퍼)

☞ 495쪽, 지퍼

합 合

실을 한 번 꼴 때 사용되는 실의 가닥 수. 많이 꼴수록 실의 강도가 높아지고, 탄력성, 보온성, 촉감이 좋아진다.

EN ply, twisted sum the number of strands used to twist a thread. The higher the twisted sum, the higher the strength,

3합
3ply

elasticity, heat resistance, and tactility of the thread.

VI đơn vị miêu tả độ xoắn của chỉ số sợi của chỉ được xoắn lại một lần. Càng xoắn nhiều thì độ bền của chỉ càng cao hơn và tính đàn hồi, tính giữ nhiệt, cảm giác càng trở nên tốt hơn.

IN jumlah ikatan jumlah helai yang digunakan untuk memutar dan membuat benang. Semakin tinggi jumlahnya, semakin tinggi juga kekuatan dan elastisitas benangnya.

CH 合 一次绞线使用的线的股数。使用的股数越多，线的强度越高，弹力、保温性、触感都会提高。

핫멜트 hot melt

열가소성 수지를 주원료로 하여 만든 접착제. 재질이 다른 소재를 붙일 때 녹여서 사용하며, 접착한 뒤에도 고온에 노출되면 다시 녹는 단점이 있다.

EN hot melt, hot melt adhesive an adhesive that uses thermoplastic resin as its main ingredient. The adhesive is melted at high heat to attach an object to another object of a different material. It has the disadvantage of re-melting when exposed to high heat.

VI keo nóng chảy keo dính làm bằng một loại nhựa nhiệt dẻo là thành phần chính. Làm tan chảy rồi sử dụng khi dán nguyên liệu mà khác chất liệu lại với nhau và có nhược điểm là lại bị tan chảy ở nhiệt độ cao ngay cả sau khi dính.

IN lem hot melt lem yang menggunakan resin termoplastik sebagai bahan utamanya. Lem ini dilelehkan pada suhu tinggi untuk kemudian dilekatkan pada dua benda dengan bahan yang berbeda. Jika bagian yang sudah ditempel masih terkena panas maka lemnya akan kembali meleleh.

CH 热熔胶 一种以热塑性树脂为主要原料制作的粘合剂。需加热融化后才可使用，缺点是粘合后再次遇高温仍会融化。

행태그 hangtag

로고 따위를 새긴 종이나 패치를 탈착할 수 있게 매단 꼬리표.

EN hangtag, price tag a detachable piece of paper or a patch with a logo.

VI thẻ bài nhãn treo mảnh giấy hoặc miếng patch có khắc logo để có thể tháo rời.

IN penanda gantung tag dengan kertas atau patch yang berisikan logo dan bisa dilepas.

CH 挂牌 可拆卸的刻有商标等的纸或耳仔的挂牌。

달랑이 꼬리표
(－－－－－票),
프라이스 태그
(price tag)

혼방 로프 混紡rope

부직포나 저렴한 대체용 실을 꼬아 속을 채운 줄. 면 로프의 대체품으로, 손잡이(핸들)의 모양을 잡아 주는 보강재(신)로 사용한다.

☞ 514쪽. 보강재(신)의 종류

EN synthetic fiber rope a rope made by twisting non-woven fabric or a cheap yarn as a cheap alternative to cotton ropes. It reinforces and holds the shape of a handle.

VI dây thừng tổng hợp dây mà bên trong ruột được xoắn dày đặc vải không dệt hoặc chỉ thay thế rẻ tiền. Là sản phẩm thay thế dây cotton, được dùng làm đệm gia cố giúp giữ hình dáng của quai xách.

IN tali fiber sintesis tali yang dibuat dengan memutar kain atau benang yang murah sebagai alternatif non-tenun. Merupakan bahan penguat, yang digunakan sebagai alternatif untuk tali kapas, untuk menahan bentuk pegangan.

CH 编织绳 用无纺布或廉价的替代用线搓制成的实心绳。作为棉绳的替代品，用作手把定型的补强衬。

실의 종류 Types of threads

1 용도에 따라 by usage

① 재봉실(재봉사) sewing thread
재봉틀(미싱)에 끼워 사용하는 실. 면실(면사), 나일론 실(나일론사), 폴리 실(폴리사)을 주로 사용한다.
a thread for sewing machines. The most commonly used sewing threads are cotton
threads, nylon threads, and polyester threads.

② 자수 실(자수사) embroidery thread
가죽이나 원단(패브릭)에 그림이나 글자 따위를 수놓을 때 쓰는 실. 재봉실(재봉사)보다 가늘다.
a thread that is used to embroider pictures or letters on leather or fabric. It is thinner than
sewing threads.

2 섬유의 종류에 따라 by the types of fiber

① 면실(면사) cotton thread
솜에서 뽑아내어 만든 실.
a thread made of cotton.

② 털실(모사) wool yarn
짐승의 털로 만든 실.
a thread made of animal fur.

③ 삼실(마사) hemp yarn
삼 껍질에서 뽑아낸 실.
a thread made of bark.

④ 나일론 실(나일론사) nylon thread
나일론으로 만든 실.
a thread made of nylon.

⑤ 나일론 본딩사 bonded nylon thread
나일론사에 본드를 먹인 실.
a nylon thread coated with a bonding agent.

⑥ 폴리 실(폴리사) polyester thread
폴리에스테르로 만든 실.
a thread made of polyester.

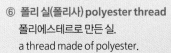

보강재(신)의 종류 Types of reinforcements

1 볼록이(모리) bombay, bombe

볼록하게 보여야 하는 부분에 넣는 보강재(신). 고무 볼록이, 반달 볼록이(반달 모리).

a type of reinforcement that is placed inside a bulging area. rubber bombay, half circle sponge cord

2 스펀지 sponge

폭신하고 복원력이 뛰어난 보강재(신). 고무 스펀지, 에바 스펀지, 토일론.

a type of soft reinforcement with excellent resilience. rubber sponge, EVA sponge, toilon

3 소창 tubular

소창식 손잡이(소창 핸들)처럼 긴 관 모양 부위의 안쪽 공간을 채우는 보강재(신).

a type of reinforcement that fills the inner space of a long tubular object like a tubular handle.

① 호스 **hose** 고무 호스(rubber hose), 연질 호스(soft hose), 연탄 구멍 호스(multicanal hose)

② 로프 **rope** 면 로프(cotton rope), 혼방 로프(synthetic fiber rope)

4 가죽/원단(패브릭)류 leather/fabric-type

① 가죽 **leather** 인조 가죽(synthetic leather PVC)

② 원단류 **fabric-type** 나일론 옥스퍼드(nylon oxford), 부직포(non—woven fabric), 고밀도 부직포(high density non—woven reinforcement), 킴론 보강재(kimlon reinforcement)

5 종이류 paper-type

박엽지(patronen paper), 본텍스 보강재(bontex board), 택션(taction)

6 선/끈류 line/cord-type

① 선 **line** 가죽이나 원단(패브릭) 따위로 감싸 파이핑에 사용하는 보강재(신). 낚싯줄 피피선, 옥변, 피피선.

a type of reinforcement for covering and piping leather and fabric. polypropylene fishing line, flanged piping cord, piping cord

② 코드 **cord** 스티치와 같이 포인트를 주어 꾸미는 데 사용하는 보강재(신). 왁스 코드, 코드.

a type of reinforcement, like stitches, for decorating. wax cord, cord

7 판류 board-type

딱딱하여 모양을 잡아 주어야 하는 곳에 사용하는 보강재(신).

a type of hard reinforcing material for shaping objects.

① 플라스틱 **plastic** 마일라 보강재(mylar reinforcement), 평판 피브이시(PVC board)

② 철 **iron** 철띠(iron band)

주요 용어 150

150 Key Terminologies

주요 용어 150

핸드백 제조 현장에서 많이 쓰는 한국어 어휘 150개를 선정하여 영어, 베트남어, 인도네시아어, 중국어 대역어를 누구나 쉽게 읽을 수 있도록 로마자 표기와 함께 보였다. 또한 로마자에 익숙하지 않은 사람도 쉽게 읽을 수 있도록 해당 언어의 발음에 가까운 우리말 표기를 제시하였다.

    본 목록은 핸드백 산업의 입문자가 꼭 알아야 하는 용어로, 기존에 주로 사용하던 일본어 어휘를 우리말로 순화하여 보여 주는 것을 목적으로 한다.

로마자 표기는 '국어의 로마자 표기법(2000)'을 따랐다.

자음

ㄱ	ㄲ	ㄴ	ㄷ	ㄸ	ㄹ	ㅁ	ㅂ	ㅃ	ㅅ	ㅆ
g, k	kk	n	d, t	tt	r, l	m	b, p	pp	s	ss

ㅇ	ㅈ	ㅉ	ㅊ	ㅋ	ㅌ	ㅍ	ㅎ
ng	j	jj	ch	k	t	p	h

모음

ㅏ	ㅐ	ㅑ	ㅒ	ㅓ	ㅔ	ㅕ	ㅖ	ㅗ	ㅘ	ㅙ
a	ae	ya	yae	eo	e	yeo	ye	o	wa	wae

ㅚ	ㅛ	ㅜ	ㅝ	ㅞ	ㅟ	ㅠ	ㅡ	ㅢ	ㅣ
oe	yo	u	wo	we	wi	yu	eu	ui	i

용어는 아래와 같이 배치한다.

우리말 순화어 **현장용어** [로마자 표기]

EN **영어** [로마자 표기, 우리말 표기]

VI **베트남어** [로마자 표기, 우리말 표기]

IN **인도네시아어** [로마자 표기, 우리말 표기]

CH **중국어** [로마자 표기, 우리말 표기]

150 Key Terminologies

The top 150 Korean terminologies most frequently used in the handbag manufacturing sites were selected and matched with the corresponding English, Vietnamese, Indonesian, and Chinese terminologies. Additionally, the corresponding terminologies were romanized for the readers. The pronunciation of the terminologies were also transcribed in Korean characters for the Korean readers who are not familiar with Roman alphabets.

The purpose of this list is to familiarize the beginners of the handbag industry to the handbag terminologies in Korean terminologies, which are a refinement of the Japanese terminologies that were used in the past.

The romanized alphabets are in compliance with the romanization system(2000).

consonant

ㄱ	ㄲ	ㄴ	ㄷ	ㄸ	ㄹ	ㅁ	ㅂ	ㅃ	ㅅ	ㅆ
g, k	kk	n	d, t	tt	r, l	m	b, p	pp	s	ss

ㅇ	ㅈ	ㅉ	ㅊ	ㅋ	ㅌ	ㅍ	ㅎ
ng	j	jj	ch	k	t	p	h

vowel

ㅏ	ㅐ	ㅑ	ㅒ	ㅓ	ㅔ	ㅕ	ㅖ	ㅗ	ㅘ	ㅙ
a	ae	ya	yae	eo	e	yeo	ye	o	wa	wae

ㅚ	ㅛ	ㅜ	ㅝ	ㅞ	ㅟ	ㅠ	ㅡ	ㅢ	ㅣ
oe	yo	u	wo	we	wi	yu	eu	ui	i

The order is as follows:

Korean refined word pre-existing field terminology [Romanization]

EN **English translation** [Romanization, Korean character]

VI **Vietnamese translation** [Romanization, Korean character]

IN **Indonesian translation** [Romanization, Korean character]

CH **Chinese translation** [Romanization, Korean character]

종류 Handbag Styles

드로스트링 백 [deuroseuteuring baek]
EN drawstring bag [deuroseuteuring baek, 드로스트링 백]
VI túi dây rút [ttui jeoi rut, 뚜이 저이 룻]
IN tas drawstring [taseu deurauseuteuring, 타스 드라우스트링]
CH 索绳包 [sswoseongbao, 쒀성바오]

메신저 백 [mesinjeo baek]
EN messenger bag [mesinjeo baek, 메신저 백]
VI túi đưa thư [ttui deueo teu, 뚜이 드어 트]
IN tas messenger [taseu mesenjereu, 타스 메센제르]
CH 邮差包 [yuchaibao, 유차이바오]

새첼 백 [saechel baek]
EN satchel bag [saecheol baek, 새철 백]
VI túi satchel [ttui saecheol, 뚜이 새철]
IN tas satchel [taseu saechel, 타스 새철]
CH 长形手提包 [changsingseoutibao, 창싱서우티바오]

소형 가죽 제품 스몰 레더 굿스
[sohyeong gajuk jepum(seumol redeo gutseu)]
EN small leather goods(SLG) [seumol redeo gutseu, 스몰 레더 굿스]
VI cái ví [kkai bi, 까이 비]
IN small leather goods [seumol redeo gutseu, 스몰 레더 굿스]
CH 小皮件 [syaopijen, 샤오피젠]

쇼퍼 백 [syopeo baek]
EN shopper bag [syopeo baek, 쇼퍼 백]
VI túi mua sắm [ttui mueo sam, 뚜이 무어 삼]
IN tas belanja [taseu beullanja, 타스 블란자]
CH 购物袋 [geouudai, 거우우다이]

퀼팅 백 [kwilting baek]
EN quilted bag [kwiltideu baek, 퀼티드 백]
VI túi in nổi [ttui in noi, 뚜이 인 노이]
IN tas quilting [taseu kwilting, 타스 퀼팅]
CH 刺绣包 [cheusyubao, 츠슈바오]

크로스보디 백 [keuroseubodi baek]
EN crossbody bag [keuroseubodi baek, 크로스보디 백]
VI túi đeo chéo [ttui dae-o jjae-o, 뚜이 대오 쩨오]
IN tas selempang [taseu seullempang, 타스 슬렘팡]
CH 斜挎包 [syekwabao, 셰콰바오]

토트백 [toteubaek]
EN tote bag [toteu baek, 토트백]
VI túi mua hàng [ttui mueo hang, 뚜이 무어 항]
IN tote bag [toteubaek, 토트백]
CH 托特包 [twoteobao, 퉈터바오]

투웨이 [tuwei]
EN two-way zipper [tuwei jipeo, 투웨이 지퍼]
VI dây kéo hai chiều [jeoi kkae-o hai jjieu, 저이 깨오 하이 찌에우]
IN dua arah [dua ara, 두아 아라]
CH 双向的 [swangsyangdeo, 쌍샹더]

파우치 [pauchi]

EN pouch [pauchi, 파우치]

VI ví cầm tay [bi kkeom ttai, 비 껌 따이]

IN pouch [pauchi, 파우치]

CH 小包 [syaobao, 샤오바오]

핸드백 [haendeubaek]

EN handbag [haendeubaek, 핸드백]

VI túi xách tay [ttui ssak ttai, 뚜이 싹 따이]

IN tas tangan [taseu tang-an, 타스 탕안]

CH 手袋 [seoudai, 서우다이]

호보 백 [hobo baek]

EN hobo bag [hobo baek, 호보 백]

VI túi xách hình bán nguyệt [ttui ssak hin ban eung-uyet, 뚜이 싹 힌 반 응우옛]

IN tas hobo [taseu hobo, 타스 호보]

CH 弯形包 [wansingbao, 완싱바오]

부위 Handbag Part

가락지 [garakji]

EN keeper [kipeo, 키퍼]

VI nhẫn quai [nyeon kkwai, 녠 꽈이]

IN cincin [chinchin, 친친]

CH 戒指扣 [jejeukeou, 제즈커우]

누른 무늬선 벤선 [nureun munuiseon(nenseon)]

EN heat creased line [hiteu keuriseuteu rain, 히트 크리스트 라인]

VI ép hoa văn [aep hoa ban, 앱 호아 반]

IN garis emboss [gariseu emboseu, 가리스 엠보스]

CH 电压线 [dyen-yasyen, 뎬야셴]

단면 기리메 [danmyeon(girime)]

EN raw edge [ro eji, 로 에지]

VI cạnh sơn [kkain seon, 까인 선]

IN sisi potongan [sisi potong-an, 시시 포통안]

CH 断面 [dwanmyen, 똰몐]

달랑이 주머니 행잉포켓 [dallang-i jumeoni(haeng-ing poket)]

EN hanging pocket [haeng-ing poket, 행잉 포켓]

VI túi treo [ttui jjae-o, 뚜이 째오]

IN kantong gantung dengan tali [kantong gantung deung-an talli, 칸통 간퉁 등안 탈리]

CH 吊兜 [dyaodeou, 댜오더우]

덮개 후타 [deopgae(huta)]
EN flap [peullaep, 플랩]
VI nắp [nap, 납]
IN penutup tas [peunutup taseu, 프누툽 타스]
CH 盖头 [gaiteou, 가이터우]

둥근 모서리 아루 [dung-geun moseori(aru)]
EN scoop [seukupeu, 스쿠프]
VI góc tròn [gok jjon, 곡 쫀]
IN belokan pojok [bellokan pojok, 벨로칸 포족]
CH 圆角 [wianjyao, 위안쟈오]

뒷면 시타지 [dwinmyeon(sitaji)]
EN backside [baeksaid, 백사이드]
VI mặt sau [mat sau, 맛 사우]
IN bagian belakang [bagian beullakang,
바기안 블라캉]
CH 底面 [dimyen, 디멘]

띠덮개 베루 [tti deopgae(beru)]
EN bridge [beuriji, 브리지]
VI pad cài [padeu kkai, 파드 까이]
IN lidah [rida, 리다]
CH 舌条 [seotyao, 서탸오]

바닥발 소코발 [badakbal(sokobal)]
EN bottom feet [bateom piteu, 바텀 피트]
VI nút đáy [nut dai, 눗 다이]
IN stud bawah [seuteodeu bawa, 스터드 바와]
CH 底垫 [didyen, 디뎬]

바닥판 소코 [badakpan(soko)]
EN bottom [bateom, 바텀]
VI đáy túi [dai ttui, 다이 뚜이]
IN body bawah [bodi bawa, 보디 바와]
CH 底围 [diwei, 디웨이]

변접음밥 헤리밥 [byeonjeobeumbap(heribap)]
EN turned edge allowance [teondeu eji
eollawonseu, 턴드 에지 얼라원스]
VI xếp biên [ssep bien, 쎕 비엔]
IN batas lipatan tepi [bataseu ripatan teupi,
바타스 리파탄 트피]
CH 折边边距 [jeobyenbyenjwi, 저볜볜쥐]

보강재 신 [bogangjae(sin)]
EN reinforcement [ri-infoseumeonteu,
리인포스먼트]
VI đệm gia cố [dem ja kko, 뎀 자 꼬]
IN penguat [peung-uat, 풍우앗]
CH 补强衬 [buchangcheon, 부창천]

볼록이 모리 [bollogi(mori)]
EN bombay [bombei, 봄베이]
VI nổi gờ [noi geo, 노이 거]
IN timbulan [timbullan, 팀불란]
CH 凸起 [tuchi, 투치]

술 태슬 [sul(taeseul)]
EN tassel [taeseul, 태슬]
VI tua trang trí [ttueo jjang jji, 뚜어 짱 찌]
IN rumbai-rumbai [rumbai-rumbai,
룸바이-룸바이]
CH 穗子 [suijjeu, 수이쯔]

안감 우라 [angam(ura)]
EN lining [laining, 라이닝]
VI vải lót [bai rot, 바이 롯]
IN lapisan [rapisan, 라피산]
CH 里布 [ribu, 리부]

안쪽 입구 내구치 [anjjok ipgu(naeguchi)]
EN inner top [ineo top, 이너 톱]
VI phần trong miệng túi [peon jjong mieng ttui, 펀 쫑 미엥 뚜이]
IN bagian dalam atas [bagian dallam ataseu, 바기안 달람 아타스]
CH 内袋口 [neidaikeou, 네이다이커우]

어깨끈 숄더 스트랩 [eoggaeggeun(syoldeo seuteuraep)]
EN shoulder strap [syoldeo seuteuraep, 숄더 스트랩]
VI dây đeo vai [jeoi dae-o bai, 저이 대오 바이]
IN tali bahu [talli bahu, 탈리 바후]
CH 肩带 [jendai, 젠다이]

옆판 마치 [yeoppan(machi)]
EN gusset [geosit, 거싯]
VI hông túi [hong ttui, 홍 뚜이]
IN body samping [bodi samping, 보디 삼핑]
CH 侧片 [cheopyen, 처펜]

완성 재단밥 다치밥 [wanseong jaedanbap(dachibap)]
EN re-cut allowance [rikeoteu eollawonseu, 리커트 얼라원스]
VI biên cắt [bien kkat, 비엔 깟]

IN penyisihan potongan [peunisihan potong-an, 프니시한 포통안]
CH 完成裁断下脚料 [wancheongchaidwansyajyaoryao, 완칭차이 돤샤쟈오랴오]

입구 구치 [ipgu(guchi)]
EN opening [opeuning, 오프닝]
VI miệng túi [mieng ttui, 미엥 뚜이]
IN pintu tas [pintu taseu, 핀투 타스]
CH 袋口 [daikeou, 다이커우]

접힘 여유분 유토리 [jeopim yeoyubun(yutori)]
EN bend allowance [bendeu eollawonseu, 벤드 얼라원스]
VI da giữa [ja jeueo, 자 즈어]
IN kelonggaran [keullong-garan, 클롱가란]
CH 弯位 [wanwei, 완웨이]

조임끈 드로스트링 [joimggeun(deuroseuteuring)]
EN drawstring [deuroseuteuring, 드로스트링]
VI dây rút [jeoi rut, 저이 룻]
IN tali seret [talli seureut, 탈리 스럿]
CH 抽绳 [cheouseong, 처우성]

지퍼 [jipeo]
EN zipper [jipeo, 지퍼]
VI dây kéo [jeoi kkae-o, 저이 깨오]
IN zipper [jipeo, 지퍼]
CH 拉链 [raryen, 라롄]

지퍼 칸막이 지퍼시키리
[jipeo kanmagi(jipeo sikiri)]

EN zipper pocket partition [jipeo poket patisyeon, 지퍼 포켓 파티션]

VI ngăn hộp dây kéo [eung-an hop jeoi kkae-o, 응안 홉 저이 깨오]

IN sekat tengah zipper [seukat teung-a jipeo, 스캇 틍아 지퍼]

CH 拉链间隔 [raryenjen-geo, 라렌젠거]

지퍼 풀러 [jipeo pulleo]

EN zipper puller [jipeo pulleo, 지퍼 풀러]

VI tép đầu kéo [ttaep deou kkae-o, 땝 더우 깨오]

IN penarik zipper [peunarik jipeo, 프나릭 지퍼]

CH 拉链结 [raryenje, 라렌제]

창틀 지퍼 단 창틀 아테
[changteul jipeo dan(changteul ate)]

EN zipper window patch [jipeo windo paechi, 지퍼 윈도 패치]

VI túi mổ dây kéo [ttui mo jeoi kkae-o, 뚜이 모 저이 깨오]

IN lis zipper dengan patch berbentuk persegi panjang [riseu jipeo deung-an paechi beureubeuntuk peureuseugi panjang, 리스 지퍼 등안 패치 브르븐툭 프르스기 판장]

CH 窗口拉链贴 [chwangkeouraryenryentye, 창커우라렌렌톄]

카드꽂이 시시포켓 [kadeukkoji(sisi poket)]

EN card pocket [kadeu poket, 카드 포켓]

VI túi đựng thẻ [ttui deung tae, 뚜이 등 태]

IN saku kartu [saku kareutu, 사쿠 카르투]

CH 卡兜 [kadeou, 카더우]

칸막이 시키리 [kanmagi(sikiri)]

EN partition [patisyeon, 파티션]

VI ngăn [eung-an, 응안]

IN sekat pemisah [seukat peumisa, 스캇 프미사]

CH 间隔 [jen-geo, 젠거]

패치 [paechi]

EN patch [paechi, 패치]

VI miếng dán [mieng jan, 미엥 잔]

IN patch [paechi, 패치]

CH 耳仔 [eoljjai, 얼짜이]

기술 Way of Making Handbag

갈기 바후질 [galgi(bahujil)]

EN grinding [geurainding, 그라인딩]

VI mài [mai, 마이]

IN gerinda [geurinda, 그린다]

CH 打磨 [damo, 다모]

고루 펴기 나라시 [goru pyeogi(narasi)]

EN spreading [seupeureding, 스프레딩]

VI dàn trải [jan jjai, 잔 짜이]

IN gelar [geullareu, 글라르]

CH 拉布 [rabu, 라부]

귀 싸매기 귀싸미 [gwi ssamaegi(gwissami)]

EN corner folding [koneo polding, 코너 폴딩]

VI gấp mép góc [geop maep gok, 겹 맵 곡]

IN lipatan pojok dengan kerut kecil [ripatan
pojok deung−an keurut keuchil,
리파탄 포족 등안 크룻 크칠]

CH 打角折边 [dajaojeobyen, 다자오저벤]

기계 주름 플리츠 [gigye jureum(peullicheu)]

EN pleat [peulliteu, 플리트]

VI nếp gấp [nep geop, 넵 겹]

IN kerutan [keurutan, 크루탄]

CH 打折 [dajeo, 다저]

기재형 패턴 사이즈 가타
[gijaehyeong paeteon(saijeu gata)]

EN size pattern [saijeu paeteon, 사이즈 패턴]

VI kích cỡ rập [kkik kkeo reop, 끽 꺼 럽]

IN pola tipe dasar [polla tipeu dasareu,
폴라 티프 다사르]

CH 原型对照样板 [wiansingdwijaoyangban,
위안싱뒤자오양반]

꾸밈 박음질 가라 미싱
[kkumim bageumjil(gara mising)]

EN decorative stitch [dekeoreitibeu seutichi,
데커레이티브 스티치]

VI may già [mai ja, 마이 자]

IN jahitan dekorasi [jahitan dekorasi,
자히탄 데코라시]

CH 假线 [jyasyen, 쟈셴]

끝손질 시아게 [kkeutsonjil(siage)]

EN cleaning [keullining, 클리닝]

VI vệ sinh [be sin, 베 신]

IN pembersihan [peumbeureusihan, 픔브르시한]

CH 清洁 [chingje, 칭제]

대비 색상 조화 콘트라스트
[daebi saeksang johwa(konteuraseuteu)]

EN contrast [konteuraseuteu, 콘트라스트]

VI tương phản [tteueong pan, 뜨엉 판]

IN penempatan warna kontras [peuneumpatan
wareuna konteuraseu,
프늠파탄 와르나 콘트라스]

CH 对比配色 [duibipeisseo, 두이비페이써]

되돌아 박기 가에시바리
[doedora bakgi(ga-esibari)]

EN reverse stitch [ribeoseu seutichi, 리버스스티치]

VI may dắn [mai jan, 마이 잔]
IN jahit kunci [jahit kunchi, 자힛 쿤치]
CH 倒针 [daojeon, 다오전]

드롭 [deurop]

EN handle drop length [haendeul deurop rengseu, 핸들 느톱 렝스]
VI chiều cao quai xách [jjieu kkao kkwai ssak, 찌에우 까오 꽈이 싹]
IN drop [deurop, 드롭]
CH 中高 [jung-gao, 중가오]

땀수 [ttamsu]

EN stitch per inch [seutichi peo inchi, 스티치 퍼 인치]
VI số mũi chỉ trên 1 inch [so mui jji jjen mot inchi, 소 무이 찌 쩬 못 인치]
IN jahitan dalam 1 inchi [jahitan dallam satu inchi, 자히탄 달람 사투 인치]
CH 针数 [jeonsu, 전수]

로스 [roseu]

EN loss [roseu, 로스]
VI hao hụt [hao hut, 하오 훗]
IN kelebihan loss [keulleubihan roseu, 클르비한 로스]
CH 损失 [ssunseu, 쑨스]

리벳 박기 [ribet bakgi]

EN riveting [ribeting, 리베팅]
VI đóng đinh tán [dong din ttan, 동 딘 딴]
IN rivetan [ribetan, 리베탄]
CH 打钉作业 [dadingjjwoye, 다딩쭤예]

마켓 샘플 [maket saempeul]

EN market sample [maket saempeul, 마켓 샘플]
VI mẫu market [meou maket, 머우 마켓]
IN market sample [maket saempeul, 마켓 샘플]
CH market样品 [maket-yangpin, 마켓양핀]

맞박기 씨나기 [matbakgi(sseunagi)]

EN inseam [insim, 인심]
VI mối nối [moi noi, 모이 노이]
IN jahitan sambungan [jahitan sambung-an, 자히탄 삼붕안]
CH 驳接 [boje, 보제]

모형 제작 목업 [mohyeong jejak(mok eop)]

EN mock up [mok eop, 목 업]
VI mẫu thử [meou teu, 머우 트]
IN membuat contoh tiruan [meumbuat chonto tiruan, 믐부앗 촌토 티루안]
CH 定型托模型 [dingsingtwomosing, 딩싱퉈모싱]

무늬선 누르기 넨질 [munuiseon nureugi(nenjil)]

EN heat crease [hiteu keuriseu, 히트 크리스]
VI kẻ chỉ [kkae jji, 깨 찌]
IN menekan garis pola [meuneukan gariseu polla, 므느칸 가리스 폴라]
CH 电压线 [dyenyasyen, 뎬야셴]

바인딩 [bainding]

EN binding [bainding, 바인딩]
VI bọc viền [bok bien, 복 비엔]
IN bungkus [bungkuseu, 붕쿠스]
CH 包边 [baobyen, 바오볜]

박음질 미싱 [bageumjil(mising)]
EN sewing [soing, 소잉]
VI khâu [keou, 커우]
IN jahit [jahit, 자힛]
CH 缝线 [peongsyen, 펑셴]

변접기 헤리 [byeonjeopgi(heri)]
EN turned edge [teondeu eji, 턴드 에지]
VI gấp mép [geop maep, 겁 맵]
IN lipatan pinggir [ripatan ping-gireu, 리파탄
핑기르]
CH 折边 [jeobyen, 저볜]

부분 깎기 스키 [bubun kkakgi(seuki)]
EN skiving [seukaibing, 스카이빙]
VI cắt [kkat, 깟]
IN skiving [seukaibing, 스카이빙]
CH 铲皮 [chanpi, 찬피]

불박 작업 [bulbak jageop]
EN heat emboss [hiteu emboseu, 히트 엠보스]
VI ép nhiệt [aep niet, 앱 니엣]
IN emboss panas [emboseu panaseu,
엠보스 파나스]
CH 电压作业 [dyenyajjwoye, 뎬야쮜예]

생산 전 샘플 피피 샘플
[saengsan jeon saempeul(pipi saempeul)]
EN preproduction sample
[peuripeureodeoksyeon saempeul,
프리프러덕션 샘플]
VI mẫu trước sản xuất [meou jjeueok san ssueot,
머우 쯔억 산 쑤엇]

IN contoh sebelum produksi [chonto seubeullum
peuroduksi, 촌토 스블룸 프로둑시]
CH PP样品 [pipi-yangpin, 피피양핀]

소창식 손잡이 소창핸들
[sochangsik sonjabi(sochang haendeul)]
EN tubular handle [tyubyulleo haendeul,
튜뷸러 핸들]
VI quai ống [kkwai ong, 꽈이 옹]
IN handle cangklong [haendeul changkeullong,
핸들 창클롱]
CH 短手挽 [dwanseouwan, 돤서우완]

속지 채우기 스터핑 [sokji chaeugi(seuteoping)]
EN stuffing [seuteoping, 스터핑]
VI nhồi giấy [nyoi jeoi, 뇨이 저이]
IN stuffing [seuteoping, 스터핑]
CH 填充 [tyenchung, 톈충]

스펙 [seupek]
EN specification [seupesipikeisyeon,
스페시피케이션]
VI yêu cầu kỹ thuật [yeu kkeou kki tueot,
예우 꺼우 끼 투엇]
IN ukuran [ukuran, 우쿠란]
CH 规格 [guigeo, 구이거]

실 박음 상태 실조시
[sil bageum sangtae(sil josi)]
EN thread tension [seuredeu tensyeon,
스레드 텐션]
VI căng chỉ [kkang jji, 깡 찌]
IN tensi benang [tensi beunang, 텐시 브낭]

CH 线松紧度 [syenssungjindu, 셴쑹진두]

썰물 기레하시 [sseolmul(girehasi)]
EN scrap [seukeuraep, 스크랩]
VI da vụn [ja bun, 자 분]
IN sisa potongan [sisa potong-an, 시사 포통안]
CH 碎皮 [ssuipi, 쑤이피]

약칠 [yakchil]
EN edge painting [eji peinting, 에지 페인팅]
VI sơn [seon, 선]
IN pengecatan sisi potong [peung-euchatan sisi potong, 풍으차탄 시시 포통]
CH 边油 [byen-yu, 벤유]

완성 단면 약칠 완성 기리메
[wanseong danmyeon yakchil(wanseong girime)]
EN final edge painting [paineol eji peinting, 파이널 에지 페인팅]
VI sơn thành phẩm [seon tain peom, 선 타인 펌]
IN pengecatan tas jadi [peung-euchatan taseu jadi, 풍으차탄 타스 자디]
CH 完成边油 [wancheongbyen-yu, 완청벤유]

완성 재단 다치 [wanseong jaedan(dachi)]
EN re-cutting [rikeoting, 리커팅]
VI dập chuẩn [jeop jjueon, 접 쭈언]
IN potongan sudah jadi [potong-an suda jadi, 포통안 수다 자디]
CH 完成型 [wancheongsing, 완청싱]

원형 패턴 원형 가타
[wonhyeong paeteon(wonhyeong gata)]
EN final sized pattern [paineol saijeudeu paeteon, 파이널 사이즈드 패턴]
VI rập hình tròn [reop hin jjon, 럽 힌 쫀]
IN pola bentuk jadi [polla beuntuk jadi, 폴라 브툭 자디]
CH 原型样板 [wiansingyangban, 위안싱양반]

재단 [jaedan]
EN cutting [keoting, 커팅]
VI cắt [kkat, 깟]
IN pemotongan [peumotong-an, 프모통안]
CH 裁断 [chaidwan, 차이돤]

전체 깎기 와리 [jeonche kkakgi(wari)]
EN full panel skiving [pul paeneol seukaibing, 풀 패널 스카이빙]
VI bào [bao, 바오]
IN full skiving [pul seukaibing, 풀 스카이빙]
CH 大铲皮 [dachanpi, 다찬피]

전체 붙이기 베타 바리
[jeonche buchigi(beta bari)]
EN full panel bonding [pul paeneol bonding, 풀 패널 본딩]
VI bôi keo toàn bộ [boi kkae-o ttoan bo, 보이 깨오 또안 보]
IN full lem [pul rem, 풀 렘]
CH 满粘 [manjan, 만잔]

접어 박기 오리코미 [jeobeo bakgi(orikomi)]
EN fold stitching [poldeu seutiching,
폴드 스티칭]
VI gấp may [geop mai, 겝 마이]
IN jahit lipatan [jahit ripatan, 자힛 리파탄]
CH 活车线 [hwocheosyen, 훠처셴]

조각 잇기 패치워크 [jogak itgi(paechiwokeu)]
EN patchwork [paechiwokeu, 패치워크]
VI miếng vải chắp vá [mieng bai jjap ba,
미엥 바이 짭 바]
IN penyambungan potongan kecil
[peunyambung−an potong−an keuchil,
프냠붕안 포통안 크칠]
CH 拼接 [pinje, 핀제]

최초 제품 톱 샘플
[choecho jepum(top saempeul)]
EN top of production(TOP) sample
[top obeu peurodeoksyeon(ti−o−pi)
saempeul, 톱 오브 프로덕션(티오피) 샘플]
VI mẫu đầu chuyền [meou deou jjuyen,
머우 더우 쭈옌]
IN contoh awal produksi [chonto awal
peuroduksi, 촌토 아왈 프로둑시]
CH TOP样品 [top−yangpin, 톱양핀]

퀼팅 [kwilting]
EN quilting [kwilting, 퀼팅]
VI in nổi [in noi, 인 노이]
IN quilting [kwilting, 퀼팅]
CH 刺绣 [cheusyu, 츠슈]

파이핑 [paiping]
EN piping [paiping, 파이핑]
VI viền gân [bien geon, 비엔 건]
IN piping [paiping, 파이핑]
CH piping [paiping, 파이핑]

패턴 가타 [paeteon(gata)]
EN pattern [paeteon, 패턴]
VI rập [reop, 럽]
IN pola [polla, 폴라]
CH 样板 [yangban, 양반]

포장 패킹 [pojang(paeking)]
EN packing [paeking, 패킹]
VI đóng gói [dong goi, 동 고이]
IN packing [paeking, 패킹]
CH 包装 [baojwang, 바오좡]

표시 너치, 시루시 [pyosi(neochi, sirusi)]
EN notch [neochi, 너치]
VI đánh dấu [dain jeou, 다인 저우]
IN penandaan [peunandan, 프난단]
CH ㄚ口 [yakeou, 야커우]

풀칠 [pulchil]
EN gluing [geulluing, 글루잉]
VI quét keo [kkuaet kkae−o, 꾸앳 깨오]
IN pengeleman [peung−eulleman, 풍을레만]
CH 刷胶 [swajyao, 솨쟈오]

프로토 샘플 [peuroto saempeul]
EN proto sample [peuroto saempeul, 프로토 샘플]
VI mẫu phát triển [meou pat jjien, 머우 팥 찌엔]

IN contoh asli [chonto aseulli, 촌토 아슬리]
CH 试制品 [seujeupin, 스즈핀]

합봉 마토메 [hapbong(matome)]
EN final assembly [paineol eosembeulli,
파이널 어셈블리]
VI láp thành phẩm [rap tain pcom, 랍 타인 펀]
IN pemasangan akhir [peumasang-an ahireu,
프마상안 아히르]
CH 合缝 [heofeong, 허펑]

기계 Machine / Tools for Handbag

갈음기 바후기 [gareumgi(bahugi)]
EN grinder [geuraindeo, 그라인더]
VI máy mài [mai mai, 마이 마이]
IN mesin penghalus [meusin peunghalluseu,
므신 풍할루스]
CH 打磨机 [damoji, 다모지]

검단기 [geomdangi]
EN fabric inspector [paebeurik inseupekteo,
패브릭 인스펙터]
VI máy kiểm vải [mai kkiem bai, 마이 끼엠 바이]
IN mesin pengecek kain [meusin peung-euchek
kain, 므신 풍으첵 카인]
CH 打码机 [damaji, 다마지]

고정대 조기 [gojeongdae(jogi)]
EN guider [gaideo, 가이더]
VI cử treo [kkeu jjae-o, 끄 째오]
IN alat pengatur jahitan [allat peung-atureu
jahitan, 알랏 풍아투르 자히탄]
CH 磅位 [bang-wei, 방웨이]

고차 재봉틀 고차 미싱
[gocha jaebongteul(gocha mising)]
EN cylinder arm sewing machine [sillindeo am
soing meosin, 실린더 암 소잉 머신]
VI máy trụ ngang [mai jju eung-ang,
마이 쭈 응앙]
IN mesin jahit tiang horizontal [meusin jahit

tiang horijontal, 므신 자힛 티앙 호리존탈]

CH 高车 [gaocheo, 가오처]

긴 부리 집게 얏토코 [gin buri jipge(yat-toko)]

EN long nose plier [rong nojeu peullaieo, 롱 노즈 플라이어]

VI kìm mỏ dài [kkim mo jai, 낌 모 자이]

IN tang cucut [tang chuchut, 탕 추춧]

CH 开口钳 [kaikeouchen, 카이커우첸]

노루발 오사에 [norubal(osa-e)]

EN presser foot [peureseo put, 프레서 풋]

VI chân vịt [jjeon bit, 쩐 빗]

IN sepatu mesin jahit [seupatu meusin jahit, 스파투 므신 자힛]

CH 压脚 [yajyao, 야쟈오]

말뚝 재봉틀 말뚝 미싱 [malttuk jaebongteul(maldduk mising)]

EN post cylinder arm sewing machine [poseuteu sillindeo am soing meosin, 포스트 실린더 암 소잉 머신]

VI máy trụ cao [mai jju kkao, 마이 쭈 까오]

IN mesin jahit tiang berdiri [meusin jahit tiang beureudiri, 므신 자힛 티앙 브르디리]

CH 柱车 [jucheo, 주처]

모양틀 와쿠 [moyangteul(waku)]

EN frame [peureim, 프레임]

VI khung [kung, 쿵]

IN pola bingkai [polla bingkai, 폴라 빙카이]

CH 模型 [mosing, 모싱]

북집 [bukjip]

EN bobbin case [bobin keiseu, 보빈 케이스]

VI thuyền [tuyen, 투옌]

IN sekoci [seukochi, 스코치]

CH 梭壳 [sswokeo, 쒀커]

실엮개 가마 [sillyeokgae(gama)]

EN shuttle hook [syeoteul huk, 셔틀 훅]

VI ổ máy [o mai, 오 마이]

IN pengait [peung-ait, 풍아잇]

CH 梭床 [sswochwang, 쒀촹]

오븐 시험기 오븐 테스트기 [obeun siheomgi(obeun teseuteugi)]

EN oven tester [obeun teseuteo, 오븐 테스터]

VI máy test oven [mai teseuteu obeun, 마이 테스트 오븐]

IN pengujian oven [peung-ujian obeun, 풍우지안 오븐]

CH 高温测试机 [gaowoncheoseuji, 가오원처스지]

재봉틀 미싱 [jaebongteul(mising)]

EN sewing machine [soing meosin, 소잉 머신]

VI máy may [mai mai, 마이 마이]

IN mesin jahit [meusin jahit, 므신 자힛]

CH 缝纫机 [peongreonji, 펑런지]

조명 상자 라이트 박스 [jomyeong sangja(raiteu bakseu)]

EN light box [raiteu bakseu, 라이트 박스]

VI máy soi màu [mai soi mau, 마이 소이 마우]

IN kotak lampu [kotak rampu, 코탁 람푸]

CH 灯光检查箱 [deong-gwangjenchasyang, 덩광젠차샹]

컴퓨터 재봉틀 컴퓨터 미싱
[keompyuteo jaebongteul(keompyuteo mising)]

EN computerized sewing machine
[keompyuteoraijeudeu soing meosin,
컴퓨터라이즈드 소잉 머신]

VI máy may computer [mai mai keompyuteo,
마이 마이 컴퓨터]

IN mesin jahit komputer [meusin jahit
komputeureu, 므신 자힛 콤푸트르]

CH 电脑车 [dyennaocheo, 뎬나오쳐]

톰슨 철형 도무손 철형
[tomseun cheolhyeong(domuson cheolhyeong)]

EN Thomson cutting die [tomseun keoting dai,
톰슨 커팅 다이]

VI dao dập chuẩn [jao jeop jjueon, 자오 접 쭈언]

IN pisau pemotong Thomson [pisau peumotong
tomseun, 피사우 프모통 톰슨]

CH 木板刀模 [mubandaomo, 무반다오모]

톱니 오쿠리 [tomni(okuri)]

EN feed dog [pideu dogeu, 피드 도그]

VI bàn lừa [ban reueo, 반 르어]

IN gigi mesin jahit [gigi meusin jahit,
기기 므신 자힛]

CH 牙齿 [yachi, 야치]

자재 Materials for Handbag

가죽 공장 태너리 [gajuk gongjang(taeneori)]

EN tannery [taeneori, 태너리]

VI nhà máy sản xuất da [nya mai san ssueot ja,
냐 마이 산 쑤엇 자]

IN pabrik kulit [pabeurik kullit, 파브릭 쿨릿]

CH 皮革厂 [pigeochang, 피거창]

가죽 등급 [gajuk deung-geup]

EN leather grade [redeo geureideu,
레더 그레이드]

VI cấp bậc da [kkeop beok ja, 껍 벅 자]

IN mutu kulit [mutu kullit, 무투 쿨릿]

CH 皮等级 [pideongji, 피덩지]

갓오리 트리밍 [gasori(teuriming)]

EN trimming [teuriming, 트리밍]

VI cắt tia da [kkat ttieo ja, 깟 띠어 자]

IN pemangkasan [peumangkasan, 프망카산]

CH 修剪 [syujen, 슈젠]

계평 메저링 [gyepyeong(mejeoring)]

EN measuring [mejeoring, 메저링]

VI đo lường [do reueong, 도 르엉]

IN mengukur [meung-ukureu, 믕우쿠르]

CH 计平 [jiping, 지핑]

관통 염색 스루 다잉
[gwantong yeomsaek(seuru daing)]

EN through dyeing [seuru daing, 스루 다잉]

VI nhuộm xuyên thấu [nyuom ssuyen teou, 뉴옴 쑤엔 터우]

IN penetrasi pewarnaan [peneteurasi peuwareunan, 페네트라시 프와르난]

CH 贯通染色 [gwantungransseo, 관퉁란써]

깎음 리벳 로쿠로 리벳
[kkakkeum ribet(rokuro ribet)]

EN spun carved rivet [seupeon kabeudeu ribet, 스펀 카브드 리벳]

VI đinh tán nhọn [din ttan nyon, 딘 딴 뇬]

IN rivet ukir bubut [ribet ukireu bubut, 리벳 우키르 부붓]

CH 铜撞钉 [tungjwangding, 퉁좡딩]

데어리 카우 [deeori kau]

EN dairy cow leather [deeori kau redeo, 데어리 카우 레더]

VI da bò sữa [ja bo seueo, 자 보 스어]

IN kulit sapi perah [kullit sapi peura, 쿨릿 사피 프라]

CH 奶牛皮 [nai−nyupi, 나이뉴피]

도장 [dojang]

EN pigment spray [pigeumeonteu seupeurei, 피그먼트 스프레이]

VI phủ sơn [pu seon, 푸 선]

IN pigment spray [pigeumenteu seupeurei, 피그멘트 스프레이]

CH 喷墨涂层 [peonmotucheong, 펀모투청]

두께 후도 [dukke(hudo)]

EN thickness [sikeuneoseu, 시크너스]

VI độ dày [do jai, 도 자이]

IN tingkat ketebalan [tingkat keuteuballan, 팅캇 크트발란]

CH 厚度 [heoudu, 허우두]

레진 처리 수지 가공 [rejin cheori(suji gagong)]

EN resin finishing [rejin pinising, 레진 피니싱]

VI nhựa ở mặt sau da [neueo eo mat sau ja, 느어 어 맛 사우 자]

IN pelapis resin [peullapiseu resin, 플라피스 레신]

CH 涂层 [tucheong, 투청]

리벳 가시메 [ribet(gasime)]

EN rivet [ribet, 리벳]

VI đinh tán [din ttan, 딘 딴]

IN rivet [ribet, 리벳]

CH 撞钉 [jwangding, 좡딩]

무두질 태닝 [mudujil(taening)]

EN tanning [taening, 태닝]

VI thuộc da [tuok ja, 투옥 자]

IN penyamakan [peunyamakan, 프냐마칸]

CH 鞣制 [reoujeu, 러우즈]

밀링 유연 작업 [milling(yuyeon jageop)]

EN milling [milling, 밀링]

VI phay [pai, 파이]

IN penggilingan [peung−gilling−an, 풍길링안]

CH 甩鼓 [swaigu, 솨이구]

바이브레이션 [baibeureisyeon]

EN vibration [baibeureisyeon,]

VI sự chuyển động rung [seu jjuyen dong rung, 스 쭈옌 동 룽]

IN getaran [geutaran, 그타란]

CH 振软, 振动 [jeondung, 전둥]

바이어스 [baieoseu]

EN bias [baieoseu, 바이어스]

VI dây bias [jeoi baieoseu, 저이 바이어스]

IN bias [biaseu, 비아스]

CH 包边带 [baobyendai, 바오볜다이]

불박 포일 [bulbak poil]

EN embossing foil [embosing poil, 엠보싱 포일]

VI ép nhũ [aep nyu, 앱 뉴]

IN foil [poil, 포일]

CH 电压纸 [dyenyajeu, 뎬야즈]

브라스 신추 [beuraseu(sinchu)]

EN brass [beuraseu, 브라스]

VI đồng thau [dong tau, 동 타우]

IN kuningan [kuning-an, 쿠닝안]

CH 铜 [tung, 퉁]

소가죽 우피 [sogajuk(upi)]

EN cowhide [kauhaideu, 카우하이드]

VI da bò [ja bo, 자 보]

IN kulit sapi [kullit sapi, 쿨릿 사피]

CH 牛皮 [nyupi, 뉴피]

송치 헤어 카프 [songchi(heeo kapeu)]

EN hair calf [heeo kapeu, 헤어 카프]

VI da bê [ja be, 자 베]

IN kulit lembu [kullit reumbu, 쿨릿 름부]

CH 幼牛皮 [yu-nyupi, 유뉴피]

스냅 [seunaep]

EN snap fastener [seunaep paseuneo, 스냅 파스너]

VI nút snap [nut seunaep, 눗 스냅]

IN pengikat kancing [peung-ikat kanching, 풍이캇 칸칭]

CH 四合扣 [sseuheokeou, 쓰허커우]

스웨이드 [seuweideu]

EN suede [seuweideu, 스웨이드]

VI da lộn [ja ron, 자 론]

IN kulit lunak [kullit runak, 쿨릿 루낙]

CH 绒面革 [rungmyengeo, 룽몐거]

스플릿 가죽 스플릿 레더 [seupeullit gajuk(seupeullit redeo)]

EN split leather [seupeullit redeo, 스플릿 레더]

VI lớp da bên dưới [reop ja ben jeueoi, 럽 자 벤 즈어이]

IN kulit belah [kullit beulla, 쿨릿 블라]

CH 二层皮 [eolcheongpi, 얼청피]

식물성 무두질 베지터블 태닝 [singmulseong mudujil(bejiteobeul taening)]

EN vegetable tanning [bejiteobeul taening, 베지터블 태닝]

VI thuộc da thực vật [tuok ja teuk beot,

투옥 자 특 벗]
IN penyamakan nabati [peunyamakan nabati, 프냐마칸 나바티]
CH 植物性鞣制 [jeuusingreoujeu, 즈우싱러우즈]

아일릿 하토메 [aillit(hatome)]
EN eyelet [aillit, 아일릿]
VI nút eyelet [nut aillit, 눗 아일릿]
IN lubang tali [rubang talli, 루방 탈리]
CH 鸡眼扣 [jiyenkeou, 지옌커우]

약물 에지페인트 [yangmul(eji peint)]
EN edge paint [eji peint, 에지 페인트]
VI nước sơn [neueok seon, 느억 선]
IN cat tepian [chat teupian, 찻 트피안]
CH 边油 [byen-yu, 벤유]

엠보 스킨 [embo seukin]
EN embossed leather [emboseuteu redeo, 엠보스트 레더]
VI da in nổi [ja in noi, 자 인 노이]
IN kulit cetak [kullit chetak, 쿨릿 체탁]
CH 压纹皮 [yawonpi, 야원피]

염색 다잉 [yeomsaek(daing)]
EN dyeing [daing, 다잉]
VI nhuộm màu [nyuom mau, 뉴옴 마우]
IN pewarnaan [peuwareunan, 프와르난]
CH 染色 [ransseo, 란써]

우븐 라벨 [ubeun rabel]
EN woven label [ubeun rabel, 우븐 라벨]
VI nhãn dệt [nyan jet, 냔 젯]

IN label katun [rabel katun, 라벨 카툰]
CH 布标 [bubyao, 부뱌오]

웨트 블루 [weteu beullu]
EN wet blue [weteu beullu, 웨트 블루]
VI da thuộc crom [ja tuok kkeurom, 자 투옥 끄롬]
IN wet blue [weteu beullu, 웨트 블루]
CH 蓝湿皮 [ranseupi, 란스피]

은면 [eunmyeon]
EN grain side [geurein saideu, 그레인 사이드]
VI lớp da ở tầng trên [reop ja eo tteong jjen, 럽 자 어 떵 쩬]
IN bagian atas [bagian ataseu, 바기안 아타스]
CH 透明层, 银面 [teoumingcheong, 터우밍청]

자갈 무늬 모미 [jagal munui(momi)]
EN pebble grain [pebeul geurein,]
VI vân da tự nhiên [beon ja tteu nien, 번 자 뜨 니엔]
IN pola pebble [polla pebeul, 폴라 페블]
CH 荔枝纹 [rijeuwon, 리즈원]

자카르 [jakareu]
EN jacquard [jakareu, 자카르]
VI vải dệt hoa văn [bai jet hoa ban, 바이젯호아반]
IN jacquard [jakareu, 자카르]
CH 提花布 [tihwabu, 티화부]

쟁치기 [jaengchigi]
EN toggling [togeulling, 토글링]
VI máy kéo cho da dãn ra [mai kkae-o jjo ja jan ra,

마이 깨오 쪼 자 잔 라]
IN toggling [togeulling, 토글링]
CH 拉皮 [rapi, 라피]

지퍼 막음쇠 스토퍼
[jipeo mageumsoe(seutopeo)]
EN zipper stopper [jipeo seutopeo, 지퍼 스도퍼]
VI kéo stopper [kkae-o seutopeo, 깨오 스토퍼]
IN zipper stopper [jipeo seutopeo, 지퍼 스토퍼]
CH 头尾钉 [teouweiding, 터우웨이딩]

카우하이드 [kauhaideu]
EN cowhide [kauhaideu, 카우하이드]
VI da bò [ja bo, 자 보]
IN kulit sapi [kullit sapi, 쿨릿 사피]
CH 母牛皮 [mu-nyupi, 무뉴피]

카프스킨 [kapeuseukin]
EN calfskin [kapeuseukin, 카프스킨]
VI da bê [ja be, 자 베]
IN kulit anak sapi [kullit anak sapi, 쿨릿 아낙 사피]
CH 幼牛皮 [yu-nyupi, 유뉴피]

콩찌 스터드 [kongjji(seuteodeu)]
EN stud [seuteodeu, 스터드]
VI nút stud [nut seuteodeu, 눗 스터드]
IN kancing [kanching, 칸칭]
CH 爪钉 [jwading, 좌딩]

크러스트 [keureoseuteu]
EN crust [keureoseuteu, 크러스트]
VI da thuộc [ja tuok, 자 투옥]

IN kulit kering [kullit keuring, 쿨릿 크링]
CH 坯革 [pigeo, 피거]

크롬 무두질 크롬 태닝
[keurom mudujil(keurom taening)]
EN chrome tanning [keurom taening, 크롬 태닝]
VI thuộc da bằng dung dịch crom [tuok ja bang jung jik kkeurom, 투옥 자 방 중 직 끄롬]
IN penyamakan chrome [peunyamakan keurom, 프냐마칸 크롬]
CH 铬鞣制 [georeoujeu, 거러우즈]

페블 엠보 [pebeul embo]
EN pebble embo [pebeul embo, 페블 엠보]
VI da dập nổi [ja jeop noi, 자 접 노이]
IN kulit embossed dengan motif pebble [kullit emboseuteu deung-an motipeu pebeul, 쿨릿 엠보스트 등안 모티프 페블]
CH 荔枝纹皮 [rijeuwonpi, 리즈원피]

페이턴트 [peiteonteu]
EN patent [peiteonteu, 페이턴트]
VI da láng [ja rang, 자 랑]
IN patent [patenteu, 파텐트]
CH 漆皮 [chipi, 치피]

평방 피트 스퀘어 피트
[pyeongbang piteu(seukweeo piteu)]
EN square foot [seukweeo put, 스퀘어 풋]
VI feet vuông [piteu buong, 피트 부옹]
IN kaki persegi [kaki peureuseugi, 카키 프르스기]
CH 平方英尺 [pingpang-ingchi, 핑팡잉치]

풀 그레인 [pul geurein]
EN full grain [pul geurein, 풀 그레인]
VI lớp da thượng bì [reop ja teueong bi,
립 자 트엉 비]
IN kulit full grain [kullit pul geurein,
쿨릿 풀 그레인]
CH 粒面皮 [rimyenpi, 리몐피]

풀업 [pureop]
EN pull up [pureop, 풀업]
VI da nhuộm aniline [ja nyuom anillin,
자 뉴옴 아닐린]
IN tipe pull up [tipeu pureop, 티프 풀업]
CH 变色皮 [byensseopi, 변써피]

프레임 [peureim]
EN frame [peureim, 프레임]
VI khung [kung, 쿵]
IN bingkai [bingkai, 빙카이]
CH 铁夹 [tyejya, 톄쟈]

합 [hap]
EN ply [peullai, 플라이]
VI đơn vị miêu tả độ xoắn của chỉ
[deon bi mieu dda do ssoan kkueo jji,
던 비 미에우 따 도 쏘안 꾸어 찌]
IN jumlah ikatan [jumeulla ikatan,
주믈라 이카탄]
CH 合 [heo, 허]

혈관 자국 베인자국
[hyeolgwan jaguk(bein jaguk)]
EN vein mark [bein makeu, 베인 마크]

VI vết sẹo tĩnh mạch [bet sae−o ttin mak,
벳 새오 띤 막]
IN tanda vena [tanda bena, 탄다 베나]
CH 血管疤痕 [swegwanbaheon, 쉐관바헌]

찾아보기

Index

찾아보기

한글 찾아보기에는 표제어 옆에
현장에서 많이 사용하지만
어문 규범에 어긋난 용어를 함께 두어,
기존 용어에 익숙한 사람들도
쉽게 찾아볼 수 있게 했다.

Index
English

Bản chú dẫn
Vietnamese

X

Y

Indeks

Indonesian

索引
Chinese

네모상자 찾아보기

607

A list of square boxes

지은이

(주)시몬느 액세서리 컬렉션 ㈜시몬느는 럭셔리 패션 핸드백이 생소했던 1987년 설립, 현재 세계 럭셔리 핸드백 시장의 10%, 미국 시장의 30%를 차지한 글로벌 선도기업이 되었다. ㈜시몬느는 지난 30년 동안 미국과 유럽 럭셔리 브랜드의 핸드백을 기획, 개발, 제조하면서 매년 7,000여 개의 새로운 스타일을 개발해 왔다. 이를 통해 구축된 18만여 개의 핸드백 아카이브와 본사 직원들의 핸드백 관련 5,800년의 경력, 열정을 바탕으로, 전 세계 명품 브랜드들의 핸드백 론칭 파트너이자 성장 파트너로서 ㈜시몬느의 고유한 플랫폼을 견고하게 구축하였다. 지난 30년 동안 축적된 경험과 노하우를 활용하여, ㈜시몬느는 최근 글로벌 패션 브랜드 0914(공구일사)를 론칭했다. 한국, 서울의 '역동성, 창의성, 끼'와 사회문화적 성숙도에 뿌리와 정체성에 기인한 브랜드다. ㈜시몬느는 앞으로 근본인 제조 분야를 더 발전시키고, 0914를 글로벌 패션 브랜드로 성장시키는 등 다양하게 사업 영역을 확장하여, 한국에 뿌리를 둔 100년이 지속되는 글로벌 회사로 계속 성장해 나갈 것이다.

연세대학교 언어정보연구원 연세대학교 언어정보연구원은 1986년 연세대학교 교수들의 연세 한국어사전 편찬 발의 운동에 뿌리를 두고 설립된 한국어사전편찬실을 모체로 한다. 언어정보연구원은 우리나라 최초로 연세 말뭉치(소설책으로 약 15만 페이지에 해당하는 규모의 전산 언어 자료)를 바탕으로『연세한국어사전』,『연세초등국어사전』,『연세한국어대사전』을 잇따라 편찬하고, 대학원에 언어정보학 협동 과정을 개설하였으며, 국가 과제인 "21세기 세종계획"(1998~2007)의 국어 자료 기반 구축 사업에 참여하는 등 한국어의 정보화를 위해 앞장서서 노력해 왔다. 1998년 '언어정보개발연구원'을 거쳐 2002년에 현재의 '언어정보연구원'으로 명칭을 바꾼 이후 영역을 확장하여 인문한국사업을 통해 인문언어학의 영역을 개척하고 있으며,『연세초등영어사전』,『연세초등한자사전』,『연세한국어유의어사전』(근간) 등의 교육용 사전과『핸드백용어사전』등의 특수 사전을 꾸준히 편찬하고 있다.

만든이

기획 박은관, 이민수, 이지연
저자 서상규, 김한샘, 김수경
역자 박제이, 도 티 꾸인 화, 수와르시, 유천연
출판 박영률, 엄진섭, 김정희, 이정란, 임은영, 김유진, 송성재, 이율희

도움을 준 사람들

자문 남기심, 김종덕, 윤영민, 김아영

기술 자문 고학재, 이선용, 김봉우, 장육근, 황두하, 이준범, 이명기, 최정희, 김회원, 주선태, 최연수, 김동현, 유현기, 황규일, 이상규, 이혁제, 노용식

번역 자문 이용오, 강성암, 이진선, 나혜경, 박해민, 김원형, 김한진, 조훈, 김희석, 신해진, 정재영, 문용원

번역 보조 응웬 티 김 짱, 쉐리 팜, 응우엔 시 통, 두엉 레 몽 뛰이, 다누리, 이인해, 백종근, 무하맛 마룻 파우지, 토미 아리핀, 디카 와유, 푸왓 안서리, 크리스탄또, 쉬광비, 장영승, 조지수, 태리연

코디네이터 이윤진

연구 보조 강범일, 강재연, 김미경, 김민지, 김희재, 박유현, 방유정, 배미연, 이보미, 이진, 이창봉, 허희정

이미지 제작 지원 고학재, 임동진, 이석민, 주옥돈, 이상옥, 양재호, 황덕종, 홍영표, 백익현, 장영일, 박주원, 이희진, 고지나, 응웬 녀으 하우, 짠 황 뚜언, 도 흐우 왕, 당 반 배, 레 탄 하이

이미지 제작 보조 깜 끼우, 응웬 응옥 탄, 판 티 끼우 응완, 짠 응옥 수인, 응웬 티 김 늉, 응웬 티 홍 한, 응웬 티 김 짱, 황 득 틴, 응웬 딩 유, 응웬 녓 민 쾨, 레 안 비

Authors

Simone Accessories Collection Ltd. When the company was founded in 1987, the luxury handbag industry was an unfamiliar territory in Korea. Since then, Simone has grown to become a global leader in the handbag industry that accounts for 10% of the global market and 30% of the U.S. market. Simone has developed and manufactured the handbags of American and European luxury brands for the past 30 years. Our headquarter employees accumulated 5,800 years of experience in total within those 30 years. Furthermore, the company has annually developed 6,000~7,000 new designs and archived over 180,000 handbag designs in total. And while working as a launching and growing partner for various luxury brands around the world, Simone has built its very own unique platform. Simone's experience and knowledge accumulated over the last 30 years became the foundational step for the global fashion brand 0914. The identity of the 0914 brand is rooted in Seoul, Korea in terms of dynamism, creativity, talent, and level of social-cultural maturity. By further developing the manufacturing field of the company which forms the foundational structures of the company, by developing the 0914 brand, and by expanding the area of business, Simone will become a company that will continue to grow for the next 100 years with its roots in Korea.

Yonsei University Institute of Language and Information Studies Yonsei University Institute of Language and Information Studies was founded in 1986 by Yonsei University professors, who came together to compile the Yonsei Korean dictionary. The Institute of Language and Information Studies was the first in South Korea to analyze a corpus for the compilation of dictionaries, such as the *Yonsei Korean Dictionary*, *Yonsei Primary English-Korean Dictionary*, and *Yonsei Korean Standard Dictionary*. The corpus was composed of approximately 150,000 pages of digitalized text extracted from fiction books. Since then, the institution has took the initiative to take the lead in informatizing the Korean language by establishing the Graduate School of Language and Information Studies and participating in the 21st Century Sejong Plan (1998~2007), which was a government project to build a Korean language base system. In 1998, the institution changed its name from 'Institution of Language Information Development' to 'Institute of Language and Information Studies' and expanded its research area to pioneer the linguistics-humanities field through the Korean humanities project. It is consistently compiling unique educational dictionaries like the *Yonsei Primary English-Korean Dictionary*, *Yonsei Primary Hanja Dictionary*, *Yonsei Korean Thesaurus*, and dictionaries with special purposes like the *The Dictionary of Handbag Terminology*.

Creators

Producer Kenny Park, Robert Lee, Jeeyean Lee

Authors Seo Sang-kyu, Kim Han-saem, Kim Su-kyung

Translators Park Jay, Do Thi Quynh Hoa, Suwarsi, Liu Tianran

Publisher Park Young-yul, Eom Jin-seob, Kim Jung-hee, Lee Jeong-ran, Im Eun-young, Kim You-jin, Song Seong-jae, Lee Yul-hee

The supporters of this dictionary

Advisors Nam Ki-shim, Kim Chong-dok, Yun Young-min, Kim A-young

Technical Advisors Go Hak-Jae, SY Lee, BW Kim, Jang Yook-kun, Hwang Doo-ha, Joon Lee, Lee Myoung-ki, Choi Jung-hee, Kim Hoe-won, Joo Sun-tae, Choi Youn-su, Kim Dong-hyun, Yoo Hyun-ki, Hwang Kyu-il, Lee Sang-kyu, Lee Hyuk-je, Michael Noh

Translate Advisors YO Lee, Alex Kang, Jenny Lee, Na Hye-kyung, Bosco Park, Alex Kim, HJ Kim, Cho Hoon, Kim Hee-suk, Shin Hae-jin, Moon Yong-won, Jay Jeong

Translate Assistants Nguyen Thi Kim Trang, Sherry Pham, Nguyễn Sĩ Thông, Dương Lê Mộng Thúy, Danuri, Lee In-hae, Baek Jong-keun, Muhammad Mahfud Fauzi, Tommy Arifin, Dika Wahyu, Fuad Ansori, Kristanto, Xu Guangbi, Zhang Yongsheng, Zhou Jixiu, Tai Liyan

Coordinator Lee Yun-jin

Research Assistants Kang Beom-il, Kang Jaeyeon, Kim Mi-kyung, Kim Min-ji, Kim Hee-jae, Park You-hyun, Bang Yu-jung, Bae Mi-yeon, Lee Bo-mi, Lee Jin, Lee Chang-bong, Hur Heui-jung

Image Production Support Go Hak-Jae, Lim Dong-jin, Lee Seok-min, Joo Ok-don, Lee Sang-ock, Yang Jai-ho, Hwang Deok-jong, Hong Young-pyo, Baek Ik-hyoun, Jang Yeong-il, Park Joo-won, Lee Hee-jin, Ko Ji-na, Nguyen Nhu Hao, Tran Hoang Tuan, Do Huu Quang, Dang Van Be, Le Thanh Hai

Image Production Assistants Cam Kieu, Nguyen Ngoc Thanh, Phan Thi Kieu Ngoan, Tran Ngoc Xuyen, Nguyen Thi Kim Nhung, Nguyen Thi Hong Hanh, Nguyen Thi Kim Trang, Hoang Duc Thinh, Nguyen Dinh Du, Nguyen Nhat Minh Khoa, Le Anh Vi

핸드백 용어 사전

지은이 (주)시몬느 액세서리 컬렉션, 연세대학교 언어정보연구원
펴낸이 박영률

초판1쇄 펴낸날 2017년 9월 4일

커뮤니케이션북스(주)
출판 등록 2007년 8월 17일 제313-2007-000166호
04779 서울시 성동구 성수일로 55 SK테크노빌딩 806호
전화(02) 7474 001, 팩스(02) 736 5047
commbooks@commbooks.com
commbooks.com

CommunicationBooks Inc.
#806 SKTechno Bldg, 55 Seongsuil-ro,
Seongdong-gu, Seoul, 04779, Korea
phone 82 2 7474 001, fax 82 2 736 5047

ISBN 979-11-288-0706-0 11590
     979-11-288-0707-7 11590 (PDF 전자책)

책값은 뒤표지에 표시되어 있습니다.